GENÉTICA POPULACIONAL

Uma perspectiva evolutiva

Pedro J.N. Silva

GENÉTICA POPULACIONAL

Uma perspectiva evolutiva

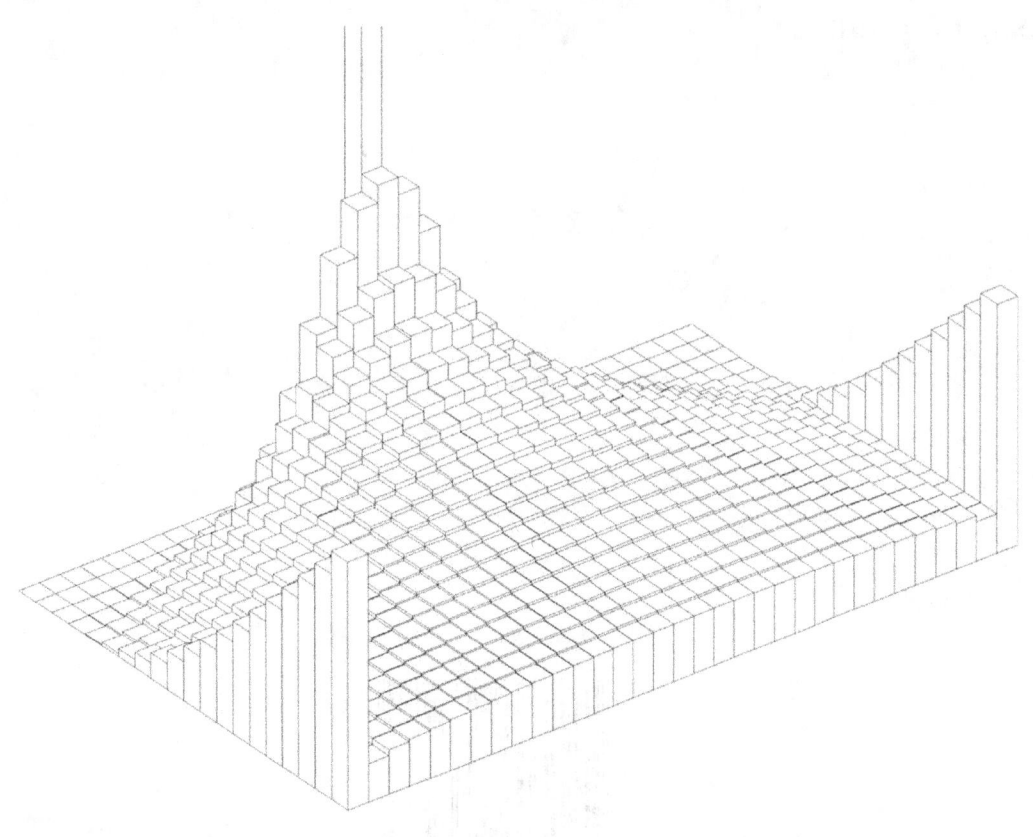

2014

Título
Genética populacional

Sub-Título
Uma perspectiva evolutiva

Edição
2014

Autor
Pedro J.N. Silva

Composição e Capa
Pedro J.N. Silva

ISBN: 1-5009-3748-7
ISBN-13: 978-1-5009-3748-5

Copyright
© Pedro J.N. Silva 1993-2014
All rights reserved
Todos os direitos reservados. Nenhuma parte deste livro pode ser reproduzida ou transmitida de qualquer forma ou meio sem autorização escrita do autor, excepto para recensão ou crítica, em que podem ser citados curtos excertos.

That book seems a very load of Sisyphus. When it is rolled up, nearly all comes rolling down again. I have tried it on a big scale and on a small, but never get satisfied.

Bateson, 1910.

Some years ago I decided that the lecture notes I have been distributing to my students [] for many years, being quite different in many ways from existing textbooks, might be worth publishing as a book. This is the result.

Chipman, 2011.

O prefácio é geralmente a parte do livro que se escreve depois, se põe antes, e nunca se lê.

Anon.

Prefácio

Este livro apresenta um curso de genética populacional clássica, numa perspectiva evolutiva, fruto da minha experiência lectiva na Faculdade de Ciências da Universidade de Lisboa (FCUL) e não só. Segue uma abordagem exacta, dedutiva e quantitativa, dentro das limitações impostas pelo (des)conhecimento de matemática típico dos estudantes de biologia (incluindo eu próprio).

Como a maior parte dos autores, escrevi o livro com um leitor alvo em mente, neste caso um aluno universitário de Biologia (de qualquer grau), interessado em evolução em geral, e em genética populacional em particular. Em grande parte, este é o livro que eu gostaria de ter tido quando fui aluno! No entanto, ouso imaginar que este livro seja também útil a estudantes de outras áreas (como a matemática, a física, ou a computação; mas veja-se mais abaixo os meus pressupostos quanto a conhecimentos prévios), assim como outras pessoas com curiosidade pela genética populacional, mesmo que motivadas por objectivos mais aplicados. O leitor aplicado estará preparado (eventualmente com algum esforço matemático) para ler e compreender livros mais avançados, assim como a literatura primária.

A experiência indica que este curso cabe bem num semestre lectivo com cinco horas de contacto semanais, incluindo aulas teóricas e teórico-práticas. Além disso, o livro está escrito de modo a ser auto-suficiente para ser usado em regime autodidáctico, assim como obra de referência.

Embora a motivação seja sempre biológica, o curso tem uma índole teórica: as ideias fundamentais da genética populacional são apresentadas e discutidas através de modelos biomatemáticos, simples e gerais, e não por meio de longas descrições de populações específicas.

A Introdução integra a genética populacional nas ciências biológicas, e discute a utilização de modelos em biologia. Segue-se um capítulo de ideias fundamentais, definindo os tipos de populações estudadas, e apresentando o uso de frequências, fundamental para todo o curso.

Nos três capítulos seguintes estuda-se "o que acontece quando nada acontece" em populações panmíticas, ou seja, o modelo de Hardy-Weinberg, ao nível de um gene autossómico (capítulo 3), de um gene ligado ao sexo (capítulo 4), e de um sistema de genes (capítulo 5). Os pressupostos em que este estudo se baseia são muito simples e irrealistas, mas servem de base a tudo o resto: a exploração das consequências de substituir esses pressupostos (um a um, por vezes aos pares, e mesmo ternos) por outros mais realistas.

Assim, e tendo sempre o modelo de Hardy-Weinberg como referência, segue-se o estudo das consequências da mutação (capítulo 6) e selecção natural (capítulo 7) na arquitectura genética de populações panmíticas, assim como da ausência de panmixia, incluindo endogamia (capítulo 8), divisão populacional e migração (capítulo 9), e ainda da finidade populacional (capítulo 10). Para além das questões particulares de cada capítulo, todo este estudo é guiado por uma pergunta geral: as conclusões do modelo mais simples (de Hardy-Weinberg) mantêm-se, pelo menos de forma pouco alterada, ou aparecem comportamentos e resultados muito diferentes?

Todo o curso é uma introdução à genética populacional, no sentido em que livros inteiros têm sido escritos sobre alguns dos assuntos aqui tratados num único capítulo – assim como sobre outros que nem são abordados. Embora a ênfase seja de facto na genética populacional, espero que o leitor aplicado aprenda a conceber, formular e analisar modelos biomatemáticos simples (como que por "osmose", já que mais do que isso exigiria um livro específico de modelação).

Em cada capítulo sigo, com as variações necessárias, o mesmo esquema geral: começo por apresentar algumas questões biológicas de carácter evolutivo, que motivam, e exigem mesmo, os modelos biomatemáticos que se seguem. Desenvolvo os modelos necessários passo-a-passo, explicitando e enfatizando os seus pressupostos, e apresento as técnicas matemáticas e gráficas necessárias para os analisar. Estou (pelo menos) tão preocupado em ensinar os passos que levam à dedução dos modelos, como na sua análise. As questões iniciais, muitas vezes vagas, são reformuladas de forma mais precisa usando a linguagem matemática, e as equações são lidas e interpretadas em termos biológicos. Por fim, vejo quais as respostas que a análise dos modelos biomatemáticos indica para as perguntas que motivaram o estudo, e discuto as suas limitações. Faço assim uso intensivo de matemática, como instrumento de escrita, de análise, e do pensamento. Alguns capítulos têm ainda uma secção de complementos, matérias importantes ou apenas pormenores técnicos que, sendo interessantes, não são essenciais num curso básico, e quebrariam a continuidade da exposição (mas que não deixarão de atrair os leitores intelectualmente mais curiosos). A maior parte dos capítulos termina com um conjunto de exercícios e problemas que se têm revelado úteis para sedimentar e estender os conhecimentos adquiridos pela análise dos modelos (qual a semelhança entre a genética populacional e tocar piano? Não se aprendem sem praticar!), e ilustram a sua aplicação a populações reais.

Embora cada capítulo possa parecer independente dos outros, há de facto uma progressão de conteúdos e técnicas de modo que cada capítulo pressupõe o conhecimento dos anteriores. Por exemplo, os métodos para determinar a estabilidade de um equilíbrio, desenvolvidos no capítulo dedicado à mutação, são depois usados sem mais explicações, por exemplo no estudo da selecção natural. Além disso, à medida que a matéria avança, vai também havendo alguma integração dos vários assuntos. Por exemplo, no capítulo da selecção natural estuda-se também o efeito conjunto da mutação e da selecção; no fim do curso estuda-se o efeito da mutação e da selecção em populações finitas, supondo conhecidos os seus efeitos, separadamente e em conjunto, em populações infinitas. Assim, embora não seja obrigatório progredir sequencialmente, é isso que recomendo para uma primeira leitura.

A quantidade de matemática é muito maior do que é habitual nos livros de biologia, com muitas páginas cheias de equações, mas o seu nível é, em regra, elementar: muita álgebra (ao nível do ensino secundário, incluindo logaritmos), algum cálculo matricial simples, e muito pouco cálculo infinitesimal (*Don't Panic!*). Apenas algumas derivadas e integrais simples são necessários e, de qualquer modo, ter a noção do que são exponenciais, logaritmos, derivadas e integrais, é muito mais importante do que saber fórmulas de cor. Quase tudo o que ultrapassa a álgebra elementar está destacado em caixas (o que não significa que seja para ignorar!), por vezes com menos detalhe. Além disso, todas as equações são motivadas biologicamente, e os resultados das suas manipulações discutidos em palavras.

Quase todas as manipulações matemáticas são mostradas passo a passo, sem grandes saltos. Há várias razões para isso. Para aprender as ideias, incluindo as suas limitações, temos de estudar de onde elas vêm – tal como para compreender e avaliar um resultado experimental temos de saber os materiais e métodos que lhes deram origem[1]. Apresentar as derivações com grande detalhe, embora ocupe muito espaço, mostra como elas são, afinal, simples. Com alguma sorte, os leitores perderão assim o mau hábito de "saltar" a matemática sempre que ela aparece, passando antes a ler as equações, como se de texto se tratasse. Assim, este livro preenche uma lacuna importante na literatura – em português e não só – já que a maior parte dos livros de genética populacional cobrem mais material, mas substituem passos cruciais das deduções por expressões do tipo "é óbvio que...", seguidas de resultados que são tudo menos óbvios.

No entanto, há algumas excepções, inevitáveis, a este princípio de fazer todas as deduções detalhadamente. Nas secções de complementos (exactamente por serem complementos), muitas deduções não são feitas com tanto detalhe. No estudo integrado de vários processos evolutivos (como selecção haplóide e diplóide, ou a selecção e a mutação), os passos lógicos e as ferramentas matemáticas são exactamente os mesmos do estudo de cada processo por si só, mas as expressões são muito mais longas e a sua análise muito mais demorada, pelo que apenas indico a logica das deduções, e apresento as equações chave (que não deixo de discutir em pormenor). O estudo da deriva genética envolve matemática mais avançada (valores e vectores próprios, equações às derivadas parciais, etc.), pelo que a ênfase é no desenvolvimento dos modelos, e na interpretação das equações resultantes através de gráficos.

A compreensão do texto pressupõe alguns conhecimentos de genética clássica – as leis de Mendel e suas extensões (dominância; alelos múltiplos; *linkage* e recombinação; pleiotropia e epistasia) – e, no mínimo, familiaridade com o vocabulário da probabilidade e da estatística (em particular: regras da soma e do produto, medidas de localização e variação; distribuição binomial, medidas de associação). A resolução de alguns problemas requer ainda conhecimento operacional de estimação e testes estatísticos (metodologia geral, e qualidade de ajustamento e tabelas de contingência usando a distribuição χ^2). No caso de o leitor sentir necessidade de rever ou aprofundar os seus conhecimentos de probabilidade e estatística[2], recomendo os primeiros capítulos do (permitam-me) magnífico livro do Dinis Pestana e do Sílvio Velosa[3]. Com estas bases, este livro deverá ser fácil de seguir. Se mesmo assim o leitor tiver algumas dificuldades, asseguro-lhe que não são nada comparadas com as que eu tive em escrevê-lo.

Este livro deve muito às aulas e aos apontamentos escritos pelo Professor Doutor J.M. de Campos Rosado, meu Professor e Mestre. Pela parte que me toca, perdi já a conta às versões por que este livro passou. Depois de alguns anos a distribuir apontamentos directamente aos alunos, em 1998 entreguei à Associação de Estudantes (AE) da FCUL um texto, que esta editou durante uns tempos, e vendeu quase a preço de custo. A dada altura a AE decidiu passar a edição e venda dos textos a uma empresa comercial, sem consultar os professores que lhe tinham confiado os seus textos, e à revelia dos seus direitos de autor. O resultado não se fez esperar: a qualidade da impressão e da encadernação baixou, e o preço subiu.

Em virtude da experiência de ensino, eu fui fazendo algumas alterações no modo de ensinar, e até à própria matéria ensinada, de modo que esse texto foi ficando desactualizado. Mas as condições não

---

[1] O percurso é pelo menos tão importante como a linha de chegada!

[2] Embora seja possível fazer-se uma ou duas cadeiras semestrais sobre teoria matemática da Probabilidade (eu fiz!) isso não é de modo nenhum necessário para seguir este texto.

[3] Pestana e Velosa.2002. Introdução à probabilidade e à estatística, Volume I. Fundação Calouste Gulbenkian, Lisboa

eram favoráveis a uma nova edição actualizada, pelo que voltei a distribuir novos apontamentos aos meus alunos.

Entretanto, a situação mudou em vários aspectos. Em Setembro de 2013, mesmo antes das aulas começarem, um pequeno incêndio na FCUL destruiu as instalações da AE e do polo da empresa que vendia o meu texto na FCUL. Pelas informações que recebi da AE, esta empresa terá decidido não continuar a produzir e vender os textos dos autores da FCUL, e a própria AE também não quis retomar essa tarefa. A situação editorial internacional tinha também mudado, sendo agora mais fácil a um autor independente publicar os seus próprios livros, assim como distribuí-los através das mais conhecidas livrarias *on-line*, incluindo a partir da Europa comunitária, o que evita despesas alfandegárias, e reduz (ou elimina mesmo) os custos com os portes.

Assim, decidi desta vez não abdicar do controle editorial do meu livro de Genética Populacional, realizando uma edição própria, com impressão apenas dos livros necessários, quando necessário. Este modelo de edição e distribuição directas, sem passar pelas tradicionais editoras comerciais, e sem acumulação de estoques, permite-me reter completamente os direitos de autor. Além disso, torna muito mais fácil actualizar o livro, quer para adicionar novas matérias, quer para eventuais correcções, sempre que necessário ou conveniente, sem as restrições devidas aos interesses comerciais das editoras. De facto, a edição de 2014 apresenta já material adicional, e várias correcções, relativamente à de 2013, que foi realizada sob forte pressão de tempo. Este modelo é muito semelhante ao usado no software académico, em que os autores conservam o controle completo da sua obra, publicando actualizações e correcções frequentes à margem de quaisquer editoras ou distribuidoras.

Eu e este livro temos uma dívida, enorme, ao Professor Campos Rosado. É um prazer reconhecer também as muitas discussões (sobre genética populacional e não só) que tenho tido com o Rui Ramusga ao longo de mais de 30 (!!) anos. Este livro é melhor por causa delas. As edições anteriores passaram já pelas mãos de vários *cohorts* de alunos, e foram revistas à luz das suas reacções (em especial, mais uma vez, as do Rui, que fez muitas sugestões valiosas). Conto com as críticas de todos para melhorar versões futuras: nenhum comentário é demasiado grande ou demasiado pequeno! Não havendo co-autores em quem descarregar as culpas, todos os defeitos são da minha responsabilidade (se não mos apontarem, na próxima edição serão também da vossa…).

Espero que apreciem o livro, pois onde não há prazer não cresce o proveito.

Lisboa, Julho de 2014
Pedro J.N. Silva

Índice resumido

1	Introdução	1
2	Ideias Fundamentais	15
3	Um Gene Autossómico	27
4	Um Gene Ligado ao Sexo	73
5	Um Sistema de Genes	85
6	Mutação	111
7	Selecção Natural	131
8	Endogamia	193
9	Divisão populacional e migração	219
10	Finidade da Grandeza Populacional	235

Índice geral

1 Introdução 1
1.1 Enquadramento da genética populacional nas ciências biológicas 1
1.2 Índole do curso 4
1.3 Modelos 5
1.3.1 O que são e para que servem 5
1.3.2 Uma classificação de modelos 8
1.4 Sobre o rigor matemático deste curso 12
1.5 Aproximação matemática...13

2 Ideias Fundamentais 15
2.1 Introdução 15
2.2 Ritmo e longevidade da função reprodutora 15
2.3 Espécies haplóides e assexuais...16
2.4 Espécies diplóides sexuais 17
2.4.1 População mendeliana..17
2.4.2 População panmítica 18
2.5 A população como um conjunto de frequências 19
2.6 Descrição estatística de populações haplóides 20
2.7 Descrição estatística de populações diplóides.......................................21
2.7.1 Frequências genotípicas 21
2.7.2 Frequências alélicas 22
2.7.3 Número de genótipos e acasalamentos 24
2.8 Problemas...26

3 Um Gene Autossómico 27
3.1 Introdução 27
3.2 Populações haplóides e assexuais 27
3.3 Populações diplóides: a lei de Hardy-Weinberg 29
3.3.1 Pressupostos 29
3.3.2 Um gene dialélico 31
3.3.2.1 Sem acasalamentos 31
3.3.2.2 Com acasalamentos...33
3.3.2.3 Caso geral...36
3.3.2.4 Representação gráfica das frequências de Hardy-Weinberg................37
3.3.2.5 Caso particular de dominância completa 39

3.3.3	Um gene multialélico	39
3.3.4	Estabilidade do equilíbrio	41
3.3.5	Propriedades de populações em equilíbrio de Hardy-Weinberg	41
3.3.5.1	Distribuição dos alelos pelos homozigotos e heterozigotos	41
3.3.5.2	Caso limite de um alelo raro	42
3.3.5.3	Relação entre as frequências dos homozigotos e dos heterozigotos	42
3.3.5.4	Frequências de acasalamento	42
3.3.6	Robustez	43
3.3.7	Distinção entre frequências e equilíbrio de Hardy-Weinberg	44
3.3.8	Importância da lei de Hardy-Weinberg	44
3.4	Complementos	46
3.4.1	Gráficos ternários	46
3.4.2	Efeito da diferença das frequências alélicas nos dois sexos	49
3.4.3	Parametrização da diferença para as frequências de Hardy-Weinberg	51
3.4.3.1	Índice de fixação	52
3.4.3.2	Coeficiente de desequilíbrio	53
3.4.4	Frequência máxima de heterozigotos	54
3.4.5	Dominância e rácios de Snyder	56
3.4.6	Robustez: panmixia	58
3.4.7	Frequências de grupos de alelos sintéticos	60
3.4.8	Frequências genotípicas em populações finitas	60
3.4.9	Reprodutores contínuos	61
3.4.9.1	Haplóides e assexuais	62
3.4.9.2	Diplóides	62
3.4.10	Populações poliplóides	64
3.4.11	Quantificação da diversidade genética	66
3.4.11.1	Medidas clássicas	66
3.4.11.2	Medidas para dados moleculares	70
3.5	Problemas	71

4 Um Gene Ligado ao Sexo — 73

4.1	Introdução	73
4.2	Populações haplóides	73
4.3	Populações diplóides e haplo-diplóides	73
4.3.1	Introdução	73
4.3.2	Um gene dialélico	74
4.3.2.1	Descrição estatística	74
4.3.2.2	Evolução das frequências ao longo do tempo	76
4.3.3	Um gene multialélico	80
4.4	Complementos	81

4.4.1	Aproximação ao equilíbrio	81
4.4.2	Efeito da diferença das frequências alélicas nos dois sexos	83
4.5	Problemas	83

5 Um Sistema de Genes — 85

5.1	Introdução	85
5.2	Dois genes autossómicos dialélicos	85
5.2.1	Descrição estatística	85
5.2.2	Evolução das frequências ao longo do tempo	87
5.2.3	Caracterização do equilíbrio – e do desequilíbrio	95
5.2.4	Independência genética e estatística	97
5.3	Um número arbitrário de genes multialélicos em qualquer posição	97
5.4	Importância do equilíbrio de Robbins	98
5.5	Complementos	100
5.5.1	Derivação retrospectiva	100
5.5.2	Taxas de recombinação diferentes nos dois sexos	102
5.5.3	Medidas de desequilíbrio	103
5.5.3.1	Dois genes dialélicos	103
5.5.3.2	Dois genes multialélicos	104
5.5.3.3	Mais de dois genes	105
5.5.4	Aproximação ao equilíbrio para três genes	105
5.6	Problemas	108

6 Mutação — 111

6.1	Introdução	111
6.2	O destino de uma mutação única	112
6.3	Mutação recorrente unidireccional	115
6.3.1	Um gene dialélico	115
6.3.2	Um gene multialélico	117
6.4	Mutação recorrente bidireccional	118
6.4.1	Um gene dialélico	118
6.4.2	Um gene multialélico	123
6.5	O papel primordial da mutação na evolução	124
6.6	Modelos moleculares de mutação	125
6.6.1	Modelo passo-a-passo	125
6.6.2	Infinitos alelos	126
6.6.3	Infinitas posições	126
6.6.4	Finitas posições	127
6.7	Mutação: aleatória?	128
6.8	Problemas	129

7 Selecção Natural — 131

- 7.1 O que é a selecção natural? ... 131
- 7.2 Selecção assexual, haplóide ou gamética ... 133
  - 7.2.1 Introdução ... 133
  - 7.2.2 Frequências genotípicas e fitnesses absolutas ... 133
  - 7.2.3 Frequências e grandeza populacional ao fim de uma geração ... 134
  - 7.2.4 Fitnesses relativas ... 136
  - 7.2.5 Coeficientes selectivos ... 136
  - 7.2.6 Variação das frequências genotípicas e equilíbrios ... 137
  - 7.2.7 Evolução das frequências ao longo do tempo ... 138
  - 7.2.8 Tempos evolutivos ... 139
  - 7.2.9 Estimação das fitnesses ... 141
  - 7.2.10 Genes multialélicos ... 141
  - 7.2.11 O teorema fundamental da selecção natural ... 142
- 7.3 Selecção diplóide ... 143
  - 7.3.1 Caso geral (gene autossómico dialélico) ... 143
  - 7.3.2 Fitness do heterozigoto intermédia entre as dos homozigotos ... 150
    - 7.3.2.1 Fitnesses aditivas: ausência de dominância ... 151
    - 7.3.2.2 Fitnesses multiplicativas ... 153
  - 7.3.3 Dominância ... 154
  - 7.3.4 Sub-dominância ... 158
  - 7.3.5 Super-dominância ... 162
  - 7.3.6 Conclusão ... 165
- 7.4 Comparação de selecção haplóide e diplóide ... 167
- 7.5 Selecção diplóide e gamética ... 167
- 7.6 Selecção e mutação ... 170
  - 7.6.1 O destino de uma mutação vantajosa única ... 170
  - 7.6.2 Selecção diplóide e mutação ... 173
- 7.7 Complementos ... 179
  - 7.7.1 *Variorum* ... 179
  - 7.7.2 Paisagem adaptativa ... 180
  - 7.7.3 Evolução das frequências para alelos letais ... 181
  - 7.7.4 Tempos evolutivos ... 183
    - 7.7.4.1 Introdução ... 183
    - 7.7.4.2 Super- e sub-dominância ... 184
    - 7.7.4.3 Dominância ... 185
    - 7.7.4.4 Aditividade ... 186
  - 7.7.5 Dinâmica selectiva em função da dominância ... 187
  - 7.7.6 Genes multialélicos ... 189
- 7.8 Problemas ... 191

8 Endogamia — 193

- 8.1 Introdução 193
- 8.2 Conceitos fundamentais 194
- 8.2.1 Pedigrees, genótipos e probabilidades 194
- 8.2.2 Consanguinidade 195
- 8.2.3 Identidade por descendência e identidade em estado 196
- 8.2.4 Alozigotos e autozigotos 197
- 8.2.5 Coeficientes de endogamia e parentesco 197
- 8.3 Cálculo dos coeficientes de endogamia e parentesco a partir de pedigrees 198
- 8.3.1 Um caso particular simples: meios-irmãos 198
- 8.3.2 Caso geral 199
- 8.3.3 Genes ligados ao sexo 200
- 8.4 Frequências genotípicas em pedigrees 201
- 8.5 Endogamia em populações 201
- 8.5.1 Autofecundação exclusiva 202
- 8.5.2 Autofecundação parcial 204
- 8.5.3 Caso geral 208
- 8.5.4 Um gene multialélico 210
- 8.6 Endogamia e selecção natural 211
- 8.6.1 Introdução 211
- 8.6.2 Equilíbrios e sua estabilidade 212
- 8.6.3 Depressão endogâmica 216
- 8.6.4 Genes multialélicos 217
- 8.7 Problemas 218

9 Divisão populacional e migração — 219

- 9.1 Introdução 219
- 9.2 Divisão populacional 219
- 9.2.1 Um gene autossómico dialélico 219
- 9.2.2 Um gene autossómico multialélico 223
- 9.3 Migração 225
- 9.3.1 Introdução 225
- 9.3.2 Um modelo geral 225
- 9.3.3 Modelo continente–ilha 226
- 9.3.4 Modelo de várias ilhas 227
- 9.3.5 Modelos geográficos 230
- 9.4 Complementos 230
- 9.4.1 Estatísticas F 230
- 9.4.2 Dois genes autossómicos 232
- 9.5 Problemas 234

10 Finidade da Grandeza Populacional — 235

10.1	Introdução	235
10.2	As principais consequências da finidade populacional	237
10.3	Modelo de Fisher-Wright	238
10.3.1	Populações de um único indivíduo diplóide	238
10.3.2	Populações de dois indivíduos diplóides	241
10.3.3	Populações haplóides e diplóides	245
10.3.4	Três formas de conceptualizar a deriva genética	247
10.3.5	Populações de qualquer grandeza	248
10.3.5.1	A matriz de transição	249
10.3.5.2	Evolução da população ao longo do tempo	250
10.4	Mutação e selecção	252
10.5	Grandeza populacional efectiva	256
10.5.1	Introdução	256
10.5.2	Número diferente de indivíduos dos dois sexos	257
10.5.3	Genes ligados ao sexo	259
10.5.4	Variação temporal da grandeza populacional	259
10.5.5	Distribuição do número de descendentes	259
10.5.6	Combinação de efeitos	261
10.5.7	Conclusão	261
10.6	Modelos de difusão	261
10.6.1	Introdução	261
10.6.2	As equações fundamentais	262
10.6.3	A distribuição de equilíbrio	264
10.6.4	Importância relativa da deriva, mutação e selecção	265
10.6.4.1	Deriva e mutação	266
10.6.4.2	Deriva, mutação e selecção	268
10.6.4.3	Conclusão	269
10.7	Problemas	270

Índice de figuras

Figura 1.1. Espectro de organização da biomassa 2

Figura 1.2. O heptágono de investigação científica 4

Figura 2.1. Frequências genotípicas e alélicas 24

Figura 2.2. Número de homozigotos, heterozigotos e genótipos num gene autossómico dialélico 25

Figura 3.1. Ciclo de vida diplóide sem acasalamentos 30

Figura 3.2. Representação gráfica dos alelos e respectivas frequências nos progenitores, e dos genótipos e suas frequências nos descendentes, no caso geral em que as frequências iniciais podem ser diferentes nos dois sexos 32

Figura 3.3. Ciclo de vida diplóide com acasalamentos 34

Figura 3.4. Representação gráfica dos alelos e respectivas frequências nos progenitores, e dos genótipos e suas frequências nos descendentes, quando as frequências parentais são iguais nos dois sexos 38

Figura 3.5. Frequências de Hardy-Weinberg em função das frequências alélicas 38

Figura 3.6. Populações representadas pelas suas frequências alélicas 47

Figura 3.7. Populações representadas pelas suas frequências genotípicas 47

Figura 3.8. Frequências genotípicas num gráfico ternário 48

Figura 3.9. Frequências alélicas num gráfico ternário 49

Figura 4.1. Evolução das frequências alélicas num gene ligado ao sexo 80

Figura 5.1. Desequilíbrios gaméticos 91

Figura 5.2. O decaimento do desequilíbrio gamético com diferentes taxas de recombinação 92

Figura 6.1. Probabilidade de sobrevivência de um mutante único ao longo do tempo 114

Figura 6.2. Variação das frequências alélicas devida à mutação 121

Figura 6.3. Variação das frequências alélicas ao longo do tempo devida à mutação 123

Figura 6.4. Substituições e diferenças em sequências de DNA 128

Figura 7.1. Frequências absolutas e relativas sob selecção haplóide 135

Figura 7.2. Estimação das fitnesses sob selecção haplóide 141

Figura 7.3. Ciclo de vida com selecção diplóide 144

Figura 7.4. Relações entre a fitness do heterozigoto e as dos homozigotos 150

Figura 7.5. Variação das frequências alélicas e fitness média quando a fitness do heterozigoto é intermédia entre as dos homozigotos 151

Figura 7.6. Variação das frequências alélicas e fitness média no caso de dominância 155

Figura 7.7. Frequência de um alelo letal recessivo ao longo do tempo 158

Figura 7.8. Variação das frequências alélicas e fitness média no caso de sub-dominância.................. 159

Figura 7.9. Frequências alélicas ao longo do tempo no caso de sub-dominância............................... 161

Figura 7.10. Variação das frequências alélicas e fitness média no caso de super-dominância 162

Figura 7.11. Frequências alélicas ao longo do tempo no caso de super-dominância. 164

Figura 7.12. Selecção natural ao nível de um gene autossómico dialélico: condições e resultados..... 166

Figura 7.13. Ciclo de vida com selecção haplóide e diplóide.. 168

Figura 7.14. Probabilidade de sobrevivência de um mutante único 172

Figura 7.15. Um ciclo de vida com selecção e mutação 174

Figura 7.16. Equilíbrio sob selecção e mutação para mutantes dominantes, aditivos e recessivos...... 178

Figura 7.17. Frequência de equilíbrio sob selecção e mutação em função da dominância 178

Figura 7.18. Paisagem adaptativa 181

Figura 7.19. Comparação da variação das frequências alélicas com selecção a favor de um alelo
dominante, aditivo e recessivo.. 187

Figura 7.20. Tempos para variação das frequências alélicas em função da dominância.................... 188

Figura 7.21. Evolução de um gene trialélico com super-dominância total.. 190

Figura 7.22. Evolução de um gene trialélico sem super-dominância. 191

Figura 8.1. Pedigrees de meios-irmãos 195

Figura 8.2. Pedigree ilustrando conceitos de consanguinidade 196

Figura 8.3. Pedigree de autofecundação 204

Figura 8.4. Evolução das frequências genotípicas com autofecundação parcial 207

Figura 8.5. Evolução do coeficiente de endogamia com autofecundação parcial 208

Figura 8.6. Representação das frequências genotípicas de populações consanguíneas num gráfico
ternário 210

Figura 8.7. Variação das frequências alélicas e fitness média com endogamia e super-dominância ... 215

Figura 8.8. Frequências alélicas e fitness média ao longo do tempo com endogamia e super-
dominância.. 216

Figura 9.1. Heterozigotia de dois demes isolados e da população geral... 222

Figura 9.2. Variância das frequências alélicas ao longo do tempo sob migração............................... 229

Figura 9.3. Variação das frequências genotípicas da população ao longo do tempo sob migração..... 230

Figura 10.1. Evolução das frequências alélicas ao longo do tempo em populações finitas................. 236

Figura 10.2. Distribuição esperada do número de alelos ao longo do tempo numa população de
dois indivíduos diplóides (2D).. 246

Figura 10.3. Distribuição esperada do número de alelos ao longo do tempo numa população de
dois indivíduos diplóides (3D).. 247

Figura 10.4. Distribuição esperada do número de alelos ao longo do tempo em populações de 16
indivíduos, com frequências iniciais iguais 251

Figura 10.5. Distribuição esperada do número de alelos ao longo do tempo em populações de 16 indivíduos, com frequências iniciais diferentes 252

Figura 10.6. Distribuição observada do número de alelos ao longo do tempo em 107 populações experimentais de 16 indivíduos de *Drosophila melanogster* 253

Figura 10.7. Distribuição esperada do número de alelos ao longo do tempo em populações de 16 indivíduos com selecção super-dominante simétrica 254

Figura 10.8. Distribuição esperada do número de alelos ao longo do tempo em populações de 16 indivíduos com selecção super-dominante assimétrica 255

Figura 10.9. Grandeza efectiva de uma população constituída por N_m machos e N_f fêmeas 258

Figura 10.10. Grandeza efectiva de uma população dióica em função da proporção de machos 258

Figura 10.11. Grandeza efectiva em função da variância do número de descendentes 260

Figura 10.12. Aproximação contínua da distribuição esperada do número de alelos ao longo do tempo em populações de 16 indivíduos. 264

Figura 10.13. Aproximação à distribuição alélica de equilíbrio. 265

Figura 10.14. Distribuição de equilíbrio com deriva e mutação 266

Figura 10.15. Distribuição de equilíbrio com deriva e mutação assimétrica 267

Figura 10.16. Distribuição de equilíbrio com deriva, mutação e selecção contra um alelo 268

Figura 10.17. Distribuição de equilíbrio com deriva, mutação e selecção com super-dominância 269

Índice de tabelas

Tabela 1.1. Uma classificação de modelos 8

Tabela 2.1. Frequências haplóides 21

Tabela 2.2. Frequências genotípicas 22

Tabela 2.3. Relações entre frequências genotípicas e alélicas em cada sexo 23

Tabela 2.4. Relações entre frequências genotípicas e alélicas na população geral 23

Tabela 3.1. Acasalamentos panmíticos, frequências mendelianas e contribuições para a descendência 35

Tabela 3.2. Frequências genotípicas de Hardy-Weinberg num gene com três alelos 40

Tabela 3.3. Frequências dos acasalamentos numa população panmítica em frequências de Hardy-Weinberg 43

Tabela 3.4. Número e frequência máxima de heterozigotos 57

Tabela 3.5. Frequências dos acasalamentos e seus descendentes numa população panmítica em frequências de Hardy-Weinberg com dominância 57

Tabela 3.6. Frequências de acasalamento numa população não-panmítica em equilíbrio de Hardy-Weinberg 59

Tabela 3.7. Contribuições gaméticas dos autotetraplóides 65

Tabela 4.1. Frequências genotípicas 75

Tabela 4.2. Relações entre frequências genotípicas e alélicas em cada sexo 75

Tabela 4.3. Relações entre frequências genotípicas e alélicas na população geral 76

Tabela 4.4. Probabilidades de acasalamento em panmixia e contribuições para a descendência 77

Tabela 5.1. Proporções dos gâmetas produzidos pelos duplos heterozigotos 88

Tabela 5.2. Frequências e proporções gaméticas de todos os zigotos 89

Tabela 6.1. Probabilidade de sobrevivência de um mutante único ao longo do tempo 114

Tabela 7.1. Frequências genotípicas nos recém-nascidos e adultos de uma geração, e nos recém-nascidos da geração seguinte, numa população haplóide 134

Tabela 7.2. Frequências genotípicas absolutas nos zigotos e adultos, e contribuições dos genótipos para os gâmetas, numa população diplóide 145

Tabela 7.3. Representações das fitnesses absolutas e relativas 145

Tabela 7.4. Frequência de um alelo letal recessivo ao longo do tempo 157

Tabela 7.5. Probabilidade de sobrevivência de um mutante único ao longo do tempo 171

Tabela 8.1. Probabilidades de acasalamento e frequências genotípicas na descendência com autofecundação parcial 205

Tabela 8.2. Frequências genotípicas numa população consanguínea 209

Tabela 8.3. Frequências genotípicas absolutas nos zigotos e adultos numa população endogâmica com selecção natural 211

Tabela 9.1. Descrição estatística dos demes de uma população dividida 220

Tabela 10.1. Probabilidades de transição para uma população de um indivíduo diplóide 239

Tabela 10.2. Distribuição de frequências alélicas numa população de um indivíduo diplóide ao longo do tempo 243

Tabela 10.3. Distribuição de frequências alélicas numa população de dois indivíduos diplóides ao longo do tempo 245

Capítulo 1

INTRODUÇÃO

' Begin at the beginning,' the King said gravely, 'and go on till you come to the end: then stop.'
Carroll, 1865.

Antes de mais, uma recomendação: se por acaso "saltou" o prefácio, volte a trás, e leia-o: piadas à parte, é importante, faz parte do livro, e foi por isso que eu o escrevi!

1.1 Enquadramento da genética populacional nas ciências biológicas

Antes de começarmos o nosso estudo de genética populacional, devemos primeiro ver como é que esta disciplina se enquadra no quadro mais vasto da biologia. Aquilo a que chamamos vida existe na Terra apenas numa fina película, em especial junto das interfaces água-ar, água-terra e ar-terra. Ao conjunto dos seres vivos damos o nome de biomassa, e ao das regiões onde os encontramos, biosfera ou ecosfera. Dado que as condições físicas na biosfera não são uniformes, a biomassa encontra-se distribuída de forma heterogénea, formando manchas de qualidade (composição taxonómica e genética) e quantidade muito variadas. Estas manchas são formadas por agregados de organismos que se associam entre si e com o meio ambiente, constituindo os ecossistemas – os quais, por sua vez, não são unidades independentes mas sim subsistemas do ecossistema global, a biosfera.

Podemos então considerar o ecossistema formado pela comunidade biótica (componente vivo) e pelo meio abiótico (componente físico-químico), e percorrido por um fluxo energético que lhe confere unidade e funcionalidade. Isto é, aliás, comum aos outros sistemas biológicos, a todos os níveis.

De facto, uma das propriedades da biomassa é a sua estruturação em diferentes níveis de hierarquia funcional, dos quais podemos destacar as macromoléculas, as células, os organismos, as populações e as comunidades:

... macro-molécula ... célula ... organismo ... população ... comunidade ...

Estes níveis são todos igualmente importantes, daí a sua disposição horizontal. Formam um espectro contínuo, ou seja, qualquer divisão (como a indicada acima) é arbitrária, podendo sempre conceber-se vários níveis intermédios (tecidos, órgãos, famílias, etc.). Em cada nível, a interacção do componente vivo com o meio gera sistemas – figura 1.1.

Quando se passa de um nível para outro à sua direita aparecem (ousarei dizer "emergem"?) novos atributos, estruturais e funcionais, que não são previsíveis conhecendo-se apenas os atributos dos níveis mais simples (note-se que muitos discordariam desta afirmação), embora sejam com eles compatíveis; por exemplo, as regras da sociologia, embora compatíveis com as leis da fisiologia, não são delas dedutíveis. Reciprocamente, a compreensão "total" dos níveis mais simples não é necessária para a dos mais complexos (por exemplo, não é preciso saber os detalhes da replicação do DNA para compreender a dinâmica das interacções entre presas e predadores nos ecossistemas).

Ao longo deste espectro há várias ecologias (ecologia celular, populacional, etc.), que dão ênfase às relações entre os seres vivos e o ambiente, e biologias, que estudam os fenómenos biológicos próprios de cada nível (dando em regra menos importância ao que se passa com o meio). Por exemplo, a biologia populacional dedica-se ao sistema populacional, estudando os fenómenos biológicos que aí se manifestam.

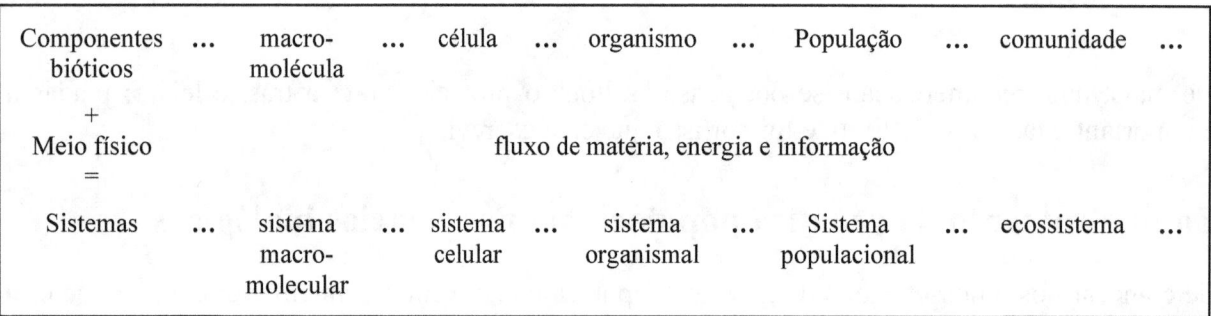

Figura 1.1. Espectro de organização da biomassa

Como o espectro de organização da biomassa é contínuo, e os níveis que destacámos arbitrários, a genética populacional não estuda apenas populações. Assim, falaremos também de famílias, e podemos ainda estudar a coevolução de populações de competidores, ou hospedeiros e parasitas. No entanto, a ênfase do nosso estudo é de facto nas populações.

O que é uma população? Esta palavra pode ter significados diferentes dependendo do contexto e do objectivo, e é de facto possível encontrar definições diferentes na literatura. No entanto, a noção geral de população biológica que seguimos aqui, é a de um agregado de indivíduos da mesma espécie, que ocupam determinado espaço durante uma sucessão de gerações[1]. Tem portanto componentes espaciais e temporais.

Podemos considerar várias subdisciplinas da biologia populacional, como a dispersão espacial, que se ocupa da repartição dos indivíduos da população pelo espaço, a dinâmica populacional, que se ocupa da variação da grandeza das populações, e a genética populacional, que se ocupa da sua evolução genética. Claro que esta divisão também é, em grande parte, arbitrária – é possível estudar a evolução genética de populações com distribuições espaciais variadas (*e.g.*, uniformes ou divididas em

---

[1] A delimitação prática de uma população é geralmente difícil, e algo arbitrária. Por exemplo, na nossa espécie, uma aldeia pequena e culturalmente homogénea numa ilha remota constitui claramente uma população, mas a população duma grande cidade é muito mais difícil de delimitar. De qualquer modo, o que nos interessa aqui é a noção de população, e não como usá-la na prática.

subpopulações entre as quais pode haver migração), ou a evolução genética e dinâmica de populações de grandeza variável – mas tem raízes históricas profundas, e facilita o estudo numa primeira abordagem. De qualquer modo, a genética populacional é a parte da biologia que se ocupa de problemas como os tratados neste livro.

Já que vamos estudar a evolução genética das populações, convém também discutir um pouco o que entendemos por gene. Tal como para população, e talvez em maior grau, há várias definições razoáveis de gene, enfatizando aspectos diferentes, como a sua transmissão, ou as suas funções celulares. Muitas vezes, o conceito é intencionalmente vago: o gene é aquilo que os geneticistas estudam... Em evolução molecular, temos geralmente de ser mais precisos, e considerar os aspectos funcionais dos genes, que criam grandes dificuldades a qualquer tentativa de definir gene (e, paradoxalmente, cada vez maiores à medida que conhecemos mais detalhes sobre os mecanismos moleculares envolvidos nessas funções). Por exemplo, em tempos definiu-se o gene como um bocado de DNA que codifica uma proteína, noção entretanto abandonada à medida que se foi descobrindo que as coisas são muito mais complicadas do que isso[2]. Não precisamos aqui dessas minúcias funcionais. Para nós, um gene é uma unidade de transmissão hereditária. Pode ser um nucleótido, um codão, um cistrão, um mutão, um recão, uma inversão cromossómica, um cromossoma, ou mesmo um genoma completo. A sua principal característica é a transmissibilidade de geração em geração.

A genética populacional teve a sua origem no período entre 1908 e os anos 1930, pouco depois, portanto, da "redescoberta" dos resultados de Mendel em 1900. Os nomes mais importantes deste período são Wright[3], Fisher[4] e Haldane[5]. A motivação inicial destes investigadores foi o teste quantitativo da teoria darwinista da evolução, à luz das bases genéticas do mendelismo.

Ultrapassada essa questão, a genética populacional mantém-se hoje actual. É a pedra-chave na nossa compreensão da evolução passada e futura dos seres vivos, incluindo a especiação, a invasão e adaptação a novos nichos ecológicos, ou a conservação de espécies em risco de extinção. A variação genética é essencial para a adaptação a novos ambientes, e a sua caracterização cabe à genética populacional, assim como o estudo dos mecanismos que a promovem e mantêm, ou pelo contrário tendem a eliminá-la. A manutenção da variabilidade biodiversidade intra- e interespecífica é essencial, não só para as próprias populações, mas também para nós, em especial quando as queremos explorar como alimento, ou para a produção de medicamentos.

As relações filogenéticas entre os seres vivos; o melhoramento de plantas e animais por selecção artificial (nunca substituída pelos avanços da biotecnologia); a identificação de *stocks* (haliêuticos e

---

[2] A este respeito, uma referência interessante é Gerstein,etal.2007.What is a gene, post-ENCODE? History and updated definition. Genome Research 17: 669-681.

[3] Sewall Green Wright (1889-1988) foi um geneticista dos E.U.A.. Não só criou e analisou modelos importantes, como inventou métodos práticos de análise de pedigrees e populações, generalizados e ainda usados em estatística e ciências sociais. É especialmente lembrado pelos seus estudos da interacção entre vários factores evolutivos, em especial em populações finitas, mas contribuiu também para outras áreas da genética, incluindo o melhoramento animal.

[4] Ronald Aylmer Fisher (1890-1962) foi um evolucionista, geneticista e eugenicista inglês, também conhecido como estatístico. Mostrou a compatibilidade entre caracteres quantitativos e o mendelismo. Criou e analisou diversos modelos de mutação e selecção natural em populações finitas e infinitas. Enfrentado problemas estatísticos difíceis, em especial devidos ao seu trabalho numa estação agronómica, e não havendo métodos para os resolver, inventou os testes de significância, a análise de variância, o método de verosimilhança máxima, etc.

[5] John Burdon Sanderson Haldane (1892-1964) foi um polímata inglês (mais tarde naturalizou-se indiano), com contribuições importantes na genética populacional, fisiologia, bioquímica, outras áreas da genética (foi o primeiro a demonstrar *linkage* em mamíferos), matemática e estatística. Inventou muitos conceitos e termos científicos hoje comuns (*cis* e *trans*, acoplamento e repulsão de genes, clones, etc.). Foi também popularizador da ciência, e teve grande intervenção política e social.

outros), essencial à sua gestão, e à fiscalização dessa mesma gestão; as migrações de populações, incluindo a reconstituição das migrações históricas da nossa espécie; as relações genealógicas; a genética forense, incluindo disputas de paternidade, a atribuição da culpabilidade em tribunal, e a identificação molecular de restos mortais; as "doenças genéticas", como a anemia das células falciformes; a resistência aos pesticidas e antibióticos... são áreas do foro directo da genética populacional, ou para as quais ela tem contribuído de forma decisiva. E, acima de tudo, a genética das populações continua a ser objecto da nossa curiosidade intelectual.

1.2 Índole do curso

Como as outras disciplinas biológicas (mas em maior grau do que elas), a genética populacional tem-se desenvolvido pelo ajustamento iterativo entre modelos representativos dos seus fenómenos, e resultados empíricos, como representado no heptágono da investigação científica de Ledley da figura 1.2.

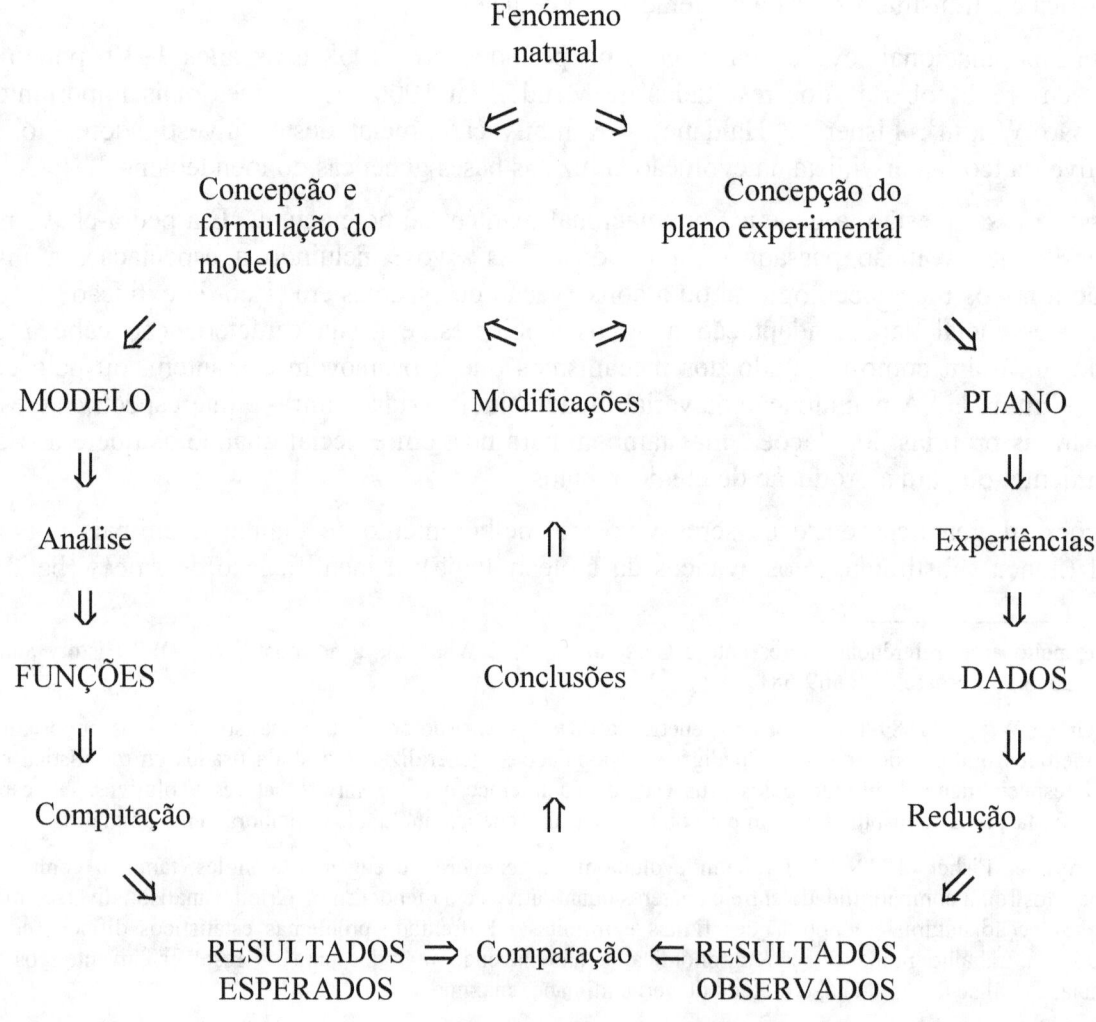

Figura 1.2. O heptágono de investigação científica

Podemos dividir o heptágono em várias partes:

- o vértice superior, que representa o fenómeno em estudo;

- os três lados da esquerda, que representam os aspectos teóricos: a concepção e formulação do modelo; a sua análise para se obter funções; e a substituição dos seus parâmetros e valores iniciais das variáveis por números, e subsequente computação, para se obter os resultados esperados;

- os três lados da direita, que representam os aspectos experimentais: a concepção do plano experimental; a realização de experiências, para se obter dados; e a redução destes a resultados observados que sejam comparáveis com os resultados esperados;

- a base do heptágono, que representa a comparação entre os resultados observados e esperados;

- a ansa mediana bifurcada, que representa as conclusões dessa comparação, levando à reformulação do modelo e do plano experimental – talvez o elemento mais importante de todo o processo.

Serve este heptágono (*inter alia*) para pôr em contexto o estudo que se segue: a concepção, formulação (tradução do fenómeno biológico em termos formais) e análise de modelos matemáticos dos fenómenos fundamentais da genética populacional. Os primeiros passos – concepção e formulação do modelo – são mais difíceis do que o estudo matemático do modelo, ao contrário do que a "alergia" à análise matemática faz muitos biólogos supor. A formalização de questões vagas e informação ambígua é sempre um processo difícil, por vezes penoso, mas que em regra recompensa, aumentando a nossa compreensão do fenómeno (mesmo antes da análise). Sempre que necessário ou útil, faremos também alguma computação, cujos resultados apresentamos em figuras, mas neste curso teórico não nos preocuparemos muito com experiências (ou observações, ignoradas por este modelo da investigação científica, mas tantas vezes essenciais), ou com a comparação dos resultados esperados e observados, mais apropriada para aulas práticas e teórico-práticas.

1.3 Modelos

Da loucura na ausência de um modelo[6]:

> En aquel Imperio, el Arte de la Cartografía logró tal Perfección que el Mapa de una sola Provincia ocupaba toda una Ciudad, y el Mapa del Imperio, toda una Provincia. Con el tiempo, estos Mapas Desmesurados no satisficieron y los Colegios de Cartógrafos levantaron un Mapa del Imperio, que tenía el Tamaño del Imperio y coincidía puntualmente con él. Menos Adictas al Estudio de la Cartografía, las Generaciones Siguientes entendieron que ese dilatado Mapa era Inútil y no sin Impiedad lo entregaron a las Inclemencias del Sol y los Inviernos. En los Desiertos del Oeste perduran despedazadas Ruinas del Mapa, habitadas por Animales y por Mendigos; en todo el País no hay otra reliquia de las Disciplinas Geográficas.
>
> Miranda, 1658 (Borges, 1946).

> *All models are wrong, but some are useful.*
> Box, 1987.

1.3.1 O que são e para que servem

No sentido em que usamos aqui a palavra, um modelo é qualquer representação formal de um sistema real, em regra focalizada num fenómeno particular. Pode ser, por exemplo, verbal (*e.g.*, uma

---

[6] Devo ao meu amigo Rui Ramusga o ter trazido esta citação deliciosa à minha atenção, muitos anos antes de ela ter entrado no folclore da modelação, assim como o ter-me autorizado a usar este título.

explicação de como calcular a velocidade média a partir da distância percorrida e do tempo envolvido), gráfico (*e.g.*, um mapa metabólico), físico (*e.g.*, uma maqueta de um edifício, ou um manequim numa montra), biológico (*e.g.*, o ratinho, como modelo experimental para a nossa espécie), ou matemático. O seu objectivo não é a descrição exaustiva da natureza (aliás, impossível), mas sim fornecer uma representação de um sistema e do seu funcionamento, que permita compreendê-lo, prevê-lo ou controlá-lo. Um modelo é, portanto, sempre muito mais simples do que a realidade que representa.

Um modelo tem de ser simples para ser compreensível: substituir uma realidade mal compreendida por um modelo incompreensível não constitui grande avanço (e para alguém que conseguisse compreender um modelo tão complexo como a própria realidade, esse modelo seria desnecessário). Os modelos muito complexos podem talvez descrever a natureza com mais realismo, mas os modelos simples são sempre mais úteis para se obter princípios gerais.

No entanto, é importante sublinhar que não preferimos modelos simples apenas por serem os únicos que conseguimos elaborar e compreender (caso em que não seriam melhores do que, por exemplo, recorrer à astrologia). Na verdade, o facto de os modelos não incluírem todos os detalhes do sistema real que representam não impede a sua utilidade (pelo contrário). Um mapa das estradas não inclui todos os semáforos ou buracos da estrada, mas não deixa de ser um modelo muito útil de um país, por exemplo para viajar (até de comboio!).

Também em biologia verificamos que modelos simples são muitas vezes suficientes, já que em regra um número reduzido de factores domina uma grande parte da "acção". Por exemplo, se estivermos interessados em comparar a altura que diferentes mamíferos conseguem saltar, o facto de todos terem tronco e pernas é relevante, mas o facto de o rato ter bigodes, o canguru bolsa, e o elefante tromba, não. Podemos mesmo dizer que a tarefa central do biólogo consiste em identificar o menor número de parâmetros e variáveis necessários para interpretar o sistema biológico.

Quando um médico observa um certo número de pessoas que adoeceram em condições semelhantes, mas não idênticas, e com sintomas semelhantes, mas não idênticos, procura naturalmente as causas da doença no que é comum à maioria das pessoas (mesmo que não seja comum a absolutamente todas). Mesmo que o conjunto de sintomas, e as circunstâncias da vida de cada um, sejam complexos em todos os seus detalhes, a causa efectiva da doença pode ser muito simples. O médico tem assim de desprezar alguns sintomas, e algumas condições particulares, para encontrar a causa da doença, assim como a sua cura. Factores que podem ser importantes nuns casos, podem ser irrelevantes noutros. Por exemplo, a morada, o ter ido a um casamento na véspera, ou ter jogado futebol há umas horas não têm a mesma importância no caso de doenças transmissíveis, ou gástricas, ou de uma fractura. A prática da medicina envolve um balanço delicado na escolha de quais os factores a que se dá importância, e quais é que se despreza (mesmo que apenas temporariamente). O estudo da genética populacional envolve um balanço idêntico.

Os modelos não são, portanto, retratos fiéis da realidade; são descrições dos nossos pressupostos acerca da realidade, e como tal são caricaturas da realidade. Como todas as boas caricaturas, um bom modelo inclui, e às vezes até exagera, alguns detalhes (os mais característicos, ou relevantes), e ignora outros (porque são considerados de importância menor para o objectivo em vista, ou porque são demasiado complexos – e espera-se que não sejam essenciais). Os modelos são necessariamente incompletos, e mesmo falsos nalguns aspectos; tal como a arte, são mentiras que nos ajudam a ver a verdade.

A utilização de modelos tem, assim, muito de comum com a poesia – ambas envolvem uma suspensão voluntária da incredulidade. Se estivermos dispostos a dar-lhes o benefício da dúvida, a utilidade dos modelos acabará por nos convencer da sua justeza – assim como os caracteres sobrenaturais (ou pelo menos românticos) da poesia nos podem dar prazer e ajudar a compreender a vida real, e a utilidade dos números imaginários, ou da conjectura de Riemann, acaba por nos convencer da sua existência e validade, mesmo que não as consigamos demonstrar.

Entre todos os tipos de modelo, os mais úteis são, em última análise, os matemáticos. A vantagem da matemática é dupla: fornece uma linguagem concisa e explícita (se algo incoerente) para escrever o modelo, e técnicas poderosas para o analisar. A matemática ajuda a ver relações formais (estruturais?) entre fenómenos (mutação e migração, por exemplo) e objectos, que não seriam óbvias de outro modo. A matemática ajuda a garantir que as conclusões derivam dos pressupostos, pois a falácia é muito mais fácil sem ela. A matemática ajuda a reduzir a ambiguidade, e a descrever a complexidade com parcimónia.

A matemática ajuda a obter respostas não quantitativas para problemas não quantitativos (*e.g.*, a descoberta de uma sequência de reacções químicas), respostas quantitativas para problemas quantitativos (*e.g.*, a relação entre a grandeza de uma população e a sua variabilidade genética; ou como ajustar a entrada de nutrientes num quimiostato[7], de modo a obter a quantidade de células pretendida), ou ainda respostas quantitativas para problemas aparentemente não quantitativos (*e.g.*, na gestão de uma espécie em risco de extinção, a que podemos atribuir uma dada área, qual a melhor forma de a dividir em parcelas?). No âmbito de um trabalho experimental, a análise de sensibilidade (a determinação do efeito de variações da estrutura do modelo, dos valores dos parâmetros e dos valores iniciais das variáveis, nos resultados do modelo) é essencial para uma boa distribuição dos recursos – e impossível sem matemática.

Claro, a matemática pode também (em biologia, como nas ciências sociais e humanas) ser utilizada para confundir, mistificar e até intimidar, mas não são esses abusos que nos interessam aqui.

Um modelo matemático consiste na formulação dos nossos pressupostos relativamente a um problema, usando uma linguagem particular. É, assim, especialmente bom a não nos deixar esconder a nossa ignorância biológica. É fácil dizer que uma coisa depende de outra e convencermo-nos de que já sabemos muito. Em linguagem matemática, ou escrevemos $y=f(x)$, que torna claro que não sabemos como é que y depende de x, ou tentamos escrever a dependência funcional entre x e y sob a forma de uma equação, e descobrimos que afinal não sabemos. Este é o primeiro passo para tentar descobrir mais, investigando os mecanismos biológicos do sistema. Entretanto, não precisamos de ficar à espera: podemos *assumir* uma relação funcional (ou várias), e estudar as suas consequências. Mas foi o modelo matemático que, obrigando-nos a explicitar os nossos pressupostos, nos revelou a nossa própria ignorância, indicando assim o que precisávamos de investigar experimentalmente.

Para que servem, então, os modelos matemáticos em biologia? Para muitas coisas: explicar e prever, claro, mas também mostrar o que não sabemos, e apontar o que temos de observar e medir. Ainda mais importante do que as respostas que estes modelos permitem obter, é a sua função de polarizar o pensamento, e obrigar a fazer perguntas incisivas. O próprio processo de desenvolvimento do modelo biomatemático, ao obrigar-nos a fazer estas perguntas, leva desde logo a uma maior compreensão qualitativa do fenómeno em estudo, mesmo antes da análise do modelo. De qualquer modo, os resultados desta análise podem depois ser confrontadas com a realidade, por meio de observações e experiências cuidadosamente desenhadas.

Resumindo, os modelos biomatemáticos, como os microscópios ou os sequenciadores de DNA, são instrumentos. Cabe-nos usá-los.

Em genética populacional em particular, um modelo toma a forma de uma ou mais equações matemáticas que descrevem a evolução genética de uma população ao longo do tempo. A concepção e

---

[7] Um quimiostato é um reactor para a cultura contínua de microorganismos, ao qual se adiciona constantemente meio com nutrientes, saindo a mesma quantidade de meio usado e células.

formulação do modelo (em cima à esquerda do heptágono da figura 1.2), envolve a escolha dos factores biológicos e ambientais a incluir, e das relações entre eles, assim como a tradução dessas escolhas em equações. A análise do modelo implica obter a solução dessas equações (ou pelo menos caracterizar o seu comportamento a longo prazo), de modo a tirarmos conclusões.

As conclusões de um modelo podem estar ou não de acordo com a nossa intuição biológica. Quando não estão, isto pode ser devido a problemas com a nossa intuição, aos pressupostos do modelo (errados, ou demasiado simples), ou a erros na sua análise – pelo que é boa ideia rever o modelo. Com sorte, acabámos de descobrir um novo e importante princípio biológico. Mesmo quando há acordo entre intuição e modelo, este é útil na explicitação dos pressupostos em que aquela se baseia.

As complexidades do mundo real serão sempre diferentes dos nossos pressupostos, mas isso não invalida os modelos estudados. Na medida em que os pressupostos deste curso são simples, os nossos modelos podem parecer mais irrealistas do que os modelos verbais ou gráficos, muitas vezes apenas implícitos, a que estamos habituados noutras disciplinas biológicas. Não são! A grande diferença é que aqui não escondemos nada debaixo do tapete.

1.3.2 Uma classificação de modelos

O enquadramento dos nossos modelos biomatemáticos fica bastante facilitado se tivermos em mente uma classificação de modelos. Embora as classificações de modelos (metamodelos?) sejam quase tantas como os próprios modelos, há uma que se ajusta particularmente ao nosso estudo. Esta classificação aplica-se aos modelos dinâmicos (cujos elementos fundamentais são taxas de variação) e simples (não facilmente decomponíveis em submodelos), que classifica de forma dicotómica segundo cinco critérios, não mutuamente exclusivos (nem tão pouco independentes) – tabela 1.1.

Tabela 1.1. Uma classificação de modelos

Critério	Classificação
(i) origem	dedutivos (teóricos)
	indutivos (empíricos)
(ii) função	analíticos (estratégicos)
	simulativos (tácticos)
(iii) determinação	determinísticos
	estocásticos (probabilísticos)
(iv) tempo	contínuos
	discretos
(v) espaço	contínuos
	discretos

Vejamos melhor cada um destes critérios:

(i) Como é que construímos um modelo de um fenómeno? Um método possível é partir de pressupostos (primeiros princípios, ou regras básicas) óbvios, ou pelo menos razoáveis (mesmo que provisórios), dos quais deduzimos relações entre as variáveis e parâmetros em que estamos interessados. A explicitação dos pressupostos indica as limitações do modelo, e sugere as suas generalizações. As relações deduzidas aumentam a nossa compreensão do fenómeno, sugerem os seus próprios testes, podem ser usadas para previsão, etc. Em conjunto, esclarecem os mecanismos subjacentes. O estudo do fenómeno resulta na descoberta de mecanismos adicionais e no refinamento dos já conhecidos, levando ao aperfeiçoamento ou reformulação do modelo (ficando o anterior muitas vezes aplicável a casos particulares) – caixa 1.1. O resultado deste processo são modelos dedutivos (teóricos, ou ainda mecanísticos).

No entanto, por vezes este processo é difícil ou pouco produtivo, por não acharmos os fenómenos em estudo suficientemente conhecidos, por o modelo dedutivo (mesmo que simples) exigir a especificação de condições iniciais e de fronteira desconhecidas, ou ainda porque podemos não ter acesso a algumas variáveis importantes.

Assim, podemos partir do princípio de que, no fenómeno em estudo, existe uma relação bem definida (mesmo que probabilística) entre o passado e o futuro, e tentar extrair uma aproximação a essa relação (mesmo sem fazer ideia qual ela seja) a partir de observações. Precisamos portanto de substituir a nossa compreensão dos princípios que regem o fenómeno por uma grande quantidade de dados, tentando encontrar regularidades, criando assim modelos indutivos (empíricos, ou descritivos).

Esta abordagem tem também problemas: o comportamento do sistema pode ser muito complicado e irregular, talvez mesmo caótico; o sinal pode estar submerso em ruído, exigindo uma enorme quantidade de dados para se inferir relações; essas relações podem não ser homogéneas no espaço ou no tempo; podemos ser "enganados" pela observação repetida de uma relação entre dois acontecimentos, que se pode revelar mais tarde não ser geral, mesmo que as regras subjacentes sejam de facto constantes (caixa 1.2). Além disso, é muito difícil inferir mecanismos a partir de padrões, e sem mecanismos o processo de modelação é intelectualmente frustrante.

(ii) Podemos considerar nos modelos três atributos (entre outros): realismo, exactidão e generalidade.

O realismo refere-se ao grau em que os pressupostos do modelo correspondem à realidade (biológica) que se pretende que representem. Já vimos que os modelos são sempre caricaturas, melhores ou piores, da realidade. A exactidão é uma medida da proximidade das previsões do modelo à evolução real do fenómeno em estudo (é portanto diferente da precisão – proximidade de medidas ou previsões repetidas entre si – com que é muitas vezes confundida). A generalidade refere-se à amplitude de aplicabilidade do modelo, *i.e.*, à variedade de diferentes situações a que o modelo pode ser aplicado.

É impossível obter modelos que maximizem todos estes atributos ao mesmo tempo – por exemplo, para obter um modelo muito exacto temos em regra de sacrificar o realismo e a generalidade. Em cada caso temos de escolher quais os factores mais relevantes a incluir no modelo. Em biologia em geral, e em genética populacional em particular, o número de factores susceptíveis de serem considerados relevantes, é enorme. A escolha é sempre difícil.

Quando os problemas são genéricos – por exemplo, como é que as populações naturais conservam a sua variabilidade genética, ou como é que mantêm a sua grandeza dentro de certos limites – eles podem ser formulados em termos analíticos, usando um número pequeno de equações matemáticas, apenas com os parâmetros e variáveis mais relevantes. Obtemos, pois, modelos analíticos, pouco exactos, mas bastante genéricos e, principalmente, heurísticos. As respostas que se obtém são extensíveis a muitas populações (desde que o problema lhes seja comum e equacionável nos mesmos termos), mas não prevêem em pormenor a evolução de nenhuma.

Caixa 1.1. Exemplo de aplicação do método dedutivo

Consideremos dois genes no mesmo cromossoma: quanto mais afastados eles estiverem, maior a probabilidade de ocorrer recombinação entre eles. Portanto, a distância relativa entre genes pode ser medida pela proporção de *crossovers*. De facto, a distância de mapa entre dois genes é definida como o número esperado de crossovers entre os dois. Será possível relacionar a taxa de recombinação (*i.e.*, a fracção de recombinantes) r entre os dois genes e a distância de mapa m – isto é, obter uma função de mapa?

Se não houver qualquer crossover, não há recombinação, e portanto não se observa qualquer recombinante. Por outro lado, desde que haja pelo menos um crossover, a probabilidade de se observar um recombinante é 1/2. Assim (pela definição de distância de mapa dada acima), o número esperado de crossovers é 2m. Por outro lado, a fracção de recombinantes é metade da probabilidade de haver pelo menos um *crossing-over*. Representando a probabilidade de não haver qualquer crossover por p_0, podemos escrever isto como

$$r = (1 - p_0)/2$$

O número de pontos onde pode ocorrer crossing-over entre dois genes é em regra muito grande. Suponhamos, assim, que a probabilidade de crossing-over em qualquer ponto é constante e muito pequena, e que o facto de haver um crossover não afecta a probabilidade de haver outros. Então, a probabilidade de ocorrerem k crossovers entre os dois genes é dada pela distribuição de Poisson:

$$p_k(x) = \frac{x^k}{k!} e^{-x}, \quad k = 0, 1, \ldots$$

Portanto, a probabilidade de não haver qualquer crossover é $p_0 = e^{-2m}$. Substituindo na primeira equação, obtemos

$$r = (1 - e^{-2m})/2$$

que nos dá a taxa de recombinação em função da distância. Resolvendo a equação em ordem a m, podemos usar a taxa de recombinação para estimar a distância de mapa entre os dois genes:

$$m = -\tfrac{1}{2} \ln(1 - 2r)$$

Notemos que se os genes estiverem muito próximos r(m)≈m, se muito afastados r(m)≈½, o que está de acordo com as observações.

Estes resultados, obtidos por Haldane em 1919, levaram-no a testar o ajustamento do número de crossing-overs à distribuição de Poisson (o que dificilmente teria ocorrido a alguém, na ausência do modelo). Em 1931, Haldane observou uma diferença significativa (a distribuição observada tinha uma variância menor do que esperada), e interpretou isto como evidência de interferência quiasmática (um crossing-over num segmento cromossómico afecta a probabilidade de crossing-over num segmento adjacente), o que constitui uma violação do pressuposto de que a probabilidade de crossing-over é constante.

Tendo-se descoberto o fenómeno de interferência, podemos deduzir novas funções de mapa (mantendo-se a original adequada ao caso de ela não se verificar), que podem por sua vez ser testadas, num ciclo constante de interacção entre dedução e teste.

Caixa 1.2. Exemplo de aplicação do método indutivo

Imaginemos uma mesa de bilhar não convencional, com tabelas nos lados, quatro buracos, um em cada canto, e a dimensão de 1 por 8 unidades arbitrárias. Com esta mesa, fazemos a seguinte experiência (conceptual). Pomos uma bola junto a um canto, por exemplo o "inferior" esquerdo, lançamos a bola num ângulo de 45° com os lados da mesa, e registamos em que buraco cai a bola – o do canto superior esquerdo (verifique).

Consideremos agora uma mesa semelhante, mas com dimensão 2x8, e repitamos a experiência: a bola cai no mesmo buraco. Numa mesa de 3x8, a bola volta a cair no mesmo buraco. Curioso...

Se tentarmos mesas de 4x8, 5x8 e 6x8, obtemos sempre o mesmo resultado (verifique). Podemos então ser tentados a inferir que quando lançamos uma bola num ângulo de 45° com os lados de uma mesa de nx8, com tabelas nos lados e buracos nos cantos, partindo de um dado canto, ela cai sempre no mesmo buraco.

Mas será o nosso resultado devido apenas ao acaso? Bom, temos 4 buracos, pelo que à partida (na ausência de qualquer informação) parece razoável supor que a bola teria igual probabilidade de cair em qualquer um deles, 1/4. Ela caiu no mesmo buraco 6 vezes, mas podemos não contar a primeira, já que dessa vez ainda não tínhamos expectativas definidas, e só a partir da segunda é que podemos falar do *mesmo* buraco.

A probabilidade de a bola cair 5 vezes num dado buraco é $1/4^5 < 0.001$, pelo que o resultado é altamente significativo pelas bitolas habituais. Apesar disso, desconfiados, fazemos a experiência ainda outra vez, agora com uma mesa de 7x8, e ainda com o mesmo resultado, levando o valor p a um valor inferior a 0.00025. Qualquer experimentalista daria este resultado por definitivo, e a hipótese confirmada – talvez, até, elevada à categoria de lei.

Quererá o leitor repetir esta experiência conceptual com uma mesa de 8x8?...

Quando os problemas são restritos – por exemplo, a evolução do número de algas de determinada espécie num dado lago nos próximos 12 meses – e pretendemos uma grande exactidão, os modelos analíticos, já que pouco exactos, são de utilidade reduzida, e temos de recorrer a modelos simulativos. Através da inclusão de grande número de parâmetros e variáveis (não necessariamente todos independentes ou sequer relevantes), é possível simular com grande exactidão, geralmente em computador, a evolução – futura e passada – de determinado sistema (se ele não for caótico). Mas esse modelo simulativo é apenas aplicável ao sistema para que foi desenhado, e a nenhum outro – pelo que contribui pouco para o progresso científico.

O fundamental nesta distinção é o ponto de partida – se queremos estudar uma questão genérica, ou um sistema particular – e o grau de simplicidade do próprio modelo, e não o do seu comportamento ou a dificuldade da análise. Alguns modelos muito simples têm dinâmica muito complexa. Pode também acontecer que um modelo analítico, mesmo com um reduzido número de parâmetros e variáveis, não seja tratável por via matemática (bastante comum quando inclui várias ansas retroactivas não-lineares de regulação), estudando-se então por simulação computacional. Mas este processo de análise não deve ser confundido com a natureza básica do modelo, que continua a ser analítica. Há quem considere que os modelos simulativos são tão complexos que não são de facto modelos, mas sim simulações.

(iii) Se, com base num modelo, dados os valores dos parâmetros e os valores iniciais das variáveis, for possível prever o valor preciso dessas variáveis noutro instante, esse modelo é determinístico. Se, por outro lado, o modelo permite apenas associar a cada valor a probabilidade de as variáveis o tomarem, temos um modelo probabilístico, ou estocástico.

Note-se que o importante aqui é a capacidade do modelo fazer previsões pontuais, e não de fazer previsões exactas. Por outras palavras, o modelo é determinístico se previr sempre o mesmo resultado a partir dos mesmos parâmetros e condições iniciais, mesmo que esse resultado esteja errado (no sentido de não se ajustar à realidade).

(iv) Os modelos são classificados como contínuos ou discretos no tempo, conforme este é tratado como uma variável contínua (e as taxas de variação são expressas usando equações diferenciais), ou como uma variável descontínua ou discreta (e as taxas de variação são expressas por equações às diferenças). Note-se que o que está em causa não é se o tempo é de facto contínuo (como na física clássica) ou discreto (como talvez se venha a revelar), mas sim se os processos biológicos que queremos estudar são melhor aproximados por variáveis contínuas (caso do crescimento de uma grande população de microrganismos) ou por variáveis discretas (por exemplo, o aparecimento de flores em plantas anuais, como as ervilheiras de Mendel).

(v) Para terminar, e de forma análoga, os modelos são classificados como contínuos ou discretos no espaço.

Claro que, como todas as classificações dicotómicas, esta ilude um pouco a complexidade do mundo real: há modelos com elementos dedutivos e indutivos, com objectivos intermédios entre o estratégico e o táctico, etc. É, mesmo assim, útil para pôr em perspectiva os modelos que vamos usar: (i) dedutivos, (ii) analíticos, (iii) determinísticos ou estocásticos, e (iv e v) contínuos ou discretos, no tempo e no espaço.

1.4 Sobre o rigor matemático deste curso

Far better an approximate answer to the right question [] than an exact answer to the wrong question.
Tukey, 1962.

A geometria euclidiana é com frequência apresentada como o caso exemplar (paradigmático) de rigor matemático. Na verdade, logo a primeira proposição do primeiro livro dos Elementos não é dedutível dos postulados de Euclides, exigindo um axioma adicional de continuidade que só Hilbert forneceu dois mil anos mais tarde. Fermat estudou a tangente a uma curva considerando um desvio Δx, dividindo por Δx (o que presume $\Delta x \neq 0$), e desprezando a seguir Δx (o que implica tratá-lo como zero); claro que, apesar das críticas que lhe foram feitas, nomeadamente por Descartes, o método de Fermat não era disparatado, e funcionava muito bem na prática, apenas lhe faltava rigor. Newton, Leibniz, Euler, Fourier, e Riemann, *inter alia*, foram também mestres conscientes da intuição e da analogia, por isso mesmo capazes de avanços que escaparam a matemáticos mais rigorosos.

Não tenho aqui pretensões a fazer melhor, até porque depois de Gödel, Turing e Chaitin, o próprio ideal de rigor matemático já não é o que era. Tentarei fazer deduções de forma heurística e intuitiva, que não contradigam as regras matemáticas mais óbvias, e que o "biólogo médio" possa achar inteligíveis, mas que não aspiram ao rigor hilbertiano, nem dele necessitam[8].

---

[8] Afirmação desnecessária? Talvez, mas ao longo dos anos, físicos e matemáticos têm-me acusado de falta de rigor...

1.5 Aproximação matemática

All exact science is dominated by the idea of approximation.
Russell, 1931.

Um assunto que habitualmente levanta dúvidas aos estudantes de biologia é o das aproximações matemáticas, como as que são feitas nos capítulos seguintes ("Aproximação? Mas a matemática não é uma ciência exacta?!"). Consideremos por exemplo a equação

$$y = x + x^2$$

em que x é sempre positivo, e suponhamos que a sua interpretação física ou biológica não é óbvia. Seria mais fácil interpretar apenas x, ou x^2. Em que condições é legítimo aproximar y por qualquer destas expressões mais simples?

Se x for, na situação em estudo, sempre muito menor do que 1, x^2 é sempre muito menor do que x, podendo desprezar-se. Uma aproximação aceitável é então y=x (por exemplo, para x=0.001 temos y=0.001001≈0.001=x). Se, pelo contrário, tivermos sempre x>>1, x^2 é muito maior do que x, e a aproximação adequada é então y=x^2 (*e.g.*, se x=1000, y=1001000≈1000000=x^2, com um erro de menos de 0.1%). Se x tomar valores num grande intervalo que inclua a unidade, nenhuma das aproximações serve, e temos de conservar a expressão original.

Consideremos agora outra expressão,

$$y = \frac{ax}{b+x}$$

Se x for muito grande (especificamente, se x>>b) podemos desprezar b no denominador, obtendo aproximadamente y=a. Por outro lado, se x for muito pequeno (x<<b) podemos aproximar esta equação por y=ax/b. Neste caso, desprezamos x no denominador, mas não no numerador, o que pode parecer inconsistente, mas não o é. Adicionar um número pequeno a um número grande não faz grande diferença (zero é elemento neutro da adição), mas multiplicar faz (zero não é elemento neutro da multiplicação, mas sim absorvente!).

Estes exemplos ilustram algumas características gerais das aproximações matemáticas. A aproximação apropriada para uma dada expressão depende das circunstâncias – e pode não haver nenhuma. Embora a expressão simplificada não seja exacta, a aproximação pode ser bastante boa, e a sua interpretação pode ser muito mais simples do que a da expressão original. O facto de desprezarmos uma variável numa parte de uma expressão não significa que possamos desprezá-la por completo. Em caso de dúvida, é sempre boa ideia verificar a aproximação dando valores numéricos apropriados às expressões exacta e aproximada.

Na prática do desenvolvimento de aproximações, uma das ferramentas mais importantes é o desenvolvimento em série de Taylor. A ideia é obter apenas alguns dos primeiros termos da série, e usá-los para aproximar a função inicial.

Para terminar, é bom lembrar que a diferença entre a expressão matematicamente exacta e a aproximada, embora talvez mais óbvia, é sempre muito menor do que a diferença entre o modelo de que resultou a expressão exacta, e o sistema real que o modelo representa. Além disso, as aproximações que usamos são ordens de grandeza mais exactas do que os dados disponíveis.

Capítulo 2

IDEIAS FUNDAMENTAIS

Flip through these pages, and you'll see a book of equations.
Read it, and you'll see a book of ideas.
Siwoff & Hirdts.1990, adap.

2.1 Introdução

Apresentamos aqui algumas noções fundamentais, que servirão de base a todo o nosso estudo. Começamos pela definição do tipo de populações com que vamos trabalhar, quanto ao ritmo e longevidade do seu ciclo reprodutor, quanto ao nível de ploidia, e quanto ao modo de reprodução. Concluímos com uma ferramenta essencial da genética populacional, a descrição estatística das populações, observando não só a sua necessidade, como também a sua aplicação a um gene autossómico dialélico[1].

2.2 Ritmo e longevidade da função reprodutora

Podemos classificar as populações quanto ao ritmo e longevidade da função reprodutora em três grupos:

1. Reprodutores sazonais com gerações separadas. Os indivíduos destas populações reproduzem-se apenas numa única época, e morrem antes de os descendentes atingirem a maturidade reprodutiva. Assim, os indivíduos de uma geração nunca se reproduzem com os de qualquer outra, pelo que as gerações se sucedem separadas umas das outras, pelo menos geneticamente. Exemplos típicos são o bicho da seda e as ervilheiras de Mendel.

2. Reprodutores sazonais com gerações sobrepostas. Tal como no caso anterior, os indivíduos reproduzem-se sincronamente num período restrito, mas podem não morrer antes de os descendentes atingirem a maturidade reprodutiva. Coexistem assim na população indivíduos de idades diferentes, e que podem reproduzir-se entre si. São exemplos as plantas vivazes, como as árvores, e grande parte dos vertebrados.

3. Reprodutores contínuos. Nestas populações, tanto os nascimentos como as mortes ocorrem de forma contínua. Assim, e tal como no caso anterior, coexistem na população indivíduos de idades diferentes, que podem reproduzir-se entre si. No entanto, qualquer estabelecimento de classes

---
[1] Isto é, com dois alelos.

etárias, e até gerações, é aqui arbitrário. O caso exemplar é o das culturas laboratoriais de microrganismos.

Notemos que a definição de sazonais de gerações separadas dada acima é a necessária para a genética populacional, mas em dinâmica populacional é costume ser-se mais exigente, impondo que os indivíduos de uma geração morram antes de os da próxima nascerem.

Os sazonais de gerações separadas são simples, já que as gerações nunca se cruzam. Os contínuos também podem ser relativamente simples de estudar, já que podemos utilizar as ferramentas do cálculo infinitesimal. Os reprodutores sazonais com gerações sobrepostas são bastante mais complexos, já que em cada intervalo de tempo temos de considerar várias gerações discretas, que se podem cruzar entre si. Em genética populacional, e apesar das dificuldades de análise, os resultados são, em geral, essencialmente os mesmos. Assim, estudaremos principalmente os sazonais de gerações separadas e ocasionalmente os contínuos.

2.3 Espécies haplóides e assexuais

> *Mr. Liggett: Alright, Lightman. Maybe you could tell us who first suggested the idea of reproduction without sex.*
> *Lightman: Umm... Your wife?*
> War games, 1983.

Durante cerca de metade da evolução da vida na Terra, só havia organismos haplóides. Ainda hoje, grande parte, talvez mesmo a maior parte, das espécies da Terra, como as eubactérias, árqueas e ainda muitos eucariotas microscópicos, são haplóides (pelo menos durante a maior parte do seu ciclo de vida). A importância biológica e prática dos haplóides é enorme, como o atestam as doenças causadas por bactérias, muitas das quais evoluíram resistência aos antibióticos. Assim, é importante que estudemos a genética de populações haplóides.

Além disso, a genética dos haplóides é mais simples do que a dos diplóides: por exemplo, nos haplóides os genótipos são iguais aos alelos, enquanto que nos diplóides os genótipos são mais do que os alelos, e podem ser mais do que os fenótipos (por exemplo, se houver dominância[2]). Assim, começaremos o estudo de alguns fenómenos da genética populacional pelos haplóides, o que tem a dupla vantagem de simplificar o estudo inicial, e de permitir depois observar as consequências da própria diploidia. Com este fim, estudaremos também populações haplóides de reprodutores sazonais com gerações separadas, mesmo que a maior parte dos haplóides na natureza se aproximem melhor do ideal de reprodutores contínuos.

Lembremos que as espécies assexuais (haplóides ou diplóides) se reproduzem por divisão celular simples (*e.g.*, mitose), em que não há lugar a recombinação; assim, todos os descendentes recebem exactamente o genótipo do progenitor (excluindo eventuais mutações). Nas espécies sexuais, como a nossa, há uma fase diplóide (que pode ou não ser dominante) na qual pode haver recombinação, pelo que os descendentes em regra não têm o mesmo genótipo que qualquer dos progenitores.

---

[2] Dominância genética é uma relação entre alelos de um mesmo gene, em que um alelo (dito dominante) mascara a expressão fenotípica de outro (dito recessivo). Os mesmos alelos podem ter diferentes relações de dominância para diferentes fenótipos, pelo que dominância e recessividade são tanto propriedades do fenótipo como dos próprios alelos. Quando o fenótipo do heterozigoto é exactamente intermédio entre os dos homozigotos respectivos, há ausência de dominância; quando é mais parecido com o de um homozigoto do que com o do outro, há dominância parcial ou incompleta; quando o heterozigoto manifesta ambos os fenótipos, há co-dominância. No caso de o heterozigoto ter um fenótipo indistinguível do de um homozigoto, temos dominância completa; para simplificar a linguagem, muitas vezes nos referiremos à dominância completa usando apenas o termo dominância.

Consideremos um gene autossómico dialélico de uma espécie diplóide assexual (com genótipos AA, Aa e aa) e um gene autossómico trialélico de uma espécie haplóide assexual (A_1, A_2 e A_3). Qualquer dos genótipos diplóides é uno e indivisível (já que não há recombinação). Todos os descendentes dos AA são AA, todos os descendentes dos Aa são Aa, e todos os descendentes dos aa são aa – tal como todos os descendentes dos A_1 são A_1, todos os dos A_2 são A_2 e todos os dos A_3 são A_3. Assim, a descendência ao nível de um gene autossómico dialélico de uma espécie diplóide assexual é equivalente à de um gene autossómico trialélico de uma espécie haplóide assexual. Todos os assexuais têm exactamente a mesma dinâmica evolutiva, qualquer que seja o seu grau de ploidia. Podemos fazer mais uma simplificação. Consideremos dois indivíduos haplóides, um A e um a. Se forem assexuais, o A produz A's e o a a's; se forem sexuais, conjugam-se, e por meiose produzem A's e a's em igual número – o resultado é o mesmo! Assim, no caso de um único gene de uma espécie haplóide, a evolução é independente de a espécie ser sexual ou não. Isto não se aplica a diplóides (um AA e um aa, assexuais, produzem descendência igual a si próprios, mas se forem sexuais podem produzir heterozigotos), nem a mais de um gene, mesmo em haplóides (considere a descendência de um AB e um ab, no caso de serem sexuais e no caso de não serem, com os dois genes em cromossomas diferentes).

Note-se que assumimos aqui que as espécies sexuais se reproduzem segundo o modo mais habitual e familiar, tomando a nossa espécie como modelo, por fusão de dois genomas haplóides. Em muitos haplóides o sexo ocorre pela incorporação de pequenos fragmentos de material genético de outros indivíduos (geralmente) da mesma espécie, levando a uma dinâmica evolutiva mais complexa, razão pela qual ignoramos aqui este caso.

Os modelos haplóides podem (e devem) também ser usados sempre que haja hereditariedade uni-parental, mesmo nos diplóides. Por exemplo, os homens têm apenas um cromossoma Y, que recebem dos pais. Assim, os homens são efectivamente haplóides para os genes do cromossoma Y. Além disso, nós herdamos todas as nossas mitocôndrias das nossas mães, pelo que temos apenas um complemento de genes mitocondriais (a hereditariedade das mitocôndrias é quase exclusivamente uni-parental em muitas espécies, mas não necessariamente por via materna).

Resumindo: (i) todos os assexuais podem ser tratados como haplóides assexuais, mesmo que sejam de facto diplóides; (ii) ao nível de um único gene (mas não mais), todos os haplóides (mas não os diplóides) sexuais podem ser estudados como assexuais; (iii) alguns genes dos diplóides devem ser estudados como os haplóides.

2.4 Espécies diplóides sexuais

O primeiro passo da formulação de uma teoria de genética de populações diplóides sexuais consiste em transpor as leis de Mendel, estabelecidas para variação discreta ao nível familial de organização da biomassa, para o nível populacional. O passo seguinte consiste em explorar as extensões ao mendelismo (alelos múltiplos, genes ligados ao sexo, etc.), transpostas também para o nível populacional. Ambos são feitos nos capítulos seguintes.

2.4.1 População mendeliana

Para a transposição das leis de Mendel precisamos de adoptar uma população de uma espécie diplóide que seja uma unidade genética, estrutural e funcionalmente. Para isso, essa população tem que ser homogénea (isolada de outras da mesma espécie, e cujos indivíduos se distribuem aleatoriamente pelo espaço que ocupam), e ter coesão genética. Os indivíduos de um clone, ou de um conjunto de linhagens autogâmicas, não têm coesão genética, já que (ou na medida em que) não trocam genes entre si, e tendem por isso a diferenciar-se e a evoluir independentemente. Para que haja unidade genética, é então necessário que a espécie se reproduza sexualmente e com reprodução cruzada. De acordo com esta ideia, Dobzhansky[3] definiu uma população mendeliana como uma comunidade de indivíduos de uma espécie com reprodução sexual, no seio da qual ocorre reprodução cruzada.

2.4.2 População panmítica

A população mendeliana não é, todavia, suficiente para transpor as leis de Mendel do nível familial para o populacional: certos genótipos podem ter maior tendência a reproduzirem-se entre si do que com genótipos diferentes, ou o mesmo pode acontecer com certos fenótipos. Se isto acontecesse, a população tenderia a cindir-se em grupos mais ou menos diferenciados geneticamente, já que o fluxo de genes entre os grupos seria menos intenso do que o fluxo dentro de cada grupo.

Para que o fluxo de genes seja uniforme em toda a população, é necessário que os indivíduos tenham reprodução sexual, com fecundação cruzada e ao acaso. "Ao acaso", significa aqui que todos os indivíduos ou gâmetas de um sexo têm igual probabilidade de se cruzar ou conjugar com qualquer indivíduo ou gâmeta do outro sexo – propriedade que se designa por panmixia. O processo de reprodução pode dar-se com acasalamentos entre indivíduos (como na nossa espécie), ou sem acasalamentos (por exemplo, quando os gâmetas masculinos e femininos são libertados para a água, como fazem os ouriços do mar, ou quando o pólen é transportado pelo vento, como em muitas plantas). Assim, reprodução ao acaso com acasalamentos significa que a probabilidade de cada acasalamento é independente do genótipo e do fenótipo dos indivíduos envolvidos[4]. Por outro lado, na reprodução ao acaso sem acasalamentos, as probabilidades de conjugação entre os gâmetas de sexos opostos são independentes dos genes que esses gâmetas transportam.

A panmixia é um atributo funcional novo que aparece (emerge!) quando passamos do nível familial para o nível populacional. Associado a ela, aparece também um atributo estrutural, o fundo génico comum, que confere unidade e coerência genética à população. É este fundo génico comum que, transmitido de geração em geração, persiste como unidade, e eventualmente evolui.

A população panmítica é um caso extremo de uma população mendeliana, sendo o outro a espécie. Entre os dois extremos podemos considerar demes (populações locais, constituídas por uma ou mais unidades possivelmente panmíticas), raças (agregados de populações locais, que diferem de modo significativo de outros agregados da mesma espécie) e subespécies (um conjunto de raças considerado suficientemente diferente dos outros pelos taxonomistas, para merecer um nome em latim). A população fundamental em genética de populações diplóides é então uma população conceptual panmítica, de reprodutores sazonais com gerações separadas. As condições a que esta população obedece – isolamento; distribuição aleatória; reprodução sexual, cruzada e aleatória; gerações separadas – parecem demasiado restritivas, e são-no de facto. Por esta razão, não limitaremos o nosso estudo a esta população fundamental, mas estendê-lo-emos a outros tipos mais gerais – por exemplo, populações em que os acasalamentos não são aleatórios, ou que trocam indivíduos com outras populações (i.e., em que há migração), ou de reprodutores contínuos.

---

[3] Theodosius Grygorovych Dobzhansky (1900-1975) foi um geneticista e biólogo evolutivo, nascido no império russo, tendo emigrado para os E.U.A. com 27 anos. Foi um dos responsáveis pela chamada Síntese Moderna das décadas de 1930 e 40, que fundiu ideias de vários ramos da biologia, como a genética, a citologia, a sistemática, ecologia e a paleontologia, usando a evolução como estrutura.

[4] Já que falámos das leis de Mendel, é importante notar que a panmixia é muito diferente do tipo de cruzamentos feitos por Mendel, e que geralmente encontramos na genética clássica, em que machos e fêmeas com genótipos específicos são cruzados entre si de forma planeada.

No entanto, é preferível começar pelo caso mais simples, por duas razões: primeiro, porque o estudo destas populações mais gerais é em regra bastante mais complexo; e segundo, porque só assim podemos averiguar os efeitos de cada uma das "complicações" que considerarmos, assim como os das suas interacções – um tema recorrente neste curso.

Uma população panmítica é uma entidade conceptual, que provavelmente não existe na natureza. No entanto, mesmo populações em que os acasalamentos não são ao acaso, por haver escolha óbvia, podem comportar-se como panmíticas quanto a muitos genes ou características, que não afectam a escolha. Por exemplo, as populações humanas não são panmíticas quanto à altura ou à cor da pele, mas podem sê-lo quanto aos genes que codificam os grupos sanguíneos e as enzimas do metabolismo intermediário. Assim, quando estudamos a evolução de um ou dois genes, não é necessário que a população seja panmítica no sentido mais lato (para todos os genes), mas sim no sentido estrito de panmítica quanto aos genes em estudo.

Embora tenhamos introduzido a noção de população panmítica no contexto de populações de diplóides sexuados, uma população não precisa de ser constituída por indivíduos diplóides para ser panmítica – podem ser haplóides, diplóides, tetraplóides, etc. O conceito de panmixia não está associado ao grau de ploidia, mas sim à reprodução ao acaso.

2.5 A população como um conjunto de frequências

Em genética populacional, como geralmente nas outras áreas da genética, só estamos interessados no genótipo dos indivíduos. Além disso, não estudamos o genoma completo de uma só vez, mas apenas o genótipo envolvido num certo fenótipo. Por exemplo, se estivermos interessados na genética dos grupos sanguíneos, a cor dos olhos, a altura, e a inteligência, assim como os genes neles envolvidos são irrelevantes.

Mesmo assim, o número de genótipos possíveis em qualquer população é enorme. Por exemplo, numa população diplóide com apenas 2 alelos em cada um de 1000 genes[5] pode em princípio haver $3^{1000} > 10^{447}$ genótipos diferentes, claramente muito maior do que o número de indivíduos de qualquer população (e até do que o mítico número de partículas elementares do universo). Além disso, em qualquer população mendeliana, as combinações de alelos que constituem os genótipos são desfeitas e refeitas todas as gerações no processo reprodutor. Assim, a maior parte dos genótipos que existem numa população numa dada geração são únicos (exceptuam-se os gémeos monozigóticos), e podem não existir na seguinte, ou mesmo nunca mais – os alelos da população têm continuidade no tempo, os genótipos não.

Por estas razões, o estudo da genética populacional fica muito simplificado, e não menos realista, se concentrarmos a nossa atenção nos alelos (no caso do exemplo acima, apenas 2000), e não nos genótipos. Esta simplificação pode resultar numa perda de informação, já que nem sempre é possível reconstruir as frequências genotípicas a partir das alélicas; no entanto, como veremos nos capítulos seguintes, isto torna-se possível se introduzirmos informação adicional (como o ritmo e longevidade do ciclo reprodutor, e o modo de reprodução). Por razões semelhantes, é vantajoso acompanhar, não genótipos – ou mesmo alelos – individuais, mas sim as suas frequências na população.

Numa população polimórfica, pode haver um alelo muito abundante e outros muito raros, ou dois alelos igualmente comuns, ou dois comuns e outros raros, etc. A medida da abundância de cada alelo,

---

[5] Mil genes com dois alelos cada são, ainda assim, números modestos: as leveduras têm cerca de 6000 genes que codificam proteínas, e na nossa espécie estima-se que haja entre 20 e 30 mil. Em qualquer dos casos, muitos dos genes têm muito mais de dois alelos.

ou de cada genótipo, é a sua frequência respectiva. Em genética populacional, dois indivíduos com o mesmo genótipo no gene (ou genes) em estudo são indistinguíveis, e portanto só estamos interessados nas frequências dos genótipos e dos alelos. Tal como o genótipo é uma característica dos indivíduos, as frequências genotípicas e alélicas são características das populações. Assim, estudaremos uma população, não como um conjunto de indivíduos, mas como um conjunto de frequências; se estas variarem, a população evolui. Precisamos, portanto, de fórmulas que relacionem as frequências genotípicas e alélicas da população, em cada geração, assim como entre gerações. Como Fisher notou em 1922, esta mudança tem paralelos na física: a população como conjunto de indivíduos passa a população como conjunto de frequências, tal como na teoria cinética dos gases, populações de moléculas passam a populações de velocidades. E não foi sem razão que Boltzmann disse que a teoria da evolução de Darwin era uma "mecânica estatística de populações", se bem que intuitiva.

Há ainda interesse em considerar não só as frequências absolutas – ou seja, o número de indivíduos com cada um destes genótipos e alelos – como também as respectivas frequências relativas, ou proporções. As principais vantagens são as seguintes. Primeiro, libertamo-nos do número de indivíduos da população. Em genética populacional, como em genética mendeliana, o que nos interessa é principalmente as frequências relativas dos vários genótipos (por exemplo, as proporções mendelianas 9/16, 3/16, 3/16, 1/16 da F_2 do cruzamento de dois duplos heterozigotos), e não os números de indivíduos com cada genótipo, ou o número de cópias de cada alelo. Em segundo lugar, o uso de frequências relativas generaliza o estudo feito. Populações de grandezas diferentes podem ter frequências absolutas diferentes, mas as mesmas frequências relativas. Usando frequências relativas, as nossas conclusões estendem-se imediatamente a um grande número (de facto, infinito) de casos que, usando frequências absolutas, pareceriam diferentes e teriam de ser estudados individualmente.

Finalmente (já que tratamos de populações infinitas, ou conjuntos infinitos de populações finitas), as frequências relativas podem ser interpretadas como probabilidades, o que muitas vezes facilita os cálculos e o raciocínio. Note-se, no entanto, que as frequências absolutas podem ser importantes, não só tecnicamente – para testes estatísticos das hipóteses desenvolvidas a partir do estudo teórico, usando dados experimentais ou de observação – como do ponto de vista biológico, em especial no caso de evolução de populações pequenas, como veremos mais tarde (no capítulo 10).

2.6 Descrição estatística de populações haplóides

Consideremos primeiro o caso simples de um gene autossómico dialélico de uma população de uma espécie haplóide com dois sexos, e simbolizemos os dois alelos por A e a. Suponhamos o caso mais geral em que, numa dada geração G_0, tomada para origem, as frequências absolutas dos genótipos (e alelos) A e a (*i.e.*, o número de indivíduos com cada um destes genótipos na população) podem ser diferentes nos dois sexos[6]. Sejam essas frequências M_A e M_a na subpopulação de machos, perfazendo um total de M machos, e F_A e F_a na subpopulação de fêmeas, perfazendo um total de F fêmeas, para um total de N=M+F indivíduos. Na população geral (machos e fêmeas), temos N_A (=M_A+ F_A) indivíduos A, e N_a (=M_a+ F_a) indivíduos a, e portanto $N=N_A+N_a$.

Podemos obter as frequências relativas – ou proporções, daqui em diante designadas abreviadamente por frequências – dividindo as frequências absolutas pelo respectivo total, como se indica na tabela 2.1. Designemo-las pelas correspondentes letras minúsculas com os mesmos índices (*e.g.*, m_A e m_a) em cada sexo, e por p_A (ou apenas p), e q_a (ou q) na população geral (n_A e n_a seriam mais consistentes com o resto da notação, mas p e q simplificam muito as equações dos capítulos seguintes, pelo que são

---

[6] Não impomos, portanto, quaisquer restrições às frequências dos dois sexos, que podem assim ser diferentes (e até pode acontecer que sejam iguais).

preferíveis). É óbvio (ou pelo menos deve ser!) que a soma das frequências em cada subpopulação, assim como na população geral, é igual à unidade, como indicado na mesma tabela.

Estas frequências constituem a descrição estatística completa de uma população haplóide ao nível de um gene autossómico dialélico, e generalizam-se de forma óbvia a outros casos, como mais de dois alelos (m_1, m_2, m_3, etc.), e mais genes (p_A, p_B, etc.). Aplicam-se também a populações assexuais, mesmo que diplóides. Se necessário, podemos ainda indicar a geração ($m_A^{(1)}$, p_0, etc.). As frequências indicadas na tabela 2.1 são redundantes: por exemplo, N fica determinado por N_A e N_a, assim como N_a o fica por q_a e N.

As frequências genotípicas dependem apenas do estado actual da população (e não da sua história), e são suficientes para caracterizar esse estado, assim como para determinar a evolução futura da população: são as variáveis de estado (ou funções de estado) da população.

Tabela 2.1. Frequências haplóides

Machos	Fêmeas	População geral
$M_A + M_a = M$	$F_A + F_a = F$	$N_A + N_a = N$
$m_A = M_A / M$	$f_A = F_A / F$	$p_A = N_A / N$
$m_a = M_a / M$	$f_a = F_a / F$	$q_a = N_a / N$
$m_A + m_a = 1$	$f_A + f_a = 1$	$p_A + q_a = 1$

2.7 Descrição estatística de populações diplóides

Consideremos de novo um gene autossómico dialélico A/a, agora de uma população diplóide. O uso de letras maiúsculas e minúsculas para os alelos não implica neste contexto quaisquer relações de dominância, tendo a vantagem de ser mais simples do que, por exemplo, A_1 e A_2. Não distinguimos a origem dos alelos, pelo que todos os heterozigotos são considerados equivalentes, quer tenham recebido o A do pai e o a da mãe, ou o a do pai e o A da mãe. Isto segue a convenção habitual em genética – considerar genótipos não-ordenados, pelo que Aa representa todos os heterozigotos, "Aa" e "aA" – mas é importante notar que supõe a inexistência de efeitos maternos.

2.7.1 Frequências genotípicas

Consideremos então o caso mais geral em que, numa dada geração G_0, as frequências absolutas dos genótipos AA, Aa e aa podem ser diferentes nos dois sexos. Sejam essas frequências M_{AA}, M_{Aa} e M_{aa} na subpopulação de machos, perfazendo um total de M machos, e F_{AA}, F_{Aa} e F_{aa} na subpopulação de fêmeas, perfazendo um total de F fêmeas (para um total de N=M+F indivíduos). Na população geral, o número de indivíduos com cada genótipo é simbolizado por N_{AA} (=$F_{AA}+M_{AA}$), N_{Aa} e N_{aa}, verificando-se N=N_{AA}+N_{Aa}+N_{aa}.

Também aqui podemos obter as frequências genotípicas relativas – ou proporções genotípicas, daqui em diante designadas por frequências genotípicas – dividindo as frequências genotípicas absolutas de cada sexo, ou da população geral, pelo respectivo total, como se indica na tabela 2.2. Em cada sexo, designemos as frequências genotípicas pelas correspondentes letras minúsculas com os mesmos índices (m_{AA}, etc.). Na população geral, as frequências genotípicas são simbolizadas por n_{AA}, n_{Aa} e n_{aa}. Na literatura especializada, muitas vezes usa-se também AA, Aa e aa para as frequências genotípicas (tirando-se do contexto se se trata dos genótipos ou das suas frequências), ou ainda P, Q e R. É óbvio (ou pelo menos deve ser...) que a soma das frequências genotípicas em cada subpopulação, assim como na população geral, é igual à unidade, como indicado na mesma tabela. Como no caso dos haplóides, quando necessário indicaremos a geração ($m_{AA}^{(1)}$, etc.).

Como veremos na secção seguinte, as frequências genotípicas determinam sempre as alélicas, pelo que também aqui as frequências genotípicas são variáveis de estado.

Tabela 2.2. Frequências genotípicas

Machos	Fêmeas	População geral
$M_{AA} + M_{Aa} + M_{aa} = M$	$F_{AA} + F_{Aa} + F_{aa} = F$	$N_{AA} + N_{Aa} + N_{aa} = N$
$m_{AA} = M_{AA}/M$	$f_{AA} = F_{AA}/F$	$n_{AA} = N_{AA}/N$
$m_{Aa} = M_{Aa}/M$	$f_{Aa} = F_{Aa}/F$	$n_{Aa} = N_{Aa}/N$
$m_{aa} = M_{aa}/M$	$f_{aa} = F_{aa}/F$	$n_{aa} = N_{aa}/N$
$m_{AA} + m_{Aa} + m_{aa} = 1$	$f_{AA} + f_{Aa} + f_{aa} = 1$	$n_{AA} + n_{Aa} + n_{aa} = 1$

2.7.2 Frequências alélicas

Os homozigotos têm, por definição, dois alelos iguais (A ou a), enquanto que os heterozigotos têm um A e um a. A frequência absoluta de cada alelo (ou seja o número de exemplares de cada alelo) em cada subpopulação, é portanto igual a duas vezes a frequência absoluta dos correspondentes homozigotos somada com a frequência absoluta dos heterozigotos.

As frequências alélicas relativas – ou proporções alélicas, daqui em diante designadas apenas por frequências alélicas – podem ser obtidas dividindo as frequências alélicas absolutas de cada sexo pelo respectivo total de alelos (2M e 2F: porquê?). Como deduzido na tabela 2.3, isto é equivalente a calcular as frequências alélicas em cada subpopulação como a frequência dos respectivos homozigotos mais metade da frequência dos heterozigotos.

Na população geral, a frequência do alelo A é representada por p_A (ou apenas p) e a do alelo a por q_a (ou q), e calculam-se do mesmo modo que em cada sexo, como deduzido na tabela 2.4 e ilustrado na figura 2.1. No caso geral, o número de machos pode ser diferente do número de fêmeas, pelo que as frequência na população geral são

Tabela 2.3. Relações entre frequências genotípicas e alélicas em cada sexo

Machos	Fêmeas
$M_A = 2M_{AA} + M_{Aa} \qquad M_a = 2M_{aa} + M_{Aa}$	$F_A = 2F_{AA} + F_{Aa} \qquad F_a = 2F_{aa} + F_{Aa}$
$m_A = \dfrac{2M_{AA} + M_{Aa}}{2M} \qquad m_a = \dfrac{2M_{aa} + M_{Aa}}{2M}$	$f_A = \dfrac{2F_{AA} + F_{Aa}}{2F} \qquad f_a = \dfrac{2F_{aa} + F_{Aa}}{2F}$
$= \dfrac{M_{AA}}{M} + \dfrac{M_{Aa}}{2M} \qquad = \dfrac{M_{aa}}{M} + \dfrac{M_{Aa}}{2M}$	$= \dfrac{F_{AA}}{F} + \dfrac{F_{Aa}}{2F} \qquad = \dfrac{F_{aa}}{F} + \dfrac{F_{Aa}}{2F}$
$= m_{AA} + \dfrac{1}{2} m_{Aa} \qquad = m_{aa} + \dfrac{1}{2} m_{Aa}$	$= f_{AA} + \dfrac{1}{2} f_{Aa} \qquad = f_{aa} + \dfrac{1}{2} f_{Aa}$
$m_A + m_a = 1$	$f_A + f_a = 1$

$$p_A = \frac{1}{N}(M m_A + F f_A)$$

$$q_a = \frac{1}{N}(M m_a + F f_a).$$

Por outro lado, se o número de machos for igual ao de fêmeas temos mais simplesmente

$$p_A = \frac{1}{2}(m_A + f_A)$$

$$q_a = \frac{1}{2}(m_a + f_a).$$

Não havendo mais alelos na população, temos (como também indicado na tabela 2.4)

$$p_A + q_a = 1.$$

Tabela 2.4. Relações entre frequências genotípicas e alélicas na população geral

População geral	
$N_A = 2N_{AA} + N_{Aa}$	$N_a = 2N_{aa} + N_{Aa}$
$p_A = \dfrac{2N_{AA} + N_{Aa}}{2N}$	$q_a = \dfrac{2N_{aa} + N_{Aa}}{2N}$
$= n_{AA} + \dfrac{1}{2} n_{Aa}$	$= n_{aa} + \dfrac{1}{2} n_{Aa}$
$p_A + q_a = 1$	

Assim, vemos que as frequências alélicas são completamente determinadas pelas genotípicas, isto é, dadas as frequências genotípicas, podemos sempre calcular as alélicas. No entanto, a proposição inversa não é necessariamente verdadeira, já que as mesmas frequências alélicas podem ser determinadas por um número infinito de diferentes frequências genotípicas. Assim, no caso geral (que estamos a considerar), as frequências alélicas não determinam quaisquer outras.

Mais uma vez, as frequências indicadas nas tabelas 2.2 a 2.4 são redundantes. Podemos usar isto para calcular algumas frequências a partir das outras, quando temos informação aparentemente incompleta acerca da população, ou para verificar os cálculos (*e.g.*, quando calculamos as frequências genotípicas, a sua soma deve ser a unidade).

É muito importante reconhecer a diferença entre frequências alélicas e frequências genotípicas. As primeiras referem-se apenas à variabilidade genética no fundo de genes comum da população; as últimas indicam também como essa variabilidade se organiza em genótipos. As frequências genotípicas contêm mais informação do que as alélicas, e daí não ser possível calcular as frequências genotípicas a partir das alélicas (sem informação adicional).

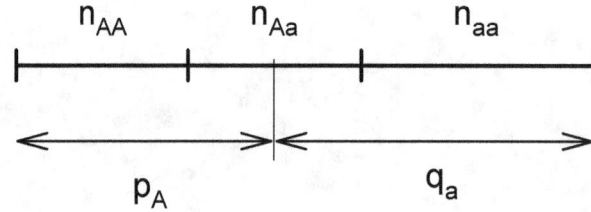

Figura 2.1. Frequências genotípicas e alélicas

Podemos ainda estudar as frequências alélicas na fase (haplóide) dos gâmetas de uma população diplóide, para o que usaremos a notação da secção 2.6 (*e.g.*, m_A para a frequência do alelo A nos gâmetas masculinos).

As definições e cálculos que acabámos de fazer estendem-se de forma natural a outros casos, como alelos múltiplos, genes ligados ao sexo, e sistemas de genes, o que será feito nos capítulos respectivos. De qualquer modo, podemos notar já que no caso de haver dominância completa não é possível (por definição) distinguir os heterozigotos dos homozigotos dominantes, pelo que a determinação prática das frequências genotípicas e alélicas não pode ser feita do modo que acabámos de estudar, exigindo informação, ou pressupostos, adicionais.

2.7.3 Número de genótipos e acasalamentos

Como dissemos antes, grande parte da notação e dos resultados da genética populacional para um gene autossómico dialélico generaliza-se facilmente para genes com qualquer número de alelos, o que faremos ao longo dos capítulos seguintes. Chamamos multialélicos aos genes com qualquer número de alelos maior do que um (embora muitas vezes se reserve este termo para genes com mais de dois alelos).

Estudemos aqui o número de genótipos homozigotos e heterozigotos. Tal como fizemos para os genes dialélicos (secção 2.7.1), não distinguimos a origem paterna ou materna dos alelos, pelo que todos os heterozigotos com dois determinados alelos são equivalentes. Consideremos então um gene com k alelos (se k for igual a dois, temos um gene dialélico, que podemos assim considerar um caso particular de gene multialélico).

O número de genótipos homozigotos (por vezes representado por G), é, claro, igual ao número de alelos, k, enquanto o número de genótipos heterozigotos (H) é o número de combinações de k dois a dois:

$$H = \binom{k}{2} = \frac{k(k-1)}{2}$$

O número total de genótipos é então

$$G + H = k + \binom{k}{2} = k + \frac{k(k-1)}{2} = \frac{k(k+1)}{2}$$

Como a figura 2.2 ilustra, o número de genótipos heterozigotos diferentes, e portanto também o número total de genótipos, aumenta muito rapidamente com o número de alelos.

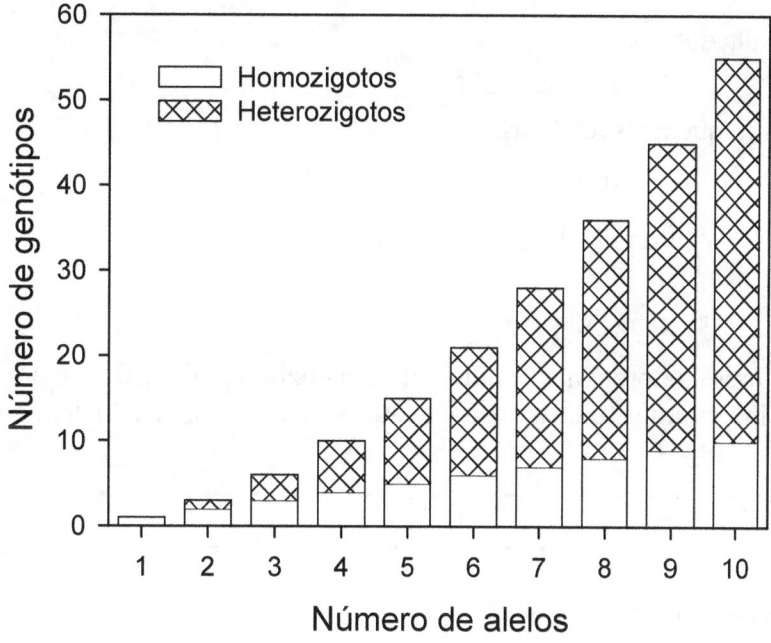

Figura 2.2. Número de homozigotos, heterozigotos e genótipos num gene autossómico dialélico

Consideremos agora o número de acasalamentos. Num gene com dois alelos, os machos AA podem cruzar-se com as fêmeas AA, Aa e aa, e do mesmo modo para os outros genótipos machos, pelo que há nove tipos de acasalamentos possíveis. De um modo geral, para qualquer número de alelos, o número de acasalamentos possíveis, distinguindo o sexo dos indivíduos, é dado pelo quadrado do número de genótipos:

$$\left(\frac{k(k+1)}{2}\right)^2.$$

Tratando-se de genes autossómicos, muitas vezes não é importante distinguir o sexo dos indivíduos. Por exemplo, num acasalamento entre AA e aa, tanto faz que o AA seja o macho como a fêmea. O número de acasalamentos fica assim um pouco mais reduzido. Por exemplo, para dois genes passa a haver apenas seis tipos de acasalamento (quais?), em vez de nove.

2.8 Problemas

1. Sejam:

$$M = 100, \quad M_{AA} = 9, \quad M_{Aa} = 42,$$
$$F_{AA} = 98, \quad F_{Aa} = 84, \quad F_{aa} = 18.$$

   Calcular
   1.1 f_{AA}, f_{Aa}, f_{aa}.
   1.2 m_{AA}, m_{Aa}, m_{aa}.
   1.3 f_A, f_a
   1.4 m_A, m_a.
   1.5 Discutir os resultados.

2. Dadas as seguintes frequências relativas:

$$f_{AA} = 0.09 \qquad f_a = 0.61$$
$$m_{Aa} = 0.44 \qquad m_A = 0.37,$$

   calcular as restantes.

3. Um gel de electroforese de proteínas corado para um enzima polimórfico, em que cada poço do gel corresponde a um indivíduo de uma amostra aleatória de uma população, tem o seguinte aspecto:

   ```
   F - - - -   - - -   -   - - - - -       - -   - - - -
   S   -     -   - -     - - -   -         - -     -     -
   ```

   Estimar as frequências genotípicas e alélicas.

4. Calcular o número de acasalamentos possíveis ao nível de um gene com
   4.1 dois alelos, distinguindo o sexo dos indivíduos.
   4.2 dois alelos, sem distinguir o sexo dos indivíduos.
   4.3 três alelos, distinguindo o sexo dos indivíduos.
   4.4 quatro alelos, distinguindo o sexo dos indivíduos.

Capítulo 3

UM GENE AUTOSSÓMICO

Assuming that brown or duplex eye-colour was dominant over blue, if matings of persons of different eye-colours were random (and that was very nearly true), it was to be expected that in the population there would be three persons with brown eyes to one with blue. [...] The author said that brachydactyly was dominant. In the course of time one would then expect, in the absence of counteracting factors, to get three brachydactylous persons to one normal.

Yule, 1908.

False views, if supported by some evidence, do little harm, as everyone takes a salutary pleasure in proving their falseness; and when this is done, one path towards error is closed and the road to truth is often at the same time opened.

Darwin, 1871.

3.1 Introdução

Estudamos neste capítulo o comportamento das frequências génicas numa população não sujeita à acção de causas evolutivas como a mutação ou a selecção natural. A principal questão de interesse neste caso é saber se uma população tende a ganhar ou perder variabilidade apenas em resultado da sua auto-propagação – por outras palavras, se as frequências (genotípicas e alélicas) tendem a alterar-se ou a manter-se constantes, pelo simples facto de a população se reproduzir.

Além do interesse intrínseco desta questão, esta situação serve ainda de base para todos os estudos posteriores. Suponhamos que, no estudo dos efeitos evolutivos da mutação, concluíamos que uma população tende a perder variabilidade; não poderíamos saber se este resultado é, de facto, devido à mutação, ou apenas ao próprio processo reprodutivo da população, sem termos estudado o que acontece na ausência da mutação e dos outros factores evolutivos. Só poderíamos atribuir essa perda de variabilidade genética à mutação se a população equivalente, mas sem mutação, não a perdesse. É isso que investigamos neste capítulo.

Estudaremos a fundo apenas os reprodutores sazonais com gerações separadas, fazendo no fim um breve estudo dos reprodutores contínuos.

3.2 Populações haplóides e assexuais

A primeira situação que vamos considerar é tão simples que pouco há a dizer ao nível populacional, e ainda menos do ponto de vista genético: uma população de duas estirpes da mesma espécie com reprodução assexual (como muitas bactérias, plantas e mesmo animais), diferindo apenas nos alelos de um gene.

Consideremos primeiro que se trata de uma população isolada, de reprodutores sazonais com gerações separadas, e reprodução sincronizada: todos os indivíduos de uma geração se reproduzem ao mesmo tempo, dando assim origem a uma nova geração, e deixando de contar para a população. Assumindo que não há mutação, os descendentes têm exactamente o mesmo genótipo dos progenitores. Representemos as duas estirpes por A e a, o número de representantes de cada uma na geração t por $N_A^{(t)}$ e $N_a^{(t)}$, respectivamente, o número total de indivíduos por $N^{(t)}$, e as frequências alélicas por p_A e q_a (como na tabela 2.1):

$$p_A^{(t)} = \frac{N_A^{(t)}}{N^{(t)}} = \frac{N_A^{(t)}}{N_A^{(t)} + N_a^{(t)}}$$

Se cada indivíduo da geração t contribuir com W_t descendentes para a geração seguinte, independentemente do seu genótipo, o número de indivíduos de cada genótipo na geração t+1 (ou seja, o número de descendentes de cada genótipo) é simplesmente o número de progenitores desse genótipo, multiplicado pelo número de descendentes *per capita*, W_t:

$$N_A^{(t+1)} = N_A^{(t)} W_t$$
$$N_a^{(t+1)} = N_a^{(t)} W_t$$

A proporção de indivíduos de genótipo A – a sua frequência (relativa) – na geração t+1 é

$$\begin{aligned} p_A^{(t+1)} &= \frac{N_A^{(t+1)}}{N_A^{(t+1)} + N_a^{(t+1)}} \\ &= \frac{W_t N_A^{(t)}}{W_t N_A^{(t)} + W_t N_a^{(t)}} \\ &= \frac{N_A^{(t)}}{N_A^{(t)} + N_a^{(t)}} \\ &= p_A^{(t)} . \end{aligned}$$

Lembrando soma de todas as frequências genotípicas é sempre igual a 1, o facto de a frequência do A não variar implica que a do a também não varia. Assim, nenhuma frequência genotípica varia de geração em geração.

Isto mostra que, como seria de esperar, quando nada acontece (i.e., quando não há mutação, migração, reprodução diferencial, etc.)... não acontece nada: as frequências relativas dos genótipos (e alelos) não variam de geração em geração.

A mesma conclusão pode ser obtida considerando a razão entre as frequências absolutas dos dois genótipos:

$$\frac{N_A^{(t+1)}}{N_a^{(t+1)}} = \frac{W_t N_A^{(t)}}{W_t N_a^{(t)}} = \frac{N_A^{(t)}}{N_a^{(t)}}$$

Como a razão entre as frequências absolutas dos dois genótipos não varia, a razão das frequências relativas também não, como é fácil verificar. A razão das frequências relativas na geração inicial é

$$\frac{p_A(t)}{q_a(t)} = \frac{N_A(t)/N(t)}{N_a(t)/N(t)} = \frac{N_A(t)}{N_a(t)}$$

e na geração seguinte é:

$$\frac{p_A(t+1)}{q_a(t+1)} = \frac{N_A(t+1)/N(t+1)}{N_a(t+1)/N(t+1)} = \frac{N_A(t+1)}{N_a(t+1)} = \frac{N_A^{(t)}}{N_a^{(t)}}.$$

Portanto, a igualdade da razão das frequências absolutas nas duas gerações implica a igualdade da razão das frequências relativas nas mesmas gerações:

$$\frac{p_A^{(t+1)}}{q_a^{(t+1)}} = \frac{p_A^{(t)}}{q_a^{(t)}}.$$

No caso geral de k genótipos, temos

$$N^{(t)} = N_1^{(t)} + N_2^{(t)} + \cdots + N_k^{(t)}$$

e

$$N^{(t+1)} = \sum_{i=1}^{k} W_t N_i^{(t)} = W_t \sum_{i=1}^{k} N_i^{(t)} = W_t N^{(t)}$$

e portanto

$$p_i^{(t+1)} = \frac{N_i^{(t+1)}}{N^{(t+1)}} = \frac{W_t N_i^{(t)}}{W_t N^{(t)}} = \frac{N_i^{(t)}}{N^{(t)}} = p_i(t),$$

equação válida para todos os genótipos i (1, 2, ..., k).

Também aqui as frequências relativas dos diferentes genótipos não variam, embora as frequências absolutas e a grandeza populacional possam aumentar ou diminuir (consoante W_t seja maior ou menor do que 1).

No caso de uma população haplóide com reprodução sexual, o comportamento é em tudo igual ao dos assexuais, como vimos na secção 3.2. Portanto, em todos os assexuais e haplóides, ao nível de um único gene, quando nada acontece, não acontece mesmo nada, isto é, as frequências génicas relativas não variam ao longo do tempo. Será também assim nos diplóides?

3.3 Populações diplóides: a lei de Hardy-Weinberg

3.3.1 Pressupostos

A justamente famosa lei – ou teorema – de Hardy-Weinberg consiste na transposição da primeira lei de Mendel do nível familial para o nível populacional, e constitui a base de toda a genética de populações. Como qualquer outro teorema, baseia-se em pressupostos, e a melhor maneira de os indicar é considerar o ciclo de vida dos organismos da população. Consideremos um organismo diplóide de uma população mendeliana e panmítica, na época de reprodução (sexual). Suponhamos que todos os indivíduos têm a mesma idade (i.e., pertencem todos à mesma geração), e a dada altura produzem gâmetas (haplóides), que se conjugam aleatoriamente. Nesta fase, a nova geração consiste em zigotos (diplóides, de novo), que se desenvolvem até formar novos adultos. Todos os progenitores desaparecem antes de os seus descendentes estarem prontos a reproduzir-se, pelo que as gerações se mantêm geneticamente separadas (figura 3.1). Para simplicidade de exposição, associamos a recombinação à reprodução (mais precisamente à gametogénese), como acontece na nossa espécie, mas não em muitas outras.

Até agora, temos então os seguintes pressupostos:

1. Os organismos são diplóides.
2. A população é mendeliana (reprodução sexual e cruzada).
3. A reprodução é sazonal, e as gerações separadas.
4. A população é panmítica.

Além disso, consideremos ainda que

5. Os genes da linha germinal não mutam.
6. A probabilidade de sobrevivência dos zigotos, e o número médio de gâmetas produzidos por eles, são independentes dos respectivos genótipos.
7. A probabilidade de sobrevivência dos gâmetas é independente dos alelos que transportam.
8. Havendo acasalamentos, não há interacção entre as fertilidades dos membros do casal.
9. A população é isolada de outras da mesma espécie.
10. A população é constituída por um número de indivíduos suficientemente grande (teoricamente infinito) para podermos ignorar as variações aleatórias das frequências génicas.

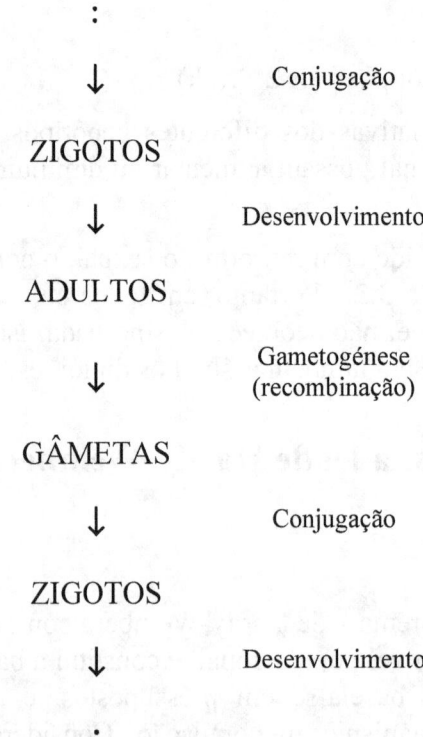

Figura 3.1. Ciclo de vida diplóide sem acasalamentos

Estes pressupostos constituem o modelo de Hardy-Weinberg, e preparam o terreno para o desenvolvimento da teoria da genética de populações. A vantagem de explicitar os pressupostos é dupla: por um lado, indica as limitações do modelo, e por outro, sugere as linhas de investigação necessárias para a sua generalização (o que faremos ao longo do nosso estudo).

Note-se que os pressupostos 1-3 e 5-8 são os necessários para a primeira lei de Mendel, enquanto os restantes só fazem sentido ao nível populacional (e são necessários para fazer a transposição dessa lei, do nível familial para o nível populacional).

3.3.2 Um gene dialélico

Em regra, esperamos que as frequências alélicas sejam iguais nos dois sexos, mas podem ser diferentes – por exemplo, logo a seguir a uma onda de imigração, em que a maior parte dos imigrantes são de um sexo e vieram de populações com frequências diferentes, ou quando todos os híbridos férteis são do mesmo sexo. Suponhamos portanto o caso mais geral, em que as frequências alélicas iniciais podem ser diferentes nos dois sexos (no sentido em que não obrigamos a que sejam iguais). Por outro lado, e para não complicar a dedução com generalidade a mais, suponhamos que há igual número de machos e fêmeas, pelo que temos

$$p_A^{(0)} = \frac{1}{2}\left(m_A^{(0)} + f_A^{(0)}\right)$$
$$q_a^{(0)} = \frac{1}{2}\left(m_a^{(0)} + f_a^{(0)}\right)$$
(3.1)

Consideremos agora duas possibilidades: que a fecundação seja externa, sem acasalamentos, ou que haja acasalamentos. A primeira é mais simples, pelo que começaremos por aí.

Lembremos a descrição estatística de uma população diplóide ao nível de um gene autossómico dialélico, resumida nas tabelas 2.2 a 2.4. Na geração G_0, as frequências dos genótipos AA, Aa e aa nos machos são, respectivamente, m_{AA}, m_{Aa} e m_{aa}, e nas fêmeas, f_{AA}, f_{Aa} e f_{aa}; as frequências alélicas são m_A e m_a nos machos e f_A e f_a nas fêmeas.

3.3.2.1 Sem acasalamentos

As frequências dos alelos A e a nos gâmetas masculinos da geração inicial são as mesmas que nos indivíduos que lhes deram origem, ou seja, m_A e m_a. Do mesmo modo, as frequências dos alelos A e a nos gâmetas femininos são f_A e f_a.

Qual a frequência de machos AA na geração seguinte? Um macho AA forma-se pela união de um gâmeta A do pai e outro gâmeta A da mãe. A probabilidade de um gâmeta masculino, escolhido ao acaso, ser portador de um alelo A é m_A; a probabilidade de um gâmeta feminino, escolhido ao acaso, ser portador de um alelo A é f_A. Numa população panmítica, em virtude de as conjugações serem aleatórias, e portanto as escolhas de gâmetas masculinos e femininos serem independentes, a probabilidade de um gâmeta masculino A e um gâmeta feminino A se conjugarem é dada pelo produto das probabilidades respectivas, ou seja $m_A f_A$. Esta é, portanto, a frequência de machos AA na geração G_1.

As fêmeas AA da geração G_1 formam-se da mesma maneira que os machos AA da mesma geração: pela união de um gâmeta masculino A e um gâmeta feminino A. A frequência de fêmeas AA na geração G_1 é assim igual à dos machos AA na mesma geração: $m_A f_A$. Por outro lado, e por razões semelhantes, as frequências de machos e fêmeas aa na geração G_1 são dadas por $m_a f_a$.

E os heterozigotos? Um indivíduo Aa da geração G_1 forma-se pela união de um gâmeta A e outro a. O A pode ser o masculino e o a o feminino – o que ocorre com probabilidade $m_A f_a$ –, ou o a pode ser contribuído pelo pai, e o A pela mãe – o que acontece com probabilidade $m_a f_A$. Portanto, a frequência de machos e fêmeas Aa na geração G_1 é $m_A f_a + m_a f_A$.

Assim, as frequências genotípicas na G_1 são iguais nos dois sexos – e portanto iguais às da população geral (isto é, em toda a população, independentemente do sexo) – e dadas por

$$m_{AA}^{(1)} = f_{AA}^{(1)} = n_{AA}^{(1)} = m_A^{(0)} f_A^{(0)}$$
$$m_{Aa}^{(1)} = f_{Aa}^{(1)} = n_{Aa}^{(1)} = m_A^{(0)} f_a^{(0)} + m_a^{(0)} f_A^{(0)} \; , \qquad (3.2)$$
$$m_{aa}^{(1)} = f_{aa}^{(1)} = n_{aa}^{(1)} = m_a^{(0)} f_a^{(0)}$$

resultados que podem ser resumidos de forma algébrica:

$$\left(m_A^{(0)} + m_a^{(0)}\right)\left(f_A^{(0)} + f_a^{(0)}\right) = \underbrace{m_A^{(0)} f_A^{(0)}}_{n_{AA}^{(1)}} + \underbrace{m_A^{(0)} f_a^{(0)} + m_a^{(0)} f_A^{(0)}}_{n_{Aa}^{(1)}} + \underbrace{m_a^{(0)} f_a^{(0)}}_{n_{aa}^{(1)}}$$

ou de forma gráfica, usando uma versão populacional do familiar quadrado de Punnett[1] (figura 3.2).

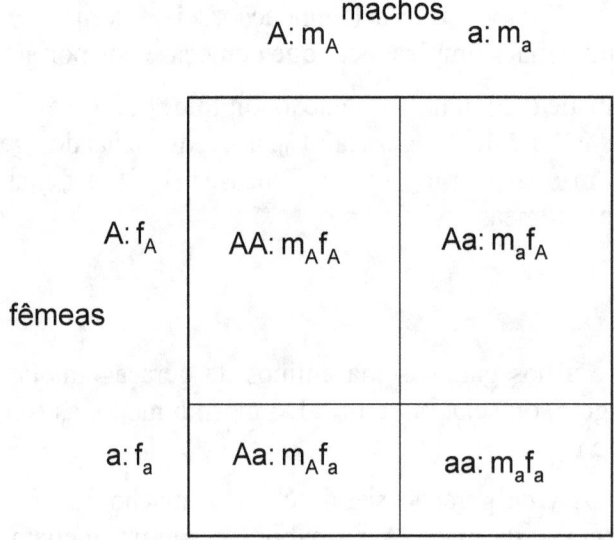

Figura 3.2. Representação gráfica dos alelos e respectivas frequências nos progenitores, e dos genótipos e suas frequências nos descendentes, no caso geral em que as frequências iniciais podem ser diferentes nos dois sexos

---

[1] Reginald Punnett (1875–1967), geneticista inglês, autor (entre outras obras) do livro *Mendelism*, publicado apenas cinco anos após a redescoberta do trabalho de Mendel, e (provavelmente) o primeiro livro de divulgação de genética para o grande público.

As frequências alélicas são também iguais nos dois sexos (porquê?) e dadas por

$$p_A^{(1)} = m_A^{(1)} = f_A^{(1)}$$
$$= m_A^{(0)} f_A^{(0)} + \frac{1}{2} m_A^{(0)} f_a^{(0)} + \frac{1}{2} m_a^{(0)} f_A^{(0)}$$
$$= \frac{1}{2} \left(m_A^{(0)} + f_A^{(0)} \right)$$

$$q_a^{(1)} = m_a^{(1)} = f_a^{(1)}$$
$$= m_a^{(0)} f_a^{(0)} + \frac{1}{2} m_A^{(0)} f_a^{(0)} + \frac{1}{2} m_a^{(0)} f_A^{(0)}$$
$$= \frac{1}{2} \left(m_a^{(0)} + f_a^{(0)} \right)$$

donde, lembrando as equações 3.1,

$$\begin{aligned} p_A^{(1)} &= p_A^{(0)} \\ q_A^{(1)} &= q_A^{(0)} \end{aligned} \qquad (3.3)$$

Em resumo, partindo de frequências genotípicas diferentes nos machos e nas fêmeas, essas frequências igualam-se nos dois sexos após uma geração de reprodução cruzada com fecundação externa e conjugações aleatórias. As frequências alélicas na nova geração – também iguais nos dois sexos – são iguais à média simples das frequências dos alelos respectivos nos pais e nas mães (simples reflexo do facto de que cada indivíduo tem um pai e uma mãe, que contribuem igualmente para a composição genética da descendência). Assim, se as frequências não forem iguais nos dois sexos, elas variam de uma geração à seguinte. Ao contrário do que vimos antes para os assexuais e haplóides, nos diplóides algo acontece, mesmo quando nada acontece. No entanto, as frequências alélicas na população geral são iguais às da geração anterior.

Podemos continuar o processo para acompanhar a evolução das frequências ao longo de mais algumas gerações. Antes disso, no entanto, estudemos de novo a passagem da geração G_0 (com as mesmas frequências, talvez diferentes nos dois sexos, indicadas acima) à geração G_1, agora no caso de haver acasalamentos. Este caso é mais complexo, já que não temos uniões entre apenas dois alelos de cada sexo, mas sim entre três genótipos de cada sexo. Com uniões aleatórias entre alelos, as frequências da geração seguinte dependem apenas das alélicas da geração inicial. Com acasalamentos de genótipos, podemos pensar que as frequências da geração seguinte dependam das genotípicas da geração inicial. Será assim?

3.3.2.2 Com acasalamentos

Suponhamos então que há acasalamentos, segundo o ciclo de vida representado na figura 3.3. Os machos AA, Aa e aa acasalam com as fêmeas AA, Aa e aa, pelo que temos nove tipos diferentes de acasalamentos, indicados na primeira coluna (Acasalamentos) da tabela 3.1. Como a população é panmítica, as frequências dos diversos tipos de acasalamento são dadas pelos produtos das frequências dos genótipos intervenientes, e estão indicadas na segunda coluna (Probabilidades de acasalamento) da mesma tabela.

A terceira coluna (Frequências mendelianas) da mesma tabela indica as frequências genotípicas esperadas nas descendências de cada acasalamento. Como estamos a considerar um gene autossómico, e como já vimos acima, estas frequências são iguais nos dois sexos. Juntas, a primeira e a terceira colunas expressam de forma simbólica a primeira lei de Mendel num gene autossómico dialélico.

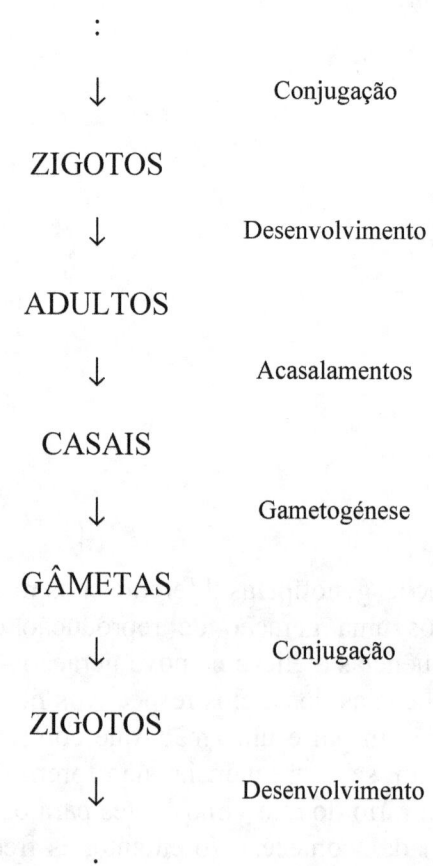

Figura 3.3. Ciclo de vida diplóide com acasalamentos

A contribuição de cada acasalamento para a geração seguinte é dada pelas proporções mendelianas de cada genótipo na descendência dos vários tipos de acasalamentos, ponderadas (*i.e.*, multiplicadas) pelas frequências desses acasalamentos (resultado que constitui a última coluna da tabela 3.1). As frequências genotípicas na G_1 são então calculadas pela soma destas contribuições para cada um dos genótipos:

$$n_{AA}^{(1)} = m_{AA}^{(0)} f_{AA}^{(0)} + \frac{1}{2} m_{AA}^{(0)} f_{Aa}^{(0)} + \frac{1}{2} m_{Aa}^{(0)} f_{AA}^{(0)} + \frac{1}{4} m_{Aa}^{(0)} f_{Aa}^{(0)}$$

$$= m_{AA}^{(0)} \left(f_{AA}^{(0)} + \frac{1}{2} f_{Aa}^{(0)} \right) + \frac{1}{2} m_{Aa}^{(0)} \left(f_{AA}^{(0)} + \frac{1}{2} f_{Aa}^{(0)} \right)$$

$$= \left(m_{AA}^{(0)} + \frac{1}{2} m_{Aa}^{(0)} \right) \left(f_{AA}^{(0)} + \frac{1}{2} f_{Aa}^{(0)} \right)$$

$$= m_A^{(0)} f_A^{(0)}$$

Tabela 3.1. Acasalamentos panmíticos, frequências mendelianas e contribuições para a descendência

Acasalamentos Machos x Fêmeas			Probabilidades de acasalamento	Frequências mendelianas			Contribuições para a geração seguinte		
				AA	Aa	aa	AA	Aa	aa
		AA	$m_{AA}f_{AA}$	1	0	0	$m_{AA}f_{AA}$	0	0
AA	x	Aa	$m_{AA}f_{Aa}$	½	½	0	$m_{AA}f_{Aa}/2$	$m_{AA}f_{Aa}/2$	0
		aa	$m_{AA}f_{aa}$	0	1	0	0	$m_{AA}f_{aa}$	0
		AA	$m_{Aa}f_{AA}$	½	½	0	$m_{Aa}f_{AA}/2$	$m_{Aa}f_{AA}/2$	0
Aa	x	Aa	$m_{Aa}f_{Aa}$	¼	½	¼	$m_{Aa}f_{Aa}/4$	$m_{Aa}f_{Aa}/2$	$m_{Aa}f_{Aa}/4$
		aa	$m_{Aa}f_{aa}$	0	½	½	0	$m_{Aa}f_{aa}/2$	$m_{Aa}f_{aa}/2$
		AA	$m_{aa}f_{AA}$	0	1	0	0	$m_{aa}f_{AA}$	0
aa	x	Aa	$m_{aa}f_{Aa}$	0	½	½	0	$m_{aa}f_{Aa}/2$	$m_{aa}f_{Aa}/2$
		aa	$m_{aa}f_{aa}$	0	0	1	0	0	$m_{aa}f_{aa}$

$$n_{Aa}^{(1)} = \frac{1}{2}m_{AA}^{(0)}f_{Aa}^{(0)} + m_{AA}^{(0)}f_{aa}^{(0)} + \frac{1}{2}m_{Aa}^{(0)}f_{AA}^{(0)} + \frac{1}{2}m_{Aa}^{(0)}f_{Aa}^{(0)} +$$

$$+ \frac{1}{2}m_{Aa}^{(0)}f_{aa}^{(0)} + m_{aa}^{(0)}f_{AA}^{(0)} + \frac{1}{2}m_{aa}^{(0)}f_{Aa}^{(0)}$$

$$= \frac{1}{2}m_{AA}^{(0)}f_{Aa}^{(0)} + m_{AA}^{(0)}f_{aa}^{(0)} + \frac{1}{2}m_{Aa}^{(0)}f_{AA}^{(0)} + \frac{1}{4}m_{Aa}^{(0)}f_{Aa}^{(0)} +$$

$$+ \frac{1}{4}m_{Aa}^{(0)}f_{Aa}^{(0)} + \frac{1}{2}m_{Aa}^{(0)}f_{aa}^{(0)} + m_{aa}^{(0)}f_{AA}^{(0)} + \frac{1}{2}m_{aa}^{(0)}f_{Aa}^{(0)}$$

$$= m_{AA}^{(0)}\left(f_{aa}^{(0)} + \frac{1}{2}f_{Aa}^{(0)}\right) + \frac{1}{2}m_{Aa}^{(0)}\left(f_{AA}^{(0)} + \frac{1}{2}f_{Aa}^{(0)}\right) +$$

$$+ \frac{1}{2}m_{Aa}^{(0)}\left(f_{aa}^{(0)} + \frac{1}{2}f_{Aa}^{(0)}\right) + m_{aa}^{(0)}\left(f_{AA}^{(0)} + \frac{1}{2}f_{Aa}^{(0)}\right)$$

$$= \left(m_{AA}^{(0)} + \frac{1}{2}m_{Aa}^{(0)}\right)\left(f_{aa}^{(0)} + \frac{1}{2}f_{Aa}^{(0)}\right) + \left(m_{aa}^{(0)} + \frac{1}{2}m_{Aa}^{(0)}\right)\left(f_{AA}^{(0)} + \frac{1}{2}f_{Aa}^{(0)}\right)$$

$$= m_A^{(0)}f_a^{(0)} + m_a^{(0)}f_A^{(0)}$$

$$n_{aa}^{(1)} = \frac{1}{4}m_{Aa}^{(0)}f_{Aa}^{(0)} + \frac{1}{2}m_{Aa}^{(0)}f_{aa}^{(0)} + \frac{1}{2}m_{aa}^{(0)}f_{Aa}^{(0)} + m_{aa}^{(0)}f_{aa}^{(0)}$$

$$= \left(m_{aa}^{(0)} + \frac{1}{2}m_{Aa}^{(0)}\right)\left(f_{aa}^{(0)} + \frac{1}{2}f_{Aa}^{(0)}\right)$$

$$= m_a^{(0)}f_a^{(0)}$$

Assim, as frequências genotípicas ao fim de uma geração de reprodução aleatória com acasalamentos são iguais às que obtivemos antes, para conjugações aleatórias (sem acasalamentos). Por outras palavras, acasalamentos aleatórios entre indivíduos, e conjugações aleatórias entre gâmetas, são geneticamente equivalentes. Este resultado não deve surpreender: se todo o ciclo reprodutor for uma sequência de fenómenos aleatórios, o haver ou não um deles (neste caso, acasalamentos) é irrelevante. O que é necessário é que, havendo acasalamentos, estes sejam aleatórios. Este resultado é tecnicamente importante, já que nos permite estudar algumas situações mais complexas (por exemplo, alelos múltiplos) considerando apenas o caso de não haver acasalamentos, já que é mais simples, e o resultado é o mesmo.

De qualquer forma, o "moinho mendeliano" (i.e., a primeira e terceira colunas da tabela 3.1) além de ajudar a obter este resultado, é também necessário noutros casos mais complexos – por exemplo, quando os acasalamentos não são aleatórios, como veremos no capítulo 9.

Como as frequências genotípicas são iguais com ou sem acasalamentos, e as frequências alélicas dependem apenas das genotípicas, as frequências alélicas com e sem acasalamentos são também iguais nos dois casos. Assim, são iguais às médias das frequências alélicas nos dois sexos da geração anterior, e não variam na população geral (equação 3.3).

3.3.2.3 Caso geral

Calculemos agora as frequências nas gerações seguintes. Como já sabemos que o resultado é independente de haver ou não acasalamentos, e os cálculos são muito mais simples no último caso, suponhamos que não os há. A passagem da G_1 para a G_2 faz-se da mesma forma que a da G_0 para a G_1, pelo que podemos usar a equação 3.2 (com as necessárias alterações de índices…). Temos assim, da G_1 para a G_2, as frequências genotípicas

$$n_{AA}^{(2)} = m_A^{(1)}f_A^{(1)}$$
$$n_{Aa}^{(2)} = m_A^{(1)}f_a^{(1)} + m_a^{(1)}f_A^{(1)} \qquad (3.4)$$
$$n_{aa}^{(2)} = m_a^{(1)}f_a^{(1)}$$

Donde, substituindo m_A e f_A por p_A, e m_a e f_a por q_a (porquê?)

$$n_{AA}^{(2)} = p_A^2$$
$$n_{Aa}^{(2)} = 2p_A q_a \qquad (3.5)$$
$$n_{aa}^{(2)} = q_a^2$$

Podemos também calcular as frequências alélicas como de costume (os homozigotos mais metade dos heterozigotos):

$$p_A^{(2)} = p_A^2 + p_A q_a = p_A(p_A + q_a) = p_A$$
$$q_a^{(2)} = q_a^2 + p_A q_a = q_a(p_A + q_a) = q_a$$

pelo que, mais uma vez, as frequências alélicas na população geral não se alteram.

Tal como anteriormente, as frequências genotípicas podem ser obtidas como o produto das frequências alélicas nos dois sexos:

$$(p_A + q_a)(p_A + q_a) = (p_A + q_a)^2 = \underbrace{p_A^2}_{n_{AA}} + \underbrace{2 p_A q_a}_{n_{Aa}} + \underbrace{q_a^2}_{n_{aa}}$$

Assim, as frequências genotípicas tornam-se iguais ao desenvolvimento do quadrado das alélicas, e as alélicas mantêm-se inalteradas.

Como as frequências alélicas na G_2 são iguais às da G_1, e as frequências de cada geração dependem apenas das alélicas da geração anterior, segue-se que as frequências alélicas e genotípicas esperadas na G_3, G_4, e em todas as gerações seguintes, são iguais às obtidas para a G_2.

$$n_{AA}^{(2)} = n_{AA}^{(3)} = n_{AA}^{(4)} = \cdots = p_A^2$$
$$n_{Aa}^{(2)} = n_{Aa}^{(3)} = n_{Aa}^{(4)} = \cdots = 2 p_A q_a$$
$$n_{aa}^{(2)} = n_{aa}^{(3)} = n_{aa}^{(4)} = \cdots = q_a^2$$

Vemos assim que o gene atingiu um estado de equilíbrio em duas gerações, equilíbrio este chamado de Hardy-Weinberg, em honra de Godfrey Harold Hardy (1877–1947), matemático inglês, e Wilhelm Weinberg (1862–1937), médico alemão, que obtiveram este resultado independentemente, ambos em 1908. Por outro lado, é fácil ver que, se as frequências iniciais forem iguais nos dois sexos, o equilíbrio se atinge em apenas uma geração (pois isto equivale a começar na geração a que chamámos G_1, e o equilíbrio se estabelece na geração seguinte, a G_2).

Portanto, em equilíbrio de Hardy-Weinberg, não só as frequências genotípicas determinam as alélicas, como o inverso é também verdadeiro (equação 3.5). A estas frequências genotípicas chamamos frequências de Hardy-Weinberg. As variáveis de estado de uma população em equilíbrio de Hardy-Weinberg são portanto as frequências alélicas.

3.3.2.4 Representação gráfica das frequências de Hardy-Weinberg

Uma representação gráfica das relações entre as variáveis pode ajudar bastante a perceber as propriedades dos modelos, que poderiam de outro modo ser difíceis de entender. Assim, fazemos muitas vezes uso de gráficos no nosso estudo. As frequências alélicas e genotípicas podem ser representadas graficamente de várias formas, incluindo o quadrado de Punnett que vimos acima para o caso geral das frequências iniciais serem diferentes nos dois sexos (figura 3.2). Podemos também usar um quadrado de Punnett para representar as frequências de Hardy-Weinberg – figura 3.4. Notemos que neste caso (e ao contrário da figura 3.2) as superfícies correspondentes aos homozigotos são quadradas – expressão geométrica dos quadrados p² e q².

A figura 3.5 mostra de forma simples como as frequências dos três genótipos dependem das frequências dos dois alelos. Esta figura contém muita informação, pelo que merece um estudo atento.

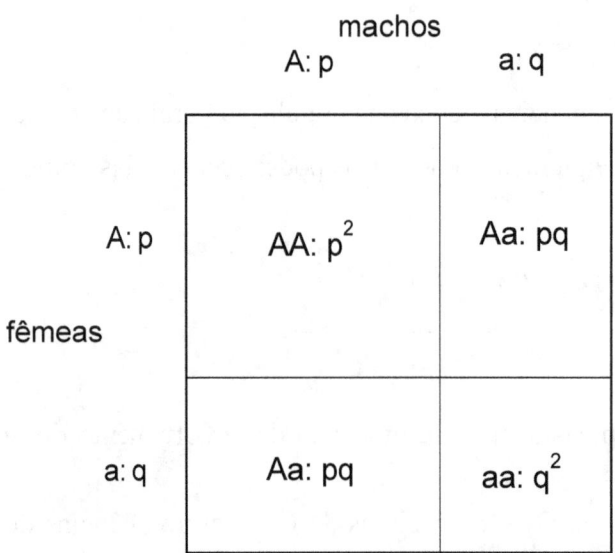

Figura 3.4. Representação gráfica dos alelos e respectivas frequências nos progenitores, e dos genótipos e suas frequências nos descendentes, quando as frequências parentais são iguais nos dois sexos

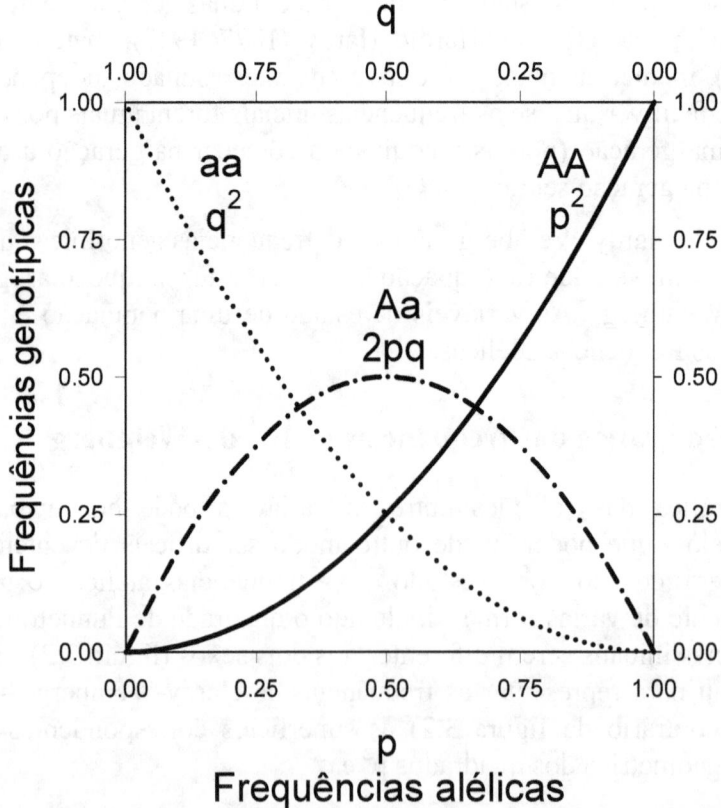

Figura 3.5. Frequências de Hardy-Weinberg em função das frequências alélicas

A secção 3.4.1 introduz outra forma de representar conjuntos de três frequências cuja soma seja constante, como sejam as frequências alélicas de um gene trialélico, e as frequências genotípicas (incluindo as frequências de Hardy-Weinberg) num gene dialélico.

3.3.2.5 Caso particular de dominância completa

Notemos que o estudo que acabámos de fazer não depende da capacidade prática de distinguir os três genótipos. Em particular, as frequências dos genótipos e dos alelos comportam-se da mesma forma, quer nós consigamos distinguir o heterozigoto de ambos os homozigotos, quer não. Portanto, a lei de Hardy-Weinberg no caso de um alelo ser dominante sobre o outro é teoricamente idêntica ao caso que acabámos de ver: as frequências dos três genótipos igualam-se nos dois sexos ao fim de uma geração, e entram em equilíbrio de Hardy-Weinberg na população geral após outra.

A única diferença entre as duas situações (e é muito importante!) é de carácter prático: no caso de haver dominância completa, não podemos determinar as frequências genotípicas, nem (portanto) calcular as frequências alélicas a partir delas. Podemos, apesar disso, calcular todas as frequências alélicas e genotípicas, se *assumirmos* que a população está em equilíbrio de Hardy-Weinberg quanto a esse gene. Este cálculo é um exemplo da utilidade prática da lei de Hardy-Weinberg e, em geral, da teoria em genética de populações: sem ela, seria impossível estimar a frequência de alelos dominantes ou recessivos numa população, o que é muitas vezes importante – por exemplo, em aplicações médicas relacionadas com doenças causadas por alelos recessivos.

3.3.3 Um gene multialélico

A lei de Hardy-Weinberg não se limita ao caso de um gene autossómico dialélico e foi, de facto, generalizada a genes multialélicos pelo próprio Weinberg em 1909. Há varias maneiras de fazer esta generalização; consideraremos apenas o caso de não haver acasalamentos, pela razão que discutimos a seguir.

Num gene multialélico, o número de genótipos e acasalamentos possíveis cresce muito depressa com o número de alelos, k, como vimos antes (na secção 2.7.3). Em particular, o número de acasalamentos é

$$\left(\frac{k(k+1)}{2}\right)^2 .$$

Num gene com 2 alelos temos 3 genótipos e 9 acasalamentos, como vimos; com 3 alelos, 6 genótipos e 36 acasalamentos; com 4 alelos, 10 genótipos e 100 acasalamentos. A determinação das frequências de um gene com mais de dois alelos em gerações sucessivas pelo moinho de Mendel é assim longa e fastidiosa (se bem que conceptualmente simples). Faremos portanto a dedução apenas para o caso de conjugações aleatórias (sem acasalamentos) – admitindo (sem o demonstrar, mas com plausibilidade) que, tal como no caso de um gene dialélico, o resultado seria idêntico se houvesse acasalamentos.

Consideremos então um gene autossómico com k alelos $A_1, A_2, ... , A_i, ... , A_k$, e $k(k+1)/2$ genótipos A_iA_j, $i,j=1,...,k$. A frequência do alelo A_i na geração G_0 é m_i nos machos e f_i nas fêmeas. Tal como num gene dialélico, a frequência de um alelo pode ser calculada como a frequência dos homozigotos para esse alelo, mais metade da frequência dos heterozigotos para esse alelo:

$$p_i = n_{ii} + \frac{1}{2}\sum_{i \neq j} n_{ij} .$$

Utilizemos a mesma linha de raciocínio que usámos para deduzir as frequências genotípicas no caso de um gene dialélico. Qual a frequência de indivíduos (machos e fêmeas) A_iA_i na geração seguinte? Um indivíduo A_iA_i forma-se pela união de um gâmeta A_i do pai e outro gâmeta A_i da mãe. A probabilidade de um gâmeta masculino, escolhido ao acaso, ser portador de um alelo i é m_i; a probabilidade de um gâmeta feminino, escolhido ao acaso, ser portador de um alelo i é f_i. Numa população panmítica, a probabilidade de um gâmeta masculino A_i e um gâmeta feminino A_i se conjugarem é dada pelo produto das frequências respectivas, ou seja m_if_i. Esta é, portanto, a frequência de indivíduos homozigóticos de ambos os sexos para qualquer alelo A_i, ao fim de uma geração.

De modo semelhante, podemos obter a frequência de heterozigotos, A_iA_j, $m_if_j + m_jf_i$. Assim, e tal como anteriormente, as frequências genotípicas – e portanto também as alélicas – igualam-se nos dois sexos após uma geração de reprodução aleatória.

É fácil ver que

$$p_i^{(1)} = \frac{1}{2}\left(m_i^{(0)} + f_i^{(0)}\right)$$

Em palavras, as frequências alélicas na nova geração – iguais nos dois sexos – são iguais à média das frequências dos alelos respectivos nos pais e nas mães.

As frequências dos genótipos homozigóticos A_iA_i nas gerações seguintes são então p_i^2, e as dos genótipos heterozigóticos A_iA_j (i≠j) $2p_ip_j$, o que constitui a generalização do resultado antes obtido para dois alelos:

$$n_{ij} = \begin{cases} p_i^2 & , i = j \\ 2p_ip_j & , i \neq j \end{cases} \qquad (3.6)$$

ou, mais sucintamente,

$$n_{ij} = (2 - \delta_{ij})p_ip_j \qquad , \forall_{ij}$$

onde δ_{ij} é[2] 1 se i=j, e 0 no caso contrário (verifique).

Por exemplo, se houver três alelos, A_1, A_2 e A_3, e representarmos as suas frequências por p_1, p_2 e p_3, as frequências de Hardy-Weinberg são as indicadas na tabela 3.2.

Tabela 3.2. Frequências genotípicas de Hardy-Weinberg num gene com três alelos

A_1A_1	A_1A_2	A_1A_3	A_2A_2	A_2A_3	A_3A_3
p_1^2	$2p_1p_2$	$2p_2p_3$	p_2^2	$2p_2p_3$	p_3^2

---

[2] O chamado delta de Kronecker.

3.3.4 Estabilidade do equilíbrio

Como acontece sempre que se obtém um equilíbrio, é importante estudar a estabilidade do equilíbrio de Hardy-Weinberg: o comportamento das frequências genotípicas e alélicas, na vizinhança do equilíbrio. Uma forma fácil de pensar na estabilidade é supor que a população está em equilíbrio, e que ocorre uma perturbação qualquer: o que acontece a seguir? Se a população se aproximar do mesmo estado de equilíbrio, este é estável; se a população se afastar mais do equilíbrio, este é instável; se a população não variar mais após a perturbação, o equilíbrio é indiferente (ou neutralmente estável). Quanto ao equilíbrio de Hardy-Weinberg, podemos considerar dois tipos de perturbações: as que afectam apenas as frequências genotípicas, e as que alteram também as alélicas.

No primeiro caso, é fácil ver que a perturbação corresponde a voltar à geração G_0 (ou à G_1, se as frequências genotípicas alteradas forem iguais nos dois sexos). O equilíbrio restabelece-se (no máximo) em duas gerações, com as mesmas frequências que tinha antes da perturbação. Por outras palavras, as diferenças entre as novas frequências e as frequências de equilíbrio que se verificavam antes da perturbação reduzem-se a zero (no máximo em duas gerações), pelo que o equilíbrio é estável quanto a este tipo de perturbação.

Se a perturbação do equilíbrio inicial for tal que as frequências alélicas sejam também alteradas, a população volta de novo a um equilíbrio ao fim de (no máximo) duas gerações – mas agora com frequências alélicas e genotípicas diferentes das que tinha antes da perturbação: digamos, p'^2, $2p'q'$ e q'^2, em vez de p^2, $2pq$ q^2, no caso de um gene dialélico. O equilíbrio estabelece-se com as novas frequências alélicas, e portanto também novas frequências genotípicas. Neste caso, não podemos dizer que o equilíbrio seja estável ou instável, mas sim indiferente, já que não há qualquer tendência para as novas frequências se aproximarem, nem se desviarem mais, das frequências de equilíbrio anteriores.

Concluímos portanto que a classificação de um equilíbrio quanto à estabilidade pode depender do tipo de perturbação que lhe for aplicada. O equilíbrio de Hardy-Weinberg é estável se apenas as frequências genotípicas forem afectadas, mas indiferente se as alélicas também o forem.

3.3.5 Propriedades de populações em equilíbrio de Hardy-Weinberg

As populações em equilíbrio de Hardy-Weinberg têm algumas propriedades especiais, que não se verificam no caso geral. Vimos já a mais importante, a determinação das frequências genotípicas pelas alélicas, mas há outras propriedades interessantes, e que se revelarão úteis mais tarde.

3.3.5.1 Distribuição dos alelos pelos homozigotos e heterozigotos

Os alelos A distribuem-se pelos AA e os Aa, e os a pelos aa e Aa. Qual a proporção dos dois alelos em cada genótipo? Em geral, a proporção dos alelos A que estão nos AA é

$$\frac{2n_{AA}}{2n_{AA} + n_{Aa}}$$

que, no caso particular das frequências de Hardy-Weinberg se torna

$$\frac{2p^2}{2p^2 + 2pq} = \frac{p}{p+q} = p$$

e portanto nos Aa é q, sendo simétricos os resultados para o alelo a (q nos aa e p nos heterozigotos – verifique).

Assim, numa população em equilíbrio de Hardy-Weinberg, a proporção de um alelo que se encontra nos homozigotos é igual à frequência desse alelo na população. Este resultado simples, se bem que talvez inesperado, também é válido para alelos múltiplos (verifique), e será muito útil no estudo da selecção natural (capítulo 7).

3.3.5.2 Caso limite de um alelo raro

Quando a frequência de um alelo é muito pequena, e portanto a do outro alelo é próxima de 1, as frequências de Hardy-Weinberg aproximam-se de uma forma limite simples e interessante. Se, por exemplo, q é muito pequeno, q^2 é ainda mais pequeno e pode ser desprezado, e $2pq \cong 2q$ (já que 1 é elemento neutro da multiplicação), pelo que as frequências dos três genótipos AA, Aa e aa são aproximadamente 1-2q, 2q e 0. Quase todos os alelos raros estão nos heterozigotos (como se vê bem na figura 3.5), pelo que a frequência deste genótipo é cerca do dobro da frequência do alelo raro. No entanto, é bom frisar que isto não é verdade sempre que há alelos raros, mas apenas quando há alelos raros e a população está (pelo menos aproximadamente) em frequências de Hardy-Weinberg.

Este resultado é especialmente importante na nossa espécie no caso de doenças raras provocadas por alelos recessivos: as frequências do alelo causador da doença (diga-se, q) e dos indivíduos portadores (aproximadamente 2q) são muito maiores do que se poderia pensar baseado na incidência da doença ($q^2 \cong 0$).

3.3.5.3 Relação entre as frequências dos homozigotos e dos heterozigotos

Se uma população estiver em equilíbrio de Hardy-Weinberg, a frequência dos heterozigotos pode ser escrita como

$$n_{Aa} = 2pq = 2\sqrt{p^2 q^2} = 2\sqrt{n_{AA} n_{aa}}$$

donde, a frequência dos heterozigotos é o dobro da média geométrica das frequências dos homozigotos (quaisquer que sejam as frequências alélicas).

Outra forma de escrever isto é como

$$\frac{n_{Aa}^2}{4 n_{AA} n_{aa}} = 1,$$

o que pode servir de base para um teste simples da hipótese de equilíbrio de Hardy-Weinberg, com a propriedade interessante de ser independente das frequências alélicas.

3.3.5.4 Frequências de acasalamento

Como vimos na secção 3.3.2.2, em panmixia as probabilidades de acasalamento são dadas pelos produtos das frequências dos genótipos respectivos. Isto, claro, é independente de a população estar ou não em frequências de Hardy-Weinberg. Vimos também que, se a população estiver de facto em frequências de Hardy-Weinberg, as frequências genotípicas tomam uma forma particular, dependendo apenas das frequências alélicas (p^2, etc.). Então, se a população estiver em frequências de Hardy-Weinberg, as frequências de acasalamento devem também tomar uma forma particular. Qual é?

Substituindo na segunda coluna da tabela 3.1 as frequências genotípicas pelas suas expressões dadas pela equação 3.5, obtemos as frequências de acasalamentos aleatórios quando a população está em frequências de Hardy-Weinberg, indicadas na tabela 3.3.

É fácil verificar que uma população com estas frequências de acasalamento tem de facto frequências genotípicas de Hardy-Weinberg. Por exemplo, a frequência de fêmeas AA é a frequência das fêmeas AA que acasalam com os machos AA, mais a frequência das fêmeas AA que acasalam com os machos Aa, mais a frequência das fêmeas AA que acasalam com os machos aa, ou seja

$$\begin{aligned} f_{AA} &= p^4 + 2p^3q + p^2q^2 \\ &= p^2\left(p^2 + 2pq + q^2\right) \\ &= p^2 \end{aligned}$$

Tabela 3.3. Frequências dos acasalamentos numa população panmítica em frequências de Hardy-Weinberg

Machos	Fêmeas		
	AA	Aa	aa
AA	p^4	$2p^3q$	p^2q^2
Aa	$2p^3q$	$4p^2q^2$	$2pq^3$
aa	p^2q^2	$2pq^3$	q^4

Como vimos na secção 2.7.2, no caso geral as frequências alélicas não determinam nada, nem sequer as frequências genotípicas. Por outro lado, se a população estiver em frequências de Hardy-Weinberg, as frequências alélicas são suficientes para determinar todas as outras: as frequências genotípicas de cada sexo e da população geral (como vimos na secção 3.3.2.3), e as frequências de acasalamento (como acabámos de ver).

3.3.6 Robustez

Embora tenhamos usado dez pressupostos para deduzir a lei de Hardy-Weinberg, na prática as frequências de Hardy-Weinberg são bastante robustas[3]. Por outras palavras, é possível que uma população viole um ou mais destes pressupostos, e mesmo assim as frequências de Hardy-Weinberg produzam um bom ajustamento às frequências genotípicas observadas, mesmo em amostras bastante grandes. É até possível obter situações em que um ou mais destes pressupostos não se verificam, mas as frequências esperadas são exactamente iguais às de Hardy-Weinberg (estudaremos já neste capítulo um exemplo, referente ao ritmo do ciclo reprodutor).

---

[3] De um modo geral, dizemos que um modelo é robusto se pequenos desvios dos pressupostos do modelo resultam em pequenas diferenças dos resultados, e desvios grandes não causam uma catástrofe.

Veremos mais exemplos específicos desta propriedade em capítulos posteriores. Por agora, notemos apenas duas consequências. A primeira é que um bom ajustamento entre as frequências observadas e esperadas pela lei de Hardy-Weinberg não prova que os pressupostos da lei de Hardy-Weinberg se verifiquem na população amostrada. Isto deve-se tanto a razões lógicas e estatísticas (um teste nunca prova uma hipótese nula) como a razões biológicas (a robustez das frequências de Hardy-Weinberg). A segunda consequência é a recíproca da primeira: na prática, podemos muitas vezes usar as frequências de Hardy-Weinberg, mesmo quando se sabe que os postulados em que se baseiam não são exactamente válidos para a população em estudo.

Apesar disto, a análise genética de uma população diplóide deve sempre começar por um teste do ajustamento das frequências de Hardy-Weinberg às frequências observadas numa amostra da população. Um bom ajustamento entre frequências observadas e esperadas não nos permite inferências sólidas (não só por causa da robustez da lei de Hardy-Weinberg, como porque os testes existentes são pouco potentes), mas diferenças significativas são muitas vezes úteis como indicadores da existência de processos e fenómenos interessantes (como divisão populacional ou selecção natural), que podem ser difíceis de detectar de outro modo.

3.3.7 Distinção entre frequências e equilíbrio de Hardy-Weinberg

É muito importante perceber a diferença entre *frequências* de Hardy-Weinberg, e *equilíbrio* de Hardy-Weinberg. Frequências de Hardy-Weinberg são frequências genotípicas dadas pelo produto das respectivas frequências alélicas, multiplicadas por 2 no caso dos heterozigotos. Equilíbrio de Hardy-Weinberg implica que além das frequências genotípicas serem dadas por estas fórmulas, as frequências (genotípicas e alélicas) não variam ao longo das gerações.

Embora até agora os dois conceitos pareçam intimamente associados (já que a população atingiu o equilíbrio ao mesmo tempo que as suas frequências genotípicas se tornaram frequências de Hardy-Weinberg), isto não se verifica sempre. Uma população pode ter frequências de Hardy-Weinberg, sem estar em equilíbrio, *i.e.*, as frequências genotípicas (e alélicas) podem variar de geração em geração, mas serem dadas pelas fórmulas de Hardy-Weinberg em cada geração (pelo menos nos zigotos). Reciprocamente, a população pode estar em equilíbrio, sem ter frequências de Hardy-Weinberg. Veremos exemplos dos dois casos na continuação do nosso estudo.

Esta distinção entre frequências e equilíbrio de Hardy-Weinberg tem implicações importantes, mesmo que não sejam ainda claras nesta fase do estudo. Por exemplo, pelas deduções que fizemos, é fácil ver que a lei de Hardy-Weinberg relaciona as frequências alélicas dos progenitores com as frequências genotípicas dos descendentes (por exemplo, equação 3.4). Só o facto de as frequências alélicas na população geral (independentemente do sexo) não variarem, é que nos permite relacionar as frequências alélicas e genotípicas da mesma geração através das expressões p^2, $2pq$, q^2. Mas, como acabámos de ver, as frequências alélicas podem de facto variar ao longo do tempo. Se, ao estudarmos uma população, apenas tivermos dados de uma única geração, temos de ter muito cuidado com as inferências que fazemos.

3.3.8 Importância da lei de Hardy-Weinberg

A lei de Hardy-Weinberg pode ser "lida" a vários níveis. Antes de mais, constitui a resposta à questão posta no início deste capítulo, e que é importante em biologia desde o tempo de Darwin. De facto, a principal crítica científica feita à teoria de evolução de Darwin (além de outras de carácter fisolófico, moral, religioso, etc.) foi a que resultou da sua ideia de hereditariedade (que, aliás, Darwin partilhava com a maior parte dos seus colegas biólogos da época): a hereditariedade de mistura, segundo a qual as características de um indivíduo tendem a ser a média das dos seus progenitores. Se fosse este o caso, a variância[4] genética de uma população panmítica para qualquer característica reduzir-se-ia (a metade) em cada geração, levando rapidamente à uniformidade da população, em face da qual a selecção natural não poderia actuar. O próprio Darwin levou este argumento muito a sério, chegando a modificar a *Origem das Espécies* para tentar contornar este obstáculo (sem grande sucesso, diga-se). Com a redescoberta das leis de Mendel ficou aberta a porta para a resolução deste problema, com o que hoje podemos considerar a transposição dessas leis (e, em particular, da primeira) para o nível populacional, constituindo a lei de Hardy-Weinberg.

A lei de Hardy-Weinberg veio também esclarecer outra questão, relativa à frequência de caracteres determinados por alelos dominantes (colocada pouco depois da redescoberta das leis de Mendel): havia quem defendesse que esses caracteres deveriam tornar-se progressivamente mais abundantes, eliminando os determinados pelos correspondentes alelos recessivos, ou talvez tender para as frequências mendelianas de 3:1 (dominante : recessivo). Por sinal, foi esta questão que levou Hardy a, relutantemente, (co-)inventar a lei de Hardy-Weinberg numa curta carta publicada na Science[5]

A resposta a ambas as questões (se uma população tende a ganhar ou perder variabilidade apenas em resultado da sua auto-propagação, e as frequências relativas de caracteres dominantes e recessivos), é dada pela lei de Hardy-Weinberg: numa população panmítica as frequências alélicas e genotípicas ao nível de um gene autossómico tendem a manter-se constantes, pelo que a variabilidade não se ganha nem se perde: mantém-se.

Verificando-se frequências de Hardy-Weinberg, as frequências genotípicas são determinadas pelas alélicas, o que não acontece no caso geral. Este resultado é muito importante do ponto de vista técnico, já que permite simplificar o estudo, em virtude da redução do número de variáveis: podemos trabalhar apenas com as frequências alélicas, em menor número do que as genotípicas. Quanto maior o número de alelos, maior a diferença (como vimos na secção 3.3.3), mas mesmo no caso de só haver dois alelos a simplificação é substancial: como a soma das frequências alélicas é sempre igual a 1, podemos trabalhar apenas com uma única frequência alélica, obtendo a partir dela a outra, assim como as frequências genotípicas.

Numa população em frequências de Hardy-Weinberg, não só as frequências alélicas determinam as genotípicas, mas esta determinação toma uma forma especial, com implicações muito importantes: a frequência de um genótipo é dada pelo produto das frequências dos alelos que compõem esse genótipo (multiplicadas por 2 no caso dos heterozigotos). Lembremos que dois acontecimentos são mutuamente independentes se e só se a probabilidade de se verificarem ambos for igual ao produto das probabilidades de cada um. Neste caso, a probabilidade de amostrarmos um indivíduo ao acaso (ou seja dois alelos de uma vez) e ele ser, por exemplo, AA, é igual ao produto das probabilidades de amostrarmos um alelo e ele ser A, e amostrarmos outro alelo e ele também ser A – o que só acontece se a população estiver em frequências de Hardy-Weinberg. Assim, o facto de a frequência de um genótipo ser dada pelo produto das frequências dos alelos que o compõem mostra que os alelos se distribuem independentemente pelos indivíduos da população.

Lembremos uma vez mais que, para obter estes resultados, assumimos explicitamente várias condições restritivas – a ausência de factores evolutivos – que podem limitar a aplicabilidade deste resultado, como veremos nos capítulos seguintes. De qualquer forma, os pressupostos da lei de Hardy-Weinberg

---

[4] Todos nós conhecemos a variância da estatística, mas é curioso notar que o termo, assim como o próprio conceito, inventados por Fisher, aparece pela primeira vez em 1918 num artigo de genética, *The Correlation Between Relatives on the Supposition of Mendelian Inheritance*.

[5] Seria de esperar que Hardy, inglês, enviasse a sua carta à Nature. Segundo se diz, não o fez por não querer que os seus colegas matemáticos ingleses vissem uma publicação sua com algum interesse prático.

funcionam como um "modelo nulo", no qual nos podemos basear para estudar as consequências desses factores evolutivos – uma teoria com que trabalhar, como diria Darwin Uma das razões porque a teoria da genética populacional é tão bem sucedida, é exactamente ser baseada num modelo nulo tão simples e explícito como a lei de Hardy-Weinberg[6]. Por um lado, os resultados do modelo (a lei de Hardy-Weinberg, no caso dos diplóides) constituem uma base sólida com a qual podemos comparar os resultados de situações mais complexas (*e.g.*, quando vários factores evolutivos influenciam a população). Por outro lado, os seus pressupostos definem um programa de investigação: se quisermos saber os efeitos dos vários factores evolutivos não considerados, não temos de fazer mais do que levantar os pressupostos do modelo de Hardy-Weinberg (primeiro um a um, depois aos pares, etc.) e estudar os modelos resultantes (o que faremos ao longo deste livro).

Além do seu grande interesse teórico, este modelo é também essencial ao estudo de populações reais. Um fenómeno natural só é digno de descrição e investigação detalhadas se for surpreendente, isto é, se se desviar do que seria de esperar. Para isso precisamos de saber o que esperar. Numa população diplóide, o equilíbrio de Hardy-Weinberg é o estado que é de esperar. Assim, se observarmos, em amostras sucessivas, frequências significativamente diferentes nos dois sexos, ou frequências genotípicas diferentes das frequências de Hardy-Weinberg, ou frequências variáveis ao longo do tempo, ficamos a saber que pelo menos um dos pressupostos da lei de Hardy-Weinberg não se verifica na nossa população. Isto por si só não indica qual desses pressupostos é violado, mas sugere que o estudo genético dessa população pode ser recompensado com a descoberta de processos evolutivos interessantes.

Resumindo, o modelo de Hardy-Weinberg leva a três previsões fundamentais: a variação genética tende a manter-se, as frequências génicas não variam, e as frequências genotípicas podem ser calculadas apenas a partir das alélicas. No seguimento do nosso estudo veremos se estas previsões se mantêm quando alguns dos pressupostos de Hardy-Weinberg não se verificam, mas primeiro estudamos, nos capítulos que se seguem, a generalização a outros sistemas genéticos, como genes ligados ao sexo, e sistemas de mais de um gene.

3.4 Complementos

3.4.1 Gráficos ternários

Enquanto o gráfico da figura 3.5 mostra as três frequências genotípicas em função das frequências alélicas, por vezes é útil representar apenas as frequências genotípicas (independentemente das alélicas). Um gráfico que pode parecer pouco intuitivo à primeira vista, mas que depois de percebido é muito útil para este efeito (e não só, como veremos na continuação), é o gráfico de coordenadas triangulares, uma forma de representar três variáveis cuja soma é constante. Este tipo de gráfico (que é muito usado em geologia[7], e também em ecologia vegetal[8]) é conhecido em genética populacional como gráfico de de Finetti, em honra de Bruno de Finetti (1906-1985), que parece ter sido o primeiro a usá-lo neste contexto, em 1926.

---

[6] Daí a lei de Hardy-Weinberg ter na evolução um papel semelhante ao que a primeira lei de Newton (os corpos mantêm-se no seu estado de repouso, ou em movimento uniforme rectilíneo, excepto se obrigados por forças externas) tem na física. Ambas descrevem o que acontece quando nada acontece, e a lei de Hardy-Weinberg diz-nos em particular que na ausência de factores evolutivos como a mutação, a migração, e a selecção natural, (e após um breve período transiente) as frequências génicas tendem a manter-se constantes ao longo do tempo.

[7] Para dados de composição química.

[8] Em particular, no contexto do modelo triangular de sucessão de Grime.

Comecemos pelas duas frequências alélicas de um gene dialélico: podemos representá-las num gráfico cartesiano normal (figura 3.6), com uma das frequências alélicas em ordenadas e a outra em abcissas. Como a soma das duas frequências alélicas é sempre 1, qualquer população é obrigatoriamente representada por um ponto do segmento de recta entre (0,1) e (1,0), lugar geométrico dos pontos que verificam p+q=1.

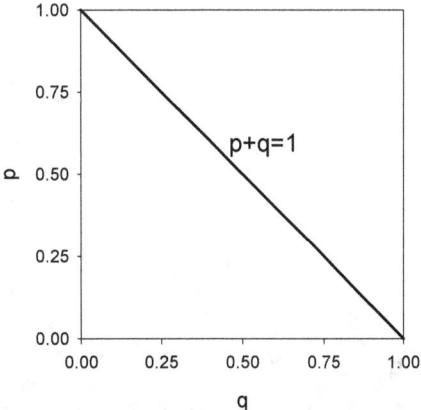

Figura 3.6. Populações representadas pelas suas frequências alélicas

Quanto às frequências genotípicas da população, como a sua soma também é constante, chega representar duas; e como cada uma varia entre 0 e 1, e a sua soma não pode exceder 1, podemos representá-las como um ponto no triângulo delimitado pelo mesmo segmento e a origem – figura 3.7.a – mas as distâncias ficam distorcidas. Por exemplo, suponhamos que o eixo dos x representa n_{AA} e o dos y n_{Aa} e consideremos três populações: uma com $n_{AA}=0$ e $n_{Aa}=1$, outra com $n_{AA}=n_{Aa}=0$ (e portanto $n_{aa}=1$), e outra com $n_{AA}=1$ e $n_{Aa}=0$; a distância no gráfico entre a primeira e a segunda populações é menor do que a distância entre a primeira e a terceira, o que não faz qualquer sentido biológico.

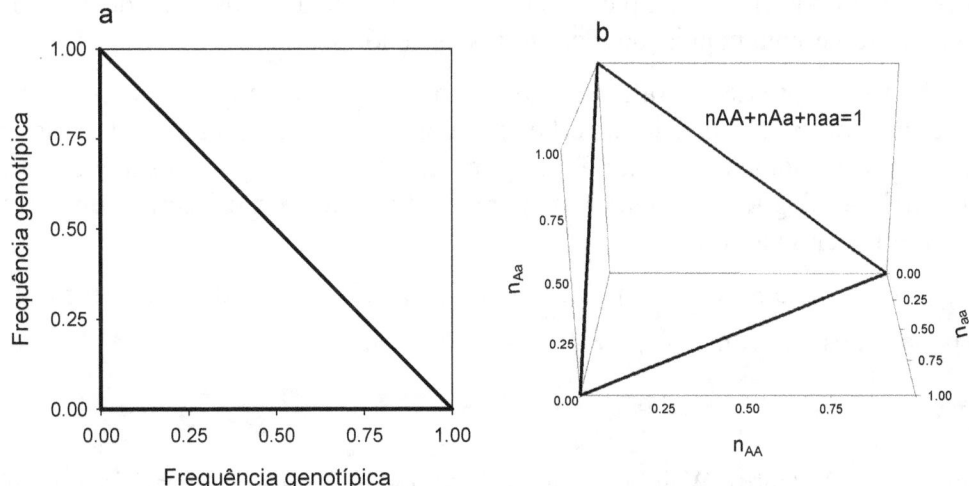

Figura 3.7. Populações representadas pelas suas frequências genotípicas

Podemos eliminar estas distorções representando o ponto (n_{AA}, n_{Aa}, n_{aa}) num gráfico tridimensional, representado (projectado) na figura 3.7.b, correcto, mas pouco conveniente. Mas se olharmos o triângulo equilátero desta figura de frente, obtemos um gráfico ternário simples, representado na figura 3.8 – o gráfico ternário de de Finetti.

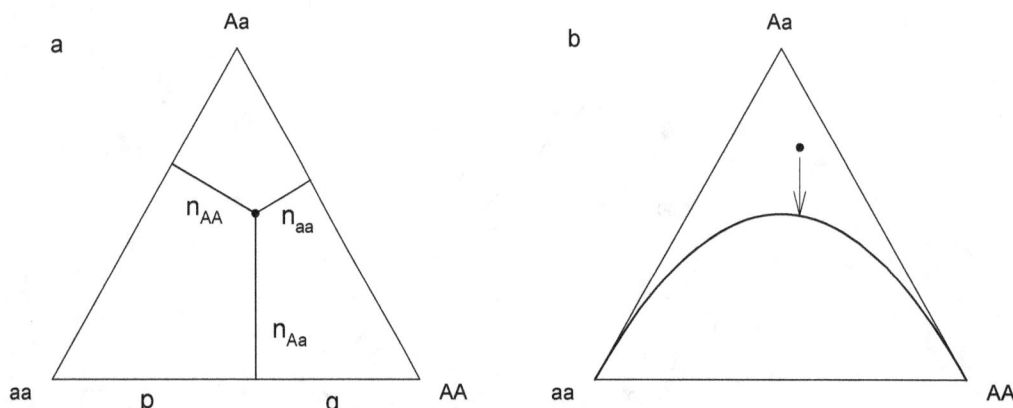

Figura 3.8. Frequências genotípicas num gráfico ternário

As frequências genotípicas representadas por qualquer ponto são determinadas do seguinte modo: a distância (perpendicular) do ponto a cada um dos lados do triângulo indica a frequência do genótipo oposto a esse lado. Por exemplo, na figura 3.8.a a distância vertical, para a base do triângulo, representa a frequência do genótipo Aa, que identifica o vértice superior. A soma das três distâncias assim determinadas é igual à altura do triângulo. Assim, é conveniente representar o triângulo com altura igual a 1, de modo a que as três distâncias representem de facto frequências relativas.

Cada ponto do triangulo representa um conjunto de três frequências genotípicas (uma população, ou uma amostra): os vértices do triângulo representam populações com apenas um genótipo (por exemplo, o canto inferior direito representa populações homozigóticas AA), os lados representam populações com apenas dois genótipos (por exemplo, o lado inferior indica a ausência de heterozigotos), e o interior do triângulo representa populações com todos os genótipos.

Uma propriedade interessante deste gráfico é que a linha que desce de qualquer ponto para a base do triângulo (representando a frequência dos heterozigotos), divide a base em duas partes, cujos comprimentos são proporcionais a p e q, pelo que representam as frequências alélicas, como também indicado na figura 3.8a. Segue-se portanto que pontos na mesma vertical correspondem a populações com as mesmas frequências alélicas.

Como vimos na secção 3.3.5.3, numa população em frequências de Hardy-Weinberg a frequência dos heterozigotos pode ser escrita como $n_{Aa} = 2\sqrt{n_{AA}n_{aa}}$, pelo que

$$n_{Aa}^2 = 4n_{AA}n_{aa} \,.$$

Assim, as frequências de Hardy-Weinberg são representadas no gráfico ternário por uma parábola, indicada na figura 3.8.b, que ilustra ainda uma população a deslocar-se para as frequências de Hardy-Weinberg (mantendo as frequências alélicas).

O mesmo tipo de gráfico pode ser usado para representar outros conjuntos de três variáveis cuja soma seja constante, como as frequências alélicas de um gene trialélico, de uma população haplóide ou diplóide, como ilustrado na figura 3.9. As frequências, neste caso alélicas, são determinadas do mesmo modo que antes; por exemplo, a distância vertical, para a base do triângulo, representa p₂, a frequência do alelo A₂, que identifica o vértice superior. Neste caso, os vértices representam populações monomórficas, os lados representam populações polimórficas para apenas dois alelos, e o interior do triângulo representa polimorfismos completos (isto é, com todos os alelos presentes).

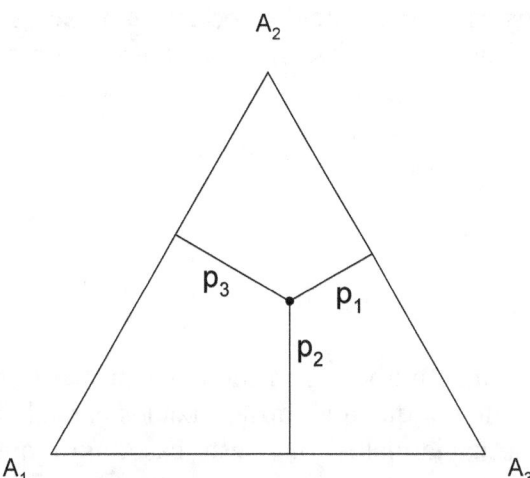

Figura 3.9. Frequências alélicas num gráfico ternário

3.4.2 Efeito da diferença das frequências alélicas nos dois sexos

Se as frequências alélicas iniciais forem diferentes nos dois sexos, as frequências genotípicas na geração seguinte são dadas pela equação 3.2, enquanto que se as frequências alélicas iniciais forem iguais, as genotípicas da geração seguinte são dadas pela equação 3.5. Qual o efeito da diferença das frequências alélicas nos dois sexos? Por outras palavras, qual a diferença entre as frequências genotípicas que se obtém nos dois casos?

A diferença entre as frequências dos AA nos dois casos é (sem indicar a geração, para simplificar a notação),

$$m_A f_A - p_A^2 = m_A f_A - \left[\frac{1}{2}(m_A + f_A)\right]^2$$

$$= m_A f_A - \frac{1}{4}m_A^2 - \frac{1}{2}m_A f_A - \frac{1}{4}f_A^2$$

$$= -\frac{1}{4}\left(m_A^2 - 2m_A f_A + f_A^2\right)$$

$$m_A f_A - p_A^2 = -\frac{1}{4}(m_A - f_A)^2$$

e, por simetria (mas verifique),

$$m_a f_a - q_a^2 = -\frac{1}{4}(m_a - f_a)^2 = -\frac{1}{4}(m_A - f_A)^2$$

pelo que, como a soma das três frequências genotípicas é a mesma (qual?) em qualquer caso, para os heterozigotos temos

$$\left(m_A f_a + m_a f_A\right) - 2p_A q_a = \frac{1}{2}(m_A - f_A)^2 \ .$$

Assim, o efeito de haver frequências alélicas diferentes nos dois sexos numa geração é que na geração seguinte há um défice de ambos os homozigotos, e portanto um excesso de heterozigotos, em relação ao que se esperaria se as frequências alélicas fossem iguais nos dois sexos:

$$n_{AA} - p_A^2 = -\frac{1}{4}(m_A - f_A)^2$$

$$n_{AA} - 2p_A q_a = \frac{1}{2}(m_A - f_A)^2 \qquad (3.7)$$

$$n_{aa} - q_a^2 = -\frac{1}{4}(m_A - f_A)^2$$

Este efeito compreende-se de forma intuitiva. Consideremos primeiro um caso extremo, supondo que inicialmente os dois sexos estavam, por qualquer razão, fixados para alelos diferentes (isto é, num sexo só havia alelos A e no outro só havia alelos a). Neste caso, as frequências genotípicas da geração seguinte são $n_{AA}=0$, $n_{Aa}=1$, e $n_{aa}=0$, enquanto que se as frequências iniciais fossem iguais nos dois sexos, para as mesmas frequências na população geral ($p_A=q_a=½$), as frequências genotípicas seriam $n_{AA}=¼$, $n_{Aa}=½$, e $n_{aa}=¼$. Na população com frequências alélicas diferentes, a frequência de homozigotos é portanto menor, e a de heterozigotos maior do que a esperada em frequências de Hardy-Weinberg. Se a diferença inicial não for tão extrema, o efeito também não o é, mas desde que as frequências alélicas sejam diferentes nos dois sexos numa geração, na geração seguinte temos sempre défice de homozigotos e excesso de heterozigotos (comparado com as frequências de Hardy-Weinberg).

As diferenças entre as frequências genotípicas obtidas com e sem igualdade das frequências alélicas nos dois sexos da geração anterior são da ordem de grandeza do quadrado da diferença das frequências alélicas nos dois sexos (equação 3.7). Como esta diferença é, em geral, pequena, o efeito da diferença das frequências alélicas nos dois sexos pode em regra desprezar-se. No entanto, no caso de as frequências alélicas serem próximas de 0 ou 1, como a frequência esperada de heterozigotos é baixa, o excesso relativo de heterozigotos pode ser apreciável.

E se houver mais de dois alelos, o efeito da diferença das frequências alélicas nos dois sexos será o mesmo (tente responder antes de continuar)? A frequência dos homozigotos, A_iA_i, é sempre $m_i f_i$, qualquer que seja o número de alelos. Se as frequências dos dois sexos na geração parental forem diferentes, esta expressão não se simplifica, mas se forem iguais, temos p_i^2. A diferença é

$$\begin{aligned}
m_i f_i - p_i^2 &= m_i f_i - \left[\frac{1}{2}(m_i + f_i)\right]^2 \\
&= m_i f_i - \frac{1}{4}m_i^2 - \frac{1}{2}m_i f_i - \frac{1}{4}f_i^2 \\
&= -\frac{1}{4}\left(m_i^2 - 2m_i f_i + f_i^2\right) \\
&= -\frac{1}{4}(m_i - f_i)^2
\end{aligned}$$

portanto sempre negativa. Assim, a frequência de cada homozigoto é menor do que em frequências de Hardy-Weinberg, qualquer que seja o número de alelos. Para os heterozigotos, o caso é um pouco mais complicado. Como há défice de homozigotos, tem de haver excesso global de heterozigotos, mas isto não implica que haja excesso de todos os heterozigotos. A diferença entre as frequências do heterozigoto A_iA_j sem e com igualdade das frequências alélicas nos dois sexos da geração anterior é

$$\begin{aligned} d_{ij} &= \left(m_i f_j + m_j f_i\right) - 2 p_i p_j \\ &= \left(m_i f_j + m_j f_i\right) - 2\left[\frac{1}{2}(m_i + f_i)\frac{1}{2}(m_j + f_j)\right] \\ &= \left(m_i f_j + m_j f_i\right) - \frac{1}{2} m_i m_j - \frac{1}{2} m_i f_j - \frac{1}{2} m_j f_i - \frac{1}{2} f_i f_j \\ &= \frac{1}{2} m_i f_j + \frac{1}{2} m_j f_i - \frac{1}{2} m_i m_j - \frac{1}{2} f_i f_j \\ &= \frac{1}{2} m_i \left(f_j - m_j\right) + \frac{1}{2} f_i \left(m_j - f_j\right) \\ &= -\frac{1}{2}\left(m_i - f_i\right)\left(m_j - f_j\right) \end{aligned}$$

No caso particular de haver apenas dois alelos, $m_j = 1 - m_i$ (já que $m_i + m_j = 1$), havendo uma relação equivalente para as fêmeas. Assim, $(m_i - f_i)$ e $(m_j - f_j)$ têm necessariamente sinais contrários (se houver mais A nos machos do que nas fêmeas, tem de haver mais a nas fêmeas do que nos machos), pelo que há excesso de heterozigotos; de facto, após substituição e simplificação, obtemos o mesmo resultado já obtido acima (verifique). Mas se houver três ou mais alelos, $(m_i - f_i)$ e $(m_j - f_j)$ podem ter sinais contrários, e então há um excesso de heterozigotos como vimos, mas também podem ter o mesmo sinal, e nesse caso há um défice desse tipo particular de heterozigotos (tente arranjar um exemplo numérico que ilustre esta situação).

Concluindo, se numa dada geração as frequências alélicas forem diferentes nos dois sexos, na geração seguinte as frequências genotípicas são diferentes das frequências de Hardy-Weinberg, havendo globalmente menos homozigotos e mais heterozigotos do que esperado (mas a diferença em geral é pequena). Precisando, há menos de cada tipo de homozigotos, mas não necessariamente de cada tipo de heterozigotos.

3.4.3 Parametrização da diferença para as frequências de Hardy-Weinberg

As frequências genotípicas da população podem não ser as de Hardy-Weinberg. Por exemplo, no caso geral as frequências genotípicas podem ser quaisquer (sujeitas apenas às restrições de serem todas positivas, e a sua soma ser 1), e vimos na secção 3.4.2 que se as frequências forem diferentes nos dois sexos, na geração seguinte há excesso de heterozigotos (em relação às frequências de Hardy-Weinberg).

Em qualquer geração, podemos quantificar a diferença das frequências genotípicas para as esperadas se a população estivesse em frequências de Hardy-Weinberg, o que fazemos agora, usando duas parametrizações diferentes.

3.4.3.1 Índice de fixação

Num gene autossómico dialélico, temos três frequências genotípicas: se a população não estiver em frequências de Hardy-Weinberg, duas são independentes (já que a única restrição é que a sua soma tem de ser 1). Assim, podemos usar dois parâmetros independentes para descrever a população. É natural que um deles seja uma frequência alélica, deixando outro parâmetro livre para quantificarmos a diferença entre as frequências genotípicas da população e as esperadas se a população estivesse em frequências de Hardy-Weinberg (com essa mesma frequência alélica). Uma forma de o fazer é a seguinte. A frequência real de heterozigotos da população é n_{Aa} enquanto a frequência de heterozigotos que a população teria se estivesse em frequências de Hardy-Weinberg com as mesmas frequências alélicas é $2pq$. A diferença entre estas duas frequências de heterozigotos, expressa como proporção da frequência de heterozigotos em Hardy-Weinberg, e representada por F, é

$$F = \frac{2pq - n_{Aa}}{2pq} = 1 - \frac{n_{Aa}}{2pq}, \qquad (3.8)$$

donde, a frequência real de heterozigotos é

$$n_{Aa} = 2pq - 2Fpq = (1-F)2pq .$$

É fácil de ver que se houver um excesso de heterozigotos F é negativo, se houver défice é positivo (verifique). Como é que isto afecta as outras frequências genotípicas? Lembremos que a frequência do alelo A é

$$p_A = n_{AA} + \frac{1}{2}n_{Aa} .$$

Substituindo aqui a frequência dos heterozigotos pela sua expressão dada na equação anterior, e resolvendo em ordem a n_{AA}, temos

$$p = n_{AA} + pq - Fpq$$

$$n_{AA} = p - pq + Fpq = p(1-q) + Fpq = p^2 + Fpq .$$

Do mesmo modo, podemos obter uma expressão semelhante para a frequência do genótipo aa. Assim, as frequências de todos os genótipos podem sempre ser expressas em termos das frequências alélicas e de um único parâmetro de desvio para as frequências de Hardy-Weinberg, F:

$$\begin{aligned} n_{AA} &= p^2 + Fpq \\ n_{Aa} &= 2pq(1-F) = 2pq - 2Fpq \\ n_{aa} &= q^2 + Fpq \end{aligned} \qquad (3.9)$$

A F chama-se índice de fixação. Esta parametrização simples será muito útil no seguimento do nosso estudo, e pode ser generalizada para genes multialélicos (o que faremos já a seguir). O parâmetro F é aqui usado apenas como um parâmetro fenomenológico, que mede a diferença entre um conjunto de frequências genotípicas e as frequências de Hardy-Weinberg – se F for positivo, há mais homozigotos do que em frequências de Hardy-Weinberg, se for negativo há menos. Mas é importante frisar que não há aqui qualquer referência às razões biológicas pelas quais a população não está em frequências de Hardy-Weinberg; elas podem ser quaisquer, podendo ser várias, e desconhecidas.

Da equação 3.9 é fácil ver que F pode ser calculado de outras formas, algebricamente equivalentes à equação 3.8, em função das frequências dos homozigotos:

$$F = \frac{n_{AA} - p^2}{pq} = \frac{n_{aa} - q^2}{pq} \ . \tag{3.10}$$

Há uma propriedade interessante das frequências genotípicas de um gene dialélico, que estas equações tornam clara: não é possível um homozigoto ter uma frequência superior à esperada segundo as frequências de Hardy-Weinberg e o outro homozigoto ter uma frequência inferior à sua esperada. Por outras palavras, se um dos homozigotos apresentar excesso em relação às frequências de Hardy-Weinberg, o outro também tem de apresentar.

Embora para dois alelos só haja um F, algebricamente igual quer seja calculado a partir dos heterozigotos quer de qualquer dos homozigotos (equações 3.8 e 3.10), com mais alelos há mais graus de liberdade, e isto já não acontece. Com k alelos, em geral precisamos de tantos coeficientes F como o número de heterozigotos diferentes, ou seja, k(k-1)/2 (secção 2.7.3). No entanto, em muitos casos chega (teoricamente, e na prática), um único coeficiente F, como vimos para os genes dialélicos. Nesses casos, as frequências dos homozigotos e heterozigotos são, respectivamente,

$$n_{ii} = p_i^2 + F p_i (1 - p_i)$$
$$n_{ij} = 2 p_i (1 - p_i)(1 - F), \quad i \neq j$$

3.4.3.2 Coeficiente de desequilíbrio

O par de variáveis p e F é sempre suficiente para descrever as frequências genotípicas num único gene dialélico (e pode também ser suficiente para genes multialélicos). No entanto, como a equação 3.8 mostra, F é função do rácio entre duas frequências genotípicas. De um modo geral, os rácios têm propriedades estatísticas pouco desejáveis. No caso que nos interessa, quando qualquer dos alelos é bastante raro o denominador da equação 3.8 aproxima-se de zero, pelo que o índice de fixação se torna muito instável e difícil de estimar.

As diferenças têm propriedades mais simples, pelo que para alguns fins é preferível uma parametrização em função de diferenças entre frequências genotípicas.

Assim, podemos também definir os chamados coeficientes de desequilíbrio, D, um para cada genótipo, como a diferença entre a frequência desse genótipo, e a sua frequência esperada em frequências de Hardy-Weinberg. Comecemos agora pelo caso geral de k alelos, escrevendo as frequências genotípicas como

$$n_{ii} = p_i^2 + D_{ii}$$
$$n_{ij} = 2 p_i p_j - 2 D_{ij}, \quad i \neq j$$

donde os coeficientes de desequilíbrio são dados por,

$$D_{ii} = n_{ii} - p_i^2$$
$$D_{ij} = p_i p_j - n_{ij}/2 , \quad i \neq j$$

Como as frequências alélicas são determinadas pelas genotípicas, os coeficientes de desequilíbrio não são todos independentes. De facto, a frequência do alelo i é

$$p_i = n_{ii} + \sum_{j \neq i} \frac{n_{ij}}{2}$$

$$p_i = p_i^2 + D_{ii} + \sum_{j \neq i} p_i p_j - \sum_{j \neq i} D_{ij}$$

$$= p_i \left(p_i + \sum_{j \neq i} p_j \right) + D_{ii} - \sum_{j \neq i} D_{ij}$$

$$= p_i + D_{ii} - \sum_{j \neq i} D_{ij}$$

o que implica

$$D_{ii} = \sum_{j \neq i} D_{ij} \ .$$

Assim, os coeficientes de desequilíbrio dos homozigotos são determinados pelos dos heterozigotos, pelo que o número de coeficientes de desequilíbrio independentes é igual ao número de heterozigotos diferentes, k(k-1)/2.

No caso particular de um gene dialélico, só há um tipo de heterozigotos, e portanto um coeficiente de desequilíbrio, pelo que podemos simplificar a notação:

$$n_{AA} = p^2 + D$$
$$n_{Aa} = 2pq - 2D \tag{3.11}$$
$$n_{aa} = q^2 + D$$

(verifique que a soma das frequências genotípicas assim expressas é 1) e

$$D = n_{AA} - p^2 = pq - n_{Aa}/2 = n_a - q^2 \ .$$

Que valores é que D pode tomar? É claro que não pode ser menor do $-p^2$ nem do que $-q^2$ (porquê?), nem maior do que pq, donde

$$\max\left(-p^2, -q^2\right) \leq D \leq pq \ .$$

A partir da equação 3.11 podemos ver mais uma vez que se um homozigoto tiver uma frequência superior (resp., inferior) à esperada segundo as frequências de Hardy-Weinberg, o outro também tem de ter.

3.4.4 Frequência máxima de heterozigotos

No caso geral, todas as frequências (genotípicas e alélicas) podem tomar qualquer valor entre 0 e 1, mas quando a população está em frequências de Hardy-Weinberg isto já não é verdade. Por exemplo, com dois alelos a frequência dos heterozigotos não pode exceder ½ como vimos na figura 3.5 e podemos verificar matematicamente. Para isso vamos procurar as frequências alélicas que maximizam a frequência dos heterozigotos (anulando a primeira derivada da frequência dos heterozigotos, e notando o sinal da segunda), e calcular essa frequência máxima. Em frequências de Hardy-Weinberg, a primeira derivada de n_{Aa} em ordem a p é

$$\frac{d\, n_{Aa}}{dp} = \frac{d(2pq)}{dp} = \frac{d\left(2p - 2p^2\right)}{dp} = 2 - 4p$$

Esta derivada é zero quando $2 - 4p = 0$, ou seja quando $p = 1/2$, donde $2pq = 1/2$. Além disso,

$$\frac{d^2 n_{Aa}}{dp^2} = -4 < 0 ,$$

confirmando tratar-se do máximo de n_{Aa}.

Embora o gráfico da figura 3.5 simplifique o nosso trabalho, de um modo geral é também boa ideia verificar as fronteiras, i.e., verificar que função cujo máximo procuramos (neste caso, a frequência dos heterozigotos) não é maior em p=0 ou p=1 do que o máximo que encontrámos através das derivadas. Neste caso, a frequência dos heterozigotos é 2pq, que é nula quando p=0 ou p=1, pelo que é menor do que o máximo anteriormente encontrado.

Concluindo, ao nível de um gene autossómico dialélico duma população em frequências de Hardy-Weinberg, a frequência máxima de heterozigotos é ½, e ocorre quando as frequências alélicas são p=q=½ (figura 3.5); portanto, a frequência dos heterozigotos nunca pode exceder a soma das frequências de todos os homozigotos.

Como também se pode ver na figura 3.5, os heterozigotos são o genótipo mais abundante para frequências próximas de ½ – mas qual é a gama exacta de frequências alélicas? É fácil. Em Hardy-Weinberg, a frequência dos heterozigotos é maior do que a dos AA quando

$$2pq \geq p^2$$
$$2(1-p) \geq p$$
$$2 - 2p \geq p$$
$$3p \leq 2$$
$$p \leq 2/3$$

Do mesmo modo podemos ver quando é que a frequência dos heterozigotos é maior do que a dos aa. Combinando os dois resultados, os heterozigotos são o genótipo mais abundante quando ambas as frequências alélicas estão entre 1/3 e 2/3:

$$1/3 \leq p, q \leq 2/3 .$$

Para mais de dois alelos, será que a frequência total de todos os genótipos heterozigotos pode ser maior do que a frequência total de todos os homozigotos? Representemos a frequência total de heterozigotos por n_H, e comecemos com três alelos, seguindo os mesmos passos (mas considerando agora as derivadas parciais de n_H em ordem a duas das frequências alélicas):

$$n_H = 2p_1p_2 + 2p_1p_3 + 2p_2p_3$$
$$= 2p_1p_2 + 2p_1(1 - p_1 - p_2) + 2p_2(1 - p_1 - p_2)$$
$$= 2p_1 - 2p_1^2 + 2p_2 - 2p_2^2 - 2p_1p_2$$

$$\begin{cases} \dfrac{\partial n_H}{\partial p_1} = 2 - 4p_1 - 2p_2 = 0 \\ \dfrac{\partial n_H}{\partial p_2} = 2 - 4p_2 - 2p_1 = 0 \end{cases}$$

A solução obtém-se de imediato, e é $p_1=p_2=\frac{1}{3}$, donde temos $p_1=p_2=p_3=\frac{1}{3}$, como seria de esperar por argumentos de simetria (mas verifique, resolvendo o sistema, ou substituindo estes valores de p_1 e p_2 no sistema de equações anterior). As segundas derivadas parciais de n_H são -4 (verifique), confirmando assim que encontrámos um máximo, e não um mínimo. Portanto, a frequência total máxima de heterozigotos num gene trialélico em frequências de Hardy-Weinberg verifica-se quando as frequências dos três alelos são iguais e é

$$n_H^{\max} = 2p_1p_2 + 2p_1p_3 + 2p_2p_3 = 3\times 2\left(\frac{1}{3}\right)^2 = \frac{2}{3}.$$

Assim, ao contrário do que sucede num gene com dois alelos, nos genes multialélicos a frequência total dos heterozigotos pode exceder a frequência total dos homozigotos.

Qual espera que seja o resultado para mais alelos? De igual modo (mas com menos detalhe) temos, para um gene com quatro alelos, em frequências de Hardy-Weinberg,

$$\begin{aligned}n_H &= 2\left(p_1p_2 + p_1p_3 + p_1p_4 + p_2p_3 + p_2p_4 + p_3p_4\right)\\ &= 2\left(p_1 - p_1^2 + p_2 - p_2^2 + p_3 - p_3^2 - p_1p_2 - p_1p_3 - p_2p_3\right)\end{aligned}$$

$$\begin{cases}\dfrac{\partial n_H}{\partial p_1} = 2(1-2p_1-p_2-p_3) = 0\\ \dfrac{\partial n_H}{\partial p_2} = 2(1-2p_2-p_1-p_3) = 0\\ \dfrac{\partial n_H}{\partial p_3} = 2(1-2p_3-p_1-p_2) = 0\end{cases}$$

cuja solução é, como seria de esperar, $p_1=p_2=p_3=p_4=\frac{1}{4}$ (verifique). Mais uma vez, as segundas derivadas parciais de n_H são negativas, confirmando tratar-se de um máximo. Assim, a frequência máxima dos heterozigotos, que pode mais uma vez exceder a dos homozigotos, é igual a 3/4, e verifica-se quando as frequências dos alelos são todas iguais:

$$n_H^{\max} = 4\times 2\left(\frac{1}{4}\right)^2 = \frac{3}{4}.$$

Estes resultados generalizam-se facilmente a populações em frequências de Hardy-Weinberg com um número arbitrário de alelos, k: a frequência máxima dos heterozigotos verifica-se quando os alelos têm todos a mesma frequência (1/k), situação em que a frequência total de homozigotos é 1/k e a de heterozigotos é (k-1)/k (tabela 3.4):

$$n_H^{\max} = 2\binom{k}{2}\left(\frac{1}{k}\right)^2 = 2\frac{k(k-1)}{2}\left(\frac{1}{k}\right)^2 = \frac{k-1}{k}.$$

Assim, para um grande número de alelos com frequências semelhantes, a heterozigotia máxima aproxima-se de 1.

3.4.5 Dominância e rácios de Snyder

Num gene autossómico dialélico sem dominância há nove tipos de acasalamento, mas se apenas distinguirmos os genótipos (e não o sexo), só há seis (como vimos na secção 2.7.3). Por outro lado, quando há dominância, só há três tipos de acasalamento fenotipicamente distinguíveis (mais uma vez, ignorando o sexo): DomxDom, DomxRec e RecxRec. Numa população panmítica em frequências de Hardy-Weinberg, quais são as frequências destes acasalamentos, e das suas descendências? Por outro lado, quando há dominância, só há três tipos de acasalamento fenotipicamente distinguíveis (mais uma vez, ignorando o sexo): DomxDom, DomxRec e RecxRec. Numa população panmítica em frequências de Hardy-Weinberg, quais são as frequências destes acasalamentos, e das suas descendências?

Tabela 3.4. Número e frequência máxima de heterozigotos

Número de alelos	Número de homozigotos	Número de heterozigotos	Número de genótipos	Freqs. alélicas que maximizam heterozigotia	Heterozigotia máxima
2	2	1	3	1/2	1/2=0.50
3	3	3	6	1/3	2/3=0.67
4	4	6	10	1/4	3/4=0.75
5	5	10	15	1/5	4/5=0.80
...	...	...	...	...	...
k	k	k(k-1)/2	k(k+1)/2	1/k	(k-1)/k

Lembrando que nestas condições a frequência do fenótipo recessivo é q^2 e a do dominante é $1-q^2$, as frequências de acasalamento ao acaso são as indicadas na tabela 3.5. Por exemplo, há dois tipos de acasalamentos entre dominantes e recessivos: AAxaa e Aaxaa, com frequências respectivas $2p^2q^2$, e $4pq^3$. Portanto, a frequência total de acasalamentos entre dominantes e recessivos é

$$2p^2q^2 + 4pq^3 = 2pq^2(p+2q) = 2pq^2(1+q) ,$$

como indicado na tabela (verifique também as frequências dos outros acasalamentos).

Tabela 3.5. Frequências dos acasalamentos e seus descendentes numa população panmítica em frequências de Hardy-Weinberg com dominância

Acasalamento	Frequência do acasalamento	Descendentes Dominantes	Recessivos
Dom x Dom	$p^2(1+q)^2$	$p^2(1+2q)$	p^2q^2
Dom x Rec	$2pq^2(1+q)$	$2pq^2$	$2pq^3$
Rec x Rec	q^4	0	q^4
Total	1	$p^2+2pq=1-q^2$	q^2

As frequências dos descendentes, indicadas na mesma tabela, podem ser obtidas de várias formas. A mais simples (se bem que trabalhosa), é partir da tabela 3.1, e agrupar os termos correspondentes aos fenótipos observáveis, lembrando que as frequências genotípicas são agora as de Hardy-Weinberg. Podemos também usar os cálculos das frequências dos vários tipos de acasalamentos fenotípicos. Por exemplo, dos acasalamentos entre dominantes e recessivos só os Aaxaa é que podem produzir descendentes recessivos, e só metade dos seus descendentes é que são recessivos; portanto, a frequência de descendentes recessivos dos acasalamentos Dom x Rec é $2pq^3$. Como seria de esperar, a soma das frequências dos dois tipos de descendentes é igual à frequência de acasalamento respectiva (por exemplo, $0+q^4= q^4$; verifique para os restantes).

Qual a proporção de recessivos entre os descendentes dos vários tipos de acasalamentos? Para o acasalamento entre dois dominantes temos

$$\frac{p^2q^2}{p^2q^2 + p^2(1+2q)} = \frac{p^2q^2}{p^2(1+q)^2} = \frac{q^2}{(1+q)^2},$$

com cálculos semelhantes para os outros acasalamentos. Assim, as proporções de recessivos entre os descendentes dos três tipos de acasalamentos são

$$S_2 = \frac{q^2}{(1+q)^2} \qquad S_1 = \frac{q}{1+q} \qquad S_0 = 1,$$

onde os índices indicam o número de progenitores dominantes. Note-se que, em geral, temos a curiosa relação

$$S_n = \left(\frac{q}{1+q}\right)^n.$$

Estas proporções, chamadas rácios de Snyder[9], tiveram grande importância histórica na nossa espécie, no caso de doenças causadas por alelos recessivos, permitindo calcular a probabilidade de um casal ter um descendente doente, dependendo apenas da frequência do recessivo, facilmente estimada, e do fenótipo dos pais (sem ser preciso determinar o genótipo que, no caso de terem o fenótipo dominante, era bastante difícil).

3.4.6 Robustez: panmixia

Vimos acima que, se todos os pressupostos do modelo de Hardy-Weinberg se verificarem, as frequências genotípicas se tornam iguais às frequências de Hardy-Weinberg no máximo em duas gerações. Dissemos também que, mesmo que estes pressupostos não se verifiquem, a população pode estar em frequências de Hardy-Weinberg, e até em equilíbrio de Hardy-Weinberg. Mostramos agora, com um exemplo simples, que mesmo uma população não-panmítica pode também estar em equilíbrio de Hardy-Weinberg.

Suponhamos que as frequências de acasalamento são as indicadas na tabela 3.6. Se a e b forem zero, a população está em frequências de Hardy-Weinberg e é panmítica (como é fácil verificar, comparando

---

[9] Em honra de Laurence Hasbrouck Snyder (1901-1986), que os descobriu. Snyder foi um pioneiro da genética humana, que ajudou a elucidar a genética dos grupos sanguíneos e da feniltiocarbamida (PTC). Chamado de "pai da genética humana" nos E.U.A.

com a tabela 3.3), caso contrário não é panmítica. No caso geral (*i.e.*, para quaisquer[10] valores de a e b), quais são as frequências genotípicas da população da tabela 3.6, na geração em que se dão os acasalamentos?

Tabela 3.6. Frequências de acasalamento numa população não-panmítica em equilíbrio de Hardy-Weinberg

Machos	Fêmeas		
	AA	Aa	aa
AA	p^4+a	$2p^3q-a-b$	p^2q^2+b
Aa	$2p^3q-a-b$	$4p^2q^2+4b$	$2pq^3+a-3b$
aa	p^2q^2+b	$2pq^3+a-3b$	q^4-a+2b

Por exemplo, a frequência das fêmeas AA na população é igual à frequência das fêmeas AA que acasalam com os machos AA, mais a frequência das fêmeas AA que acasalam com os machos Aa, mais a frequência das fêmeas AA que acasalam com os machos aa, ou seja

$$\begin{aligned} f_{AA} &= p^4 + a + 2p^3q - a - b + p^2q^2 + b \\ &= p^4 + 2p^3q + p^2q^2 + a - a - b + b \\ &= p^2\left(p^2 + 2pq + q^2\right) \\ &= p^2 \end{aligned}$$

com expressões semelhantes para os outros genótipos, para ambos os sexos (verifique). E na geração seguinte, quais são as frequências genotípicas? Por exemplo, a frequência dos AA é a soma de todos os descendentes do acasalamento entre machos e fêmeas AA, mais metade dos descendentes dos acasalamentos entre machos AA e fêmeas Aa, mais... (complete), ou seja

$$\begin{aligned} n'_{AA} &= \left(p^4+a\right) + \frac{1}{2}\left(2p^3q-a-b\right) + \frac{1}{2}\left(2p^3q-a-b\right) + \frac{1}{4}\left(4p^2q^2+4b\right) \\ &= p^4 + 2p^3q + p^2q^2 + a - a - b + b \\ &= p^2 \end{aligned}$$

com expressões semelhantes para as outras frequências genotípicas (verifique). Por outras palavras, a população pode não ser panmítica (já que a e b podem ser diferentes de zero), mas está em equilíbrio de Hardy-Weinberg na mesma. Assim, a panmixia não é condição necessária para haver equilíbrio de Hardy-Weinberg, e portanto, mesmo que uma população esteja em equilíbrio de Hardy-Weinberg, não podemos concluir que seja panmítica.

---

[10] Mas note-se que a e b não podem ter quaisquer valores arbitrários, já que as frequências de acasalamento não podem ser negativas. Por exemplo, a não pode ser menor do que $-p^4$.

Existe alguma população natural com as frequências de acasalamento da tabela 3.6? Provavelmente não, mas o nosso objectivo aqui não é o estudo das frequências de acasalamento na natureza, mas sim, investigar se uma população não panmítica pode estar em frequências de Hardy-Weinberg. E basta um único caso de frequências de Hardy-Weinberg numa população não panmítica (como o da tabela 3.6) para demonstrar que a panmixia não é condição necessária para haver equilíbrio de Hardy-Weinberg. E, de facto, este exemplo não é único, havendo mesmo um número infinito de padrões de acasalamento não aleatório que resultam em equilíbrio de Hardy-Weinberg – e não podemos ter a certeza de que nenhum deles existe na natureza.

3.4.7 Frequências de grupos de alelos sintéticos

Muitas vezes, apesar de haver vários alelos, apenas um ou dois tem especial interesse (por exemplo, se pudermos distinguir molecularmente muitos alelos, mas houver apenas dois fenótipos de interesse, como saudável e doente). Podemos então tratar um gene multialélico como se fosse dialélico, agrupando todos os alelos menos um, num "alelo" sintético. Uma das propriedades do mendelismo é que, se fizermos isto, a validade das leis de Mendel se mantém para o novo conjunto de alelos (naturais e sintéticos). Será que esta propriedade se mantém ao nível populacional? Isto é, se tivermos um gene autossómico multialélico em frequências de Hardy-Weinberg, e agruparmos alguns dos alelos, será que o novo conjunto de alelos também está em frequências de Hardy-Weinberg?

Consideremos um gene autossómico com n alelos A_1, A_2, ..., A_n, em frequências de Hardy-Weinberg:

$$(p_1 + p_2 + ... + p_n)^2 = \left(p_1^2 + 2p_1p_2 + ... + 2p_1p_n + p_2^2 + ... + p_n^2 + ... + 2p_{n-1}p_n\right)$$

Podemos escolher um alelo qualquer, por exemplo o A_1, com frequência p_1 e designar todos os outros colectivamente por a_1 (não-A_1), com frequência q_1

$$q_1 = \sum_{i=2}^{n} p_i$$

As frequências genotípicas deste novo par de alelos são

$$p_1^2 + (2p_1p_2 + ... + 2p_1p_n) + \left(p_2^2 + ... + p_n^2 + 2p_2p_3 + ... + 2p_2p_n + ... + 2p_{n-1}p_n\right) =$$
$$= p_1^2 + 2p_1(p_2 + ... + p_n) + (p_2 + ... + p_n)^2 =$$
$$= p_1^2 + 2p_1q_1 + q_1^2$$

pelo que o novo sistema de alelos está ainda em frequências de Hardy-Weinberg. Esta propriedade do mendelismo foi transposta para o nível populacional de forma automática (devido ao formalismo matemático utilizado).

3.4.8 Frequências genotípicas em populações finitas

Um dos pressupostos do modelo de Hardy-Weinberg é que a população tem um número infinito de indivíduos. A finidade da população tem consequências muito importantes, que serão estudadas no capítulo 10, mas tem interesse notar aqui um aspecto importante relativo às frequências genotípicas. Um momento de reflexão mostra que nas populações finitas as frequências genotípicas nem sempre podem ser exactamente as frequências de Hardy-Weinberg. Consideremos o caso extremo de um alelo representado apenas uma vez na população: a frequência de homozigotos para esse alelo tem de ser nula, ao contrário de p^2.

Para determinar as frequências genotípicas esperadas em populações finitas, comecemos por estudar o caso de populações de espécies monóicas[11], com conjugação aleatória de gâmetas. Numa população de grandeza N, há um total de 2N alelos. Se p_i for a frequência do alelo A_i, isto significa que há $2Np_i$ alelos A_i na população. A formação de um indivíduo é equivalente a escolher dois alelos ao acaso da população, e combiná-los num zigoto. O primeiro alelo é A_i com probabilidade p_i. Suponhamos que o primeiro alelo é de facto A_i: há agora menos um alelo A_i disponível para ser escolhido aquando da segunda escolha, pelo que a frequência do alelo A_i passou a $(2Np_i-1)/(2N-1)$, e a dos alelos A_j é $(2Np_j)/(2N-1)$, $(j \neq i)$. Assim, as frequências de homozigotos e heterozigotos são

$$n_{ii} = p_i \frac{(2Np_i - 1)}{2N-1} = p_i^2 - \alpha p_i (1 - p_i)$$
$$n_{ij} = 2p_i \frac{(2Np_j)}{2N-1} = 2p_i p_j (1+\alpha), \quad i \neq j$$
(3.12)

onde $\alpha = 1/(2N-1)$. Portanto, nas populações finitas, as frequências esperadas dos homozigotos são inferiores, e as dos heterozigotos superiores, às frequências de Hardy-Weinberg (para qualquer número de alelos).

Como todas as populações reais são finitas, poderia parecer que temos de usar sempre estas frequências, e não as frequências de Hardy-Weinberg. No entanto, para N grande (e p não muito pequeno comparado com 1/N), temos

$$\frac{2Np-1}{2N-1} \cong \frac{2Np}{2N} = p \, ,$$

pelo que na prática as frequências 3.12 são geralmente indistinguíveis das frequências de Hardy-Weinberg.

3.4.9 Reprodutores contínuos

Considerámos até agora gerações separadas. Um modelo realista de reprodução com gerações sobrepostas ou reprodução contínua, envolvendo, *inter alia*, taxas de sobrevivência e fertilidade dependentes da idade e do sexo, seria demasiado complicado para esta fase do estudo. Os modelos deste tipo estudados na dinâmica populacional (em especial na demografia) são já bastante complexos, apesar de não contemplarem diferenças genéticas.

Assim, consideremos apenas um modelo simples, praticamente oposto ao de gerações separadas que acabámos de estudar, em que a reprodução é contínua: em cada pequeno intervalo de tempo Δt, uma fracção pequena da população, escolhida ao acaso (independentemente da idade, genótipo, etc.), morre, e é substituída por igual número de descendentes de todos os indivíduos, mais uma vez escolhidos ao acaso. Assumimos de resto os mesmos pressupostos que no modelo em tempo discreto, tais como ausência de mutação e número de descendentes independente do genótipo. No limite $\Delta t \to 0$, obtemos um modelo em tempo contínuo, como pretendido.

Notemos que, enquanto a contagem do tempo era feita de forma óbvia no caso discreto – uma geração, uma unidade de tempo –, ela é agora arbitrária. Para obter aqui a mesma escala de tempo, suponhamos que no intervalo de tempo (pequeno) Δt uma proporção Δt da população morre e é substituída, e

---

[11] Numa espécie monóica (do grego, uma única casa), cada indivíduo tem órgãos sexuais dos dois sexos (se os houver), por oposição a dióica, em que os sexos se encontram separados em indivíduos diferentes..

portanto (1-Δt) sobrevive. Assim, a probabilidade de um indivíduo sobreviver t unidades de tempo é aproximadamente $(1-\Delta t)^{t/\Delta t}$, que se aproxima de e^{-t} quando Δt tende para zero – o tempo de vida tem distribuição exponencial com taxa 1, e o tempo médio de vida (que constitui uma noção razoável de uma geração em tempo contínuo) é 1, como pretendido.

3.4.9.1 Haplóides e assexuais

Consideremos então o i-ésimo alelo de um número arbitrário de alelos, com frequência p_i numa população haplóide. Vejamos primeiro os alelos que saem da população, por morte dos seus portadores. No intervalo de tempo Δt, a proporção da população que morre é Δt. Como as mortes são independentes do genótipo, a frequência do alelo i nos indivíduos que morrem é p_i. Portanto, a quantidade de alelos i que sai da população é $p_i(t)\Delta t$.

Vejamos agora os alelos que entram na população, por nascimento de novos indivíduos. O número de nascimentos é igual ao de mortes, Δt. Como os nascimentos também são independentes do genótipo, a frequência do alelo i nos indivíduos que nascem é p_i. Portanto, a frequência dos recém-nascidos com o alelo i na população geral também é $p_i(t)\Delta t$.

Assim, é fácil ver que, nos haplóides e assexuais contínuos, tal como nos sazonais com gerações separadas, as frequências não variam – o que é confirmado pela matemática:

$$p_i(t+\Delta t) - p_i(t) = -p_i(t)\Delta t + p_i(t)\Delta t$$

$$\frac{p_i(t+\Delta t) - p_i(t)}{\Delta t} = p_i(t) - p_i(t)$$

$$\frac{dp_i(t)}{dt} = 0$$

3.4.9.2 Diplóides

Prometemos na secção 3.3.1 fazer a generalização da lei de Hardy-Weinberg – vejamos então se ela é válida para populações de reprodutores contínuos, ao invés do que assumimos nas deduções que acabámos de fazer (e em paralelo com o que fizemos para os haplóides). Mantemos todos os pressupostos do modelo de Hardy-Weinberg, com excepção do terceiro, que substituímos por

3a. A reprodução é contínua (e portanto as gerações sobrepostas).

Quanto ao modo de reprodução, vamos seguir o modelo da secção anterior, tendo em atenção que agora os indivíduos são diplóides. Assim, no instante t as frequências genotípicas são $n_{AA}(t)$, etc., não necessariamente de Hardy-Weinberg, e as alélicas são $p_A(t)$ e $q_a(t)$. No intervalo pequeno de tempo Δt, uma fracção Δt dos indivíduos (escolhida ao acaso) morre, e é substituída por igual número de descendentes, resultantes da conjugação aleatória dos gâmetas de toda a população. Assim, as frequências genotípicas nos recém-nascidos são as de Hardy-Weinberg – $p_A^2(t)$ para o genótipo AA, etc. Como a frequência dos recém-nascidos na população é Δt, a frequência dos recém-nascidos AA na população geral é $p_A^2(t)\Delta t$.

No instante t+Δt os indivíduos AA são uma mistura dos AA iniciais que sobreviveram, e dos recém-nascidos:

$$n_{AA}(t+\Delta t) = n_{AA}(t)(1-\Delta t) + p_A^2(t)\Delta t \; ,$$

donde, dividindo ambos os lados da equação por Δt, e fazendo Δt tender para 0, obtemos a variação instantânea da frequência do genótipo AA:

$$\frac{n_{AA}(t+\Delta t)-n_{AA}(t)}{\Delta t} = p_A^2(t) - n_{AA}(t)$$

$$\lim_{\Delta t \to 0} \frac{n_{AA}(t+\Delta t)-n_{AA}(t)}{\Delta t} = p_A^2(t) - n_{AA}(t)$$

$$\frac{d n_{AA}(t)}{dt} = p_A^2(t) - n_{AA}(t) \ . \tag{3.13}$$

Do mesmo modo podemos obter a variação instantânea das frequências dos outros genótipos,

$$\frac{d n_{Aa}(t)}{dt} = 2 p_A(t) q_a(t) - n_{Aa}(t) \tag{3.14}$$

e

$$\frac{d n_{aa}(t)}{dt} = q_a^2(t) - n_{aa}(t) \tag{3.15}$$

Considerando agora as frequências alélicas, por exemplo, p_A, obtemos (adicionando a equação 3.13 a metade da 3.14)

$$\begin{aligned}
\frac{d p_A(t)}{dt} &= \frac{d\left[n_{AA}(t) + \tfrac{1}{2} n_{Aa}(t)\right]}{dt} \\
&= p_A^2(t) - n_{AA}(t) + p_A(t) q_a(t) - \tfrac{1}{2} n_{Aa}(t) \\
&= p_A(t)\left[p_A(t) + q_a(t)\right] - \left[n_{AA}(t) + \tfrac{1}{2} n_{Aa}(t)\right] \\
&= p_A(t) - p_A(t) \\
&= 0
\end{aligned}$$

Portanto, as frequências alélicas não variam, como seria de esperar. E quanto às frequências genotípicas, o que se espera? À medida que a geração inicial vai morrendo, vai sendo substituída por novos indivíduos, em frequências de Hardy-Weinberg. Assim, a população deve tender para o equilíbrio de Hardy-Weinberg, que será atingido quando todos os indivíduos iniciais tiverem sido substituídos.

A análise das equações 3.13 a 3.15 confirma isto. Se $n_{AA} > p_A^2$, há mais AA's do que esperados, pelo que $d n_{AA}(t)/dt < 0$ (cp. equação 3.13), o que significa que a frequência dos AA se reduz; se $n_{AA} < p_A^2$, há menos AA's do que esperados, e a sua frequência aumenta. Portanto, n_{AA}^2 deve tender para p_A^2. O estudo mais detalhado da aproximação ao equilíbrio exige a integração destas equações, o que fazemos a seguir, e mostra que as frequências genotípicas tendem de facto para as frequências de Hardy-Weinberg. Embora a população se aproxime das frequências de Hardy-Weinberg assintoticamente (e portanto nunca as atinja), todos os indivíduos que nascem na população estão em frequências de Hardy-Weinberg, e nesse sentido podemos também aqui dizer que o equilíbrio é atingido numa só geração.

Para ver em pormenor a evolução das frequências genotípicas em reprodutores contínuos, vamos integrar a equação

$$\frac{d n_{AA}(t)}{dt} = p_A^2(t) - n_{AA}(t) \ .$$

Separando variáveis, e lembrando que $p_A(t)=p_A$ é constante, temos

$$\frac{d\,n_{AA}(t)}{p_A^2(t)-n_{AA}(t)}=dt$$

$$\int\frac{d\,n_{AA}(t)}{p_A^2-n_{AA}(t)}=\int dt$$

$$\int\frac{1}{p_A^2-n_{AA}(t)}d\,n_{AA}(t)=\int dt$$

$$-\ln\left[p_A^2-n_{AA}(t)\right]=t+c$$

Podemos obter c igualando t a zero (e $n_{AA}(t)$ a $n_{AA}(0)$):

$$c=-\ln\left[p_A^2-n_{AA}(0)\right],$$

donde

$$\ln\left[p_A^2-n_{AA}(t)\right]=-t+\ln\left[p_A^2-n_{AA}(0)\right]$$

e

$$p_A^2-n_{AA}(t)=\left[p_A^2-n_{AA}(0)\right]e^{-t}.\tag{3.16}$$

Resolvendo (finalmente) em ordem a $n_{AA}(t)$, obtemos

$$n_{AA}(t)=n_{AA}(0)e^{-t}+p_A^2(1-e^{-t})$$

o que confirma a nossa análise informal anterior: ao fim do tempo t, uma fracção e^{-t} da população são sobreviventes da população inicial, e uma fracção $n_{AA}(0)$ desses são AA. Todos os indivíduos que nascem entretanto, $(1-e^{-t})$, estão em frequências de Hardy-Weinberg, e em particular uma fracção p_A^2 desses são AA.

À medida que o tempo passa, a frequência dos AA iniciais tende para zero, e a frequência deste genótipo tende para a de Hardy-Weinberg:

$$\lim_{t\to\infty}n_{AA}(t)=p_A^2$$

Conclusões idênticas seriam obtidas (do mesmo modo) a partir das equações referentes aos outros genótipos. Com o passar do tempo, os indivíduos iniciais tendem a desaparecer, e a população tende para as frequências de Hardy-Weinberg.

Embora a população só atinja o equilíbrio de Hardy-Weinberg assintoticamente teoricamente, ao fim de um tempo infinito), a aproximação é exponencialmente rápida. De facto, a equação 3.16 mostra que

$$\left|p_A^2-n_{AA}(t)\right|\le e^{-t}.$$

3.4.10 Populações poliplóides

Muitas plantas, em especial angiospérmicas, são poliplóides (isto é, têm mais de dois conjuntos de cromossomas); alguns animais e fungos, também. Os poliplóides têm grande interesse evolutivo, assim como prático, já que muitas vezes estão adaptados a condições extremas, e têm grande produtividade[12].

Há vários tipos de poliplóides: a sua classificação (autopoliplóides, aloploliplóides, anfidiplóides, etc.) é confusa, e a sua genética é bastante mais complexa do que a dos diplóides. Por exemplo, nos diplóides a segregação aleatória de cromatídeos ou cromossomas produz o mesmo resultado, mas nos poliplóides já não é assim. Estudamos apenas os autotetraplóides (que resultam da duplicação dos cromossomas de uma única espécie, ficando assim com 4n cromossomas), no caso de um gene dialélico situado junto ao centrómero, com segregação cromossómica, para ilustrar a generalização da lei de Hardy-Weinberg aos poliplóides.

Os produtos gaméticos dos genótipos diplóides AA, Aa e aa são tão familiares que não precisam de apresentação, mas talvez o mesmo não se passe com os autotetraplóides, cujas contribuições gaméticas apresentamos na tabela 3.7:

Tabela 3.7. Contribuições gaméticas dos autotetraplóides

Genótipos	Gâmetas		
	AA	Aa	Aa
AAAA	1	0	0
AAAa	½	½	0
AAaa	⅙	4⁄6	⅙
Aaaa	0	½	½
aaa	0	0	1

Por analogia com os diplóides (secção 3.3.2.3), podemos supor que em equilíbrio as frequências genotípicas sejam dadas pelo desenvolvimento de $(p+q)^4$, ou seja,

$$(p+q)^4 = \underbrace{p^4}_{AAAA} + \underbrace{4p^3q}_{AAAa} + \underbrace{6p^2q^2}_{AAaa} + \underbrace{4pq^3}_{Aaaa} + \underbrace{q^4}_{aaaa} . \qquad (3.17)$$

É fácil testar se estas frequências estão de facto em equilíbrio. As frequências dos gâmetas produzidos por esta população são (usando a tabela 3.7),

$$g_{AA} = p^4 + 2p^3q + p^2q^2 = p^2\left(p^2 + 2pq + q^2\right) = p^2$$

$$g_{Aa} = 2p^3q + 4p^2q^2 + 2pq^3 = 2pq\left(p^2 + 2pq + q^2\right) = 2pq$$

$$g_{aa} = q^4 + 2pq^3 + p^2q^2 = q^2\left(p^2 + 2pq + q^2\right) = q^2$$

---

[12] Grande parte das plantas cultivadas, das quais a espécie humana depende (trigo, arroz, algodão, etc.), assim como muitas leveduras industriais do género *Saccharomyces*, são poliplóides.

Numa população panmítica, estas frequências gaméticas vão dar de novo as frequências da equação 3.17. Por exemplo, os indivíduos AAAA são produzidos pela conjugação de dois gâmetas AA, o que acontece com probabilidade $p^2p^2=p^4$. Os AAaa são produzidos por dois tipos de conjugações, AAxaa e AaxAa, pelo que a sua frequência é

$$2p^2q^2 + 2pq2pq = 6p^2q^2 \text{ ,}$$

e do mesmo modo para os outros genótipos (verifique).

Vemos assim que as frequências de Hardy-Weinberg, dadas pelos produtos das frequências alélicas, com os coeficientes apropriados para os heterozigotos, têm mais generalidade do que pode parecer à primeira vista: além de serem aplicáveis aos genes autossómicos dialélicos de populações diplóides, são também aplicáveis (*mutatis mutandis*) a muitas outras situações genéticas, como genes multialélicos (secção 3.3.3), reprodutores contínuos (secção 3.4.9.2), populações poliplóides (como acabámos de ver[13]), e outros casos que estudaremos nos capítulos seguintes.

3.4.11 Quantificação da diversidade genética

3.4.11.1 Medidas clássicas

A variação de uma população pode ser estimada de várias formas. Talvez a mais óbvia seja a quantidade de genes polimórficos – ou, mais exactamente, a proporção de genes polimórficos. Um problema imediato é que precisamos de definir o que é um gene polimórfico, o que à partida nem parece muito difícil: se existir mais de um alelo na população (ou espécie) estudada, o gene é polimórfico, se não existir não é. No entanto, se um dos alelos tiver uma frequência muito alta, digamos 0.99 ou superior, é pouco provável que algum dos outros alelos seja observado (em especial se for recessivo), excepto em amostras muito grandes. Assim, para efeitos práticos, é costume considerar-se polimórfico um gene em que a frequência do alelo mais comum é menos de 0.99. Claro que este limite de 0.99 é arbitrário, e encontra-se outros na literatura, como 0.95, o que dificulta a comparação e compilação de resultados obtidos em estudos diferentes.

Outro problema é que, mesmo depois de aceitarmos uma definição pragmática de gene polimórfico, a sua detecção continua a depender da grandeza da amostra. De facto, é mais difícil identificar genes polimórficos numa amostra pequena do que numa amostra grande, já que é mais provável uma amostra pequena conter um só alelo do que uma amostra grande. Mesmo que a amostra inclua os dois alelos, se um deles for raro e recessivo, podemos não o conseguir detectar, pois o genótipo homozigoto para esse alelo é ainda mais raro.

Finalmente, esta medida não distingue populações com variabilidades muito diferentes, perdendo muita informação. Consideremos por exemplo uma população em que um gene tem 20 alelos com frequências aproximadamente iguais, e outra em que o mesmo gene tem apenas dois alelos, dos quais o mais abundante tem uma frequência de 95%. A maior parte das pessoas concordaria que a primeira população é muito mais variável do que a segunda, mas em ambas o gene é classificado apenas como polimórfico.

Resumindo, embora a proporção de genes polimórficos seja uma medida simples da variabilidade genética de uma população, padece de muitos defeitos, pelo que devemos estudar outras.

---

[13] Lembremos mais uma vez que os poliplóides e a sua genética podem ser bastante complicados: o resultado que obtivemos para os autotetraplóides não se generaliza de imediato a todos os poliplóides.

Uma outra medida simples, e que tem interesse teórico, é o número de alelos diferentes de um gene numa amostra, por vezes representado por n_a. Podemos considerar um único gene, ou podemos caracterizar a variabilidade de uma população pelo número médio de alelos de vários genes, e usá-lo para comparar com a variabilidade de outras populações, usando os mesmos genes, e amostras de grandezas semelhantes. Infelizmente, o número de alelos também é muito sensível à grandeza da amostra, pelo que não é muito usado na prática, como medida de variabilidade genética.

Uma medida que ultrapassa alguns dos problemas das anteriores é a heterozigotia da população. Podemos definir a heterozigotia observada como a proporção de indivíduos heterozigóticos da população (ou da amostra). Para um único gene temos

$$h_o = \sum_{i,j} N_{ij}/N , i \neq j . \tag{3.18}$$

Em alternativa, podemos considerar a heterozigotia esperada, a proporção esperada de heterozigotos numa população em frequências de Hardy-Weinberg com as frequências alélicas observadas no gene:

$$h_e = 1 - \sum p_i^2 , \tag{3.19}$$

Para caracterizar a diversidade de uma população, é preferível calcular a heterozigotia média de vários genes. A heterozigotia observada é então:

$$H_o = \frac{\sum h_0}{g} , \tag{3.20}$$

onde a soma cobre todos os g genes estudados, incluindo portanto os monomórficos. Do mesmo modo, para a heterozigotia esperada temos

$$H_e = \frac{\sum h_e}{g} , \tag{3.21}$$

A heterozigotia esperada é bastante mais usada do que a observada, e é útil como medida de variação mesmo em populações que não estejam em frequências de Hardy-Weinberg, ou até que não possam ter heterozigotos, por serem haplóides, devendo neste caso ser chamada "heterozigotia virtual" (o que raramente acontece).

Como é que a heterozigotia é uma medida da variabilidade genética da população? Os homozigotos têm dois alelos iguais, os heterozigotos têm dois alelos diferentes. Portanto, a heterozigotia observada é a soma das frequências de todos os genótipos com alelos diferentes, o que parece uma medida razoável de variabilidade genética. Por seu lado, a heterozigotia esperada é a probabilidade de dois alelos escolhidos ao acaso da população serem diferentes (já que $\sum p_i^2$ é a probabilidade de eles serem iguais), o que também é uma boa medida de variabilidade (com melhores propriedades estatísticas). Se a população for monomórfica, a heterozigotia é zero, se for polimórfica a heterozigotia esperada é máxima quando as frequências alélicas são iguais e, nesse caso, tanto maior quanto mais alelos houver (secção 3.4.4). Assim, a heterozigotia é de facto uma medida de variabilidade genética, com as propriedades que esperamos intuitivamente, e não sofre da última objecção apontada à proporção de genes polimórficos. Como também não depende de definições arbitrárias, a heterozigotia é claramente é preferível à proporção de genes polimórficos. Por outro lado, a comparação de genes com diferentes números de alelos usando a heterozigotia é dificultada pelo facto de o seu valor máximo depender do número de alelos (secção 3.4.4).

A heterozigotia esperada é mais importante, do que a observada, por várias razões, teóricas e práticas. Só depende das frequências alélicas, que são uma propriedade populacional mais fundamental do que as frequências genotípicas (as frequências genotípicas podem variar sem que variem as alélicas; as frequências genotípicas referem-se apenas à fase diploide do ciclo de vida, as alélicas aplicam-se a ambas as fases diplóide e haplóide). Por exemplo, consideremos duas populações com p=q=0.5, uma só com heterozigotos, e outra só com homozigotos: ambas têm dois alelos com iguais frequências; a heterozigotia observada da primeira população é 1, a da segunda é 0, pelo que a heterozigotia observada é claramente uma má medida das respectivas variabilidades genéticas; a heterozigotia esperada das duas é 0.5, o que faz muito mais sentido. A partir de agora, sempre que nos referimos à heterozigotia sem qualquer adjectivo, é à heterozigotia esperada que nos referimos.

Intuitivamente, esperamos que os alelos raros contribuam pouco para a variabilidade da população, e isto é reflectido na heterozigotia, constituindo assim mais uma boa propriedade desta medida de variabilidade genética. De facto, a frequência de um alelo raro é pequena, pelo que o seu quadrado é ainda mais pequeno, e é fácil ver na equação 3.19 que esse alelo contribui muito pouco para a heterozigotia da população.

A utilização do termo "heterozigotia" aplicado a populações é claramente abusivo (um indivíduo pode ser homozigoto ou heterozigoto, uma população não), mas é comum na literatura, pelo que o adoptamos também. Wright designava as populações homogéneas (*i.e.*, monomórficas) por homalélicas e as heterogéneas por heteralélicas, e o grau de heterogeneidade por heteralelismo (o abuso de linguagem associado ao uso de heterozigotia neste contexto parece, assim, justificado…).Por outro lado, Nei, desconfortável também com o uso de heterozigotia para populações haplóides, prefere o termo diversidade – um termo que se tornou corrente para dados moleculares, mas também infeliz, já que tem um significado preciso (que não tem nada que ver com heterozigotia) com uma longa e ilustre história, ligada à teoria da informação.

Porque é que calculamos a heterozigotia como 1 menos a frequência esperada de homozigotos, também chamada homozigotia? Para dois alelos este método dá mais trabalho do que calcular 2pq, mas para mais alelos é muito mais simples assim: basta lembrar que num gene com k alelos há k(k-1)/2 tipos de heterozigotos, mas apenas k tipos de homozigotos diferentes (secção 2.7.3).

A equação 3.21 refere-se à heterozigotia da população, mas como estimador, é enviesado. Para amostras pequenas de n indivíduos diplóides é preferível usar

$$\tilde{H} = \frac{2n}{2n-1} \sum \frac{h_e}{g} = \frac{2n}{2n-1} \sum \frac{\left(1 - \sum p_i^2\right)}{g},$$

e para amostras haplóides (sejam indivíduos haplóides, gâmetas, DNA mitocondrial (mtDNA), ou cromossomas Y),

$$\tilde{H} = \frac{n}{n-1} \sum \frac{h_e}{g} = \frac{n}{n-1} \sum \frac{\left(1 - \sum p_i^2\right)}{g}.$$

Em qualquer dos casos, n é o número de indivíduos usados para calcular as frequências alélicas (o que, no caso dos cromossomas Y pode ser diferente da grandeza total da amostra, se esta incluir indivíduos dos dois sexos).

Como vimos acima, o número de alelos é uma medida simples e óbvia de variabilidade, mas padece de vários defeitos graves. Por exemplo, tanto conta um alelo abundante como outro muito raro mas, como vimos na secção anterior, os alelos raros contribuem pouco para a variabilidade – e para a heterozigotia. Se todos os alelos da população tivessem a mesma frequência, a proporção de homozigotos teria o seu menor valor possível, sendo o inverso do número de alelos (secção 3.4.4):

$$\sum_{i=1}^{k} p_i^2 = \left(\frac{1}{k}\right)^2 k = \frac{1}{k}.$$

Havendo diferentes frequências alélicas, a frequência de homozigotos será maior. Quanto mais variáveis forem as frequências alélicas maior a homozigotia – e menor a variabilidade. Assim, o inverso da homozigotia pode ser usado como uma medida da variabilidade da população, a que se chama o número efectivo de alelos da população:

$$A_e = \frac{1}{\sum p_i^2}.$$

Em palavras, o número efectivo de alelos é o número de alelos igualmente frequentes, necessários para obter a heterozigotia medida.

Há uma medida de diversidade que, embora não faça muito sentido para estudos de um único gene, é muito usada para análises de linkage, especialmente em genética humana. Como é relacionada com a heterozigotia, faz sentido referi-la aqui.

Para análises de linkage precisamos de meioses informativas, *i.e.*, em que seja possível determinar se um gâmeta é recombinante. Se qualquer dos progenitores for homozigoto para um gene, a meiose não pode ser informativa, pois não é possível saber se houve recombinação ou não. Assim, quanto maior a heterozigotia de um gene, maior a probabilidade de ele ser um marcador informativo, pelo que a heterozigotia é uma medida possível do grau de informação de um gene.

No entanto, se ambos os progenitores de um indivíduo tiverem o mesmo genótipo heterozigoto, a origem (paterna ou materna) dos alelos também não pode ser determinada em metade dos casos. Consideremos o acasalamento entre dois indivíduos A_iA_j, $i \neq j$: a probabilidade de um descendente ser A_iA_i ou A_jA_j é 1/2, e nestes casos é possível determinar a origem dos alelos (um de cada progenitor); mas se o descendente for A_iA_j, o que também acontece com probabilidade 1/2, não é possível determinar a origem parental dos alelos. A probabilidade dos acasalamentos entre dois heterozigotos numa população panmítica em frequências de Hardy-Weinberg é, claro,

$$\left(2p_i p_j\right)^2 = 4 p_i^2 p_j^2.$$

Assim, uma medida mais sofisticada do conteúdo informativo de um gene com k alelos, especialmente útil para análises de linkage, é o chamado coeficiente de informação polimórfica, ou PIC[14]:

$$PIC = 1 - \sum_{i=1}^{k} p_i^2 - \sum_{i=1}^{k-1} \sum_{j=i+1}^{k} 2 p_i^2 p_j^2.$$

Embora o PIC seja em regra uma medida melhor do que a heterozigotia, e seja bastante popular na literatura de análise de linkage, não é uma medida perfeita. Funciona bem para caracteres causados por alelos dominantes e marcadores multialélicos codominantes geneticamente próximos, em equilíbrio, mas pior nos outros casos.

---

[14] Do inglês, *Polymorphism Information Content*.

3.4.11.2 Medidas para dados moleculares

Para muitos tipos de dados moleculares (*e.g.*, longas sequências de DNA, "impressões digitais moleculares", microssatélites, etc.) o número de alelos é, em regra, muito grande, e as medidas anteriores deixam de ter utilidade (todos os genes são polimórficos, e a heterozigotia é quase igual a 1). Assim, usa-se medidas de variação específicas para estes dados.

Para outros tipos de dados moleculares podemos adaptar as medidas clássicas que acabámos de ver. Por exemplo, os padrões de restrição de RFLPs[15] podem ser classificados em haplótipos (um bocado contíguo de DNA com o mesmo conjunto de locais de corte), que podem ser considerados equivalentes a alelos. Embora o número de alelos de RFLPs seja elevado, em regra não é suficientemente grande para tornar a heterozigotia inútil. No caso de SNPs, o número de alelos está limitado a quatro, e na prática muitas vezes apenas dois, pelo que as medidas clássicas também são úteis.

Como quase todas as sequências de DNA (suficientemente longas para terem interesse evolutivo) são diferentes umas das outras, o número de alelos é quase igual ao número de sequências da amostra. Assim, é preferível basear as medidas de variabilidade no número de posições que são diferentes entre duas sequências, e não apenas no facto de elas serem iguais ou diferentes.

Quando comparamos n sequências homólogas alinhadas, amostradas aleatoriamente de uma população, podemos estimar o número médio de diferenças nucleotídicas, Π, por

$$\Pi = \frac{1}{n(n-1)/2} \sum_{i<j} \Pi_{ij},$$

onde Π_{ij} é o número de nucleótidos diferentes entre as sequências i e j (e n(n-1)/2 é o número de comparações diferentes). Se houver sequências iguais, pode ser mais eficiente calcular primeiro as frequências dos vários alelos, e estimar Π por

$$\Pi = \sum_{i,j} p_i p_j \Pi_{ij} = \sum_{i<j} 2 p_i p_j \Pi_{ij}$$

ou

$$\Pi = \frac{n}{n-1} \sum_{i,j} p_i p_j \Pi_{ij} = \frac{n}{n-1} \sum_{i<j} 2 p_i p_j \Pi_{ij},$$

onde p_i e p_j são as frequências dos alelos i e j na amostra, e n/(n-1) é um factor de correcção de enviesamento.

O valor de Π tende a ser tanto maior quanto maiores forem as sequências, pelo que não é uma boa medida para comparar a variabilidade entre sequências de tamanhos diferentes. Este problema resolve-se facilmente dividindo Π pelo número de posições da sequência, L. Obtemos então uma medida de variação intra-populacional, análoga à heterozigotia média usada para dados clássicos, muitas vezes chamada diversidade nucleotídica, π:

$$\pi = \frac{\Pi}{L}.$$

Outra medida comum de polimorfismo de sequências é o número de posições variáveis[16] (K) numa

---

[15] Do inglês *restriction fragment length polymorphisms*, polimorfismos de comprimento de fragmentos de restrição.

[16] Em inglês, *number of segregating sites*.

amostra. Mais uma vez, esta medida depende do comprimento da sequência, mas isso pode ser resolvido como anteriormente:

$$k = \frac{K}{L}.$$

3.5 Problemas

1. Numa população panmítica, as frequências absolutas genotípicas ao nível de um gene autossómico dialélico A/a numa dada geração (G_0) são as seguintes:

Genótipos	machos	fêmeas
AA	7680	1200
Aa	3840	0
aa	480	10800

   Calcular as frequências relativas genotípicas e alélicas, em cada sexo e na população geral, nas gerações G_0, G_1, G_2 e G_3. Discutir os resultados.

2. Considerar três populações mendelianas da mesma espécie, isoladas umas das outras, I, II, e III, em que as frequências genotípicas no mesmo gene (A/a) são as seguintes:

	I		II		III	
Genótipo	Machos	Fêmeas	Machos	Fêmeas	Machos	Fêmeas
AA	5000	125	7000	1000	4800	0
Aa	4000	750	0	2000	7200	2400
aa	1000	4125	3000	17000	0	9600

   2.1 Calcular, para cada população, as frequências relativas dos genótipos e dos alelos, separadamente nos dois sexos, e discutir os resultados.

   2.2 Calcular, para cada população, as frequências dos diversos tipos de acasalamento, assumindo que estes se efectuam ao acaso. O que entende por acasalamentos ao acaso?

   2.3 Calcular, para cada população, as frequências genotípicas e alélicas nos zigotos da geração seguinte, no momento em que estes se formam. Discutir os resultados.

   2.4 Calcular as frequências genotípicas e alélicas no gene A/a, e as frequências de acasalamento ao acaso, nas três populações, após atingirem o equilíbrio de Hardy-Weinberg. Discutir os resultados.

3. Considerar as frequências relativas de cada genótipo numa população de machos e fêmeas e, assumindo que os acasalamentos ocorrem aleatoriamente quanto ao gene A/a, indicar

   3.1 a probabilidade de um acasalamento (macho AA x fêmea AA)

   3.2 a probabilidade de um acasalamento (AA x aa)

   3.3 a frequência de acasalamentos envolvendo machos AA.

   3.4 a frequência de acasalamentos envolvendo fêmeas Aa.

4. Numa população panmítica polimórfica existem, ao nível de um gene autossómico dialélico A/a, oito vezes mais heterozigotos do que homozigotos aa. Calcular a frequência do alelo A.

5. Na nossa espécie, o grupo sanguíneo MN é determinado por um par de alelos de um gene autossómico. Numa amostra de 1279 ingleses, Race e Sanger contaram, em 1954, 363 indivíduos pertencentes ao grupo M, 634 ao grupo MN, e 282 ao grupo N. Testar se o gene está em equilíbrio de Hardy-Weinberg na população amostrada.

6. Na população humana, a proporção de albinos é aproximadamente 0.000049. Assumindo que este caracter é controlado por um alelo recessivo de um gene autossómico dialélico, e que a população humana é panmítica no que respeita a este gene,
   6.1   Estimar as frequências dos dois alelos nesta população.
   6.2   Estimar as frequências dos três genótipos na mesma população.
   6.3   Discutir os resultados.

7. Os geneticistas soviéticos Romashov e Ilyna observaram 14345 raposas, das quais 12 eram pretas, 13655 vermelhas, e 678 intermédias (heterozigóticas). Assumindo que a côr é o resultado da acção de um gene autossómico dialélico, e que as frequência do alelo para preto, anteriormente determinada a partir de outras amostras da mesma população, é 0.025, testar se estas observações são consistentes com a hipótese de que a população está em equilíbrio de Hardy-Weinberg com respeito a este gene.

8. Dobzhansky e Queal designaram por Standard (ST), Arrowhead (AR), e Chiricahua (CH) três inversões diferentes do cromosoma III de *Drosophila pseudoobscura*. Numa amostra de 115 moscas, contaram os seguintes números de genótipos:

ST/ST	ST/AR	ST/CH	AR/AR	AR/CH	CH/CH
12	36	10	27	27	3

Testar se a unidade de transmissão hereditária correspondente a estas inversões está em equilíbrio de Hardy-Weinberg na população amostrada.

9. Qual a frequência mínima total de homozigotos numa população em frequências de Hardy-Weinberg, num gene com
   9.1   dois alelos?
   9.2   três alelos?

Capítulo 4

Um Gene Ligado ao Sexo

4.1 Introdução

No capítulo anterior estudámos o modelo de Hardy-Weinberg para o caso de um gene autossómico com qualquer número de alelos, em haplóides e diplóides. Vimos que a variação genética tende a manter-se num equilíbrio em que as frequências alélicas são suficientes para caracterizar a população, e que é atingido no máximo em duas gerações (no caso de gerações separadas). Será que estes resultados se aplicam a outras situações genéticas? Começamos neste capítulo a investigar esta questão, estudando o modelo de Hardy-Weinberg para um gene ligado ao sexo, de espécies haplóides e diplóides, e todos os genes das espécies haplo-diplóides; no próximo capítulo, estenderemos o estudo a um sistema de vários genes.

4.2 Populações haplóides

Mais uma vez, o caso haplóide é muito simples. Sem reprodução sexual, as frequências não variam em nenhum dos sexos (nem, portanto, na população geral), pela mesma razão que no caso autossómico. A demonstração algébrica é em tudo semelhante, pelo que não a repetimos aqui.

Havendo reprodução sexual, suponhamos um sistema em que o sexo (ou tipo de acasalamento) é determinado por um gene com dois alelos (digamos, S e s) como, por exemplo, nas leveduras. Os cruzamentos são sempre entre um S e um s, formando diplóides temporários, que se dividem por meiose dando de novo origem a haplóides. Consideremos outro gene qualquer, com *linkage* completo ao gene S/s (de modo a não haver trocas de sexo). Suponhamos que é dialélico, com alelos A e a: temos portanto indivíduos AS, aS, As e as. Como há linkage completo, todos os cromossomas "sobrevivem" à meiose, pelo que as suas frequências não variam.

Pode também não haver linkage completo entre os genes A/a e S/s, de modo que, por exemplo, um alelo A de um macho de repente se encontre numa fêmea. Este é um caso particular da evolução de um sistema de dois genes, em que um deles determina o sexo (como poderia ter outro fenótipo qualquer), pelo que não será estudado neste capítulo.

4.3 Populações diplóides e haplo-diplóides

4.3.1 Introdução

Em muitas espécies diplóides, o mecanismo de determinação do sexo baseia-se numa diferença cromossómica, com um sexo homogamético (produzindo gâmetas com igual constituição cromossómica) e o outro heterogamético (produzindo gâmetas com constituições cromossómicas diferentes). Quando isto acontece, há várias possibilidades: o sexo heterogamético pode ser o masculino ou o feminino, a composição cromossómica pode ser XX e XY (como na nossa espécie, e na maior parte dos outros mamíferos), XX e XO (como nos himenópteros, gafanhotos e baratas), ZW e ZZ (como em aves e lepidópteros, em que a fêmea é o sexo heterogamético), etc. Em qualquer destes casos, os genótipos ligados aos cromossomas sexuais são diferentes nos dois sexos, pelo que a evolução populacional pode ser diferente da que vimos para um gene autossómico. Consideremos, sem perda de generalidade, e para fixar ideias, que o sexo masculino é heterogamético XY, e o feminino é homogamético XX.

A transmissão hereditária de genes do cromossoma Y é muito simples, pois é em tudo idêntica à de populações haplóides assexuais. O cromossoma Y é apenas passado dos progenitores masculinos aos seus descendentes masculinos. Assim, as frequências génicas nos machos não se alteram, e nas fêmeas não estão definidas.

O cromossoma X pode ter duas zonas, uma homóloga a parte do cromossoma Y, com genes iguais a este, e uma zona heteróloga, com genes diferentes. No caso mais comum, de recombinação livre entre zonas cromossómicas homólogas, os genes da zona homóloga dos dois cromossomas sexuais comportam-se como genes autossómicos (razão porque esta zona é chamada pseudoautossómica), pelo que o estudo do capítulo anterior se lhes aplica. Consideremos portanto agora o caso de genes ligados ao cromossoma X, isto é, situados na zona heteróloga deste cromossoma (sem correspondente no Y). Neste caso, as fêmeas podem ser $X^A X^A$, $X^A X^a$ ou $X^a X^a$ – que representaremos por AA, Aa e aa – e os machos podem ser $X^A(Y)$ e $X^a(Y)$ – ou mais simplesmente A e a. Assim, enquanto as fêmeas são diplóides, os machos são haplóides[1].

Os genes da zona heteróloga do cromossoma X são em tudo análogos a todos os genes de espécies haplo-diplóides. Notemos à partida a diferença entre *espécies* haplo-diplóides e *ciclos de vida* haplo-diplóides: estes últimos referem-se a situações em que nem a fase haplóide nem a diplóide dominam claramente o ciclo de vida, como por exemplo em muitas algas, musgos e fetos, enquanto aqueles se referem a espécies em que um sexo é haplóide e o outro diplóide, como os himenópteros sociais (*e.g.*, abelhas, vespas, formigas) e ácaros. Nestes, os machos são haplóides, resultando do desenvolvimento de óvulos não fecundados, e as fêmeas são diplóides, resultado de reprodução sexual. Assim, os machos recebem todos os seus genes das mães, enquanto que as fêmeas recebem um gene da mãe e outro do pai – tal como acontece com os genes da zona heteróloga do cromossoma X das espécies diplóides como a nossa. Assim, o estudo que se segue aplica-se de igual modo aos genes da zona heteróloga dos cromossomas sexuais das espécies diplóides, e a todo o genoma das espécies haplo-diplóides. Por simplicidade de linguagem, chamaremos a estes genes "ligados ao sexo".

4.3.2 Um gene dialélico

4.3.2.1 Descrição estatística

A descrição estatística de um gene ligado ao sexo nas fêmeas e nos machos é a modificação natural do caso autossómico, como indicado nas tabelas 4.1 e 4.2. Vale talvez a pena ver com mais detalhe as frequências alélicas relativas das fêmeas. Por exemplo, o número total de alelos das fêmeas (independentemente do seu tipo) é 2F (já que elas são diplóides), enquanto que o número total de alelos

---

[1] O nome correcto é hemizigóticos, mas como têm apenas um conjunto de alelos como os haplóides, chamamos-lhes haplóides, que é mais simples e familiar.

A nas fêmeas é (já que cada fêmea AA tem dois alelos A, cada fêmea heterozigótica tem um, e as fêmeas aa não têm nenhum)

$$F_A = 2F_{AA} + F_{Aa} \ .$$

Tabela 4.1. Frequências genotípicas

Fêmeas	Machos
$F_{AA} + F_{Aa} + F_{aa} = F$	$M_A + M_a = M$
$f_{AA} = F_{AA}/F$	$m_A = M_A/M$
$f_{Aa} = F_{Aa}/F$	
$f_{aa} = F_{aa}/F$	$m_a = M_a/M$
$f_{AA} + f_{Aa} + f_{aa} = 1$	$m_A + m_a = 1$

Assim, a frequência do alelo A nas fêmeas é

$$f_A = \frac{2F_{AA} + F_{Aa}}{2F} \ ,$$

donde, (usando a tabela 4.1)

$$f_A = \frac{2F_{AA} + F_{Aa}}{2F} = \frac{2F_{AA}}{2F} + \frac{F_{Aa}}{2F}$$

$$= f_{AA} + \frac{1}{2} f_{Aa}$$

como indicado na tabela 4.2.

Tabela 4.2. Relações entre frequências genotípicas e alélicas em cada sexo

Fêmeas		Machos	
$F_A = 2F_{AA} + F_{Aa}$	$F_a = 2F_{aa} + F_{Aa}$	M_A	M_a
$f_A = f_{AA} + \frac{1}{2} f_{Aa}$	$f_a = f_{aa} + \frac{1}{2} f_{Aa}$	$m_A = M_A/M$	$m_a = M_a/M$
$f_A + f_a = 1$		$m_A + m_a = 1$	

Pensemos agora no número total de alelos da população geral (isto é, em toda a população, independentemente do sexo). Cada fêmea tem dois alelos (qualquer dos quais pode ser A ou a), enquanto cada macho tem apenas um (que também pode ser A ou a). Assim, o número total de alelos da população geral é 2F+M.

Por outro lado, o número total de alelos A na população geral, N_A, é

$$N_A = 2F_{AA} + F_{Aa} + M_A.$$

A frequência relativa do mesmo alelo na população é o número de alelos A dividido pelo número total de alelos da população:

$$p_A = \frac{2F_{AA} + F_{Aa} + M_A}{2F + M}.$$

Lembrando o pressuposto de que o número de machos é igual ao número de fêmeas, 2F+M=3M=3F, pelo que

$$p_A = \frac{2F_{AA} + F_{Aa}}{2F + M} + \frac{M_A}{2F + M} = \frac{2F_{AA} + F_{Aa}}{3F} + \frac{M_A}{3M}$$

$$= \frac{1}{3}\left(\frac{2F_{AA} + F_{Aa}}{F} + \frac{M_A}{M}\right)$$

$$= \frac{1}{3}(2f_A + m_A)$$

Este resultado é semelhante ao que vimos para os genes autossómicos (a frequência de um alelo na população é a média das frequências desse alelo nos dois sexos), com uma diferença importante. Como agora as fêmeas têm dois alelos, e os machos apenas um, as frequências alélicas na população geral têm de ser calculadas como a média ponderada das frequências nos dois sexos, ponderando as frequências femininas com peso duplo do das masculinas. Estes resultados estão resumidos na tabela 4.3 para ambos os alelos.

Tabela 4.3. Relações entre frequências genotípicas e alélicas na população geral

População geral	
$N_A = 2F_{AA} + F_{Aa} + M_A$	$N_a = 2F_{aa} + F_{Aa} + M_a$
$p_A = \frac{1}{3}(2f_A + m_A)$	$q_a = \frac{1}{3}(2f_a + m_a)$
$p_A + q_a = 1$	

4.3.2.2 Evolução das frequências ao longo do tempo

Consideremos agora uma população que, na geração 0, tem as frequências indicadas nas tabelas anteriores. Quais as frequências, genotípicas e alélicas, na geração seguinte?

Suponhamos primeiro que há acasalamentos aleatórios. Os machos A e a acasalam com as fêmeas AA, Aa e aa, pelo que temos seis tipos diferentes de acasalamentos, como indicado na tabela 4.4. A mesma tabela indica as frequências de cada acasalamento, assim como as frequências genotípicas esperadas nas descendências de cada um: como o gene é ligado ao sexo, temos agora de considerar estas frequências em cada sexo.

Tabela 4.4. Probabilidades de acasalamento em panmixia e contribuições para a descendência

Acasalamentos		Probabilidades de acasalamento	Contribuições para a geração seguinte				
			Machos		Fêmeas		
Machos x Fêmeas			A	a	AA	Aa	aa
A x	AA	$m_A f_{AA}$	$m_A f_{AA}$	0	$m_A f_{AA}$	0	0
	Aa	$m_A f_{Aa}$	$m_A f_{Aa}/2$	$m_A f_{Aa}/2$	$m_A f_{Aa}/2$	$m_A f_{Aa}/2$	0
	aa	$m_A f_{aa}$	0	$m_A f_{aa}$	0	$m_A f_{aa}$	0
a x	AA	$m_a f_{AA}$	$m_a f_{AA}$	0	0	$m_a f_{AA}$	0
	Aa	$m_a f_{Aa}$	$m_a f_{Aa}/2$	$m_a f_{Aa}/2$	0	$m_a f_{Aa}/2$	$m_a f_{Aa}/2$
	aa	$m_a f_{aa}$	0	$m_a f_{aa}$	0	0	$m_a f_{aa}$

As frequências genotípicas e alélicas nos machos da G_1 são então a soma das colunas respectivas da tabela 4.4:

$$m_A^{(1)} = m_A^{(0)} f_{AA}^{(0)} + \frac{1}{2} m_A^{(0)} f_{Aa}^{(0)} + m_a^{(0)} f_{AA}^{(0)} + \frac{1}{2} m_a^{(0)} f_{Aa}^{(0)}$$

$$= m_A^{(0)} \left(f_{AA}^{(0)} + \frac{1}{2} f_{Aa}^{(0)} \right) + m_a^{(0)} \left(f_{AA}^{(0)} + \frac{1}{2} f_{Aa}^{(0)} \right)$$

$$= f_A^{(0)}$$

e

$$m_a^{(1)} = \frac{1}{2} m_A^{(0)} f_{Aa}^{(0)} + m_A^{(0)} f_{aa}^{(0)} + \frac{1}{2} m_a^{(0)} f_{Aa}^{(0)} + m_a^{(0)} f_{aa}^{(0)}$$

$$= m_A^{(0)} \left(f_{aa}^{(0)} + \frac{1}{2} f_{Aa}^{(0)} \right) + m_a^{(0)} \left(f_{aa}^{(0)} + \frac{1}{2} f_{Aa}^{(0)} \right)$$

$$= f_a^{(0)}$$

As frequências genotípicas nas fêmeas da mesma geração são (a soma das colunas respectivas da mesma tabela)

$$f_{AA}^{(1)} = m_A^{(0)} f_{AA}^{(0)} + \frac{1}{2} m_A^{(0)} f_{Aa}^{(0)} = m_A^{(0)} \left(f_{AA}^{(0)} + \frac{1}{2} f_{Aa}^{(0)} \right)$$

$$f_{Aa}^{(1)} = \frac{1}{2} m_A^{(0)} f_{Aa}^{(0)} + m_A^{(0)} f_{aa}^{(0)} + m_a^{(0)} f_{AA}^{(0)} + \frac{1}{2} m_a^{(0)} f_{Aa}^{(0)}$$

$$= m_A^{(0)} \left(f_{aa}^{(0)} + \frac{1}{2} f_{Aa}^{(0)} \right) + m_a^{(0)} \left(f_{AA}^{(0)} + \frac{1}{2} f_{Aa}^{(0)} \right)$$

$$f_{aa}^{(1)} = \frac{1}{2} m_a^{(0)} f_{Aa}^{(0)} + m_a^{(0)} f_{aa}^{(0)} = m_a^{(0)} \left(f_{aa}^{(0)} + \frac{1}{2} f_{Aa}^{(0)} \right)$$

donde

$$\begin{aligned} f_{AA}^{(1)} &= m_A^{(0)} f_A^{(0)} \\ f_{Aa}^{(1)} &= m_A^{(0)} f_a^{(0)} + m_a^{(0)} f_A^{(0)} \\ f_{aa}^{(1)} &= m_a^{(0)} f_a^{(0)} \end{aligned} \qquad (4.1)$$

enquanto para as alélicas temos (do mesmo modo)

$$f_A^{(1)} = m_A^{(0)} f_A^{(0)} + \frac{1}{2} \left(m_A^{(0)} f_a^{(0)} + m_a^{(0)} f_A^{(0)} \right) = \frac{1}{2} \left(m_A^{(0)} + f_A^{(0)} \right)$$

$$f_a^{(1)} = m_a^{(0)} f_a^{(0)} + \frac{1}{2} \left(m_A^{(0)} f_a^{(0)} + m_a^{(0)} f_A^{(0)} \right) = \frac{1}{2} \left(m_a^{(0)} + f_a^{(0)} \right)$$

As frequências alélicas na população geral são

$$p_A^{(1)} = \frac{1}{3} \left(2 f_A^{(1)} + m_A^{(1)} \right) = \frac{1}{3} \left(m_A^{(0)} + f_A^{(0)} + f_A^{(0)} \right) = \frac{1}{3} \left(m_A^{(0)} + 2 f_A^{(0)} \right) = p_A^{(0)}$$

$$q_a^{(1)} = \frac{1}{3} \left(2 f_a^{(1)} + m_a^{(1)} \right) = \frac{1}{3} \left(m_a^{(0)} + f_a^{(0)} + f_a^{(0)} \right) = q_a^{(0)}$$

Do exame destas equações conclui-se que

1. as frequências genotípicas das fêmeas, tal como num gene autossómico, são iguais aos produtos das frequências alélicas dos dois sexos na geração anterior;

2. as frequências genotípicas dos machos são iguais às frequências alélicas das fêmeas da geração anterior;

3. as frequências alélicas das fêmeas, tal como num gene autossómico, são iguais às médias das frequências respectivas nos dois sexos da geração anterior;

4. as frequências alélicas dos machos são iguais às frequências alélicas das fêmeas da geração anterior;

5. as frequências alélicas na população geral não variam.

Portanto, e ao contrário do que sucede num gene autossómico, as frequências não se igualam nos dois sexos ao fim de uma geração de reprodução aleatória, pelo que não é de esperar equilíbrio (nem frequências de Hardy-Weinberg nas fêmeas) ao fim de duas.

Estes resultados não devem surpreender, já que as filhas recebem um cromossoma do pai e outro da mãe (e daí que as suas frequências alélicas sejam a média das dos dois sexos na geração anterior), enquanto que os filhos machos recebem o seu único cromossoma X das mães (e portanto as suas frequências alélicas são iguais às das fêmeas da geração anterior).

Suponhamos agora que não há acasalamentos, mas apenas conjugação aleatória dos gâmetas, cujas frequências são as indicadas na tabela 4.2. Os machos da nova geração resultam da conjugação de um gâmeta Y do pai e um X da mãe, pelo que herdam as frequências alélicas destas. As fêmeas da mesma geração resultam da conjugação de dois gâmetas X, um do pai e outro da mãe, pelo que as suas frequências genotípicas são ainda

$$m_A^{(0)} f_A^{(0)}, \quad m_A^{(0)} f_a^{(0)} + m_a^{(0)} f_A^{(0)}, \quad m_a^{(0)} + f_a^{(0)},$$

e as frequências alélicas são as médias das dos pais e das mães. Assim, e como seria de esperar (isto é, tal como para os genes autossómicos), as frequências da geração seguinte são as mesmas, haja ou não acasalamentos.

Já que podemos sempre calcular as frequências genotípicas nos dois sexos a partir das alélicas da geração anterior, passaremos agora a trabalhar apenas com as alélicas. Os resultados que acabámos de obter podem ser escritos de forma geral (já que a passagem de qualquer geração à seguinte se dá da mesma forma que a da geração 0 à 1) como

$$\begin{cases} m_t = f_{t-1} \\ f_t = \frac{1}{2}(m_{t-1} + f_{t-1}) \end{cases} \qquad (4.2)$$

onde m e f representam as frequências de qualquer alelo (mas o mesmo!) nos machos e nas fêmeas, e a geração é indicada em índice.

O comportamento a longo prazo deste par de equações não é imediatamente óbvio. Podemos no entanto perguntar: já que as frequências alélicas nos dois sexos não ficam iguais numa geração, o que acontece à sua diferença? Mantém-se, reduz-se (quanto?), aumenta? Para responder, calculemos a diferença entre as frequências do alelo A nos dois sexos na geração t, usando o par de equações 4.2:

$$f_t - m_t = \frac{1}{2}(m_{t-1} + f_{t-1}) - f_{t-1} = \frac{1}{2}(m_{t-1} - f_{t-1})$$

ou, para manter a ordem dos sexos e facilitar a interpretação,

$$f_t - m_t = -\frac{1}{2}(f_{t-1} - m_{t-1}) \qquad (4.3)$$

Em palavras, a diferença entre as frequências alélicas nos dois sexos reduz-se a metade, alternando de sinal, em cada geração[2].

Ao longo do tempo temos

$$f_t - m_t = \left(-\frac{1}{2}\right)^t (f_0 - m_0),$$

pelo que a diferença entre as frequências alélicas nos dois sexos tende para zero. Lembrando que a frequência de um alelo na população geral é a média (ponderada) das frequências desse alelo nos dois sexos, segue-se que todas as frequências (nos machos, nas fêmeas, e na população geral) tendem a ficar iguais. Mas, ao contrário do que vimos para um gene autossómico, no caso de um gene ligado ao sexo, o equilíbrio só é atingido assimptoticamente, ao fim de um número infinito de gerações. No entanto, a diferença entre as frequências dos dois sexos reduz-se bastante depressa (ao fim de 5 gerações é 1/32 do seu valor inicial, ao fim de 10 menos de 1/1000 do mesmo valor), pelo que podemos considerar que para efeitos práticos o equilíbrio é atingido ao fim de um pequeno número de gerações.

Ao tenderem a ficar iguais, para que valor convergem as frequências nos dois sexos? Quando iguais, são também iguais à frequência alélica da população geral – que, como vimos, nunca varia. Assim, é

---

[2] Já que de um lado temos a diferença entre as frequências alélicas nos dois sexos numa geração, e do outro a mesma diferença na geração anterior, multiplicada por -1/2. Esperamos que o leitor se habitue a "ler" deste modo as equações, interpretando-as biologicamente.

para esse valor que elas convergem. Por exemplo, para o alelo A temos (nesta equação, como faremos a partir de agora, usamos um "acento circunflexo" para indicar valores de equilíbrio):

$$\hat{m}_A = \hat{f}_A = p_A \qquad (4.4)$$

A convergência dá-se com oscilações amortecidas, como demonstrado para alguns casos particulares por Jennings[3] em 1916, e no caso geral por Robbins[4] em 1918, e ilustrado na figura 4.1.

Em equilíbrio, as frequências genotípicas nos machos são iguais às alélicas da população, e nas fêmeas são dadas por (como num gene autossómico)

$$AA : Aa : aa = p_A^2 : 2p_A q_a : q_a^2$$

ou seja, pelo o desenvolvimento do quadrado do binómio

$$(p_A + q_a)^2 .$$

No caso de uma característica determinada por um alelo recessivo, numa população em equilíbrio a frequência da característica nos machos é q, mas nas fêmeas é q^2, portanto q vezes menor. Se o alelo for raro, a diferença pode ser grande; em casos extremos, pode parecer que a característica é limitada aos machos.

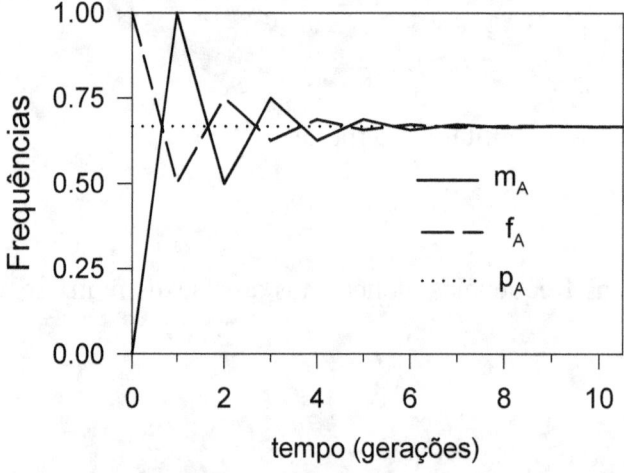

Figura 4.1. Evolução das frequências alélicas num gene ligado ao sexo

4.3.3 Um gene multialélico

Na secção anterior, a partir do par de equações 4.2 estudámos a evolução das frequências de um alelo de um gene ligado ao sexo sem especificar quantos mais alelos havia. Assim, o resultado obtido não depende do número de alelos do gene, sendo válido para qualquer número de alelos.

---

[3] Herbert Spencer Jennings (1868-1947) foi um biólogo norte-americano, assim chamado em homenagem ao famoso bulldog de Darwin (um seu irmão chamava-se mesmo Darwin). Foi Professor na *Texas A & M University*, sem antes ter frequentado qualquer universidade (mais tarde obteve um doutoramento em Harvard). O seu trabalho sobre genes ligados ao sexo foi publicado no número inaugural da revista *Genetics* (cuja edição de Setembro do mesmo ano foi completamente ocupada por outro artigo seu, com 135 páginas!). Os seus artigos formaram uma das sementes de onde viria a nascer a genética populacional teórica.

[4] Rainard B. Robbins (1886-1951) foi um matemático e actuário norte-americano.

No caso de genes multialélicos, as equações 4.2 continuam a ser válidas, para as frequências alélicas dos dois sexos, e para as genotípicas dos machos. Para as frequências genotípicas das fêmeas temos a generalização natural da equação 4.1,

$$f_{ii}^{(t)} = m_i^{(t-1)} f_i^{(t-1)}$$
$$f_{ij}^{(t)} = m_i^{(t-1)} f_j^{(t-1)} + m_j^{(t-1)} f_i^{(t-1)} \quad , i \neq j \tag{4.5}$$

Assim, no caso de um gene multialélico ligado ao sexo as frequências tendem também para os seus valores de equilíbrio, com oscilações cuja amplitude se reduz a metade em cada geração. Em equilíbrio, as frequências masculinas são as alélicas (da população geral),

$$p_1 + p_2 + ... + p_i + ... + p_n$$

as frequências alélicas nas fêmeas são iguais a estas. As frequências genotípicas femininas são o desenvolvimento do quadrado

$$(p_1 + p_2 + ... + p_i + ... + p_n)^2 ,$$

ou seja, em equilíbrio, as frequências dos genótipos femininos homozigóticos $A_i A_i$ são p_i^2, e as dos genótipos femininos heterozigóticos $A_i A_j$ ($i \neq j$) $2 p_i p_j$, tal como vimos para um gene autossómico multialélico.

4.4 Complementos

Nas secções anteriores estudámos a evolução de um gene ligado ao sexo, tendo obtido os resultados mais importantes: as frequências alélicas e genotípicas aproximam-se assimptoticamente dos seus valores de equilíbrio, pelo que este não é atingido em apenas duas gerações como no caso autossómico, mas de qualquer modo a aproximação é muito rápida; por outro lado, as frequências alélicas na população geral (independentemente do sexo) mantêm-se sempre constantes. No entanto, há outros resultados interessantes que podemos obter para este modelo, como a sua solução (expressões para as frequências ao fim de um número arbitrário de gerações, sem ter de calculá-las para as gerações intermédias), e o efeito da diferença das frequências alélicas nos dois sexos.

4.4.1 Aproximação ao equilíbrio

Se quisermos saber as frequências alélicas das fêmeas ao fim de, por exemplo, 10 gerações, temos de as calcular por iteração da equação 4.2, isto é, usar a frequência inicial para calcular a frequência ao fim de uma geração, usar essa para calcular a frequência da geração seguinte, e assim sucessivamente. Seria muito mais prático se pudéssemos calcular a frequência ao fim de um número qualquer de gerações directamente a partir da geração inicial. Isto é, de facto, possível, como vamos ver.

Comecemos por analisar a velocidade a que as frequências se aproximam do equilíbrio. Já vimos que a diferença entre as frequências dos dois sexos se reduz a metade em cada geração, alternando de sinal (equação 4.3). E a diferença entre a frequência de cada sexo e a frequência da população geral, reduz-se à mesma velocidade? A frequência de um alelo na população é

$$p = \frac{1}{3}(2 f_t + m_t)$$

donde, rearranjando,

$$3p = 2f_t + m_t$$

$$2f_t - 2p = p - m_t$$

$$f_t - p = \frac{1}{2}(p - m_t)$$

e, lembrando a equação 4.2,

$$f_t - p = -\frac{1}{2}(f_{t-1} - p). \qquad (4.6)$$

Em palavras, a diferença entre a frequência de um alelo nas fêmeas e na população geral também se reduz a metade em cada geração, alternando de sinal. Por outro lado, como já sabemos, as frequências dos machos são iguais às das fêmeas da geração anterior, e os valores de equilíbrio das frequências das fêmeas (e portanto também dos machos) são iguais às frequências da população. Portanto, concluímos que as diferenças das frequências alélicas nos dois sexos para os seus valores de equilíbrio se reduzem a metade em cada geração, alternando de sinal.

Podemos agora relacionar as diferenças entre a frequência de um alelo nas fêmeas e na população geral nas gerações t e t-2,

$$f_t - p = -\frac{1}{2}(f_{t-1} - p) = -\frac{1}{2}\left[-\frac{1}{2}(f_{t-2} - p)\right] = \left(-\frac{1}{2}\right)^2 (f_{t-2} - p)$$

e, continuando da mesma forma, obtemos eventualmente a solução da equação 4.6,

$$f_t - p = \left(-\frac{1}{2}\right)^t (f_0 - p).$$

A partir desta equação é trivial obter as frequências alélicas das fêmeas em qualquer geração, a partir das frequências iniciais:

$$f_t = p + \left(-\frac{1}{2}\right)^t (f_0 - p).$$

Como não especificámos quantos alelos havia na população, este resultado é válido para todos os alelos de genes ligados ao sexo, com qualquer número de alelos. Lembrando a equação 4.2, podemos também obter de imediato as frequências nos machos em qualquer geração:

$$m_t = p + \left(-\frac{1}{2}\right)^{t-1} (f_0 - p)$$

e, a partir de ambas, as frequências genotípicas das fêmeas (equação 4.5).

Outra forma de obter a solução é notando que o sistema de equações 4.2, envolvendo as frequências dos dois sexos em duas gerações seguidas, pode ser escrito como uma única equação envolvendo apenas as frequências das fêmeas, em três gerações sucessivas:

$$f_t = \frac{1}{2}(f_{t-1} + f_{t-2}).$$

A solução desta equação é um pouco mais difícil de obter do que as que vimos até agora, pelo que não o fazemos aqui (mas o resultado é o mesmo que acabámos de obter).

4.4.2 Efeito da diferença das frequências alélicas nos dois sexos

À medida que as frequências alélicas nos dois sexos se aproximam do equilíbrio, as frequências genotípicas das fêmeas aproximam-se das frequências de Hardy-Weinberg, como vimos antes (secção 4.3.2.2). Enquanto o equilíbrio não é atingido, as frequências alélicas são diferentes nos dois sexos, pelo que as frequências das fêmeas também são diferentes das frequências de Hardy-Weinberg. Podemos quantificar esta diferença. Para as fêmeas AA, temos

$$m_A f_A - p_A^2 = m_A f_A - \frac{1}{9}(m_A + 2f_A)^2$$

$$= -\frac{1}{9}\left(-9m_A f_A + m_A^2 + 4m_A f_A + 4f_A^2\right)$$

$$= -\frac{1}{9}\left(m_A^2 + 4f_A^2 - 5m_A f_A\right)$$

$$= -\frac{1}{9}(m_A - f_A)(m_A - 4f_A)$$

e do mesmo modo para as aa:

$$m_a f_a - q_a^2 = -\frac{1}{9}(m_a - f_a)(m_a - 4f_a) \ ,$$

pelo que para as heterozigotas (lembrando que a soma das três é sempre 1) o efeito é

$$m_A f_a + m_a f_A - 2p_A q_a = \frac{1}{9}\left[(m_A - f_A)(m_A - 4f_A) + (m_a - f_a)(m_a - 4f_a)\right] \ .$$

Nos genes autossómicos, como vimos na secção 3.4.2 o efeito de haver frequências alélicas diferentes nos dois sexos é sempre um excesso de heterozigotos (relativamente às frequências de Hardy-Weinberg), menor do que o quadrado dessa diferença, portanto geralmente desprezável. Nos genes ligados ao sexo, o efeito é diferente. Não há sempre excesso de fêmeas heterozigotas (embora isso seja muito frequente) e o efeito é mais acentuado. Além disso, como as frequências dos dois sexos se aproximam mais lentamente, o efeito dura mais tempo.

4.5 Problemas

1. Considerar uma população panmítica de uma espécie em que o sexo masculino é heterogamético, e se reproduz com acasalamentos aleatórios com respeito a um gene com dois alelos (A/a), situado na zona heteróloga do cromossoma sexual. Supor que na geração G_0 as fêmeas são todas AA e os machos são todos a(Y).

    1.1 Calcular as frequências genotípicas e alélicas na sub-população de fêmeas e na de machos, nas gerações G_1, G_2, G_3, G_4, G_5 e G_6.

    1.2 Marcar num gráfico as frequências do alelo A nas fêmeas (f_n) e nos machos (m_n), em que n é o número de ordem das gerações, e observar as oscilações e o seu carácter amortecido. Em volta de que valor oscilam as frequências? Qual o significado biológico deste valor?

    1.3 Marcar num gráfico as diferenças entre as frequências do alelo A nas duas sub-populações (f_n-m_n, por exemplo), e observar o mesmo caracter amortecido das oscilações. Em torno de que valor oscilam as diferenças?

    1.4 Quais as frequências genotípicas e alélicas em equilíbrio?

Capítulo 5

UM SISTEMA DE GENES

Race and population genetics became the dominant source of controversy surrounding DNA evidence in the American legal system.
Aronson, 2007.

5.1 Introdução

Após termos estudado a evolução de uma população ao nível de um único gene, é altura de examinarmos sistemas de vários genes, começando pelo caso mais simples, dois genes autossómicos. Considerar um sistema de apenas dois genes pode parecer um avanço pequeno, na medida em que qualquer organismo tem um número muito grande de genes. Mas estudar o genoma completo, com todos os seus genes, é muito complicado. Algumas das complicações podem ser ilustradas com dois genes, de forma simples. Assim, o estudo de um sistema de dois genes constitui de facto um avanço considerável. Em particular, permite estudar o papel evolutivo da recombinação[1], assim como investigar em que medida (e em que condições) é que o comportamento de um sistema de vários genes pode ser previsto pela simples combinação dos resultados para um único gene. É também indispensável para o estudo das interacções epistáticas, especialmente importantes no caso de haver selecção natural.

Vimos nos capítulos anteriores que, numa população onde se verifiquem os pressupostos do modelo de Hardy-Weinberg (panmixia, etc.), um gene atinge rapidamente o equilíbrio – no caso de genes autossómicos, no máximo em duas gerações, no caso de genes ligados ao sexo (ou em espécies haplo-diplóides), de forma assimptótica mas, para efeitos práticos, ao fim de meia dúzia de gerações. Consideremos agora mais de um destes genes em equilíbrio: será que o sistema formado por eles também o está? Estando cada um de, por exemplo, dois genes autossómicos, em equilíbrio de Hardy-Weinberg, implicará isto que as frequências conjuntas dos dois genes (as frequências dos genótipos AABB, AaBB, etc.) também estejam em equilíbrio? É de supor que sim, mas (como de costume...) testemos a nossa intuição através de modelos matemáticos simples.

5.2 Dois genes autossómicos dialélicos

5.2.1 Descrição estatística

---

[1] Há várias formas de recombinação, desde recombinação (*crossover*) homóloga envolvendo troca de material genético entre cromatídeos homólogos (não-irmãos) produzindo gâmetas não-patentais, até à conversão génica, transferência não recíproca de material genético. Como tratamos apenas a primeira, usamos "recombinação" neste sentido estrito.

Consideremos dois genes autossómicos dialélicos, A/a e B/b, com uma taxa de recombinação (proporção de recombinantes) igual a r. Lembremos que se os dois genes estiverem no mesmo cromossoma $0 \leq r < \frac{1}{2}$, se em cromossomas diferentes $r = \frac{1}{2}$; como não impomos quaisquer restrições ao valor de r, o nosso modelo é geral. De facto impomos uma restrição, nomeadamente que r seja maior do que 0, pois se não houver recombinação, os alelos dos dois genes são sempre transmitidos como uma unidade indivisível, pelo que o sistema de dois genes se comporta como um só gene (unidade de transmissão hereditária, segundo a nossa definição da secção 1.1) com quatro alelos. Assim, esta restrição não reduz a generalidade do modelo enquanto aplicado a sistemas de dois genes.

Com respeito a este par de genes há quatro gâmetas, ou haplótipos, diferentes:

$$\underline{A\ B} \qquad \underline{A\ b} \qquad \underline{a\ B} \qquad \underline{a\ b}$$

Tratando-se de um gene autossómico, todas as frequências génicas, incluindo portanto as dos gâmetas, ficam iguais nos dois sexos após uma geração de reprodução aleatória. Assim, consideremos que todas as frequências já são iguais nos dois sexos. Designemos as frequências gaméticas (nos machos, nas fêmeas e na população geral) por

$$g_{AB} \qquad g_{Ab} \qquad g_{aB} \qquad g_{ab}$$

O desenvolvimento que se segue fica simplificado se dispusermos estas frequências gaméticas sob a forma de um quadrado, com os gâmetas contendo A na primeira linha, e os que têm a na segunda, os gâmetas com B na primeira coluna, e os com b na segunda. Obtemos assim uma matriz de frequências gaméticas, ou apenas matriz gamética:

$$g = \begin{bmatrix} g_{AB} & g_{Ab} \\ g_{aB} & g_{ab} \end{bmatrix} \qquad (5.1)$$

A frequência de um alelo é igual à soma das frequências dos gâmetas que o transmitem. Por exemplo, para o gene A/a:

$g_{AB} + g_{Ab} = p_A$

$g_{aB} + g_{ab} = q_a$

e, de um modo geral,

$$g = \begin{bmatrix} g_{AB} & g_{Ab} \\ g_{aB} & g_{ab} \end{bmatrix} \begin{matrix} p_A \\ q_a \end{matrix}$$
$$\quad p_B \quad q_b$$

onde os símbolos nas margens da matriz indicam as somas das linhas ou colunas respectivas. Assim, as frequências gaméticas determinam as alélicas, mas o inverso não é verdadeiro (pelo menos no caso geral), situação reminiscente da que vimos para um único gene (capítulo 3). Como também vimos no mesmo capítulo, as frequências alélicas de cada gene são constantes.

Da combinação destes quatro gâmetas resultam 16 genótipos. Tal como fizemos antes (secção 2.7), assumimos que a origem dos alelos não afecta o fenótipo, pelo que os indivíduos heterozigotos para um único gene são equivalentes (por exemplo, AB/Ab = Ab/AB). Por razões relacionadas com a recombinação (que veremos a seguir), não fazemos o mesmo com os duplos heterozigotos, que continuamos a distinguir. Assim, o número de genótipos diferentes reduz-se a 10 (verifique):

A B	A B	A B	A B	A b	A b	A b	a B	a B	a b
A B	A b	a B	a b	A b	a B	a b	a B	a b	a b

cujas frequências dispomos seguindo lógica semelhante à usada para os gâmetas – todos os AA na primeira linha, os Aa na segunda, os aa na terceira; os BB na primeira coluna, os Bb na segunda, os bb na terceira – formando o que chamamos a matriz de frequências zigóticas, ou apenas matriz zigótica (embora corresponda aos genótipos diplóides, em qualquer fase do ciclo de vida, na mesma linha que chamamos homozigotos aos indivíduos com dois alelos diferentes em qualquer fase do ciclo de vida). Em virtude da forma como a matriz é construída, as somas das linhas são as frequências dos genótipos AA, Aa, e aa, e as das colunas são as frequências dos BB, Bb e bb:

$$z = \begin{bmatrix} z_{ABAB} & z_{ABAb} & z_{AbAb} \\ z_{ABaB} & z_{ABab} + z_{AbaB} & z_{Abab} \\ z_{aBaB} & z_{aBab} & z_{abab} \end{bmatrix} \begin{matrix} n_{AA} \\ n_{Aa} \\ n_{aa} \end{matrix}$$
$$\quad n_{BB} \quad\quad n_{Bb} \quad\quad n_{bb}$$

(5.2)

5.2.2 Evolução das frequências ao longo do tempo

Consideremos então uma geração em que as frequências são iguais nos dois sexos, designada geração zero, e façamos o censo da população na fase de gâmetas, obtendo a matriz de frequências gaméticas, g_0:

$$g_0 = \begin{bmatrix} g^{(0)}_{AB} & g^{(0)}_{Ab} \\ g^{(0)}_{aB} & g^{(0)}_{ab} \end{bmatrix}$$

(5.3)

Da conjugação aleatória destes quatro gâmetas resultam 10 genótipos, zigotos da geração seguinte, com frequências

$$z_1 = \begin{bmatrix} g^{(0)}_{AB}g^{(0)}_{AB} & 2g^{(0)}_{AB}g^{(0)}_{Ab} & g^{(0)}_{Ab}g^{(0)}_{Ab} \\ 2g^{(0)}_{AB}g^{(0)}_{aB} & 2g^{(0)}_{AB}g^{(0)}_{ab} + 2g^{(0)}_{Ab}g^{(0)}_{aB} & 2g^{(0)}_{Ab}g^{(0)}_{ab} \\ g^{(0)}_{aB}g^{(0)}_{aB} & 2g^{(0)}_{aB}g^{(0)}_{ab} & g^{(0)}_{ab}g^{(0)}_{ab} \end{bmatrix}$$

(5.4)

Notemos que, como de costume, começamos a contar cada nova geração nos zigotos – os gâmetas formados pelos indivíduos de uma geração dão origem à geração seguinte – razão pela qual chamamos g_0 à matriz gamética, mas z_1 à matriz zigótica da equação 5.4. Claro que esta equação se aplica a quaisquer duas gerações sucessivas (e não apenas às gerações 0 e 1).

É ainda importante determinar as somas das linhas e colunas desta matriz. Por exemplo, para a primeira linha

$$g^{(0)}_{AB}g^{(0)}_{AB} + 2g^{(0)}_{AB}g^{(0)}_{Ab} + g^{(0)}_{Ab}g^{(0)}_{Ab} = g^{(0)}_{AB}\left(g^{(0)}_{AB} + g^{(0)}_{Ab}\right) + g^{(0)}_{Ab}\left(g^{(0)}_{AB} + g^{(0)}_{Ab}\right) = \left(g^{(0)}_{AB} + g^{(0)}_{Ab}\right)^2 = p_A^2$$

para a segunda coluna

$$2g_{AB}^{(0)}g_{Ab}^{(0)} + 2g_{AB}^{(0)}g_{ab}^{(0)} + 2g_{Ab}^{(0)}g_{aB}^{(0)} + 2g_{aB}^{(0)}g_{ab}^{(0)} = 2g_{AB}^{(0)}\left(g_{Ab}^{(0)} + g_{ab}^{(0)}\right) + 2g_{aB}^{(0)}\left(g_{Ab}^{(0)} + g_{ab}^{(0)}\right)$$

$$= 2\left(g_{AB}^{(0)} + g_{aB}^{(0)}\right)\left(g_{Ab}^{(0)} + g_{ab}^{(0)}\right) = 2p_B q_b$$

e para todas as linhas e colunas (verifique)

$$z_1 = \begin{bmatrix} g_{AB}^{(0)}g_{AB}^{(0)} & 2g_{AB}^{(0)}g_{Ab}^{(0)} & g_{Ab}^{(0)}g_{Ab}^{(0)} \\ 2g_{AB}^{(0)}g_{aB}^{(0)} & 2g_{AB}^{(0)}g_{ab}^{(0)} + 2g_{Ab}^{(0)}g_{aB}^{(0)} & 2g_{Ab}^{(0)}g_{ab}^{(0)} \\ g_{aB}^{(0)}g_{aB}^{(0)} & 2g_{aB}^{(0)}g_{ab}^{(0)} & g_{ab}^{(0)}g_{ab}^{(0)} \end{bmatrix} \begin{matrix} p_A^2 \\ 2p_A q_a \\ q_a^2 \end{matrix}$$
$$\quad\quad p_B^2 \quad\quad\quad\quad 2p_B q_b \quad\quad\quad\quad q_b^2$$
(5.5)

Assim, qualquer dos genes, por si só, está em equilíbrio de Hardy-Weinberg, como já sabíamos que teria de acontecer (porquê?). Mais uma vez, a questão que queremos investigar agora é se o equilíbrio de cada um dos dois genes implica o equilíbrio do sistema.

Antes de prosseguir, devemos notar uma diferença importante entre as somas da matriz zigótica geral (equação 5.2) e as da matriz zigótica da geração 1, que acabámos de obter (equação 5.5). As somas das linhas e das colunas são sempre as indicadas na equação 5.2, pelas regras que usámos para formar a matriz zigótica. Por outro lado, as somas da equação 5.5 só se verificam quando a geração 1 resultar da reprodução de uma população que verifique os pressupostos do modelo de Hardy-Weinberg, e tenha frequências iguais nos dois sexos.

Para investigar se o equilíbrio de cada um dos dois genes implica o equilíbrio do sistema, vamos calcular a matriz gamética da geração 1, e compará-la com a da geração 0: se forem iguais, o sistema está em equilíbrio, se forem diferentes, não está. Dado que os totais marginais[2] das matrizes gaméticas são fixos (iguais, em todas as gerações, às frequências alélicas de cada gene que, como , não variam) só há um grau de liberdade, pelo que basta calcular a frequência de um dos gâmetas.

É aqui que precisamos da taxa de recombinação, pois é na formação dos gâmetas que a recombinação acontece. Lembremos, no entanto, que o grau de linkage não afecta as proporções de gâmetas produzidos pelos indivíduos homozigotos para um, ou ambos, os genes. Por exemplo, os Ab/AB produzem sempre ½ de gâmetas Ab e ½ de AB, qualquer que seja a taxa de recombinação. Portanto, esta afecta apenas os gâmetas produzidos pelos duplos heterozigotos (razão porque distinguimos os dois tipos de duplos heterozigotos), como indicado na tabela 5.1.

Tabela 5.1. Proporções dos gâmetas produzidos pelos duplos heterozigotos

Genótipos	Proporções gaméticas			
	A B	a b	A b	a B
$\dfrac{A\ \ B}{a\ \ \ b}$	$\dfrac{1}{2}(1-r)$	$\dfrac{1}{2}(1-r)$	$\dfrac{1}{2}r$	$\dfrac{1}{2}r$
$\dfrac{A\ \ b}{a\ \ \ B}$	$\dfrac{1}{2}r$	$\dfrac{1}{2}r$	$\dfrac{1}{2}(1-r)$	$\dfrac{1}{2}(1-r)$

---

[2] Isto é, as somas das linhas e das colunas, apresentadas nas margens da matriz.

Calculemos então a frequência do gâmeta AB na geração 1. Como indicado na tabela 5.2, os ABAB só produzem gâmetas AB, os ABAb produzem ½ AB (e ½ Ab), etc., pelo que a frequência do gâmeta AB na geração 1 é:

$$g_{AB}^{(1)} = z_{ABAB}^{(1)} + \frac{1}{2} z_{ABAb}^{(1)} + \frac{1}{2} z_{ABaB}^{(1)} + \frac{1}{2}(1-r) z_{ABab}^{(1)} + \frac{1}{2} r z_{AbaB}^{(1)}$$

$$= g_{AB}^{(0)} g_{AB}^{(0)} + g_{AB}^{(0)} g_{Ab}^{(0)} + g_{AB}^{(0)} g_{aB}^{(0)} + (1-r) g_{AB}^{(0)} g_{ab}^{(0)} + r g_{Ab}^{(0)} g_{aB}^{(0)}$$

$$= g_{AB}^{(0)} \left(g_{AB}^{(0)} + g_{Ab}^{(0)} + g_{aB}^{(0)} + g_{ab}^{(0)} \right) - r \left(g_{AB}^{(0)} g_{ab}^{(0)} - g_{Ab}^{(0)} g_{aB}^{(0)} \right)$$

$$= g_{AB}^{(0)} - r \left(g_{AB}^{(0)} g_{ab}^{(0)} - g_{Ab}^{(0)} g_{aB}^{(0)} \right)$$

$$g_{AB}^{(1)} = g_{AB}^{(0)} - r d_0 \tag{5.6}$$

em que d_0 é o determinante da matriz gamética da geração 0 (dada pela equação 5.3):

$$d_0 = g_{AB}^{(0)} g_{ab}^{(0)} - g_{Ab}^{(0)} g_{aB}^{(0)}$$

Tabela 5.2. Frequências e proporções gaméticas de todos os zigotos

Zigoto	Frequência	Frequência na G_1	Proporções gaméticas			
			AB	Ab	aB	ab
AB/AB	z_{ABAB}	$g_{AB}^{(0)} g_{AB}^{(0)}$	1	0	0	0
AB/Ab	z_{ABAb}	$2 g_{AB}^{(0)} g_{Ab}^{(0)}$	1/2	1/2	0	0
AB/aB	z_{ABaB}	$2 g_{AB}^{(0)} g_{aB}^{(0)}$	1/2	0	1/2	0
AB/ab	z_{ABab}	$2 g_{AB}^{(0)} g_{ab}^{(0)}$	(1-r)/2	r/2	r/2	(1-r)/2
Ab/Ab	z_{AbAb}	$g_{Ab}^{(0)} g_{Ab}^{(0)}$	0	1	0	0
Ab/aB	z_{AbaB}	$2 g_{Ab}^{(0)} g_{aB}^{(0)}$	r/2	(1-r)/2	(1-r)/2	r/2
Ab/ab	z_{Abab}	$2 g_{Ab}^{(0)} g_{ab}^{(0)}$	0	1/2	0	1/2
aB/aB	z_{aBaB}	$g_{aB}^{(0)} g_{aB}^{(0)}$	0	0	1	0
aB/ab	z_{aBab}	$2 g_{aB}^{(0)} g_{ab}^{(0)}$	0	0	1/2	1/2
ab/ab	z_{abab}	$g_{ab}^{(0)} g_{ab}^{(0)}$	0	0	0	1

Portanto, embora cada um dos genes esteja em equilíbrio de Hardy-Weinberg (equação 5.5), $g_{AB}^{(1)}$ pode ser diferente de $g_{AB}^{(0)}$, e portanto o sistema formado pelos dois genes pode não estar em equilíbrio[3]. A nossa intuição estava errada! Só está em equilíbrio em dois casos: se não houver recombinação (r=0), ou se o determinante da matriz gamética da geração anterior for nulo (d_0=0). Se não houver recombinação, o sistema de dois genes comporta-se como um só gene (secção 5.2.1), que fica em equilíbrio de Hardy-Weinberg uma geração após as frequências se igualarem nos dois sexos, como vimos no capítulo 3. Este é, assim, um equilíbrio trivial já estudado, razão pela qual assumimos aqui que a taxa de recombinação não é nula (*i.e.*, r>0).

Estudemos agora a segunda condição de equilíbrio, d=0. O determinante da matriz gamética tem várias interpretações. Notemos que $2g_{AB}g_{ab}$ é a frequência de um tipo de duplos heterozigotos e $2g_{Ab}g_{aB}$ é a do outro (equação 5.5). Vemos assim que o determinante é metade da diferença entre estas duas frequências. Portanto, a condição de equilíbrio não trivial (d_0=0) equivale às frequências dos dois duplos heterozigotos serem iguais.

Assim, o sistema só está em equilíbrio o determinante da matriz gamética for zero, e intuitivamente (e veremos mais à frente que isto está correcto) é de esperar que quanto maior (em valor absoluto) for o determinante mais afastado do seu equilíbrio esteja o sistema. Assim, o determinante da matriz gamética é uma medida da distância do sistema para o seu estado de equilíbrio, tendo sido chamado "desequilíbrio de linkage"[4]. Este nome é pouco apropriado, pois sugere que o desequilíbrio se deve ao linkage entre os dois genes; assim, se estes estivessem em cromossomas diferentes não poderia haver desequilíbrio por não haver linkage, o que é errado: não haver linkage significa apenas que r=1/2 (os dois genes estão em cromossomas diferentes, ou muito longe no mesmo cromossoma), mas não implica nada quanto às frequências gaméticas e zigóticas da população. De facto, o determinante da matriz gamética pode ser diferente de zero, e portanto pode haver "desequilíbrio de linkage", mesmo quando não há linkage, o que não faz muito sentido. Assim, a designação "desequilíbrio gamético"[5], é muito mais correcta (trata-se da distância ao equilíbrio, medida a partir da matriz das frequências gaméticas), e tem um significado biológico preciso, pelo que a adoptamos como sinónimo do determinante da matriz gamética[6].

Em qualquer geração, o desequilíbrio gamético, dado por

$$d = g_{AB}g_{ab} - g_{Ab}g_{aB}$$

pode ser positivo, negativo ou nulo. Se for nulo, indica que o sistema de dois genes está em equilíbrio, se for positivo, indica excesso dos gâmetas AB e ab e défice dos outros dois (em relação ao equilíbrio), se for negativo, indica excesso de Ab e aB – como ilustrado na figura 5.1.

Como já notámos, o facto de as somas das linhas e das colunas serem constantes significa que não temos de repetir o cálculo para as outras frequências gaméticas. Comparando $g_{AB}^{(1)}$ e $g_{AB}^{(0)}$, vemos que

---

[3] O leitor atento terá reparado como reformulámos uma pergunta biológica (o sistema de genes está em equilíbrio?) sob forma matemática (g_1=g_0?), e interpretámos o resultado matemático (a equação 5.6) em termos biológicos: um sistema de dois genes em equilíbrio pode não estar em equilíbrio.

[4] Em inglês, *linkage disequilibrium*.

[5] Em inglês, *gametic disequilibrium*, ou *gametic phase disequilibrium*.

[6] A designação "desequilíbrio gamético" também não é inteiramente satisfatória, já que pode ser diferente de zero, mesmo numa população em equilíbrio (por exemplo, se houver selecção natural). Seria talvez preferível chamar-lhe "associação gamética", mas isso também não seria um nome perfeito, pois pode haver outras medidas de associação (e representaria uma quebra demasiado grande com a tradição).

a diferença entre as duas é $-rd_0$. A diferença entre $g_{Ab}^{(1)}$ e $g_{Ab}^{(0)}$ tem então de ser $+rd_0$ (de modo que a soma da primeira linha seja de facto constante). Da mesma forma, podemos obter os outros elementos da matriz gamética da geração 1, que é portanto

$$g_1 = \begin{bmatrix} g_{AB}^{(1)} & g_{Ab}^{(1)} \\ g_{aB}^{(1)} & g_{ab}^{(1)} \end{bmatrix} = \begin{bmatrix} g_{AB}^{(0)} - rd_0 & g_{Ab}^{(0)} + rd_0 \\ g_{aB}^{(0)} + rd_0 & g_{ab}^{(0)} - rd_0 \end{bmatrix} \tag{5.7}$$

Esta equação é muito útil, pois permite obter a matriz gamética de uma geração directamente a partir da gamética da anterior, sem ter de passar pela matriz zigótica como acabámos de fazer. Por outro lado, o modo como obtivemos os quatro elementos da matriz a partir de um só ilustra bem as vantagens de termos organizado as frequências gaméticas de forma matricial[7].

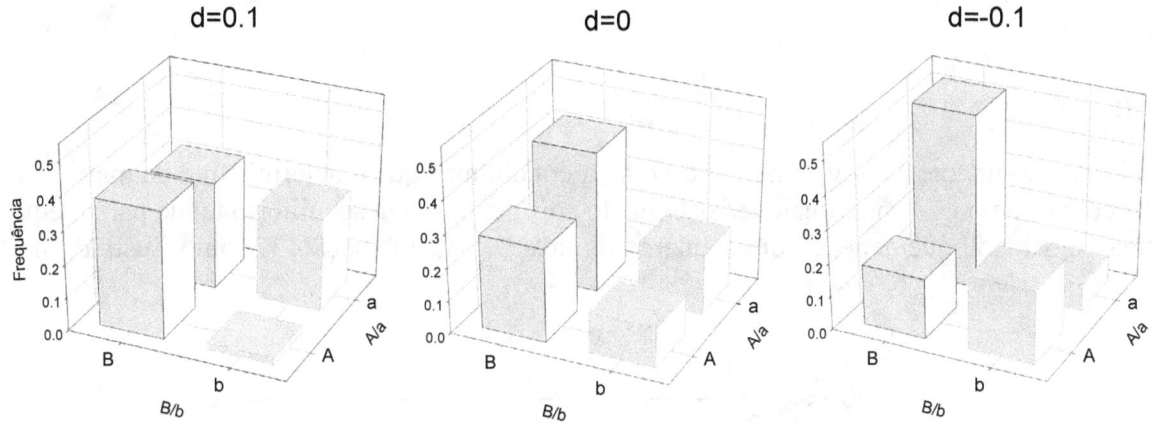

Figura 5.1. Desequilíbrios gaméticos

Já sabemos que o sistema está em equilíbrio se e só se o determinante da matriz gamética for zero, mas será que um sistema que não esteja em equilíbrio, tende para o equilíbrio, ou mantém-se em desequilíbrio? Podemos estudar esta questão vendo o que acontece ao desequilíbrio gamético ao longo do tempo.

O desequilíbrio gamético da geração 1 (ou seja, o determinante da matriz gamética da mesma geração, dada pela equação 5.7) é

$$\begin{aligned} d_1 &= \begin{vmatrix} g_{AB}^{(0)} - rd_0 & g_{Ab}^{(0)} + rd_0 \\ g_{aB}^{(0)} + rd_0 & g_{ab}^{(0)} - rd_0 \end{vmatrix} \\ &= \left(g_{AB}^{(0)} - rd_0\right)\left(g_{ab}^{(0)} - rd_0\right) - \left(g_{Ab}^{(0)} + rd_0\right)\left(g_{aB}^{(0)} + rd_0\right) \\ &= \left(g_{AB}^{(0)} g_{ab}^{(0)} - g_{Ab}^{(0)} g_{aB}^{(0)}\right) - rd_0 \left(g_{AB}^{(0)} + g_{ab}^{(0)} + g_{Ab}^{(0)} + g_{aB}^{(0)}\right) \\ &= d_0 - rd_0 \end{aligned}$$

---

[7] De qualquer forma, o leitor aplicado poderá querer calcular outro qualquer elemento desta matriz (por exemplo, $g_{Ab}^{(1)}$) passando pela matriz zigótica, não só para confirmar o resultado apresentado, como para testar a sua compreensão do método de cálculo.

$$d_1 = d_0(1-r) \tag{5.8}$$

Esta equação permite-nos calcular o determinante da matriz gamética da geração 1, d_1, a partir do da geração 0, d_0. Do mesmo modo, podemos obter d_2 a partir de d_1, e d_3 a partir de d_2, etc, por iteração (*i.e.*, aplicação repetida, usando cada resultado como argumento do cálculo seguinte) da equação 5.8. No entanto, isto não é muito conveniente, se quisermos saber o valor do determinante ao fim de, por exemplo, 100 gerações, sem nos interessar os valores intermédios. Seria muito melhor ter uma equação que nos desse logo o valor do determinante ao fim de um número arbitrário de gerações, sem ter de calcular todas as gerações intermédias – *i.e.*, a solução da equação 5.8.

De facto, é muito fácil obter esta solução:

$$d_2 = d_1(1-r) = d_0(1-r)(1-r) = d_0(1-r)^2$$

$$d_3 = d_2(1-r) = d_0(1-r)^3$$

donde

$$d_t = d_0(1-r)^t \ . \tag{5.9}$$

Como (1-r) é certamente positivo e menor do que 1, concluímos que o determinante da matriz gamética se reduz com o tempo. Assim, qualquer sistema de dois genes em desequilíbrio tende para o equilíbrio, com uma velocidade que depende directamente da taxa de recombinação, r, como ilustrado na figura 5.2[8].

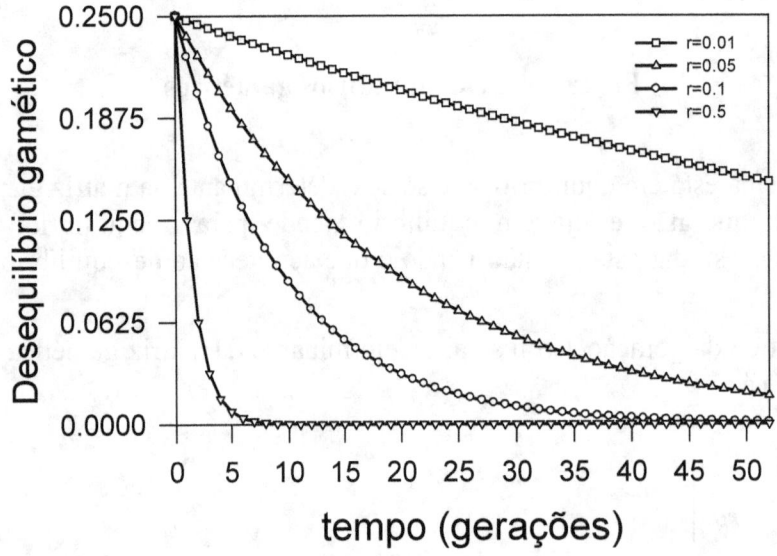

Figura 5.2. O decaimento do desequilíbrio gamético com diferentes taxas de recombinação

---

[8] Mais uma vez, reformulámos a nossa questão biológica (o sistema tende para o equilíbrio?) sob forma matemática (d→0?), e interpretámos o resultado (a equação 5.9) em termos biológicos. Neste caso, não só concluímos que o sistema tende de facto para o equilíbrio, como aprendemos que a velocidade da aproximação ao equilíbrio depende da taxa de recombinação. Este duplo exercício, de reformulação da pergunta biológica e interpretação do resultado matemático, é pelo menos tão importante como as conclusões obtidas.

A figura 5.2 mostra bem que, mesmo no caso de genes em cromossomas diferentes (r=1/2), portanto sem qualquer linkage, o desequilíbrio se mantém ao longo do tempo (embora decaia rapidamente). Vemos assim mais uma vez que o nome "desequilíbrio de linkage", ao sugerir que o desequilíbrio se deve ao linkage, é enganoso, razão por que desencorajamos o seu uso.

Pelo contrário, quando os dois genes estão geneticamente próximos (*i.e.*, quando r é pequeno), o decaimento do desequilíbrio gamético é muito lento. Por exemplo, quando r=0.01, ao fim de 40 gerações o desequilíbrio gamético ainda retém mais de dois terços do seu valor inicial. É ainda curioso notar que para r suficientemente pequeno o decaimento do desequilíbrio gamético é quase linear (figura 5.2), facto que simplifica o cálculo de d_t para r pequeno, e se explica a partir do desenvolvimento de Taylor da equação 5.9 em torno de r=0:

$$d_t = d_0(1-r)^t = d_0\left(1 - rt + \frac{r^2 t(t-1)}{2} - \cdots\right).$$

$$\cong d_0(1-rt), \qquad r \ll \tfrac{1}{2}$$

A partir das equações 5.6 e 5.9, podemos obter a matriz gamética, e daí a zigótica, de qualquer geração, sem ter de calcular as matrizes gaméticas (ou zigóticas) das gerações intermédias, começando pelas gaméticas,

$$g_{AB}^{(2)} = g_{AB}^{(1)} - rd_1 = g_{AB}^{(0)} - rd_0 - rd_0(1-r) = g_{AB}^{(0)} - rd_0\left[1 + (1-r)\right]$$

$$g_{AB}^{(3)} = g_{AB}^{(2)} - rd_2 = g_{AB}^{(0)} - rd_0\left[1 + (1-r)\right] - rd_0(1-r)^2 = g_{AB}^{(0)} - rd_0\left[1 + (1-r) + (1-r)^2\right]$$

e, de um modo geral,

$$g_{AB}^{(t)} = g_{AB}^{(0)} - rd_0\left[1 + (1-r) + \cdots + (1-r)^{t-1}\right]$$

A expressão entre parêntesis rectos é a soma dos primeiros t termos de uma progressão geométrica de razão (1-r) e termo inicial 1, que se pode escrever sob a forma

$$S_t = \frac{1 - (1-r)^t}{1 - (1-r)} = \frac{1 - (1-r)^t}{r}$$

pelo que a frequência do gâmeta AB na t-ésima geração é

$$g_{AB}^{(t)} = g_{AB}^{(0)} - rd_0 \frac{1 - (1-r)^t}{r}$$

donde,

$$g_{AB}^{(t)} = g_{AB}^{(0)} - \left[1 - (1-r)^t\right]d_0 \tag{5.10}$$

e a matriz gamética completa ao fim de t gerações é (usando a mesma lógica da equação 5.7)

$$g_t = \begin{bmatrix} g_{AB}^{(t)} & g_{Ab}^{(t)} \\ g_{aB}^{(t)} & g_{ab}^{(t)} \end{bmatrix} = \begin{bmatrix} g_{AB}^{(0)} - \left[1-(1-r)^t\right]d_0 & g_{Ab}^{(0)} + \left[1-(1-r)^t\right]d_0 \\ g_{aB}^{(0)} + \left[1-(1-r)^t\right]d_0 & g_{ab}^{(0)} - \left[1-(1-r)^t\right]d_0 \end{bmatrix} \tag{5.11}$$

À medida que o tempo vai passando (isto é, quando t vai tendendo para infinito), g_{AB} vai tendendo para

$$\hat{g}_{AB} = g_{AB}^{(0)} - d_0 = g_{AB} - d \qquad (5.12)$$

que constitui portanto a frequência de equilíbrio do gâmeta AB (continuamos a usar um "acento circunflexo" para indicar a frequência em equilíbrio). Este resultado é válido para qualquer geração (já que a escolha da geração 0 é arbitrária), desde que a frequência gamética e o determinante se refiram à mesma geração.

Do mesmo modo, a matriz gamética completa tende para (porquê?)

$$\hat{g} = \begin{bmatrix} \hat{g}_{AB} & \hat{g}_{Ab} \\ \hat{g}_{aB} & \hat{g}_{ab} \end{bmatrix} = \begin{bmatrix} g_{AB} - d & g_{Ab} + d \\ g_{aB} + d & g_{ab} - d \end{bmatrix} \qquad (5.13)$$

cujo determinante é nulo (verifique!), como vimos acima de outra forma.

Estudámos já outra situação em que a aproximação ao equilíbrio se dá assintoticamente – um gene ligado ao sexo. Aí a aproximação ao equilíbrio é sempre muito rápida, já que as diferenças para o equilíbrio se reduzem a metade em cada geração. No caso de dois (ou mais) genes a aproximação ao equilíbrio pode também ser rápida, ou pelo contrário muito lenta, já que depende da taxa de recombinação entre eles. Se os genes estiverem em cromossomas diferentes, qualquer desequilíbrio praticamente desaparece ao fim de poucas gerações, mas se a distância genética entre os genes for muito pequena, pode manter-se um desequilíbrio apreciável durante muito tempo (figura 5.2).

Se o equilíbrio fosse atingido num número de gerações finito, poderíamos usar esse número para comparar a velocidade de aproximação ao equilíbrio para diferentes valores da taxa de recombinação. Mas aqui a aproximação é assimptótica, pelo que o equilíbrio é sempre atingido ao fim de um número teoricamente infinito de gerações (qualquer que seja r). Podemos resolver o problema determinando quanto tempo demora a diferença para o equilíbrio (neste caso, medida pelo desequilíbrio gamético) a reduzir-se a metade. Fazendo d_t igual a $d_0/2$ na equação 5.9, e resolvendo em ordem a t, obtemos

$$\frac{d_0}{2} = (1-r)^{t_{1/2}} d_0$$

$$t_{1/2} = \frac{\ln(1/2)}{\ln(1-r)} \qquad (5.14)$$

Esta equação não só confirma o que já tínhamos visto graficamente (que quanto menor a taxa de recombinação, mais lenta a aproximação ao equilíbrio), como permite quantificar este efeito. Em particular, quando r é muito pequeno, $\ln(1-r) \cong -r$ e portanto

$$t_{1/2} = \frac{\ln(2)}{r} \cong \frac{0.7}{r}, \qquad r \ll 1/2 \;.$$

Concluindo, a velocidade de aproximação ao equilíbrio é tanto maior quanto maior for a taxa de recombinação e, em particular, quando a distância genética entre os genes é pequena, o tempo necessário para o desequilíbrio gamético se reduzir a metade é (com boa aproximação) inversamente proporcional à taxa de recombinação.

5.2.3 Caracterização do equilíbrio – e do desequilíbrio

Como as frequências alélicas não são suficientes para determinar um sistema de mais de um gene, tivemos de trabalhar com as frequências gaméticas. Vimos já que as últimas determinam sempre as primeiras (secção 5.2.1) mas o inverso não é necessariamente verdadeiro. E em equilíbrio, haverá alguma relação especial entre as frequências gaméticas e alélicas (por analogia com as relações entre frequências genotípicas e alélicas num único gene)?

Em equilíbrio temos (da equação 5.12)

$$\hat{g}_{AB} = g_{AB} - d = g_{AB} - g_{AB}g_{ab} + g_{Ab}g_{aB}$$
$$= g_{AB}(g_{AB} + g_{Ab} + g_{aB} + g_{ab}) - g_{AB}g_{ab} + g_{Ab}g_{aB}$$
$$= g_{AB}g_{AB} + g_{AB}g_{Ab} + g_{AB}g_{aB} + g_{AB}g_{ab} - g_{AB}g_{ab} + g_{Ab}g_{aB}$$
$$= g_{AB}(g_{AB} + g_{Ab}) + g_{aB}(g_{AB} + g_{Ab})$$
$$= (g_{AB} + g_{Ab})(g_{AB} + g_{aB})$$

$$\hat{g}_{AB} = p_A p_B \tag{5.15}$$

donde (lembrando a equação 5.13, e usando de novo o facto de as somas das linhas e das colunas serem constantes)

$$\hat{g} = \begin{bmatrix} \hat{g}_{AB} & \hat{g}_{Ab} \\ \hat{g}_{aB} & \hat{g}_{ab} \end{bmatrix} = \begin{bmatrix} g_{AB} - d & g_{Ab} + d \\ g_{aB} + d & g_{ab} - d \end{bmatrix} = \begin{bmatrix} p_A p_B & p_A q_b \\ q_a p_B & q_a q_b \end{bmatrix} \tag{5.16}$$

Temos então duas maneiras de calcular $\hat{g}$: a partir das frequências gaméticas e do desequilíbrio gamético de qualquer geração, ou a partir das frequências alélicas.

A soma das frequências gaméticas em equilíbrio,

$$\hat{g}_{AB} + \hat{g}_{Ab} + \hat{g}_{aB} + \hat{g}_{ab}$$

pode escrever-se como o produto (da soma) das frequências alélicas dos dois genes

$$\hat{g}_{AB} + \hat{g}_{Ab} + \hat{g}_{aB} + \hat{g}_{ab} = p_A p_B + p_A q_b + q_a p_B + q_a q_b$$
$$= (p_A + q_a)(p_B + q_b) \tag{5.17}$$

generalizando assim outros resultados semelhantes que obtivemos no estudo de um único gene (por exemplo, na secção 3.3.2.3).

Assim, em equilíbrio, não só as frequências gaméticas determinam as alélicas, como o inverso é também verdadeiro. Por exemplo, a frequência do gâmeta AB, ou seja, a probabilidade de encontrar no mesmo gâmeta os alelos A e B, é igual ao produto das frequências destes dois alelos na população. Este resultado mostra que, em equilíbrio, os alelos dos dois genes se distribuem de forma independente nos gâmetas[9]. E nos zigotos?

Para responder, podemos calcular a matriz zigótica em equilíbrio combinando as equações 5.4 e 5.16:

---

[9] À semelhança do que vimos na secção 3.3.8, para as frequências genotípicas e frequências alélicas de um único gene autossómico.

$$\hat{z} = \begin{bmatrix} p_A^2 p_B^2 & 2p_A^2 p_B q_b & p_A^2 q_b^2 \\ 2p_A q_a p_B^2 & 4p_A q_a p_B q_b & 2p_A q_a q_b^2 \\ q_a^2 p_B^2 & 2q_a^2 p_B q_b & q_a^2 q_b^2 \end{bmatrix} \qquad (5.18)$$

de onde se conclui que em equilíbrio os alelos dos dois genes também se distribuem de forma independente nos zigotos. Por exemplo, a probabilidade de encontrarmos dois alelos a e dois alelos b no mesmo indivíduo é igual ao produto das quatro probabilidades de encontrar cada um destes alelos na população individualmente – isto é, $z_{abab} = q_a^2 q_b^2$.

Como sempre que encontramos um equilíbrio, é importante estudar a estabilidade deste equilíbrio. Suponhamos que um sistema de dois genes está em equilíbrio numa população, com a matriz gamética dada pela equação 5.16, e há uma perturbação que altera as frequências gaméticas. Se as frequências alélicas não forem alteradas, a equação 5.11 mostra que as frequências gaméticas tendem de novo para os mesmos valores de equilíbrio, dados pela equação 5.16. Por outro lado, se as frequências alélicas de algum dos genes forem alteradas, a população tende também para um equilíbrio, só que agora com frequências gaméticas diferentes das iniciais – mas ainda dadas pelos produtos das frequências alélicas de cada gene, segundo a equação 5.16 (e portanto as zigóticas também vão ser diferentes). Assim, e tal como vimos no caso de um único gene (secção 3.3.4), a classificação do equilíbrio depende do tipo de perturbação: estável, se esta envolver apenas as frequências gaméticas, indiferente, se as frequências alélicas também forem perturbadas.

Embora Weinberg tivesse notado em 1909[10] que um sistema de dois genes apenas se aproximava do equilíbrio de forma gradual, foi R.B. Robbins o primeiro a fazer o seu estudo algébrico completo, em 1918, pelo processo que acabámos de seguir, tendo Gustav Malécot (1911-1998) obtido o mesmo resultado em 1948 por um processo bastante mais elegante mas menos didáctico (que estudamos na secção 5.5.1). As frequências de equilíbrio 5.18 generalizam as que obtivemos para um só gene autossómico, e são chamadas frequências de Robbins (ou, com menos propriedade, de Hardy-Weinberg, ao nível de dois genes); do mesmo modo o equilíbrio de sistemas de mais genes é também chamado equilíbrio de Robbins.

Dissemos na secção 5.2.2 que o determinante da matriz gamética é uma medida do desequilíbrio gamético – tanto maior quanto mais longe do equilíbrio estiver o sistema de genes. Podemos agora usar as equações 5.12 e 5.15 para verificar que de facto é assim:

$\hat{g}_{AB} = p_A p_B = g_{AB} - d$,

donde,

$$d = g_{AB} - \hat{g}_{AB} = g_{AB} - p_A p_B. \qquad (5.19)$$

Esta expressão mostra bem que d é a diferença entre a frequência actual do gâmeta AB (ou qualquer outro gâmeta: verifique) e o seu valor de equilíbrio, ou seja, uma medida do desequilíbrio do sistema de genes. Como os genes só são independentes em equilíbrio (como acabámos de ver), d mede também a associação entre os alelos dos dois genes.

A última equação mostra também uma propriedade importante do desequilíbrio gamético: se qualquer dos genes estiver fixado para um dos alelos (*i.e.*, se um dos alelos tiver frequência igual a 1, e portanto o outro tiver frequência 0), d é necessariamente nulo. Por exemplo, se $p_B=0$, g_{AB} também tem de ser nulo, e temos d=0-0=0. Portanto, só pode haver desequilíbrio gamético entre genes polimórficos.

---

[10] Portanto, logo no ano seguinte à publicação da que chamamos agora a lei de Hardy-Weinberg.

Para terminar, é importante enfatizar que a velocidade com que o sistema tende para o equilíbrio (equações 5.9 e 5.10) depende da taxa de recombinação, mas o próprio equilíbrio não depende da taxa de recombinação, depende apenas das frequências alélicas (equações 5.16 e 5.17).

5.2.4 Independência genética e estatística

Como vimos na secção anterior, em equilíbrio os alelos distribuem-se de forma independente pelos gâmetas e pelos indivíduos. É importante aqui distinguir dois conceitos de independência, a genética e a estatística. Dois genes dizem-se geneticamente independentes se a sua segregação for independente – o caso típico é estarem em cromossomas diferentes. Dois genes dizem-se estatisticamente independentes se as frequências das várias combinações de alelos dos dois genes forem dadas pelo produto das respectivas frequências de cada gene. A associação genética de dois genes, expressa pela ideia de linkage, não tem nada que ver com a associação dos mesmos genes em termos das suas frequências populacionais, expressa pela ideia do desequilíbrio gamético.

Assim, em equilíbrio, quaisquer dois genes são estatisticamente independentes, sejam ou não geneticamente independentes; por outro lado, dois genes com segregação independente podem não ser estatisticamente independentes (depende de o sistema formado pelos dois estar ou não em equilíbrio).

Portanto, numa população panmítica não podemos determinar se dois genes estão ou não em linkage por mera inspecção das frequências génicas (gaméticas ou zigóticas). Qualquer associação de características determinadas por genes diferentes, observada numa população natural, pode ser devida a muitas causas (influência ambiental, pleiotropia, selecção natural, divisão populacional, etc.), mas não é por si só evidência de linkage.

Por outro lado, como vimos na figura 5.2, quando a taxa de recombinação é muito baixa, o desequilíbrio gamético reduz-se muito lentamente, pelo que é de esperar que este seja significativo para genes próximos. Assim, a existência de desequilíbrio gamético entre genes pode ser sugestiva (mas apenas sugestiva!) de linkage, o que constitui a base do mapeamento de genes baseado no desequilíbrio gamético[11], muito usado para procurar genes causadores de doenças, na nossa espécie.

5.3 Um número arbitrário de genes multialélicos em qualquer posição

Como vimos, as frequências gaméticas em equilíbrio podem escrever-se como o produto das frequências alélicas dos dois genes (equação 5.17). Este resultado é importante, pois se generaliza às frequências gaméticas de um sistema de qualquer número de genes e alelos. Por exemplo, as frequências gaméticas de um sistema de três genes dialélicos em equilíbrio de Robbins são dadas pelo desenvolvimento do produto

$$(p_A + q_a)(p_B + q_b)(p_C + q_c).$$

A frequência do gâmeta ABC é $p_A p_B p_C$, a do abc é $q_a q_b q_c$, etc. Se alguns genes tiverem mais de dois alelos, a generalização natural é (por exemplo)

$$(p_{A_1} + p_{A_2})(p_{B_1} + p_{B_2} + p_{B_3})(p_{C_1} + p_{C_2} + p_{C_3} + p_{C_4})$$

Se alguns genes forem ligados ao sexo, estas equações aplicam-se ainda, embora a aproximação ao equilíbrio seja neste caso mais lenta, já que as frequências demoram a igualar-se nos dois sexos.

---

[11] Em inglês, *linkage disequilibrium mapping*.

Consideremos então um sistema de m genes em equilíbrio, qualquer que seja a sua localização, em que o número de alelos do gene i é k_i. As frequências gaméticas são dadas pelo desenvolvimento de

$$\prod_i^m \left(p_1 + \ldots + p_{k_i} \right)$$

Quadrando os factores deste produto e desenvolvendo, obtemos as correspondentes frequências zigóticas de Robbins:

$$z_{AaBbCc\ldots} = 2^h p_A q_a p_B q_b p_C q_c \ldots ,$$

onde h é o número de genes heterozigóticos. Por exemplo, no caso de três genes dialélicos as frequências zigóticas em equilíbrio de Robbins são dadas pelo desenvolvimento de

$$(p_A + q_a)^2 (p_B + q_b)^2 (p_C + q_c)^2 = \left(p_A^2 + 2 p_A q_a + q_a^2 \right)\left(p_B^2 + 2 p_B q_b + q_b^2 \right)\left(p_C^2 + 2 p_C q_c + q_c^2 \right)$$

donde, a frequência do genótipo AABBCC é $p_A^2 p_B^2 p_C^2$, a do AABBCc é $2 p_A^2 p_B^2 p_C q_c$, etc.

Este resultado é muito importante, quer no estudo da evolução, quer em aplicações práticas. Por exemplo, nele se baseia toda a teoria matemática da evolução dos caracteres quantitativos, assim como as aplicações forenses dos perfis de DNA.

5.4 Importância do equilíbrio de Robbins

Tal como acontece com o equilíbrio de Hardy-Weinberg (secção 3.3.8), também o equilíbrio de Robbins é muito importante por várias razões, de índole técnica e biológica.

Do ponto de vista técnico, o equilíbrio de Robbins permite uma grande redução do número de variáveis. Se a população estiver em equilíbrio de Robbins, as frequências alélicas constituem uma descrição completa da população, já que todas as frequências gaméticas (isto é, haplotípicas) e zigóticas (genotípicas) podem ser obtidas a partir das alélicas por simples multiplicação (como acabámos de ver na secção 5.3).

Por exemplo, num sistema de dois genes autossómicos dialélicos, há quatro gâmetas e 10 genótipos[12], pelo que para descrever a população precisamos de 12 frequências (já que as frequências gaméticas, assim como as zigóticas, têm de somar 1) mais a taxa de recombinação. Se a população estiver em equilíbrio de Robbins, podemos obter todas estas frequências (assim como as frequências de acasalamento aleatório) a partir de apenas duas frequências alélicas (uma de cada gene) – sem dúvida, uma redução considerável.

A redução é ainda maior se houver mais genes, ou mais alelos. Por exemplo, para três genes dialélicos há oito frequências gaméticas e 36 frequências genotípicas; em equilíbrio de Robbins chega-nos saber três frequências alélicas. Para três genes trialélicos há 378 frequências genotípicas (e quantas gaméticas?); se estiverem em equilíbrio de Robbins podem ser substituídas por seis frequências alélicas, sem qualquer perda de informação.

Esta simplificação é muito importante na prática, pois determina o número de parâmetros populacionais que temos de estimar quando trabalhamos com populações reais – quer naturais, quer da nossa espécie. Em aplicações forenses do DNA, e por razões de potência estatística, é comum o uso de muitos genes

---

[12] Como vimos na secção 5.2.1, os genótipos são de facto 16, mas podem ser reduzidos a 10 assumindo que a origem (materna ou paterna) dos alelos é irrelevante.

com muitos alelos, de modo que o número de genótipos possíveis muitas vezes excede a grandeza das amostras, e é até maior do que a própria população mundial. Além disso, muitos genótipos multigénicos têm frequências tão baixas que nunca aparecem, mesmo em amostras grandes. Nestes casos, é impossível estimar directamente a frequência dos genótipos: a única solução é o uso das equações de Robbins, da secção 5.3[13]. Além disso, as probabilidades baseadas em testes de DNA apresentadas em tribunal, no contexto de crimes e de disputas de paternidade, são exactamente calculadas usando a regra do produto da secção 5.3. A importância destas questões tornou-se não só patente como pública durante as chamadas guerras do DNA que decorreram nos tribunais dos EUA e nas revistas científicas na década de 1990.

Um das questões com que começámos este capítulo foi a de saber quando é que o comportamento de um sistema de vários genes pode ser previsto pela simples combinação dos resultados para um único gene. Sabemos agora a resposta: quando os genes envolvidos no fenótipo em estudo estiverem em equilíbrio de Robbins, a lei de Hardy-Weinberg para cada um dos genes é suficiente; quando estiverem em desequilíbrio (*i.e.*, quando houver associações estatísticas entre alelos de genes diferentes) temos de usar a teoria multigénica, mais complexa.

Isto deve-se a que as frequências dos vários genes são independentes se e só se o sistema formado por eles estiver em equilíbrio de Robbins (secção 5.2.3). Por exemplo, em equilíbrio, o alelo A tanto se encontra associado ao B como ao b – por outras palavras, a frequência do alelo A na subpopulação de alelos B é igual à frequência do alelo A na população geral. Por causa desta independência estatística, as eventuais variações das frequências de um gene não afectam o outro: podemos compreender a evolução de um gene ignorando o que se passa no outro. Por outro lado, se houver desequilíbrio gamético, isto já não acontece: se $d>0$ há um excesso de alelos A associados aos B, se $d<0$ há um défice. Neste caso, a evolução de um gene afecta a evolução do outro, e não podemos (ou não devemos) estudar cada um isoladamente.

Além disso, vimos também que o desequilíbrio gamético tende para zero. Assim, a teoria desenvolvida para um único gene, é perfeitamente suficiente para percebermos a evolução de mais de um gene, pelo menos na ausência de factores evolutivos que possam manter o desequilíbrio (e assumindo que a taxa de recombinação não seja muito pequena).

O equilíbrio de Robbins é o análogo para dois genes do equilíbrio de Hardy-Weinberg: ambos constituem um modelo nulo, que descreve a situação de equilíbrio para que o sistema tende, na ausência de causas evolutivas como a mutação e a selecção, numa população de grandeza infinita. Assim, ambos os equilíbrios constituem uma base de referência, com a qual devemos comparar o estado da população: desvios significativos de qualquer deles sugerem a ocorrência de factores evolutivos interessantes. Por outro lado, uma diferença importante entre as duas situações é que o equilíbrio de Robbins só é atingido assintoticamente (e, se a taxa de recombinação for baixa, a aproximação é muito lenta). De qualquer modo, podemos encarar o equilíbrio de Robbins como uma generalização do equilíbrio de Hardy-Weinberg a sistemas de genes, do mesmo modo que vimos já outras generalizações, por exemplo para genes ligados ao sexo (no capítulo 4). Em particular, vemos que uma das implicações mais importantes da lei de Hardy-Weinberg – o facto de a variabilidade genética não se perder pela simples reprodução da população – se mantém válida para sistemas de mais de um gene.

No início do capítulo, justificámos o estudo de um sistema de dois genes (em parte) dizendo que era o mínimo necessário para estudar o efeito evolutivo da recombinação. O que é que aprendemos a este respeito? A recombinação tende a fazer os alelos dos vários genes aparecerem nas suas proporções

---

[13] Ou a sua generalização a populações estruturadas, que estudaremos no capítulo 9.

estatisticamente independentes, pelo que o seu efeito evolutivo é a redução das associações estatísticas entre alelos de genes diferentes. Quanto maior a taxa de recombinação, mais rápido é o seu efeito (se o grau de linkage entre os genes for elevado, pode demorar muito tempo até as frequências ficarem muito próximas das de equilíbrio).

A recombinação pode também ter o efeito de aumentar a variabilidade genética. Suponhamos que uma população é apenas constituída por gâmetas AB e ab, pelo que só há três tipos de zigotos, ABAB, ABab, e abab: a recombinação, ao formar os outros dois gâmetas (Ab e aB) a partir dos duplos heterozigotos, aumenta o número de gâmetas para quatro, e o de zigotos para 10, aumentando portanto a diversidade genética da população. No entanto, a recombinação só tem este efeito se houver variabilidade pré-existente em cada um dos genes, já que só afecta a gametogénese dos heterozigotos. Por outras palavras, a recombinação aumenta a variabilidade genética, mas não a cria.

5.5 Complementos

5.5.1 Derivação retrospectiva

Na secção 5.2.2 deduzimos a evolução de um sistema de dois genes numa perspectiva prospectiva (*i.e.*, a olhar para a frente): a partir das frequências gaméticas de uma geração, obtivemos as zigóticas e gaméticas da geração seguinte. Podemos obter os mesmos resultados de forma retrospectiva (*i.e.*, procurando a origem dos gâmetas de uma geração, na geração anterior). Esta derivação, que fazemos agora, é muito mais directa e simples, mas talvez seja biologicamente menos intuitiva.

Um gâmeta escolhido aleatoriamente da população na geração t+1 pode ser de um de dois tipos: recombinante, com probabilidade r, ou não-recombinante, com probabilidade (1-r). Se não for recombinante, a probabilidade de ser AB é igual à frequência destes gâmetas na geração anterior, $g_{AB}^{(t)}$.

Portanto, a probabilidade de um gâmeta ser AB e não recombinante é $(1-r)g_{AB}^{(t)}$. Se o gâmeta for recombinante, a probabilidade de ser AB é a probabilidade de ter um alelo A no gene A/a (ou seja, p_A), vezes a probabilidade de ter um B no gene B/b (p_B). Assim, a probabilidade de ser um AB recombinante é rp_Ap_B.

Combinando agora estas duas possibilidades, obtemos a frequência do gâmeta AB na geração t+1:

$$g_{AB}^{(t+1)} = (1-r)g_{AB}^{(t)} + rp_Ap_B \qquad (5.20)$$

A partir desta equação, podemos facilmente calcular a frequência de equilíbrio do gâmeta AB, igualando $g_{AB}^{(t)}$ e $g_{AB}^{(t+1)}$, substituindo ambos por $\hat{g}_{AB}$, e resolvendo em ordem a $\hat{g}_{AB}$:

$$\hat{g}_{AB} = (1-r)\hat{g}_{AB} + rp_Ap_B$$
$$\hat{g}_{AB} - (1-r)\hat{g}_{AB} = rp_Ap_B$$
$$r\hat{g}_{AB} = rp_Ap_B$$
$$\hat{g}_{AB} = p_Ap_B$$

Assim, o equilíbrio corresponde à distribuição independente dos alelos pelos indivíduos. Subtraindo agora a frequência de equilíbrio p_Ap_B a ambos os membros da equação 5.20, obtemos

$$g_{AB}^{(t+1)} - p_A p_B = (1-r)g_{AB}^{(t)} + rp_A p_B - p_A p_B$$
$$= (1-r)\left(g_{AB}^{(t)} - p_A p_B\right) \quad (5.21)$$

A expressão $\left(g_{AB} - p_A p_B\right)$ mede a diferença entre a frequência do gâmeta AB na geração a que se refere, e a frequência esperada em equilíbrio – é o desequilíbrio gamético d (equação 5.19). Podemos então escrever

$$d_{t+1} = (1-r)d_t$$

donde obtemos de imediato

$$d_t = (1-r)^t d_0$$

A frequência do gâmeta AB numa geração arbitrária pode ser obtida facilmente partir da equação 5.21:

$$g_{AB}^{(t)} - p_A p_B = (1-r)\left(g_{AB}^{(t-1)} - p_A p_B\right)$$
$$= (1-r)^2 \left(g_{AB}^{(t-2)} - p_A p_B\right)$$

Continuando do mesmo modo, obtemos eventualmente (assumindo como antes que, na geração inicial, as frequências alélicas de cada gene já eram iguais nos dois sexos)

$$g_{AB}^{(t)} - p_A p_B = (1-r)^t \left(g_{AB}^{(0)} - p_A p_B\right)$$

Podemos agora explicitar $g_{AB}^{(t)}$, obtendo:

$$g_{AB}^{(t)} = (1-r)^t \left(g_{AB}^{(0)} - p_A p_B\right) + p_A p_B$$
$$= g_{AB}^{(0)}(1-r)^t + \left[1-(1-r)^t\right]p_A p_B$$

Esta expressão tem uma leitura biológica fácil. $(1-r)^t$ é a probabilidade de um gâmeta passar t gerações sem sofrer recombinação. A primeira parcela representa assim a contribuição dos gâmetas AB iniciais para os gâmetas AB da geração t, enquanto a segunda parcela representa a contribuição de todos os gâmetas que alguma vez sofreram recombinação. A persistência dos gâmetas não-recombinados é a causa da persistência de parte do desequilíbrio gamético inicial – razão porque decrescem ambos à mesma velocidade. À medida que o tempo passa, $(1-r)^t$ tende para zero, pelo que $g_{AB}^{(t)}$ tende para o seu valor de equilíbrio, $p_A p_B$.

Notemos por fim que obtivemos estes resultados sem referência ao número de alelos de cada gene – as conclusões são, assim, válidas, para dois genes, com qualquer número de alelos. O equilíbrio é aproximado à velocidade $1-r$ por geração, e nele as frequências gaméticas e zigóticas são dadas pelos produtos das frequências dos alelos respectivos.

Tudo isto já sabíamos do nosso estudo anterior, mas foi agora deduzido de forma muito mais directa e rápida, muito útil para outros casos.

5.5.2 Taxas de recombinação diferentes nos dois sexos

Assumimos até agora uma única taxa de recombinação entre os dois genes, mas em muitos organismos a taxa de recombinação é diferente nos dois sexos. Os casos clássicos são talvez a drosófila, em que a recombinação só ocorre nas fêmeas, e o bicho da seda, em que ela ocorre apenas nos machos. Na nossa espécie, a taxa de recombinação é geralmente maior nas fêmeas do que nos machos, cerca de 66% em média. Investiguemos portanto a evolução de um sistema de dois genes com taxas de recombinação diferentes nos dois sexos, seguindo o esquema directo da secção anterior. Tal como aí, estudamos o caso de dois genes autossómicos (com qualquer número de alelos), pelo que podemos supor as frequências alélicas iguais nos dois sexos (tratando-se de genes autossómicos, se numa dada geração as frequências forem diferentes nos dois sexos, na seguinte já serão iguais). Por outro lado, as frequências gaméticas são, em geral, diferentes nos dois sexos: por exemplo, no caso da drosófila, uma fêmea AB/ab pode produzir gâmetas Ab, mas um macho com o mesmo genótipo não pode; portanto, mesmo que as frequências genotípicas sejam iguais, as gaméticas não são. Numa extensão natural da notação anterior, representamos agora as taxas de recombinação nos machos e nas fêmeas por r_m e r_f, respectivamente, e as frequências gaméticas nos machos por m_{AB}, etc., e nas fêmeas por f_{AB}, etc.

Cada indivíduo é formado por um gâmeta masculino e outro feminino, pelo que cada sexo contribui o mesmo para o fundo de gâmetas que forma a geração seguinte. Portanto, a frequência dos gâmetas parentais com qualquer haplótipo é a média simples das frequências dos gâmetas masculinos e femininos com esse mesmo haplótipo; por exemplo, a frequência de gâmetas AB entre os gâmetas que vão formar a geração seguinte é a média das frequências dos gâmetas AB nos machos e nas fêmeas:

$$g_{AB} = \frac{1}{2}(m_{AB} + f_{AB}) \tag{5.22}$$

Usemos então o raciocínio retrospectivo da secção anterior, estudando a frequência do gâmeta AB na geração t+1. Se não houve recombinação, os gâmetas produzidos são iguais aos parentais, e as frequências gaméticas são iguais às da geração anterior, t. No caso particular dos gâmetas AB, temos $\left(m_{AB}^{(t)} + f_{AB}^{(t)}\right)/2$, como acabámos de ver. Se houve recombinação, os gâmetas AB são formados por um A paterno e um B materno, ou vice versa (e cada um destes casos tem igual probabilidade). Numa população panmítica, os gâmetas materno e paterno de qualquer indivíduo são independentes, pelo que a frequência de gâmetas AB entre os recombinantes é $(m_A f_B + f_A m_B)/2$. Assim, temos, para cada sexo,

$$m_{AB}^{(t+1)} = \frac{1}{2}(1-r_m)\left(m_{AB}^{(t)} + f_{AB}^{(t)}\right) + \frac{1}{2}(m_A f_B + f_A m_B)r_m$$

$$f_{AB}^{(t+1)} = \frac{1}{2}(1-r_f)\left(m_{AB}^{(t)} + f_{AB}^{(t)}\right) + \frac{1}{2}(m_A f_B + f_A m_B)r_f$$

em que a única diferença é a taxa de recombinação em cada sexo. Assumindo que as frequências alélicas (mas não as gaméticas) são iguais nos dois sexos (e, como vimos acima, devem ser), estas equações ficam mais simples:

$$m_{AB}^{(t+1)} = \frac{1}{2}(1-r_m)\left(m_{AB}^{(t)} + f_{AB}^{(t)}\right) + r_m p_A p_B$$

$$f_{AB}^{(t+1)} = \frac{1}{2}(1-r_f)\left(m_{AB}^{(t)} + f_{AB}^{(t)}\right) + r_f p_A p_B$$

A frequência do gâmeta AB na população geral é, pela equação 5.22, a média destas duas equações, ou seja

$$g_{AB}^{(t+1)} = \frac{1}{2}\left[\frac{1}{2}(1-r_m)\left(m_{AB}^{(t)}+f_{AB}^{(t)}\right)+r_m p_A p_B + \frac{1}{2}(1-r_f)\left(m_{AB}^{(t)}+f_{AB}^{(t)}\right)+r_f p_A p_B\right]$$

$$= \frac{1}{2}\left[\frac{(1-r_m)+(1-r_f)}{2}\left(m_{AB}^{(t)}+f_{AB}^{(t)}\right)+\left(r_m+r_f\right)p_A p_B\right]$$

$$= \frac{(1-r_m)+(1-r_f)}{2}\frac{\left(m_{AB}^{(t)}+f_{AB}^{(t)}\right)}{2}+\frac{\left(r_m+r_f\right)}{2}p_A p_B$$

$$= \left(1-\frac{r_m+r_f}{2}\right)g_{AB}^{(t)}+\frac{\left(r_m+r_f\right)}{2}p_A p_B$$

Representando a taxa de recombinação média por

$$\bar{r} = \frac{r_m+r_f}{2}$$

obtemos então

$$g_{AB}^{(t+1)} = (1-\bar{r})g_{AB}^{(t)} + \bar{r}p_A p_B$$

Esta equação tem exactamente a mesma forma que a equação 5.20, pelo que a evolução da população quando as taxas de recombinação são diferentes nos machos e nas fêmeas é em tudo semelhante ao caso em que elas são iguais – apenas a média das taxas de recombinação nos dois sexos toma o lugar da taxa de recombinação única. Assim, a população tende na mesma para as frequências de Robbins, dadas pela equação 5.16, mas com uma velocidade que depende de $\bar{r}$. Em particular, no caso extremo de a recombinação ser completamente inibida num dos sexos, a aproximação ao equilíbrio dá-se duas vezes mais devagar (do que se não houvesse inibição).

5.5.3 Medidas de desequilíbrio

5.5.3.1 Dois genes dialélicos

O determinante da matriz gamética tem várias propriedades que o tornam útil como medida do desequilíbrio gamético, mas tem também alguns problemas. Um dos principais é que depende das frequências alélicas (por exemplo, equação 5.19), o que torna difícil comparar o desequilíbrio gamético entre o mesmo par de genes em populações com frequências alélicas diferentes, assim como os desequilíbrios gaméticos entre diferentes pares de genes. De facto, não só o valor de d, como a própria gama de valores que d pode tomar, dependem das frequências alélicas.

Partindo da equação 5.16, podemos escrever as frequências de todos os gâmetas em função das frequências alélicas e do desequilíbrio gamético (generalizando assim a equação 5.19):

$$g = \begin{bmatrix} g_{AB} = p_A p_B + d & g_{Ab} = p_A q_b - d \\ g_{aB} = q_a p_B - d & g_{ab} = q_a q_b + d \end{bmatrix}.$$

Como todas estas frequências não podem ser negativas, as duas expressões envolvendo –d implicam $d \le p_A q_b$ e $d \le q_a p_B$ (verifique). Se chamarmos d_{pos} ao menor de $p_A q_b$ e $q_a p_B$, ou seja,

$$d_{pos} = \min(p_A q_b, q_a p_B),$$

então $d \le d_{pos}$. Do mesmo modo, as outras duas expressões implicam $d \ge -p_A p_B$ e $d \ge -q_a q_b$, e, chamando d_{neg} ao maior (*i.e.*, menos negativo) de $-p_A p_B$ e $-q_a q_b$ temos $d \ge d_{neg}$, com

$$d_{neg} = \max(-p_A p_B, -q_a q_b) = \min(p_A p_B, q_a q_b).$$

Assim, a gama de valores possíveis para d é $d_{neg} \le d \le d_{pos}$, dependendo portanto das frequências alélicas. Qual é então o maior valor absoluto que o determinante da matriz gamética pode tomar, d_{max}? Se d for positivo, d_{max} é d_{pos}, se for negativo, é $-d_{neg}$.

Como uma medida da associação estatística entre as frequências gaméticas que fosse independente das frequências alélicas seria mais fácil de interpretar, podemos definir uma nova medida, d', dada por

$$d' = \frac{d}{d_{max}}, \quad d_{max} = \begin{cases} \min(p_A q_b, q_a p_B), & \text{se } d > 0 \\ \min(p_A p_B, q_a q_b), & \text{se } d < 0 \end{cases}$$

A vantagem de d' é que a gama de valores que pode tomar (qual é?) é independente das frequências alélicas, ao contrário da gama de d (mas o próprio valor de d' não é independente das frequências alélicas). Assim, d' é mais fácil de comparar entre genes ou populações com frequências alélicas diferentes, pelo que é muitas vezes usado em estudos experimentais, mas não resolve todos os problemas com comparações. Por exemplo, se d'=0.7 para dois genes afastados de 3000 pares de bases (3kb), e d'=0.5 para outros dois afastados de 30kb, é difícil decidir qual dos valores de d' é biologicamente mais significativo (problema semelhante se põe com d, claro). Além disso, no denominador aparece o mínimo de produtos de frequências alélicas, pelo que em amostras pequenas, ou com alelos raros, d' é muito instável. Embora d' seja muito usado na prática, d é muito mais simples, e preferível para estudos teóricos.

5.5.3.2 Dois genes multialélicos

Tendo uma medida de desequilíbrio para dois genes dialélicos, como d, em princípio não há grande dificuldade em a generalizar para mais de dois alelos: basta definir um coeficiente para cada par de alelos dos dois genes. Considerando os alelos A_i e B_j, com frequências alélicas respectivas p_i e p_j, e frequência gamética g_{ij}, podemos escrever

$$d_{ij} = g_{ij} - p_i p_j$$

Por exemplo, se houver três alelos em cada um dos dois genes, A_1, A_2, A_3, e B_1, B_2, B_3, há nove valores de desequilíbrio (embora não sejam todos independentes):

$$d_{A_1 B_1} = g_{A_1 B_1} - p_{A_1} p_{B_1}$$
$$d_{A_1 B_2} = g_{A_1 B_2} - p_{A_1} p_{B_2}$$
$$d_{A_1 B_3} = g_{A_1 B_3} - p_{A_1} p_{B_3}$$
...

Seria desejável ter uma forma de condensar todos estes valores numa só medida de desequilíbrio. Uma forma possível e simples, para dois genes A e B, com k e m alelos respectivamente, e n gâmetas observados, é

$$D^2 = \sum_{i=1}^{k}\sum_{j=1}^{m} d_{ij}^2 ,$$

onde quadramos os d_{ij}, porque estes não têm todos o mesmo sinal. No entanto, tal como os próprios d_{ij}, D^2 depende muito das frequências alélicas, o que torna D^2 melhor para estudos teóricos do que para comparar genes ou populações com frequências alélicas diferentes.

5.5.3.3 Mais de dois genes

Para mais de dois genes, podemos definir o desequilíbrio total como a diferença entre a frequência de um gâmeta e a sua frequência de equilíbrio (tal como fizemos para dois genes). Por exemplo, para três genes temos

$$d_{ABC}^T = g_{ABC} - p_A p_B p_C .$$

Esta medida é simples, mas tem uma desvantagem importante: é que não se deve apenas às associações entre os três genes, incluindo também eventuais associações dois-a-dois (entre A e B, entre B e C, e entre A e C), pelo que é difícil de interpretar biologicamente. O problema que se põe é então o de remover o efeito das associações de ordem inferior (que pode ser medida pelo desequilíbrio gamético definido na secção 5.2.2), de modo a obter uma medida da associação pura entre os três genes. O mesmo problema se põe para mais de três genes – por exemplo, eliminar o efeito dos desequilíbrios entre dois genes, e entre três genes, para descrever as associações entre quatro genes.

Seguimos aqui uma parametrização aditiva, extensão natural do desequilíbrio gamético que usámos acima para dois genes. Para três genes, com alelos A_i, B_j e C_k, que representamos sucintamente como A, B, e C, temos (onde d_{AB} é o desequilíbrio gamético entre os genes A/a e B/b, e do mesmo modo para os outros)

$$d_{ABC} = g_{ABC} - p_A p_B p_C - p_A d_{BC} - p_B d_{AC} - p_C d_{AB} \tag{5.23}$$

e para quatro genes,

$$\begin{aligned}d_{ABC} = {} & g_{ABCD} - p_A p_B p_C p_D \\ & - p_A d_{BCD} - p_B d_{ACD} - p_C d_{ABD} - p_D d_{ABC} \\ & - p_A p_B d_{CD} - p_A p_C d_{BD} - p_A p_D d_{BC} - \\ & - p_B p_C d_{AD} - p_B p_D d_{AC} - p_C p_D d_{AB} - \\ & - d_{AB} d_{BC} - d_{AC} d_{BD} - d_{AD} d_{BC}\end{aligned}$$

5.5.4 Aproximação ao equilíbrio para três genes

O resultado da secção 5.3 para as frequências gaméticas e zigóticas em equilíbrio de qualquer número de genes, embora correcto, não foi de facto demonstrado, já que o facto de as frequências serem independentes em todos os genes dois a dois não garante que também sejam independentes três a três, quatro a quatro, etc. De qualquer modo, intuitivamente, é de esperar que, numa população panmítica, na ausência de selecção, etc., todas as frequências gaméticas tendam para valores de equilíbrio, dados pelos produtos das frequências alélicas respectivas. Mostramos agora que de facto assim é, para o caso de três genes, com qualquer número de alelos, usando para isso os resultados já obtidos para dois genes, e a medida de desequilíbrio gamético para três genes da secção 5.5.3.3. A dedução não é das mais intuitivas, e só é de aconselhar aos mais cépticos ou audazes.

Consideremos então três genes, A, B e C. Concentremos a nossa atenção nos alelos A_i, B_j e C_k, que a partir de agora representamos sucintamente como A, B, e C, com frequências p_j, q_j e r_k, que representamos por p q e r. A frequência do gâmeta ABC é g_{ABC}, e a frequência de gâmetas com os alelos A e B é g_{AB} (qualquer que seja o alelo do terceiro gene). Seja l_a a probabilidade do acontecimento recombinacional que separa A de B e C, l_b a do tipo que separa B dos outros dois, e l_c a do que separa C; para maior simplicidade notacional, representamos estas probabilidades por a, b, e c, respectivamente. A probabilidade dos acontecimentos recombinacionais que separam A de B (independentemente do que acontece em relação a C) é então a+b, e a frequência de gâmetas não recombinantes, é K=1-a-b-c (verifique). Supomos que todas estas probabilidades são diferentes de zero (pelas mesmas razões que para o caso de dois genes, discutidas na secção 5.2.1).

Esclareçamos estas probabilidades de recombinação. Embora a ordem dos genes seja imaterial para o que se segue, suponhamos para concretizar a exposição que temos A–B–C (*i.e.*, os três genes estão no mesmo cromossoma, e o gene B está no meio dos outros dois); então a é a probabilidade de haver recombinação entre A e B, mas não entre B e C; b é a probabilidade de haver recombinação entre A e B, e também entre B e C; e c é... complete! Por outro lado, no caso particular de genes com segregação independente, a=b=c=1/4.

Seguimos agora a mesma lógica da secção 5.5.1. Há quatro maneiras de obter um gâmeta ABC na geração t:

- A partir de um gâmeta ABC da geração t-1 que não sofreu recombinação; a probabilidade de isto acontecer é $Kg_{ABC}^{(t-1)}$.

- A partir de uma recombinação que combine A de um progenitor com B e C do outro; a probabilidade disto é $apg_{BC}^{(t-1)}$.

- A partir de uma recombinação que combine B de um progenitor com A e C do outro; a probabilidade disto é $bqg_{AC}^{(t-1)}$.

- A partir de uma recombinação que combine C de um progenitor com A e B do outro; a probabilidade disto é $crg_{AB}^{(t-1)}$.

Juntando as quatro, obtemos então a frequência do gâmeta ABC na geração t:

$$g_{ABC}^{(t)} = Kg_{ABC}^{(t-1)} + apg_{BC}^{(t-1)} + bqg_{AC}^{(t-1)} + crg_{AB}^{(t-1)} \tag{5.24}$$

Consideremos agora a soma ponderada dos desequilíbrios gaméticos dois-a-dois,

$$p\left(g_{BC}^{(t)} - qr\right) + q\left(g_{AC}^{(t)} - pr\right) + r\left(g_{AB}^{(t)} - pq\right) \tag{5.25}$$

Lembrando a equação 5.21, e que a taxa de recombinação que aparece nessa equação é equivalente a a+b, temos

$$g_{AB}^{(t)} - pq = (1-a-b)\left(g_{AB}^{(t-1)} - pq\right)$$

e expressões semelhantes para as outras diferenças da equação 5.25. Portanto, esta expressão (5.25) é equivalente a

$$p(1-b-c)\left(g_{BC}^{(t-1)} - qr\right) + q(1-a-c)\left(g_{AC}^{(t-1)} - pr\right) + r(1-a-b)\left(g_{AB}^{(t-1)} - pq\right)$$

ou seja, a

$$p(K+a)\left(g_{BC}^{(t-1)} - qr\right) + q(K+b)\left(g_{AC}^{(t-1)} - pr\right) + r(K+c)\left(g_{AB}^{(t-1)} - pq\right) \qquad (5.26)$$

Como 5.25 e 5.26 são equivalentes, podemos subtrair 5.25 ao membro esquerdo de 5.24, e 5.26 ao seu membro direito:

$$g_{ABC}^{(t)} - p\left(g_{BC}^{(t)} - qr\right) - q\left(g_{AC}^{(t)} - pr\right) - r\left(g_{AB}^{(t)} - pq\right) =$$

$$= K g_{ABC}^{(t-1)} + apg_{BC}^{(t-1)} + bqg_{AC}^{(t-1)} + crg_{AB}^{(t-1)} -$$

$$- p(K+a)\left(g_{BC}^{(t-1)} - qr\right) - q(K+b)\left(g_{AC}^{(t-1)} - pr\right) - r(K+c)\left(g_{AB}^{(t-1)} - pq\right)$$

Subtraindo agora pqr a ambos os membros desta equação, e rearranjando, obtemos

$$\left(g_{ABC}^{(t)} - pqr\right) - p\left(g_{BC}^{(t)} - qr\right) - q\left(g_{AC}^{(t)} - pr\right) - r\left(g_{AB}^{(t)} - pq\right) =$$

$$= K\left[\left(g_{ABC}^{(t-1)} - pqr\right) - p\left(g_{BC}^{(t-1)} - qr\right) - q\left(g_{AC}^{(t-1)} - pr\right) - r\left(g_{AB}^{(t-1)} - pq\right)\right]$$

A relação entre esta equação e a equação 5.23 deve ser óbvia. Podemos assim escrever

$$d_{ABC}^{(t)} = K d_{ABC}^{(t-1)} = K^t d_{ABC}^{(0)}$$

Como K<1, $d_{ABC}^{(t)} \to 0$ à medida que t aumenta, isto é, o desequilíbrio gamético do sistema de três genes tende para zero, tal como nos sistemas de dois genes. Por outro lado, todos os termos $\left(g_{AB}^{(t)} - pq\right)$, etc., também tendem para zero, à medida que o tempo corre, como já tínhamos visto (equação 5.9). Portanto, $g_{ABC}^{(t)}$ tende para pqr, o que significa que os alelos dos três genes tendem a distribuir-se de forma independente pelos gâmetas e pelos indivíduos, tal como tínhamos intuído.

Tendo estabelecido o resultado principal, é ainda interessante comparar a velocidade de aproximação ao equilíbrio em sistemas de dois ou mais genes. Consideremos apenas o caso de genes com segregação independente, por ser mais simples. Como vimos na secção 5.5.1, o desequilíbrio gamético inicial demora a desaparecer por causa da persistência dos gâmetas iniciais não-recombinados. Portanto, quanto menor a taxa de não-recombinação mais depressa o sistema se aproxima do equilíbrio. Mas quanto maior o número de genes, menor a probabilidade de não recombinação – para dois genes temos r=1/2, e portanto (1-r)=1/2; para três genes independentes, a=b=c=1/4, pelo que a taxa de não-recombinação é apenas K=1-a-b-c=1/4. Assim, o equilíbrio é aproximado mais depressa por um sistema de três genes independentes do que por um de apenas dois genes independentes. Portanto, e um modo geral, o equilíbrio é aproximado tanto mais depressa quanto maior for o número de cromossomas.

5.6 Problemas

1. Dadas as seguintes frequências gaméticas (seguindo a organização habitual), calcular as frequências alélicas em cada caso:

   1.1 $\begin{bmatrix} .1 & .5 \\ .2 & .2 \end{bmatrix}$

   1.2 $\begin{bmatrix} .25 & .35 \\ .05 & .35 \end{bmatrix}$

   1.3 $\begin{bmatrix} .18 & .42 \\ .12 & .28 \end{bmatrix}$

   1.4 Discutir os resultados.

2. Considerar uma população conceptual de uma espécie em que o processo de reprodução é aleatório com respeito a dois genes autossómicos com segregação independente, com dois alelos cada (A/a, B/b). Supondo que numa dada geração G_0 as frequências eram:

AABB	AABb	AAbb
0.1296	0.2448	0.1156
AaBB	AaBb	Aabb
0.0288	0.2144	0.1768
aaBB	aaBb	aabb
0.0016	0.0208	0.0676

   2.1 calcular as frequências genotípicas e alélicas de cada gene na geração G_0.

   2.2 calcular as seguintes matrizes zigóticas e gaméticas, e determinantes, exactamente como indicado: g_0, d_0; Z_1, g_1, d_1; g_2, d_2; $\hat{g}$ (g^i_{AB}-d_i, etc.), $\hat{d}$, $\hat{Z}$.

   2.3 Discutir os resultados.

3. Considerar um sistema de dois genes autossómicos dialélicos, com taxa de recombinação r. Quantas gerações demora a reduzir-se a diferença para o equilíbrio a metade se

   3.1 r=0.5?

   3.2 r=0.1?

   3.3 r=0.05?

   3.4 r=0.01?

   3.5 r=0.001?

   3.6 Discutir os resultados.

4. Extraiu-se uma amostra aleatória de 10000 indivíduos de uma população. O genótipo de cada um deles foi determinado quanto a dois genes autossómicos dialélicos, em que é possível distinguir fenotipicamente os homozigotos um do outro e dos heterozigotos. As frequências observadas foram as seguintes:

AABB: 0.0036	AABb: 0.0048	AAbb: 0.0016
AaBB: 0.2916	AaBb: 0.3888	Aabb: 0.1296
aaBB: 0.0648	aaBb: 0.0864	aabb: 0.0288

Testar se o sistema de dois genes está em equilíbrio de Robbins nessa população.

5. Considerar as seguintes frequências alélicas referentes a nove loci STR (*Short Tandem Repeat*) frequentemente usados em casos forenses, numa dada população:

D3S1358		vWA		D21S11		D18S51		D13S317		FGA		D8S1179		D5S818		D7S820	
Allele	Freq	Allele	Freq	Allele	Freq	Allele	Freq	Allele	Freq	Allele	Freq	Allele	Freq	Allele	Freq	Allele	Freq
12	0.0000	13	0.0051	27	0.0459	<11	0.0128	8	0.0995	18	0.0306	<9	0.0179	9	0.0308	6	0.0025
13	0.0025	14	0.1020	28	0.1658	11	0.0128	9	0.0765	19	0.0561	9	0.1020	10	0.0487	7	0.0172
14	0.1404	15	0.1122	29	0.1811	12	0.1276	10	0.0510	20	0.1454	10	0.1020	11	0.4103	8	0.1626
15	0.2463	16	0.2015	30	0.2321	13	0.1224	11	0.3189	20.2	0.0026	11	0.0587	12	0.3538	9	0.1478
16	0.2315	17	0.2628	30.2	0.0383	14	0.1735	12	0.3087	21	0.1735	12	0.1454	13	0.1462	10	0.2906
17	0.2118	18	0.2219	31	0.0714	15	0.1276	13	0.1097	22	0.1888	13	0.3393	14	0.0077	11	0.2020
18	0.1626	19	0.0842	31.2	0.0995	16	0.1071	14	0.0357	22.2	0.0102	14	0.2015	15	0.0026	12	0.1404
19	0.0049	20	0.0102	32	0.0153	17	0.1556			23	0.1582	15	0.1097			13	0.0296
				32.2	0.1122	18	0.0918			24	0.1378	16	0.0128			14	0.0074
				33.2	0.0306	19	0.0357			25	0.0689	17	0.0026				
				35.2	0.0026	20	0.0255			26	0.0179						
						21	0.0051			27	0.0102						
						22	0.0026										

e o seguinte perfil de DNA:

D3S1358	vWA	FGA	AmelXY	D8S1179	D21S11	D18S51	D5S818	D13S317	D7S820
17,18	17,17	24,25	X,Y	13,14	29,30	18,18	12,13	9,12	11,12

5.1 Calcular a frequência genotípica esperada deste perfil de DNA.

5.2 É possível identificar uma pessoa com base neste perfil de DNA?

6. Considerar um sistema de dois genes autossómicos dialélicos, com taxa de recombinação r, em que o desequilíbrio gamético é inicialmente 0.2. Qual o valor do desequilíbrio gamético ao fim de 50 gerações se

6.1 r=0.5?

6.2 r=0.1?

6.3 r=0.05?

6.4 r=0.01?

6.5 r=0.001?

6.6 Discutir os resultados.

7. Considere a matriz gamética de equilíbrio dada por

$$\hat{g} = \begin{bmatrix} \hat{g}_{AB} & \hat{g}_{Ab} \\ \hat{g}_{aB} & \hat{g}_{ab} \end{bmatrix} = \begin{bmatrix} g_{AB} - d & g_{Ab} + d \\ g_{aB} + d & g_{ab} - d \end{bmatrix}$$

Calcule o determinante desta matriz. Surpreendido/a com o resultado?

8. Considerar o sistema de dois genes autossómicos dialélicos A/a, B/b, em que há associação total entre A e B por um lado, e a e b por outro (*i.e.*, $g_{Ab}=g_{aB}=0$). Calcule o desequilíbrio gamético d supondo que

   8.1 $p_A=0.5$ (e portanto $g_{AB}=0.5$).

   8.2 $p_A=0.1$.

   8.3 Discutir os resultados.

Capítulo 6

MUTAÇÃO

Mutation: it is the key to our evolution.
Prof. Charles Francis Xavier, 2000.

6.1 Introdução

Partindo dos pressupostos do modelo de Hardy-Weinberg (enunciados no capítulo 3), vimos que uma população tende para um equilíbrio das frequências alélicas e genotípicas, em que a variabilidade genética se mantém. No entanto, esses pressupostos excluíam explicitamente a acção de vários factores evolutivos, como a mutação e a selecção natural. Essas causas evolutivas podem ser classificadas em dois grupos: as sistemáticas, ou de efeito direccional, que tendem a fazer variar as frequências génicas de forma previsível, quer em quantidade quer em direcção; e as dispersivas, de efeito aleatório, que podem ser previstas quanto à quantidade esperada, mas não quanto à direcção.

Iniciamos agora o estudo das consequências evolutivas dos factores sistemáticos, com a mutação – entendida aqui como qualquer processo que altere um alelo, qualquer que seja a sua natureza a nível citológico, molecular, etc.. Assim, uma mutação pode ir desde uma substituição, inserção ou deleção de uma única base de DNA, até à inversão, duplicação ou transposição de uma parte considerável de um cromossoma, ou mesmo à duplicação do genoma inteiro. O nosso conceito de mutação é portanto mais próximo do de T.H. Morgan (1866-1945) do que da noção original de Hugo de Vries (1848-1935) (embora seja mais geral e preciso do que qualquer destes).

A mutação tem várias consequências evolutivas potencialmente importantes, como a origem de novos alelos e a variação das frequências génicas da população. Os novos alelos e genótipos formados por mutação são muito importantes, pois constituem a matéria prima que permite a actuação de outros agentes evolutivos, como a selecção natural. Por outro lado, ao transformar um alelo noutro, a mutação altera as frequências alélicas e genotípicas da população, podendo mesmo, se recorrente, levar à substituição de uns alelos por outros. Quando isto acontece, dizemos que um alelo se fixou (a sua frequência passou a 1) e os outros se perderam (as suas frequências passaram a 0).

Torna-se portanto necessário estudar quantitativamente os efeitos evolutivos da mutação. O principal objectivo deste estudo é investigar qual destes dois efeitos (criação de novos alelos, ou variação das frequências génicas) é o mais importante, a longo prazo. Como a mutação transforma alelos uns nos outros, pode ser estudada apenas no contexto de modelos haplóides (isto é, podemos trabalhar apenas com as frequências alélicas, mas os resultados aplicam-se a populações haplóides, diplóides, etc.).

Neste capítulo fazemos um estudo essencialmente determinístico das consequências evolutivas da mutação usando modelos simples de populações infinitamente grandes, e apresentamos (sem estudar as suas consequências) modelos mais realistas de mutação, adequados ao estudo da evolução ao nível molecular. Os modelos relativos às consequências evolutivas da mutação tendem a ser muito simples, facto que aproveitamos para introduzir vários métodos de análise, algébrica e gráfica, que nos serão depois muito úteis em situações mais complexas, como o estudo das consequências da selecção natural. Daremos atenção quer à estática da evolução (os pontos de equilíbrio) quer ao seu comportamento dinâmico (as taxas de variação das frequências alélicas, e o tempo necessário para uma determinada variação). Deixamos para mais tarde o estudo da interacção da mutação com outras causas evolutivas, como a selecção natural, em populações finitas e infinitas.

6.2 O destino de uma mutação única

Consideremos primeiro o caso de uma mutação única, que ocorre apenas uma vez na população, dando origem a um alelo novo, que não volta a ser formado. Qual a contribuição deste alelo mutante para a microevolução (*i.e.*, evolução populacional), a médio ou longo prazo? Se um alelo recém formado por mutação tiver uma grande probabilidade de extinção nas gerações seguintes, é claro que o seu efeito evolutivo será muito pequeno ou mesmo nenhum. Podemos portanto começar por investigar a probabilidade de uma mutação única se extinguir.

Sejam P_0, P_1, P_2, ... as probabilidades de o mutante, ou qualquer outro indivíduo, ter 0, 1, 2, ... descendentes. Em particular, P_0 é a probabilidade de ele se perder numa só geração e, claro,

$$\sum_{i=0}^{\infty} P_i = 1$$

Para calcularmos a probabilidade de extinção do mutante ao longo do tempo precisamos de especificar a distribuição do número de descendentes de cada alelo, e vamos assumir que é a Poisson (admitindo que os números de descendentes dos vários alelos são independentes), com média 1 (de modo a que a grandeza populacional se mantenha constante):

$$\begin{cases} P_0 & P_1 & P_2 & P_3 & \cdots & P_k & \cdots \\ e^{-1} & e^{-1} & \dfrac{e^{-1}}{2!} & \dfrac{e^{-1}}{3!} & \cdots & \dfrac{e^{-1}}{k!} & \cdots \end{cases} \qquad (6.1)$$

A probabilidade de o mutante se perder logo na primeira geração após aparecer é assim $P_0 = e^{-1}$ (aproximadamente 0.37, portanto mais de 1/3), e a probabilidade de sobreviver essa primeira geração é

$$U_1 = 1 - e^{-1}. \qquad (6.2)$$

Mesmo que o mutante não se perca nesta geração, o número de mutantes é ainda muito baixo, e o risco de se perder nas gerações seguintes é portanto também bastante grande. Qual a probabilidade de o mutante sobreviver duas gerações?

Suponhamos que o mutante ficou presente em i cópias na geração um, o que acontece com probabilidade $P_i = e^{-1}/i!$ (equação 6.1). Como acabámos de ver, cada um destes i alelos mutantes tem probabilidade $P_0 = e^{-1}$ de não ser transmitido à geração seguinte (a geração dois), pelo que a probabilidade de nenhum ser transmitido é o produto de todas elas:

$$\left(e^{-1}\right)^i = e^{-i}.$$

A probabilidade de o alelo mutante sobreviver duas gerações é então 1, menos a probabilidade de ele se extinguir logo ao fim de uma geração, menos a probabilidade de passar 1 alelo da geração 0 à geração 1 mas esse alelo extinguir-se na passagem à geração 2, menos a probabilidade de passarem 2 alelos da geração 0 à geração 1 mas extinguirem-se ambos na passagem à geração 2, menos... Dizendo o mesmo em linguagem matemática:

$$U_2 = 1 - \frac{e^{-1}}{1!}e^{-1} - \frac{e^{-1}}{2!}e^{-2} - \frac{e^{-1}}{3!}e^{-3} - \cdots$$

$$= 1 - \sum_i \frac{e^{-1}}{i!}e^{-i}$$

$$= 1 - e^{-1}\sum_i \frac{\left(e^{-1}\right)^i}{i!}$$

$$= 1 - e^{-1}e^{e^{-1}}$$

$$= 1 - e^{-1+e^{-1}}$$

$$= 1 - e^{-\left(1-e^{-1}\right)}$$

donde, lembrando a equação 6.2,

$$U_2 = 1 - e^{-U_1}.$$

De um modo geral, para quaisquer duas gerações sucessivas temos,

$$U_t = 1 - e^{-U_{t-1}} \tag{6.3}$$

Infelizmente, a equação 6.3 não tem solução explícita, mas podemos obter informação útil por iteração numérica. A tabela 6.1 apresenta a probabilidade de sobrevivência de um mutante único ao longo do tempo. Por exemplo, se ocorrerem 1000 novas mutações numa geração, a maior parte (1-0.4685=0.5314, ou mais de 53%) perde-se ao fim de duas gerações. A inspecção dos valores revela ainda que para t grande a probabilidade de sobrevivência é aproximadamente igual a 2/t (ligeiramente inferior). No entanto, esta expressão resulta em probabilidades maiores do que 1 para t<2, pelo que é uma má aproximação para t pequeno. Isto resolve-se facilmente fazendo

$$U_t = 2/(t+2),$$

que constitui uma excelente aproximação para qualquer t (e, em particular, sempre melhor do que 2/t), ilustrada com os valores exactos na figura 6.1.

A probabilidade última (ou total) de sobrevivência do mutante corresponde ao limite t=∞. Podemos confirmar o valor apresentado na tabela 6.1 para t=∞, quer através da nossa aproximação, quer notando que temos sempre $U_t \leq U_{t-1}$ (já que U é uma probabilidade), com igualdade apenas quando U_t=0.

Assim, U_t tende para o seu valor limite de equilíbrio, U=U∞, que verifica $U = 1 - e^{-U}$, equação com solução U=0 (verifique).

Geração	Probabilidade de sobrevivência
0	1
1	0.632121
2	0.468536
3	0.374082
4	0.312080
5	0.268077
10	0.158235
50	0.037650
100	0.019353
200	0.009825
400	0.004953
∞	0

Tabela 6.1. Probabilidade de sobrevivência de um mutante único ao longo do tempo

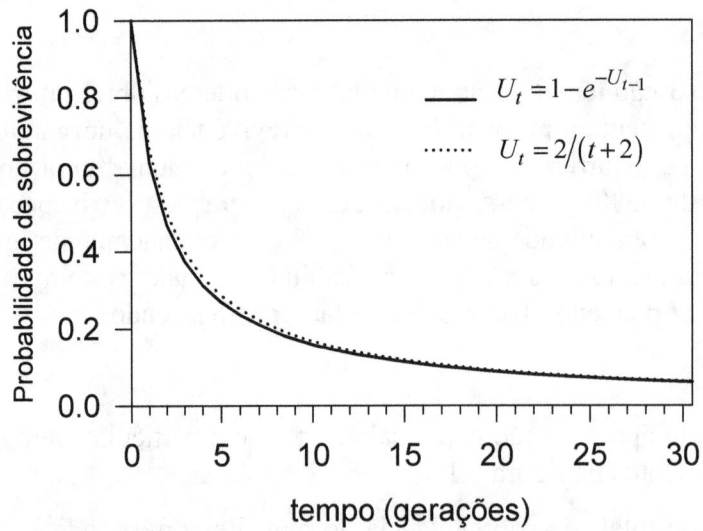

Figura 6.1. Probabilidade de sobrevivência de um mutante único ao longo do tempo

Assim, a probabilidade última de sobrevivência de um mutante que ocorre uma única vez é 0. Daqui se conclui que mutações únicas tendem a perder-se (e depressa, figura 6.1), e portanto pouco ou nada contribuem para a evolução. Este importante resultado não depende da nossa escolha da distribuição de Poisson. Por exemplo, se a distribuição do número de descendentes não for Poisson, mas binomial negativa (com a mesma média) – como é frequente, por exemplo, em populações humanas – a probabilidade de sobrevivência do mutante tende na mesma para 0, mas reduz-se ainda mais rapidamente.

Portanto, apenas mutações recorrentes (*i.e.*, repetidas) podem ter papel significativo na evolução, o que constitui o assunto da secção seguinte. Cabe no entanto lembrar dois pressupostos importantes dos cálculos que acabámos de fazer: a população é infinita, e o mutante não tem qualquer vantagem selectiva sobre os alelos que já existiam na população. Se estes pressupostos não se verificarem, a conclusão pode ser diferente, como veremos em capítulos posteriores.

6.3 Mutação recorrente unidireccional

6.3.1 Um gene dialélico

Consideremos agora o caso de dois alelos, A e a, com mutação recorrente de A para a com taxa constante u. Definimos a taxa de mutação como a probabilidade de mutação por gene por geração, e consideramos que é sempre muito baixa (tipicamente, $10^{-10} - 10^{-4}$). Além disso, p e q são as frequências dos alelos A e a, como de costume:

$$A \xrightarrow{u} a$$
$$p \qquad q$$

Podemos usar este esquema simples de mutação para investigar várias questões de interesse biológico, tais como (i) se existe algum equilíbrio do sistema formado pelos dois alelos, (ii) quais os valores das frequências alélicas em equilíbrio (e em especial, se ele é polimórfico), (iii) qual a estabilidade do equilíbrio, e (iv) se for estável, a que velocidade tende o sistema para ele. Como este caso é bastante simples, pode o leitor, como exercício, tentar responder intuitivamente a estas questões antes de prosseguir, usando depois o desenvolvimento teórico que se segue para testar a sua intuição biológica.

Já que estamos interessados na evolução das frequências ao longo do tempo, comecemos por perguntar quantos alelos A há ao fim de uma geração. Assumindo que cada gene não pode mutar mais de uma vez numa geração (pressuposto razoável, já que a taxa de mutação é muito pequena), há o mesmo número que havia na geração inicial, menos os que mutaram para a. E quantos é que mutaram? A taxa de mutação é u, mas só uma fracção p dos alelos existentes é que são A, e portanto só esses é que podem mutar (por exemplo, se p=0, não aparecem novos alelos a mutantes, por muito grande que seja u). Temos então, em termos de frequências alélicas,

$$p_1 = p_0 - u p_0 = (1-u) p_0 ,$$

e do mesmo modo (já que a passagem da geração 1 à 2 é igual à passagem da 0 à 1),

$$p_2 = p_1 - u p_1 = (1-u) p_1 = (1-u)^2 p_0$$

e, de um modo geral,

$$p_t = p_0 (1-u)^t \qquad (6.4)$$

ou, aproximadamente (já que u<<1),

$$p_t = p_0 e^{-ut} \ . \tag{6.5}$$

Estas expressões mostram que a frequência do alelo A tende para 0 – e a do mutante para 1 – quaisquer que sejam os seus valores iniciais (como aliás seria de esperar). Outra forma de ver isto consiste em considerar a variação da frequência de um alelo (por exemplo, ainda o A) de uma geração para a seguinte, que representamos como Δp:

$$\Delta p = p_{t+1} - p_t \ .$$

Podemos simplificar um pouco a notação, substituindo p_t por p, e p_{t+1} por p':

$$\Delta p = p' - p = (1-u)p - p = p - up - p \ ,$$

e finalmente

$$\Delta p = -up \ . \tag{6.6}$$

Se a taxa de mutação for 0, $\Delta p=0$, como se esperava do estudo anterior (capítulo 3). Assumindo que a taxa de mutação não é 0, Δp ou é nulo ou negativo. É nulo se e só se p=0, o que mostra ser p=0 o único valor de equilíbrio. Se p≠0, Δp é sempre negativo, o que mostra que a frequência do alelo A tende a diminuir aproximando-se de 0 (já que $\Delta p<0 \Leftrightarrow p'<p$).

O ponto

$$\hat{p}=0, \ \hat{q}=1$$

(onde, como de costume, os acentos circunflexos indicam que estas são frequências de equilíbrio), é pois o único equilíbrio do sistema, e é estável. No entanto, a aproximação ao equilíbrio dá-se muito lentamente, com taxa relativa -u, (cf. equação 6.5). Note-se que Δp é uma função decrescente de p, que tende para 0 quando p tende para (o seu valor limite de) 0: quanto mais perto do equilíbrio, mais lenta a aproximação a ele, pelo que o equilíbrio só é atingido assintoticamente. Note-se ainda que Δp é uma função linear de p, do que resulta a simplicidade da análise matemática deste modelo de mutação.

A equação 6.5 permite-nos calcular a frequência do alelo A – e, por diferença para a unidade, a do mutante a – em qualquer geração, sabendo a frequência inicial e a taxa de mutação. Podemos também fazer a pergunta inversa: quantas gerações são necessárias para reduzir a frequência do alelo A de um dado valor inicial a outro final, sob a acção de mutação com taxa u? Esta pergunta pode responder-se resolvendo a mesma equação 6.5 em ordem a t:

$$p_t = p_0 e^{-ut}$$

$$\ln(p_t) = \ln(p_0) - ut$$

$$t = \frac{1}{u} \ln \frac{p_0}{p_t} \ . \tag{6.7}$$

Como este tempo é inversamente proporcional à taxa de mutação, u, é de esperar que mesmo uma variação muito pequena das frequências alélicas demore muito tempo. O tempo dado pela equação 6.7 é em gerações (como se pode verificar fazendo uma análise dimensional desta equação).

Como vimos, o tempo necessário para reduzir a frequência de um alelo a zero (*i.e.*, para levar as frequências alélicas aos seus valores de equilíbrio) é infinito (verifique na equação 6.7). Por outro lado, o tempo necessário para reduzir a frequência de um alelo a um terço do seu valor inicial (qualquer que seja este) é aproximadamente o inverso da taxa de mutação, um resultado fácil de lembrar:

$$t_{1/3} = \frac{1}{u} \ln \frac{p_0}{p_0/3} = \frac{1}{u} \ln 3 \cong \frac{1}{u}$$

Estudemos agora a mutação em populações de reprodutores contínuos, usando o mesmo esquema indicado acima, mas redefinindo u como a taxa *instantânea* de mutação. Neste caso a variação da frequência p vem

$$\frac{dp}{dt} = -up \qquad (6.8)$$

donde (v. caixa 6.1)

$$p_t = p_0 e^{-ut} \qquad (6.9)$$

Esta é a mesma equação que obtivemos acima (cp. equação 6.5) para os sazonais, e resolvemos em ordem a t. Vemos assim que estas equações descrevem as consequências populacionais da mutação, tanto em reprodutores sazonais com gerações separadas como em reprodutores contínuos. Isto deve-se a que, como u é muito pequeno, e Δp ainda mais pequeno, podemos aproximar a equação (às diferenças) de Δp obtida acima (equação 6.6) por uma equação diferencial (equação 6.8), assim como aproximar a solução da equação às diferenças (equação 6.4) pela da equação diferencial.

Caixa 6.1. Integração da equação $dp/dt = -up$

A variação da frequência alélica p sob a acção de mutação com taxa instantânea u em reprodutores contínuos pode ser dada por

$$\frac{dp}{dt} = -up$$

Podemos resolver esta equação, separando variáveis, integrando, e lembrando que para t=0 temos p=p_0:

$$\frac{dp}{p} = -udt$$

$$\int \frac{dp}{p} = -\int udt$$

$$\ln p = -ut + \ln c'$$

$$p = ce^{-ut}$$

$$p_t = p_0 e^{-ut}$$

Obtemos assim a frequência p para qualquer valor arbitrário de t, em função do seu valor inicial e da taxa de mutação.

6.3.2 Um gene multialélico

O esquema anterior pode facilmente ser generalizado a um número arbitrário de alelos:

```
        u₁           u₂          u_{i-1}     u_i         u_{k-1}
A₁  ─────────→  A₂ ─────────→ ... ─────────→ A_i ─────────→ ... ─────────→ A_k
p₁           p₂                      p_i                            p_k
```

A frequência do alelo A_i após uma geração é dada por (com $u_0=u_k=0$, e ainda $p_0=0$)

$$p_i' = p_i + u_{i-1}p_{i-1} - u_i p_i, \quad 1 \le i \le k$$

Neste caso, as frequências dos alelos intermédios (1<i<k) podem aumentar temporariamente, mas acabam por tender para zero. Isto é fácil de ver, pois Δp_1 só pode ser negativo (ou nulo, quando p_1 já for 0), e portanto p_1 tende para 0, como no caso anterior. Sem alelos A_1 que possam mutar para A_2, a frequência destes acaba também por se reduzir, e assim sucessivamente. O único equilíbrio corresponde portanto a $p_k=1$ (e $p_i=0$, para i<k), e é estável: a população tende a ficar monomórfica, tal como no caso em que só considerámos dois alelos. Qualquer polimorfismo é apenas transiente.

6.4 Mutação recorrente bidireccional

6.4.1 Um gene dialélico

Nos modelos anteriores ignorámos a possibilidade de a mutação ser "oposta" pela sua inversa, por exemplo, no caso de dois alelos, a mutação de A para a ser oposta pela mutação inversa, de a para A. Isto pode ser considerado uma primeira aproximação à realidade, já que das duas taxas de mutação entre dois alelos, é frequente uma ser muito menor do que a outra, podendo portanto ser desprezada numa primeira abordagem. De qualquer forma, estudamos agora o caso geral de mutação recorrente bidireccional entre dois alelos, com frequências iniciais p e q, e com taxas de mutação u e v quaisquer, segundo o esquema seguinte:

```
           u
    A  ─────────→  a
       ←─────────
    p      v       q
```

As principais questões são as mesmas de quando tínhamos apenas mutação num sentido (secção 6.3.1), sendo de especial interesse verificar se há agora um equilíbrio polimórfico, ao contrário do caso anterior, e qual a sua estabilidade (se existir).

Assumindo de novo que um alelo não pode mutar mais de uma vez numa só geração, a frequência do alelo A numa geração, p', é igual ao seu valor na geração anterior, p, diminuído da frequência dos alelos A que mutaram para a, e adicionado da frequência dos alelos a que mutaram para A:

$$\begin{aligned} p' &= p - up + vq \\ &= (1-u)p + vq \end{aligned} \qquad (6.10)$$

Exprimindo p' em função de uma única frequência alélica inicial, p, temos

$$\begin{aligned} p' &= p - up + v(1-p) \\ &= p - up + v - vp \end{aligned}$$

$$p' = p + v - (u+v)p \qquad (6.11)$$

pelo que a variação da frequência do alelo A de uma geração para a seguinte é

$$\Delta p = p' - p = v - (u+v)p \ . \qquad (6.12)$$

Esta equação mostra que a variação da frequência alélica é proporcional à própria frequência alélica – daí dizer-se que a mutação é um factor evolutivo linear. É fácil ver que quando p=0, Δp é positivo, sendo negativo quando p=1 (verifique!). Como Δp é uma função contínua de p, Δp tem de ser igual 0 algures entre 0 e 1. Quando Δp=0 temos um equilíbrio (certo?). Assim, podemos procurar o equilíbrio determinando as frequências alélicas que correspondem a Δp=0:

$$\Delta p = v - (u+v)\hat{p} = 0$$

$$\hat{p} = \frac{v}{u+v} \quad , \quad \hat{q} = \frac{u}{u+v} \qquad (6.13)$$

Notemos que os resultados obtidos antes para o caso particular de mutação unidireccional estão incluídos nestes (fazendo v=0), como seria de esperar. É sempre boa ideia verificar que os resultados dum modelo já estudado, caso particular de um novo modelo mais geral, se obtêm como limite dos resultados do modelo geral.

É também boa ideia verificar directamente o equilíbrio obtido, usando a equação de recorrência, neste caso a equação 6.11. Se nesta equação substituirmos p pelo putativo valor de equilíbrio (equação 6.13), esperamos obter como resultado o mesmo valor. Fazendo isto,

$$\begin{aligned} p' &= p + v - (u+v)p \\ &= \frac{v}{u+v} + v - (u+v)\frac{v}{u+v} \\ &= \frac{v}{u+v} + v - v \\ &= \frac{v}{u+v} \end{aligned}$$

Assim, quando $p = u/(u+v)$, $p' = u/(u+v)$ também, comprovando assim o equilíbrio dado pela equação 6.13.

Vamos agora estudar a estabilidade deste equilíbrio de três formas, duas algébricas e uma gráfica. Como a estabilidade está relacionada com diferenças para o equilíbrio, vamos começar por comparar a diferença entre a frequência de A e o seu valor de equilíbrio em duas gerações sucessivas (a partir da equação 6.11):

$$\begin{aligned} (p-\hat{p})' &= p' - \hat{p} \\ &= p + v - (u+v)p - \hat{p} \\ &= (p-\hat{p}) - (u+v)p + v \end{aligned}$$

Temos um termo independente (das frequências alélicas), v, que podemos exprimir em função de p, usando a expressão de $\hat{p}$ obtida atrás (equação 6.13)

$$(p-\hat{p})' = (p-\hat{p}) - (u+v)p + (u+v)\hat{p}$$
$$= (p-\hat{p}) - (u+v)(p-\hat{p})$$

donde

$$(p-\hat{p})' = (1-u-v)(p-\hat{p}) \ . \tag{6.14}$$

Esta equação diz-nos que a diferença da frequência de A para o seu valor de equilíbrio é multiplicada por (1-u-v) em cada geração que passa. Como u e v são números positivos muito pequenos, (1-u-v) é positivo e muito pouco menor do que 1. Assim, a diferença para o equilíbrio reduz-se em cada geração – o equilíbrio é estável – mas muito devagar – o equilíbrio é pouco resiliente[1].

Esta equação mostra ainda que a aproximação ao equilíbrio estável é monotónica, *i.e.*, sem oscilações. Como (1-u-v) é positivo, os desvios nunca mudam de sinal: se p for inicialmente inferior a $\hat{p}$ nunca se torna superior a este valor, e se for inicialmente superior nunca se torna inferior.

Outra forma de determinar a estabilidade do equilíbrio (ainda de forma algébrica, mas ligando já à análise gráfica que se segue), é relacionando Δp com a diferença para o equilíbrio, o que pode ser feito substituindo v por $(u+v)\hat{p}$ na equação 6.12:

$$\Delta p = v - (u+v)p$$
$$= (u+v)\hat{p} - (u+v)p$$

donde

$$\Delta p = (u+v)(\hat{p} - p) \ . \tag{6.15}$$

Como u e v são ambos positivos, Δp tem o mesmo sinal que $(\hat{p} - p)$. Se p estiver abaixo da sua frequência de equilíbrio, $\hat{p} - p > 0$, portanto Δp é positivo, ou seja, a frequência do alelo A tende a aumentar (lembremos que Δp=p'-p). Se, pelo contrário, $p > \hat{p}$, Δp é negativo, e a frequência de A reduz-se. Isto é sugestivo, mas não chega para provar que o equilíbrio é estável. Por exemplo, se quando $p < \hat{p}$, a frequência de A aumentasse muito, podia ultrapassar o seu equilíbrio, e até ficar mais afastado dele do que inicialmente. No entanto, como u e v são muito pequenos, a soma (u+v) é sempre muito menor do que 1, pelo que isto nunca acontece. Concluímos, portanto, que o equilíbrio é de facto estável mas, como também já tínhamos visto, a aproximação ao equilíbrio é muito lenta: a variação das frequências alélicas é sempre menor (em valor absoluto) do que a soma das taxas de mutação.

Para fazermos a análise gráfica da estabilidade do equilíbrio vamos servir-nos de novo da expressão de Δp (equação 6.12), fazendo agora o seu gráfico. Trata-se claramente de uma equação linear em p, pelo que precisamos apenas de dois pontos para traçar o gráfico. Os dois pontos mais fáceis são p=0, para o qual vem Δp=v, e p=1, a que corresponde Δp=-u , como ilustrado na figura 6.2.

Vemos de novo que quando p está abaixo (resp. acima) do seu valor de equilíbrio, o incremento Δp é positivo (resp. negativo), pelo que a frequência do alelo A aumenta (resp. diminui). Mais uma vez, isto não é suficiente para garantir a estabilidade do equilíbrio: temos de averiguar se é possível a frequência de A passar para o outro lado de $\hat{p}$ e assim afastar-se mais do equilíbrio. Isto só pode acontecer se a recta que representa Δp for muito inclinada, especificamente, se a inclinação for menor do que -1. Como a equação 6.12 mostra, a inclinação desta recta é –(u+v), portanto muito maior do

---

[1] Usamos o conceito de resiliência como foi definido por Holling (1930-) em ecologia: a capacidade de um sistema voltar rapidamente ao seu equilíbrio após uma perturbação.

que -1. Assim, as frequências alélicas aproximam-se sempre do equilíbrio, que portanto é estável – e, em resultado da linearidade de Δp, único.

Notemos antes de prosseguir que a análise deste modelo produziu um resultado qualitativamente diferente do anterior: enquanto que com mutação unidireccional o único equilíbrio era monomórfico, aqui o equilíbrio é polimórfico. O modelo é, portanto, estruturalmente instável[2].

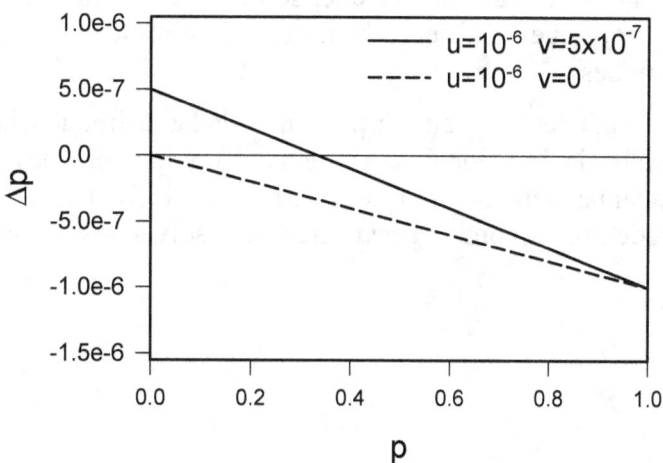

Figura 6.2. Variação das frequências alélicas devida à mutação

A equação 6.11 é útil para determinar as frequências alélicas após uma geração de mutação. Precisamos também de expressões que nos dêem o seu valor ao fim de um número arbitrário de gerações. Claro que podemos obter este valor por iteração numérica da equação 6.11, mas isto torna-se pouco prático para grande número de gerações (e já vimos que as frequências alélicas variam muito devagar), pelo que é preferível fazê-lo algebricamente.

Podemos fazê-lo de várias formas, por exemplo directamente a partir da equação 6.14, equação linear em $p - \hat{p}$ sem termo independente, cuja solução é portanto fácil de obter:

$$(p - \hat{p})_t = (p_t - \hat{p}) = (1 - u - v)^t (p_0 - \hat{p}),$$

donde obtemos de imediato

$$p_t = \hat{p} + (p_0 - \hat{p})(1 - u - v)^t \tag{6.16}$$

donde, lembrando as frequências de equilíbrio (equação 6.13),

$$p_t = \frac{v}{u+v} + \left(p_0 - \frac{v}{u+v}\right)(1 - u - v)^t$$

Usando esta solução, é fácil obter as frequências alélicas para qualquer geração sem ter de calcular as gerações intermédias, assim como confirmar o ponto de equilíbrio estável obtido antes: basta fazer o tempo tender para (mais) infinito. Vemos assim a grande utilidade de termos a solução geral do

---

[2] Um modelo diz-se estruturalmente instável se uma perturbação arbitrariamente pequena da sua estrutura pode alterar o comportamento qualitativo do modelo.

modelo (infelizmente, e como teremos oportunidade de ver, para muitos modelos de genética populacional esta solução não existe).

Como u e v são muito pequenos, podemos aproximar esta equação por

$$p_t = \hat{p} + (p_0 - \hat{p})e^{-t(u+v)} \tag{6.17}$$

A figura 6.3 mostra gráficos da frequência do alelo A ao longo do tempo para valores representativos das taxas de mutação. Notámos já várias vezes que, sob a acção da mutação, as frequências alélicas variam muito lentamente, facto que se observa bem nesta figura (sendo de salientar que a escala de tempo é em milhões de gerações).

As equações 6.16 e 6.17 respondem à seguinte pergunta: dadas a frequência inicial do alelo A e as taxas de mutação, qual o valor da frequência desse alelo ao fim de t gerações? Podemos também fazer a pergunta ao contrário: quantas gerações são necessárias para a frequência de um alelo variar entre dois valores quaisquer? Podemos responder a esta pergunta resolvendo a equação 6.16 em ordem a t:

$$p_t - \hat{p} = (p_0 - \hat{p})(1-u-v)^t$$

$$\frac{p_t - \hat{p}}{p_0 - \hat{p}} = (1-u-v)^t$$

$$t = \frac{\ln \frac{p_t - \hat{p}}{p_0 - \hat{p}}}{\ln(1-u-v)}$$

ou, com excelente aproximação,

$$t = \frac{1}{u+v} \ln \frac{p_0 - \hat{p}}{p_t - \hat{p}} \tag{6.18}$$

equação que também poderíamos ter obtido resolvendo a equação aproximada 6.17 em ordem a t, em vez da 6.16.

Mais uma vez, o tempo necessário para as frequências alélicas atingirem o equilíbrio é infinito (verifique na equação 6.18), mas podemos usar esta equação para determinar quanto tempo demora a reduzir a diferença para o equilíbrio a metade do seu valor inicial (que, como vimos na secção 5.2.2, pode ser usado para quantificar a velocidade de aproximação aos equilíbrios assimptóticos):

$$t_{1/2} = \frac{1}{u+v} \ln \frac{p_0 - \hat{p}}{(p_0 - \hat{p})/2} = \frac{1}{u+v} \ln(2) \cong \frac{0.7}{u+v}$$

Este tempo é muito longo, da ordem de grandeza do inverso das taxas de mutação (que aparecem no denominador). De um modo geral, o número de gerações necessário para se obter variações apreciáveis das frequências alélicas sob mutação – a escala temporal da mutação – é da ordem do inverso das taxas de mutação, tipicamente milhões de gerações.

Podemos também obter o par de equações 6.16 e 6.17 aproximando Δp por dp/dt e integrando (caixa 6.2).

Mais uma vez, estas expressões generalizam o resultado antes obtido para a mutação unidireccional (equação 6.7), e aplicam-se também a reprodutores contínuos.

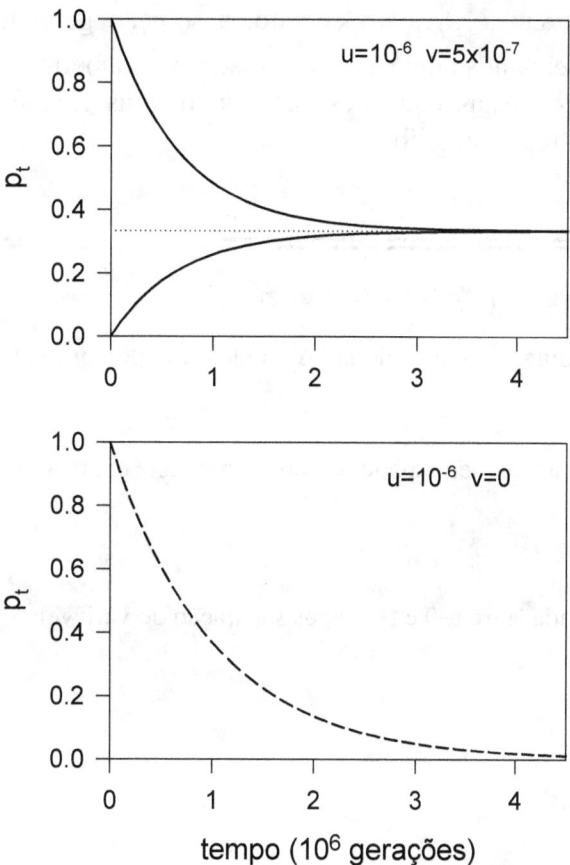

Figura 6.3. Variação das frequências alélicas ao longo do tempo devida à mutação

6.4.2 Um gene multialélico

Consideremos agora a generalização da mutação bidireccional a um número arbitrário de alelos, supondo que há n alelos, a frequência do i-ésimo alelo é p_i, a taxa de mutação do alelo i para o alelo j é u_{ij} (para todo o i e j, com i≠j) e um alelo não muta mais de uma vez numa geração. A frequência do alelo i na geração seguinte, p_i', é então a frequência dos alelos i que não mutaram, adicionada à dos alelos que não eram i mas mutaram para i:

$$p_i' = p_i \left(1 - \sum_{j \neq i} u_{ij}\right) + \sum_{j \neq i} p_j u_{ji}$$

ou

$$\Delta p_i = p_i' - p_i = \sum_{j \neq i} p_j u_{ji} - p_i \sum_{j \neq i} u_{ij} \qquad (6.19)$$

Em equilíbrio,

$$\sum_{j \neq i} \hat{p}_j u_{ji} - \hat{p}_i \sum_{j \neq i} u_{ij} = 0$$

Isto é um conjunto de equações lineares em $\hat{p}_i$, que pode ser resolvido (lembrando que a soma das frequências alélicas é 1) em ordem a $\hat{p}_i$. No entanto, a solução geral não tem fácil interpretação biológica, pelo que não a apresentamos aqui. Por outro lado, se soubermos as frequências iniciais e as taxas de mutação, podemos usar estas equações para calcular as frequências alélicas ao longo do tempo, assim como os seus valores de equilíbrio.

Caixa 6.2. Integração da equação $dp/dt = (u+v)(\hat{p}-q)$

Lembremos que no caso de mutação bidireccional, Δp pode ser dado por (equação 6.15)

$$\Delta p = (u+v)(\hat{p}-p)$$

Já que Δp é, como vimos, muito pequeno, podemos aproximar esta expressão por

$$\frac{dp}{dt} = (u+v)(\hat{p}-p)$$

Esta equação pode ser integrada entre t=0 e t=n, após separação de variáveis:

$$\int_{p_0}^{p_n} \frac{dp}{\hat{p}-p} = (u+v)\int_0^n dt$$

$$\left[-\ln(\hat{p}-p)\right]_{p_0}^{p_n} = (u+v)n$$

$$\ln(\hat{p}-p_0) - \ln(\hat{p}-p_n) = (u+v)n$$

donde, resolvendo em ordem a p_n,

$$p_n \cong \hat{p} + (p_0 - \hat{p})e^{-n(u+v)}$$

ou, em ordem a n,

$$n = \frac{1}{u+v}\ln\frac{\hat{p}-p_0}{\hat{p}-p_n}$$

Fazendo a simples substituição de n por t, obtemos então as equações 6.16 e 6.17.

6.5 O papel primordial da mutação na evolução

Voltemos à principal questão que guiou deste estudo, desde que começámos este capítulo: qual o papel primordial da mutação na evolução: a criação de novos alelos, ou a variação das frequências génicas? Vimos que a variação das frequências alélicas é muito lenta. Assim, qualquer perturbação (inevitável, nas populações reais) é facilmente maior do que a variação devida à mutação. Portanto, embora a mutação seja um agente evolutivo potencialmente capaz de alterar as frequências génicas na população, é tão ineficiente que este não é o seu papel mais importante na microevolução; de facto, esta consequência da mutação pode mesmo ser ignorada no estudo de muitas questões. O papel primordial da mutação na evolução é assim a manutenção da variabilidade genética da população – e a sua eventual reposição, caso ela se tenha perdido. De facto, é a mutação o único factor evolutivo capaz de repor a variabilidade perdida numa espécie – dos outros factores capazes de aumentar a variabilidade genética, a recombinação requer que a variabilidade exista ao nível intra-populacional (como vimos na secção 5.4), e a migração (que estudaremos no capítulo 9) exige variabilidade inter-populacional.

6.6 Modelos moleculares de mutação

Há, em genética populacional, vários modelos de mutação, especializados para diferentes objectivos. Os modelos que acabámos de estudar são o que poderíamos chamar os modelos históricos, ou clássicos, de mutação, para situações em que apenas precisamos distinguir os alelos uns dos outros, sem mais qualquer informação acerca deles (como a sua sequência nucleotídica ou proteica). Com a "revolução molecular" da genética, que a genética populacional não deixou de acompanhar (e até estimular), apareceram novos modelos, incorporando mais detalhes genéticos, alguns dos quais passamos a descrever. Lembremos que eles são – pelo menos na sua forma mais simples, e tal como os anteriores – modelos "puros" de mutação, não incluindo outros factores evolutivos como a selecção natural, ou a migração.

6.6.1 Modelo passo-a-passo

Motivados pelo grande número de estudos electroforéticos de proteínas dos anos 60 e 70, Ohta (1933-) e Kimura (1924-1994) propuseram em 1973 um modelo de mutação em que os alelos se podem transformar uns nos outros passo a passo, mudando o seu estado de carga eléctrica.

A ideia é baseada no facto de ser a carga eléctrica o principal determinante da mobilidade electroforética: se um (resíduo de) aminoácido de uma proteína for substituído por outro de carga diferente, a mobilidade do novo alelo é (geralmente) diferente da do original; uma substituição que não altere a carga, em regra não altera a mobilidade e portanto não é detectada como um alelo diferente (apesar da nova proteína constituir um alelo diferente, no sentido de ter uma sequência diferente). Assim, o estado alélico (A_1, A_2, etc.) é definido pela carga total da proteína, e não pelos aminoácidos que a constituem[3].

Por simplicidade matemática, assume-se em geral que as transições de estado se dão apenas entre estados alélicos adjacentes. Por exemplo, um alelo de carga +3 pode mutar para outro de carga +2 ou +4, mas para mais nenhum (embora isto não seja estritamente verdade, e haja portanto também versões mais realistas do modelo, mas também matematicamente mais difíceis). Por estas razões, é conhecido como modelo de estado de carga, ou de mutação passo-a-passo[4]. Este modelo inclui mutações reversíveis: um alelo de carga -2 pode mutar para outro de carga -1, e este pode mutar mais tarde para carga -2.

O modelo passo-a-passo é bastante mais realista do que os anteriores (nomeadamente para aplicação aos dados que o inspiraram). No entanto, na prática tem vários problemas. Por exemplo, quando a mobilidade electroforética experimental de várias hemoglobinas de sequência conhecida foi comparada com a mobilidade esperada de acordo com a carga, verificou-se haver discrepâncias em mais de um terço delas. De facto, o efeito de uma mudança de carga depende de onde ela ocorra: uma alteração no interior da molécula não é "visível" pelo meio, e portanto não altera a mobilidade, excepto se causar grandes perturbações na estrutura terciária da proteína – e nesse caso a alteração da mobilidade não é

---

[3] Os alelos assim definidos são geralmente chamados aloenzimas, alozimas, ou ainda alomorfos.

[4] Em inglês, *stepwise mutation model*.

previsível apenas pela mudança de carga. Noutra perspectiva, as previsões do modelo parecem ajustar-se melhor à variação intra-específica do que à variação interespecífica – embora o mau ajustamento possa também ser devido ao pressuposto de que não ocorre selecção natural.

Por estas razões, e porque a electroforese de proteínas foi substituída por estudos ao nível do DNA, este modelo caiu em desuso. Entretanto, descobriu-se que este modelo descreve bem a evolução de microssatélites, marcadores genéticos muito úteis, já que são geralmente muito polimórficos (por exemplo, na nossa espécie, muitos têm mais de 20 alelos, e heterozigotias superiores a 0.85, sendo muito usados, por exemplo, em genética forense). Assim, o modelo passo-a-passo foi recuperado para estes dados, sendo por isso novamente bastante usado.

6.6.2 Infinitos alelos

Imaginemos um gene formado por 900 (pares de) bases (o que resultaria em 300 aminoácidos, aproximadamente o tamanho médio das proteínas de *E. coli*, e bastante menor do que o tamanho médio das proteínas na nossa espécie). Como cada posição pode ser ocupada por um de quatro nucleótidos, o número de alelos possíveis é 4^{900}, ou cerca de 10^{542}, claramente um número "astronómico"[5]. Parece portanto razoável supor que o número de alelos possíveis é infinito, pelo que cada acontecimento mutacional cria um alelo que não existia ainda na população (já que a probabilidade de escolher duas vezes o mesmo alelo de um número infinito de alelos é nula). Se cada novo mutante é único, então o número de alelos distintos de uma amostra dá bastante informação acerca do número de mutações que ocorreram.

Podemos também pensar neste modelo ao nível das proteínas: numa proteína de 300 aminoácidos o número possível de alelos é ainda enorme: 20^{300}, da ordem de 10^{390}. Assim, este modelo, chamado de infinitos alelos (IA) é bastante mais atraente para sequências de DNA e proteína do que os modelos clássicos.

Numa população infinita, e já que todos os novos alelos são diferentes, o número de alelos na população não deixaria de aumentar com o decorrer do tempo. Portanto, para o modelo fazer sentido, temos de introduzir o facto de a população ser finita. Nas populações finitas, os alelos podem perder-se (como veremos mais tarde, no capítulo 10), levando a um eventual estado estacionário entre o número de alelos criados por mutação e o número perdido devido à finidade da população. Por esta razão, só faz sentido examinar este modelo em detalhe após estudar as consequências da finidade das populações, de modo a se poder perceber a interacção entre estes dois factores evolutivos.

6.6.3 Infinitas posições

Podemos também pensar numa sequência como sendo formada por um número muito grande de posições (ocupadas por nucleótidos ou aminoácidos), e em cada acontecimento mutacional como alterando uma dessas posições escolhida ao acaso. Se o número de posições for suficientemente grande, e a taxa de mutação suficientemente pequena, a probabilidade de atingir duas vezes a mesma posição é praticamente nula – já que a quantidade de posições monomórficas (que nunca mutaram) é muito maior do que a de posições variáveis. Podemos então considerar o caso limite, em que cada mutação atinge sempre uma posição diferente, o que equivale a considerar o número de posições infinito, dai o nome deste modelo: infinitas posições (IP).

---

[5] Para comparação, o número de partículas elementares do universo é estimado em cerca de 10^{80}.

A principal diferença entre o modelo anterior e este é a seguinte. No modelo IA a mutação pode ocorrer mais de uma vez na mesma posição (apenas não cria duas vezes o mesmo alelo), e portanto podemos observar mais de uma base (ou aminoácido) em qualquer posição. Por outro lado, no modelo IP cada posição só é atingida pela mutação no máximo uma única vez, pelo que só pode haver uma ou duas variantes em cada posição.

Embora este modelo tenha sido desenvolvido (por Kimura, cerca de 1970) para sequências muito grandes, como o genoma humano, ele pode também ser aplicado a um único gene, já que a mutação é um fenómeno raro e portanto a probabilidade de uma mutação atingir duas vezes a mesma posição é muito pequena. No entanto, neste caso a versão original do modelo não se aplica, já que assume que as posições são independentes (no sentido de não haver linkage) – e a recombinação intragénica pode ser tão rara como a própria mutação. Por esta razão, Waterson desenvolveu em 1975 uma nova versão do modelo, ainda com infinitas posições, mas supondo que o grau de linkage entre elas é completo. Curiosamente, muitos dos resultados dos dois modelos são idênticos.

Como o número de posições de uma sequência é muito menor do que o número de alelos que essa sequência pode ter, e cada modelo aproxima um destes números por infinito, poderíamos pensar que o modelo dos alelos infinitos seria mais adequado à realidade. No entanto, os dados disponíveis relativos à variação intraespecífica ao nível do DNA tendem a indicar o contrário: a maior parte das posições são monomórficas, e quase todas as polimórficas segregam apenas para dois nucleótidos, o que constitui a principal motivação para o modelo IP. A principal excepção é constituída pelos vírus de RNA, cuja taxa de mutação é tão elevada que muitas posições apresentam mais de dois alelos. Além disso, o modelo IP não se aplica também a comparações de sequências de espécies diferentes, que, por estarem separadas por muito mais tempo, sofrem múltiplas mutações nas mesmas posições.

Com a sua ênfase no número de posições, este modelo sugere uma nova forma de extrair informação das amostras de sequências de uma população. Na genética populacional clássica, contamos os alelos, e estimamos as suas frequências. Com os dados moleculares, podemos também fazer comparações de sequências duas a duas e determinar, por exemplo, o número de posições em que cada par de sequências difere. O número teórico de posições em segregação (isto é, diferentes) entre duas sequências pode ser previsto por este modelo, e comparado com o observado. No entanto, também este modelo só faz sentido em populações finitas (caso contrário o número de posições monomórficas ia-se reduzindo, e o modelo deixava de se aplicar), pelo que não o estudamos agora em detalhe.

6.6.4 Finitas posições

Os modelos anteriores fazem sentido para as comparações intraespecíficas (dentro de uma só população, ou entre populações da mesma espécie) para que foram desenvolvidos, permitindo muitas vezes um bom ajustamento a dados desse tipo. No entanto, estes modelos são muito menos úteis para estudar sequências de DNA de espécies diferentes (ou sequências de uma única espécie com uma taxa de evolução molecular muito elevada), já que neste caso pode haver múltiplas substituições numa proporção apreciável de posições. O problema destas substituições múltiplas na mesma posição é que as mais recentes podem esconder as mais antigas. Assim, o número de diferenças observado entre duas sequências pode não ser um bom estimador do número real de substituições que ocorreram (figura 6.4), o que dificulta muito o estudo da evolução das sequências de DNA e proteína. No entanto, o número real de substituições que ocorreram (incluindo as que ficaram "escondidas"), pode ser estimado usando modelos de mutação e substituição específicos para este problema.

Tempo

0 | A | T | G | T | C | T | A | A | A | G | A | A | A | A | G |

1 | A | T | G | T | C | T | A | A | G | G | A | G | A | A | G |

2 | A | T | G | T | C | A | A | A | G | G | A | T | A | A | C |

3 | G | T | G | T | C | T | A | A | G | G | A | T | C | A | C |

Substituições reais

	0	1	2	3
0	-	2	5	7
1		-	3	6
2			-	3
3				-

Diferenças observadas

	0	1	2	3
0	-	2	4	5
1		-	3	4
2			-	3
3				-

Figura 6.4. Substituições e diferenças em sequências de DNA

6.7 Mutação: aleatória?

Um dos princípios da teoria moderna da evolução é que a mutação é aleatória, questão que discutimos agora. É importante, antes de mais, perceber o que se entende por "aleatório" neste contexto.

As consequências populacionais da mutação em populações suficientemente grandes (teoricamente infinitas), em termos de variação das frequências alélicas, são determinísticas, como vimos – dadas as frequências alélicas numa geração, podemos determinar exactamente os seus valores nas gerações seguintes. Não é, portanto, neste sentido que a mutação é assumida aleatória.

Um gene é constituído por uma sequência de DNA (ou RNA, mas isso não altera o argumento) e, portanto, por uma sequência de pares de bases A, C, G e T. Uma interpretação possível de aleatório seria assim a de que todas as posições têm igual probabilidade de mutar, e todas as substituições de pares de bases a mesma probabilidade de ocorrer. No entanto, também não é esse o significado de aleatório aqui. Aliás, sabemos hoje que nenhuma destas proposições é verdadeira – nem todas as posições têm a mesma probabilidade de mutar, nem todas as substituições em cada posição, têm a mesma probabilidade de ocorrer.

O que tem papel fundamental na teoria evolutiva é a ideia de que as mutações ocorrem independentemente das suas consequências fenotípicas. Mais uma vez, isto não deve ser interpretado de forma "ingénua", como querendo dizer que todos os fenótipos que poderiam resultar da mutação têm a mesma probabilidade de ocorrência – primeiro porque seria impossível definir "todos os fenótipos que poderiam resultar da mutação", segundo porque não é isso que é relevante.

O que é assumido é que as mutações ocorrem de modo independente das suas consequências evolutivas e, em particular, que uma mutação ocorre com a mesma probabilidade independentemente de ser vantajosa, deletéria (*i.e.*, desvantajosa), ou selectivamente neutra (nem uma coisa nem outra).

As experiências clássicas de Luria, Delbrück e os Lederberg, realizadas com bactérias, nas décadas de 1940 e 1950, mostraram que as bactérias tinham adquirido mutações levando à resistência a fagos (vírus de bactérias), antes de serem expostas a eles, pelo que o aparecimento das mutações não poderia ter sido induzido pelos fagos. Ficou assim demonstrado que as mutações não aparecem apenas quando são vantajosas.

No fim dos anos 1980, Cairns e colaboradores aceitaram a interpretação convencional de que estas experiências clássicas demonstravam que já havia mutações vantajosas pré-existentes, mas argumentaram que essas experiências tinham alguns problemas: por um lado, envolveram factores selectivos letais, e por outro, a resistência aos fagos demora várias gerações a ser expressa. Assim, as bactérias sem genes de resistência pré-existentes morrem logo que expostas ao vírus, pelo que quaisquer novos mutantes, possivelmente estimulados pelos fagos, morreriam sem serem detectados. Trabalharam então com uma mutação âmbar (TAG) no gene *lacZ* em plasmídeos F', observando reversões, e interpretaram os resultados postulando que estas mutações tinham sido dirigidas, no sentido de permitir a utilização de lactose como fonte de carbono e energia, preferencialmente quando esta estava presente no meio – isto é, quando as mutações eram vantajosas.

Este trabalho estimulou vários estudos moleculares muito detalhados. Embora os resultados tenham sido variados, a ideia de mutações dirigidas não se saiu nada bem: foram propostas várias explicações alternativas para os resultados de Cairns, sem envolver mutação dirigida; controles adicionais demonstraram erros graves neste e noutros trabalhos que pareciam apoiar as mutações dirigidas, muitos dos quais relacionados com o uso de plasmídeos (por exemplo, a mesma mutação âmbar reverte facilmente no plasmídeo, mas não no cromossoma); e, apesar de muitos esforços, não foi possível demonstrar qualquer mecanismo molecular que gerasse mutações dirigidas.

Em resumo, embora o debate tenha sido estimulante, não há qualquer evidência convincente que aponte para a existência de mutações dirigidas. O postulado de que as mutações ocorrem independentemente da sua vantagem selectiva sobreviveu ao assalto, e mantém-se válido.

Há ainda outro sentido em que a mutação pode ser considerada aleatória. O número de alelos possíveis num gene de tamanho médio é muito maior do que a grandeza de qualquer população. Imaginemos assim duas populações monomórficas para o mesmo alelo num gene típico. Em virtude da mutação, as duas populações passarão a ter mais alelos na geração seguinte, mas esses novos alelos serão, sem dúvida, diferentes nas duas populações – devido à aleatoriedade da mutação e à finidade das populações.

6.8 Problemas

1. Considerar uma população ao nível de um gene dialélico, em que ambos os alelos mutam de acordo com o esquema

$$A \xrightarrow{u = 3 \times 10^{-5}} a$$
$$p \xleftarrow{v = 2 \times 10^{-5}} q$$

e onde a frequência inicial de A é 0.9.

  1.1 Representar graficamente Δp em função de p.
  1.2 Calcular o número de gerações necessárias para aumentar a frequência do alelo a para o dobro.
  1.3 Calcular o número de gerações necessárias para aumentar a frequência do alelo a para o dobro, ignorando a mutação para A.
  1.4 Quais os valores para que tendem as frequências alélicas? Justificar.

Capítulo 7

SELECÇÃO NATURAL

... as many of the goats retired to the craggy rocks, where the dogs could never follow them, descending only for short intervals to feed with fear and circunspection in the vallies, few of these, besides the careless and the rash, became a prey; and none but the most watchful, strong, and active of the dogs could get a suficiency of food. Thus a new kind of balance was established. The weakest of both species were among the first to pay the debt of nature; the most active and vigorous preserved their lives.

Townsend, 1786.

Natural selection is a simple theory because it can be understood by everybody; to misunderstand it requires special training.

Bell, 1982.

7.1 O que é a selecção natural?

"When I use a word," Humpty Dumpty said, in rather a scornful tone, "it means just what I choose it to mean – neither more nor less."
"The question is," said Alice, "whether you can make words mean so many different things."
"The question is," said Humpty Dumpty, "which is to be master– that's all."

Carroll, 1872.

A selecção natural constitui uma parte essencial da teoria da evolução, mas existe considerável confusão acerca do que ela é – uma lei universal, uma tautologia[1], ou um exercício metafísico. Sem entrar aqui nestas discussões, elas mostram que convém definir selecção natural cuidadosamente.

Entendemos aqui a selecção natural como um *processo* em que, se uma população tiver

1. variação entre os seus indivíduos numa característica;
2. uma relação consistente, para essa característica, entre os progenitores e a sua descendência, que não dependa apenas da partilha de ambientes semelhantes;
3. uma relação consistente entre essa característica e a capacidade de sobrevivência ou reprodução do indivíduo;

---

[1] Uma tautologia é uma afirmação trivialmente verdadeira em virtude das definições dos seus termos.

então

1. a distribuição de frequências dessa característica será previsivelmente diferente entre grupos etários ou estádios da história vital, para além das diferenças devidas à ontogenia;
2. a distribuição de frequências dessa característica será previsivelmente diferente entre gerações, para além das diferenças esperadas apenas das condições 1 e 2 (excepto se a população estiver em equilíbrio).

A selecção natural é então um processo que ocorre nas populações se determinadas condições se verificarem e, nesse caso, tem consequências. Assim, é importante, no estudo da selecção natural, distinguir bem entre as suas causas, o próprio processo de selecção, e as suas consequências.

Como indicado acima, as causas são três: variação, hereditariedade e diferenças nas taxas de sobrevivência ou reprodução. Cabe portanto perguntar se estas causas, ou condições iniciais, são razoáveis. Todos sabemos que a maior parte das características dos seres vivos são de facto codificadas nos seus genomas, pelo que a hereditariedade é um dado adquirido (pese embora a influência do ambiente). A transmissão sem erros da informação genética de uma geração à seguinte é praticamente impossível, pelo que a existência de variação genética fica assegurada, e tem sido amplamente documentada. Havendo variação, é quase inevitável que algumas variantes tenham melhor desempenho do que outras; medimos este desempenho pela *fitness* (que definiremos mais abaixo). Assim, as condições necessárias e suficientes para haver selecção natural são, no mínimo, plausíveis.

A hereditariedade é estudada na genética clássica e molecular – ou, se não tiver base genética, na etologia. As razões por que algumas características conferem aos seus portadores maior fitness do que outras, são objecto de estudo da bioquímica, da fisiologia, da embriologia, da ecologia, etc. Estas razões são por vezes confundidas com a própria selecção natural, mas não fazem parte dela, são apenas uma das suas três causas (mesmo que a mais interessante). A genética populacional ocupa-se principalmente das consequências da selecção natural (e outros factores evolutivos), e em especial da segunda: a dinâmica evolutiva ao longo das gerações (incluindo os seus equilíbrios). Assim, estudamos neste capítulo as consequências da selecção natural ao nível de um único gene autossómico (com dois ou mais alelos), em populações haplóides e diplóides de reprodutores sazonais com gerações separadas, começando por assumir que as fitnesses são constantes (ou, pelo menos, variam muito mais devagar do que os restantes parâmetros e variáveis evolutivos de modo a poderem ser tratadas como constantes).

A principal questão que guiará o nosso estudo deste capítulo é saber em que condições é que a selecção natural mantém a variabilidade genética da população. A par desta questão fundamental, haverá outras, mais detalhadas e quantitativas. Por exemplo, se descobrirmos que a variabilidade genética se tende a perder, é importante saber quanto tempo isso demora (10 gerações? 10000? As implicações evolutivas são muito diferentes!).

As relações entre o genótipo e o fenótipo são, em geral, muito complexas: o mesmo genótipo colocado em ambientes diferentes pode resultar em diferentes fenótipos (plasticidade), e diferentes genótipos (no mesmo ou diferentes ambientes) podem produzir o mesmo fenótipo (canalização). Além disso, as interacções entre o fenótipo e o ambiente, que resultam na fitness, podem também ser muito complexas. Infelizmente, na prática raramente temos o conhecimento suficiente, quer do ambiente quer do genótipo, para prever como é que eles interagem, pelo que associamos aqui uma fitness directamente a cada genótipo.

Há quem diga que a selecção natural é uma *força* que *actua* sobre os organismos ou as populações. A selecção não actua nas populações, tal como a erosão não actua numa encosta: a selecção é o resultado de diferenças biológicas (ou culturais) herdáveis, tal como a erosão é o resultado de diferenças físicas na resistência ao vento, às variações de temperatura, à água corrente, etc.

A analogia da selecção como força é não só desnecessária como geradora de confusão. Se fosse uma força, seria possível decompô-la em massa e aceleração, mas nenhum destes conceitos físicos tem paralelo exacto no processo de selecção natural. Uma força não tem sentido sem um objecto sobre o qual se exerce, e este não existe na selecção. A selecção natural não funciona como um sistema físico de forças que movem objectos. Uma analogia melhor seria um sistema de reacções químicas, constituído por moléculas com propriedades diferentes. Em ambos os casos não há forças misteriosas que alteram as frequências dos vários componentes do sistema, mas sim propriedades destes componentes, que geram processos (a selecção natural num caso, as reacções químicas no outro). E em ambos os casos também, o processo pode levar a um equilíbrio estático, a um equilíbrio dinâmico, ou ainda a um estado estacionário (se o sistema for aberto). O uso do termo força aplicado à selecção natural é semelhante ao do flogisto na química e na termodinâmica – confunde causas e efeitos, e distrai-nos das verdadeiras causas e mecanismos.

A selecção natural é um processo evolutivo, uma influência causal da evolução, não uma força. Assim, não faz sentido falar da sua *intensidade*, do mesmo modo que não existe uma intensidade das reacções químicas (ou da erosão) – o que há é taxas, ou velocidades. Nem faz também sentido (se possível, faz ainda menos) falar em *pressão selectiva* (lembremos que pressão é força por unidade de área), expressão infelizmente muito comum, mesmo na literatura especializada. Mais uma vez, esta expressão cria muitos problemas sem resolver nenhum, pelo que é melhor evitá-la.

7.2 Selecção assexual, haplóide ou gamética

7.2.1 Introdução

A selecção natural envolvendo só um gene (único caso que estudamos neste capítulo) numa espécie haplóide é formalmente idêntica à selecção em populações assexuais, sejam haplóides ou diplóides (cf. secção 2.3). Quanto às espécies diplóides com reprodução sexual, é bem sabido que a selecção haplóide também se aplica à fase gamética das plantas e animais, mas é por vezes ignorada noutros casos igualmente importantes, envolvendo loci diplóides em animais, através de *imprinting* genómico, ou inactivação do cromossoma X. Por outras palavras, a selecção haplóide é muito importante, nos haplóides e não só. Como além disso, é também mais simples do que a selecção diplóide, começamos o nosso estudo de selecção natural pela selecção haplóide.

7.2.2 Frequências genotípicas e fitnesses absolutas

Consideremos então uma população haplóide ao nível de um gene autossómico dialélico, recenseado aquando dos nascimentos, com N_A e N_a indivíduos de cada genótipo (e portanto $N=N_A+N_a$ indivíduos na população). Quais as frequências dos dois genótipos nos recém-nascidos das gerações seguintes?

Vamos determinar estas frequências por partes, seguindo o ciclo de vida da espécie. As frequências nos adultos da geração inicial dependem das viabilidades, ou taxas de sobrevivência (desde a fase de recém-nascido até à idade adulta), de cada genótipo: por exemplo, se todos tiverem a mesma probabilidade de sobreviver, as frequências nos adultos são as mesmas dos bebés. Se as viabilidades dos dois genótipos forem V_A e V_a, haverá $V_A N_A$ adultos A e $V_a N_a$ adultos a. Os adultos podem também ter diferentes fertilidades, dependendo do seu genótipo. Suponhamos que cada adulto A produz em média D_A descendentes (bebés), e cada a produz D_a. A contribuição absoluta média de cada recém-nascido A de uma geração para os recém-nascidos da geração seguinte é então $V_A D_A$, a que chamamos a fitness (darwiniana) absoluta do genótipo A, e representamos por W_A, sendo a fitness absoluta do a $W_a = V_a D_a$ – tabela 7.1. As fitnesses podem portanto ser quaisquer números não negativos.

Tabela 7.1. Frequências genotípicas nos recém-nascidos e adultos de uma geração, e nos recém-nascidos da geração seguinte, numa população haplóide

Genótipos	Recém-nascidos	Adultos	Recém-nascidos da nova geração
A	N_A	$V_A N_A$	$V_A D_A N_A = W_A N_A$
a	N_a	$V_a N_a$	$V_a D_a N_a = W_a N_a$

Sendo W_A e W_a as fitnesses absolutas de cada genótipo, e p e q as suas frequências, qual a fitness absoluta média da população na mesma geração? É a soma das fitnesses absolutas, ponderadas pelas frequências dos respectivos genótipos:

$$\overline{W} = pW_A + qW_a \qquad (7.1)$$

7.2.3 Frequências e grandeza populacional ao fim de uma geração

Os números de recém-nascidos na geração seguinte são:

$$N'_A = N_A W_A$$
$$N'_a = N_a W_a$$
$$N' = N'_A + N'_a = N_A W_A + N_a W_a \qquad (7.2)$$

pelo que a frequência relativa do alelo A na nova geração é

$$p' = \frac{N'_A}{N'} = \frac{N_A W_A}{N_A W_A + N_a W_a}$$

ou, dividindo N_A e N_a por N,

$$p' = \frac{pW_A}{pW_A + qW_a} \qquad (7.3)$$

e portanto a frequência do alelo a é

$$q' = \frac{qW_a}{pW_A + qW_a} \qquad (7.4)$$

O denominador destas expressões é a fitness absoluta média da população na geração inicial (dada pela equação 7.1), pelo que podemos também escrever

$$p' = \frac{pW_A}{\overline{W}} \qquad (7.5)$$

A equação 7.2 pode ser escrita de outra forma, usando a equação 7.1:

$$N' = N_A W_A + N_a W_a = (pW_A + qW_a)N = \bar{W}N .\tag{7.6}$$

Em palavras, a grandeza da população numa geração é igual ao produto da grandeza da população e da sua fitness absoluta média na geração anterior. A fitness absoluta média pode assim ser interpretada como equivalente à taxa de crescimento *per capita* da população.

Estas equações são semelhantes às que estudámos na secção 3.2. A única diferença está no modo como as tratamos: no capítulo 3 assumimos que os W's eram todos iguais, aqui levantamos este pressuposto.

A figura 7.1 ilustra a evolução genética e dinâmica, sob selecção haplóide. Como neste caso ambas as fitnesses absolutas são maiores do que 1, o número de indivíduos de cada genótipo aumenta ao longo do tempo (e portanto a grandeza populacional total também). Mas como a fitness do A é maior do que a do a, o número de indivíduos A aumenta mais depressa do que o dos a, de modo que a frequência do alelo A aumenta, tendendo para 1 (e a do a...).

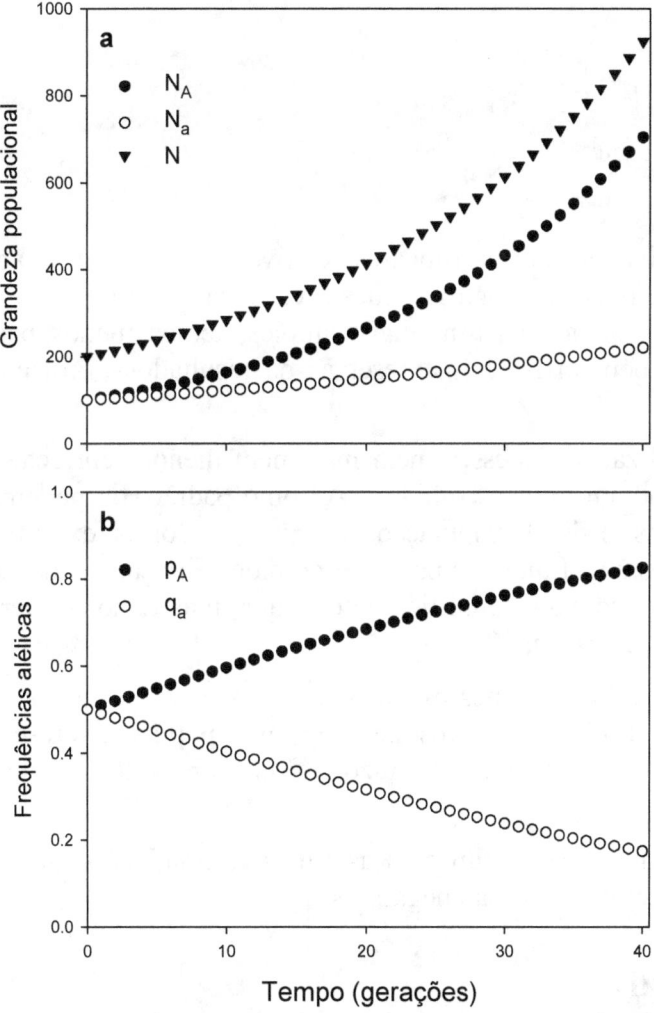

Figura 7.1. Frequências absolutas e relativas sob selecção haplóide. $W_A=1.05$, $W_a=1.02$.

7.2.4 Fitnesses relativas

A equação 7.3 mostra uma propriedade muito importante da selecção natural: os efeitos da selecção na composição genética da população dependem apenas das grandezas relativas das fitnesses, e não dos seus valores absolutos. Com efeito, se multiplicarmos todos os W's da equação 7.3 pelo mesmo número, o valor da fracção, e portanto de p', permanece inalterado. E já que apenas os valores relativos das fitnesses são importantes, podemos tomar a fitness absoluta de um dos genótipos (por exemplo o a) como padrão[2], e dividir todas as fitnesses por essa. Obtemos assim as fitnesses relativas, contribuições relativas de cada genótipo para a geração seguinte, representadas por w_A e w_a, assim como a fitness relativa média da população, $\bar{w}$:

$$w_A = \frac{W_A}{W_a}$$

$$w_a = \frac{W_a}{W_a} = 1$$

$$\bar{w} = pw_A + qw_a = pw_A + q \qquad (7.7)$$

donde

$$p' = \frac{pw_A}{pw_A + qw_a} = \frac{pw_A}{pw_A + q} = \frac{pw_A}{\bar{w}} \qquad (7.8)$$

Há várias vantagens em trabalhar com as fitnesses relativas, e não com as absolutas. A principal, consiste em reduzir o número de parâmetros – neste caso, em vez de duas fitnesses só temos de especificar uma. As equações ficam assim mais simples, temos menos parâmetros para estimar experimentalmente, e é também mais fácil apresentar os resultados graficamente – tudo isto sem perdermos generalidade.

Há outras formas de normalizar as fitnesses, nem mais nem menos "correctas" do que esta, apenas diferentes. Por exemplo, podíamos ter escolhido o A como padrão, ou podemos também usar outro valor qualquer, como a fitness média da população. De qualquer forma, exprimimos então as fitnesses de todos os genótipos em relação à fitness do padrão escolhido. Em cada situação, escolhemos a forma mais apropriada, em regra a que mais simplifica os cálculos, mas temos de ter sempre o cuidado de tornar claro qual a normalização usada.

Uma diferença interessante entre as fitnesses absolutas e relativas é que a fitness relativa de um genótipo pode aumentar sem limite, mas a absoluta não, ou a população cresceria indefinidamente, e cada vez mais depressa (equação 7.6) – a longo prazo, a fitness absoluta deve manter-se perto de 1 (um descendente por indivíduo).

A partir de agora, chamaremos apenas fitnesses às fitnesses relativas – que, tal como as fitnesses absolutas, podem ser quaisquer números não negativos.

7.2.5 Coeficientes selectivos

Uma outra forma de estudar a selecção natural consiste em, tomando um genótipo como padrão como anteriormente (por exemplo, o a), representar as fitnesses w_A e w_a como

---

[2] Desde que não seja zero. Se for, escolhemos outro genótipo como padrão, ou trabalhamos com as fitnesses absolutas.

$$w_A = 1 + s_A = 1 + s$$
$$w_a = 1$$

Tal como no caso das fitnesses relativas, este esquema leva à redução do número de parâmetros: em vez de duas fitnesses, podemos trabalhar apenas com um coeficiente selectivo, s_A ou s. Além disso, muitas expressões ficam bastante mais simples com os coeficientes selectivos do que com as fitnesses.

Qual o significado biológico dos coeficientes selectivos? O coeficiente selectivo de um genótipo pode ser visto como a diferença entre a fitness relativa desse genótipo e a fitness relativa do padrão (que é 1):

$$w_A = 1 + s_A$$
$$s_A = w_A - 1$$
$$ = w_A - w_a$$

O coeficiente selectivo s_A é 0 quando não houver selecção (por as fitnesses serem todas iguais), positivo quando a fitness do A for maior do que a do a (quando a selecção "favorecer" o A) e negativo (mas nunca menor do que -1 – porquê?) se a fitness do A for menor do que a do a. Assim, o coeficiente selectivo de um genótipo mede directamente a selecção a favor desse genótipo (relativamente ao padrão). Temos então

$$\bar{w} = pw_A + qw_a = p(1+s) + q = p + sp + q$$
$$\phantom{\bar{w}} = 1 + sp$$
$$p' = \frac{p(1+s)}{1+sp}$$

Esperamos que na maior parte dos casos (*i.e.*, excepto em casos extremos, possivelmente envolvendo letalidade, ou alterações bruscas do ambiente) os coeficientes selectivos dos alelos encontrados na natureza sejam pequenos, mas bastante maiores do que as taxas de mutação, talvez da ordem de 10^{-2}.

7.2.6 Variação das frequências genotípicas e equilíbrios

Podemos também considerar a variação das frequências alélicas entre duas gerações sucessivas, Δp, o que ajuda a encontrar os equilíbrios, tal como no estudo da mutação. Da equação 7.8 temos

$$\Delta p = p' - p = \frac{pw_A}{\bar{w}} - p$$

$$\Delta p = \frac{p(w_A - \bar{w})}{\bar{w}}$$

ou ainda, lembrando a equação 7.7,

$$\Delta p = \frac{p(w_A - pw_A - qw_a)}{\bar{w}} = \frac{p[w_A(1-p) - qw_a]}{\bar{w}}$$

$$\Delta p = pq\frac{(w_A - w_a)}{\bar{w}} \tag{7.9}$$

ou

$$\Delta p = \frac{pqs}{\bar{w}} \tag{7.10}$$

Estas equações mostram que quando p=0 ou q=0, isto é, quando não puder haver selecção, por não existir variabilidade genética (secção 7.1), o gene está em equilíbrio ($\Delta p=0$), como seria de esperar; estes são, pois, equilíbrios triviais. Só pode existir um terceiro equilíbrio se as fitnesses forem iguais e portanto o coeficiente selectivo nulo (já que a fitness média nunca pode ser infinita) – por outras palavras, mais uma vez se não houver selecção. Havendo selecção, w_A é maior (resp. menor) do que w_a, e Δp é sempre positivo (negativo), pelo que a frequência do alelo A aumenta (diminui) sempre até a população ficar monomórfica. A equação 7.10 mostra ainda que a variação das frequências alélicas (nula, quando qualquer dos alelos tem frequência zero) se torna cada vez menor à medida que qualquer dos alelos se torna mais raro.

Concluindo, no caso de selecção haplóide (ou assexual, ou gamética) com fitnesses constantes, a selecção natural não pode manter um polimorfismo equilibrado: qualquer polimorfismo é apenas transiente, a caminho de uma situação monomórfica, em que a população fica apenas composta pelo genótipo com maior fitness.

7.2.7 Evolução das frequências ao longo do tempo

Em geral, é desejável obter a solução das equações dinâmicas dos modelos, por exemplo a frequência alélica ao fim de um número qualquer de gerações, em função da frequência inicial, do tempo e dos parâmetros do modelo. Esta solução tem pelo menos duas grandes utilidades (como já vimos antes, por exemplo na mutação bidireccional): permite obter as frequências alélicas para qualquer geração sem ter de calcular as gerações intermédias, e também obter o valor limite estável, fazendo o tempo tender para (mais) infinito; em alguns casos, é também possível inverter a solução e determinar o tempo necessário para a frequência de um alelo variar entre dois valores quaisquer (noutros casos ainda, consegue-se obter este tempo, mas não a solução explícita).

Em modelos mais complexos de selecção, em especial nos diplóides, raramente é possível obter a solução da evolução da população ao longo do tempo, mas no caso de selecção haplóide com fitnesses constantes isto é muito fácil. Lembrando as equações 7.3 e 7.4, podemos calcular a razão (ou quociente) das frequências alélicas ao fim de uma geração de selecção

$$\frac{p_1}{q_1} = \frac{p_0}{q_0}\frac{W_A}{W_a}$$

donde

$$\frac{p_2}{q_2} = \frac{p_1}{q_1}\frac{W_A}{W_a} = \frac{p_0}{q_0}\left(\frac{W_A}{W_a}\right)^2$$

e, de um modo geral,

$$\frac{p_t}{q_t} = \frac{p_0}{q_0}\left(\frac{W_A}{W_a}\right)^t \tag{7.11}$$

ou, trabalhando com as fitnesses relativas (com $w_a=1$),

$$\frac{p_t}{q_t} = \frac{p_0}{q_0}w_A^t \tag{7.12}$$

ou com os coeficientes selectivos

$$\frac{p_t}{q_t} = \frac{p_0}{q_0}(1+s)^t \ . \tag{7.13}$$

A equação 7.11 mostra uma propriedade interessante da selecção haplóide: a selecção altera a razão das duas frequências alélicas de acordo com um factor constante, igual ao rácio das duas fitnesses (ou, o que é o mesmo, à fitness relativa, equação 7.12). Assim, a razão das frequências alélicas aumenta ou diminui sempre de forma geométrica.

Podemos agora resolver a equação 7.12 em ordem a p_t:

$$\frac{p_t}{1-p_t} = \frac{p_0 w_A^t}{q_0}$$

$$p_t q_0 = p_0 w_A^t - p_0 p_t w_A^t$$

$$p_t \left(q_0 + p_0 w_A^t \right) = p_0 w_A^t$$

$$p_t = \frac{p_0 w_A^t}{p_0 w_A^t + q_0} = \frac{p_0 w_A^t}{1 + p_0 \left(w_A^t - 1 \right)} \tag{7.14}$$

Esta equação[3] constitui a desejada solução do modelo, pelo que podemos usá-la para determinar directamente a frequência do alelo A (e portanto do a) em qualquer geração, sem termos de calcular as gerações intermédias. Além disso, podemos fazer o tempo tender para (mais) infinito e determinar assim o destino genético da população. Este depende de w_A ser maior ou menor do que 1 (ou seja, de W_A ser maior ou menor do que W_a): se w_A for maior do que 1, p_t tende para 1, se for menor do que 1, tende para 0 – o que concorda com a análise que fizemos na secção anterior usando a equação de Δp.

Fisher e Haldane, dois dos principais responsáveis pelo desenvolvimento inicial da genética populacional, muitas vezes prefeririam trabalhar com o rácio das frequências alélicas (p/q), ou o seu logaritmo (ln(p/q)) em vez de trabalhar com as frequências alélicas, como fazemos geralmente. Embora inicialmente menos intuitivos do que as frequências alélicas, permitem obter a solução de alguns modelos com mais facilidade, como acabámos de ver.

7.2.8 Tempos evolutivos

> *The importance of the great principle of Selection mainly lies in this power of selecting scarcely appreciable differences, (...) which can be accumulated until the result is made manifest to the eyes of every beholder.*
> Darwin, 1868.

Resolvendo agora a equação 7.12 em ordem a t, podemos também determinar o tempo necessário para fazer variar a frequência de um alelo entre quaisquer valores. Aplicando logaritmos a esta equação, temos

$$\ln\left(\frac{p_t}{q_t}\right) = \ln\left(\frac{p_0}{q_0}\right) + \ln(w_A) t \ , \tag{7.15}$$

---

[3] Como curiosidade, notemos que esta é uma equação logística (mais precisamente, já que as gerações são separadas, um conjunto de valores que podem ser interpolados por uma logística contínua).

donde

$$t = \frac{\ln\left(\frac{p_t}{q_t}\right) - \ln\left(\frac{p_0}{q_0}\right)}{\ln(w_A)} = \frac{\ln\left(\frac{p_t}{q_t}\right) - \ln\left(\frac{p_0}{q_0}\right)}{\ln(1+s)} \ . \tag{7.16}$$

Claro que esta equação se aplica apenas aos casos em que a frequência do alelo A, inicialmente p_0, pode de facto atingir p_t; por exemplo, se s for positivo a frequência de A nunca diminui, pelo que não faz sentido fazer $p_t < p_0$ na equação (qual seria o resultado?).

Suponhamos que o alelo A tem a maior fitness, pelo que tende a fixar-se (*i.e.*, p→1, q→0). Quanto tempo demora este equilíbrio a ser atingido? Esta equação mostra que, sejam quais forem as frequências alélicas iniciais, só ao fim de um tempo infinito é que a população chegaria ao equilíbrio (verifique). Por outras palavras, o equilíbrio é aproximado assintoticamente. Isto está de acordo com a observação que fizemos no fim da secção 7.2.6: a variação das frequências alélicas torna-se cada vez menor à medida que qualquer dos alelos se torna mais raro. Por outro lado, se estivermos interessados no tempo necessário para uma dada variação das frequências alélicas (por exemplo até o alelo A atingir uma frequência muito alta, como 0.99 ou 0.999), podemos obter essa informação directamente a partir desta equação.

Muitas expressões com aspecto complicado podem ser simplificadas quando os coeficientes selectivos são pequenos (quando a selecção é lenta). Por exemplo, para s pequeno $\ln(1+s) \cong s$. Assim, se as diferenças de fitness forem pequenas, o tempo necessário para uma dada variação das frequências alélicas é (com boa aproximação, e a partir da equação anterior) inversamente proporcional ao coeficiente selectivo:

$$t = \frac{\ln\left(\frac{p_t}{q_t}\right) - \ln\left(\frac{p_0}{q_0}\right)}{s} \ , \ |s| \ll 1$$

Consideremos então o tempo necessário para levar as frequências de p_0 a p_t para diferentes coeficientes selectivos (todos pequenos). Se o coeficiente selectivo for s demora um certo tempo; se o coeficiente selectivo fosse metade, o tempo seria o dobro; se fosse um décimo demorava 10 vezes mais tempo. A conclusão importante é que uma diferença de fitnesses muito pequena resulta na mesma variação das frequências alélicas que uma diferença maior – a única diferença é que demora mais tempo. Cabe lembrar aqui o pressuposto (sempre presente, desde o inicio do nosso estudo) de que a população é muito grande, praticamente infinita. Em populações finitas o caso muda de figura (como veremos no capítulo 10).

O caso de substituição de um alelo por outro tem especial interesse, já que uma forma de descrever o processo evolutivo ao nível populacional é como uma sucessão de substituições de alelos por outros (possivelmente "melhores"). A substituição completa (*i.e.*, até o novo alelo ter frequência 1), demora um tempo infinito, como vimos. Em vez disso, podemos considerar o tempo necessário para levar a frequência do alelo A de um valor p_0 muito baixo a um valor $1-p_0$ muito alto (por exemplo, de 10^{-3} a $1-10^{-3}$), processo a que Kimura chamou quase-fixação em 1954. A partir da equação 7.16, obtemos (fazendo $p_t = q_0$ e $q_t = p_0$, simplificando e aproximando)

$$t = \frac{2\ln\left(\frac{q_0}{p_0}\right)}{\ln(w_A)} = \frac{2\ln\left(\frac{1-p_0}{p_0}\right)}{\ln(1+s)} \cong \frac{-2\ln(p_0)}{s} \ . \tag{7.17}$$

Assim, o tempo de substituição de um alelo por outro é tanto maior quanto menor for a frequência inicial do alelo vantajoso e, se as fitnesses não forem muito diferentes, inversamente proporcional à diferença selectiva entre os dois alelos. Suponhamos, por exemplo, que $p_0=0.001$; então, o tempo de quase-fixação é cerca de 140 gerações para $s=0.1$, e mesmo para $s=0.01$ é menos de 1400 gerações – em qualquer dos casos, muito menos do que o necessário para uma variação semelhante das frequências alélicas devida à mutação (figura 6.3).

7.2.9 Estimação das fitnesses

De um modo geral, estimar fitnesses é tarefa difícil, mas no caso de selecção haplóide com fitnesses constantes é muito fácil ver como as fitnesses podem ser estimadas a partir da variação das frequências alélicas. Como a equação 7.15 mostra, podemos estimar a fitness relativa do genótipo A regredindo o logaritmo da razão das frequências genotípicas em ordem ao tempo (por outras palavras, calculamos p_t/q_t para cada amostra, e calculamos o coeficiente de regressão do logaritmo desta razão contra o tempo da amostra, t). Este processo está ilustrado graficamente na figura 7.2 para duas estirpes isogénicas de *Escherichia coli*, diferindo apenas nos seus operões *lac*, em competição directa num quimiostato, com o crescimento limitado por lactose. Se houver mais de dois alelos, podemos estimar as fitnesses de todos eles relativamente a um mesmo alelo padrão, através de experiências de competição aos pares.

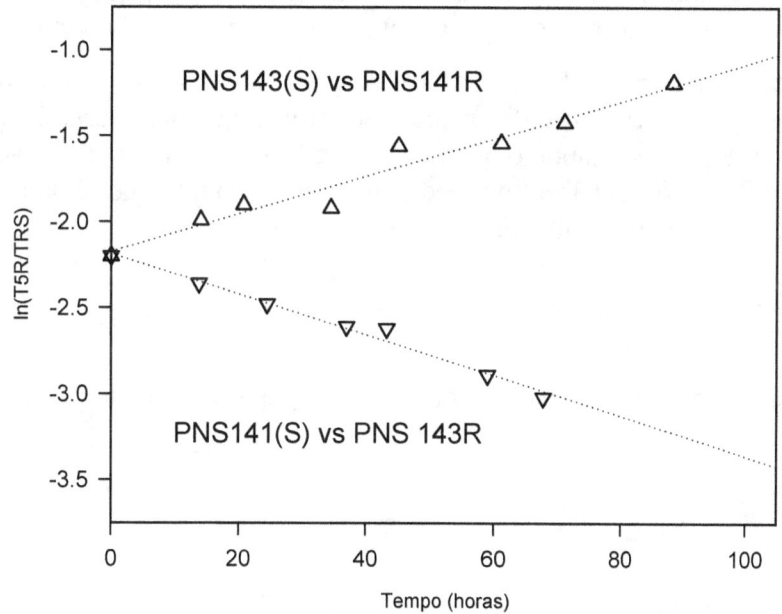

Figura 7.2. Estimação das fitnesses sob selecção haplóide

7.2.10 Genes multialélicos

Suponhamos agora que o gene tem mais de dois genótipos, diga-se k, e que a frequência do i-ésimo genótipo é p_i, e a sua fitness é W_i. A fitness absoluta média da população é então (lembrando a equação 7.1)

$$\bar{W} = \sum_{i=1}^{k} p_i W_i \qquad (7.18)$$

e a generalização natural da equação 7.3 é

$$p'_i = p_i W_i / \overline{W} \tag{7.19}$$

Assim, também aqui temos

$$\Delta p_i = \frac{p_i W_i}{\overline{W}} - p_i = \frac{p_i(W_i - \overline{W})}{\overline{W}}$$

pelo que só há equilíbrios monomórficos (como seria de esperar). Como Δp_i é positivo se e só se $W_i > \overline{W}$, o único equilíbrio estável é aquele em que a população está fixada para o genótipo com maior fitness, portanto é para aí que a população tende (desde que esse genótipo esteja presente).

7.2.11 O teorema fundamental da selecção natural

> *The rate of increase of fitness of any organism is equal to its genetic variance in fitness.*
> Fisher, 1930.

As frequências alélicas são as variáveis mais importantes no estudo da evolução de uma população (pelo menos na nossa perspectiva genética, já que também se pode seguir os valores fenotípicos, o que não fazemos aqui). No estudo da evolução por selecção natural, as fitnesses são também muito importantes, pois são os parâmetros que a caracterizam. Já vimos o que acontece às frequências alélicas ao longo do tempo, vejamos agora o que acontece à fitness média da população.

Pela definição de selecção natural dada na secção 7.1, para haver selecção têm de se verificar três condições. Uma maneira de as resumir é dizer que é necessário que haja variação genética de fitness. Quantifiquemos esta afirmação, estudando o que acontece à fitness média da população, num gene com qualquer número de alelos. A fitness absoluta média numa geração qualquer é dada pela equação 7.18, e portanto a da geração seguinte é (usando também a equação 7.19)

$$\overline{W}' = \sum_{i=1}^{n} p'_i W_i = \sum_{i=1}^{n} p_i W_i^2 / \overline{W}$$

pelo que a variação da fitness absoluta média entre as duas gerações é dada por (onde o último passo usa o resultado da secção 7.7.1)

$$\overline{W}' - \overline{W} = \frac{1}{\overline{W}} \sum_{i=1}^{n} p_i W_i^2 - \overline{W} = \frac{1}{\overline{W}} \left(\sum_{i=1}^{n} p_i W_i^2 - \overline{W}^2 \right) = \frac{Var(W)}{\overline{W}}$$

Claro que podemos, sem perda de generalidade, normalizar as fitnesses de modo que a sua média seja a unidade (cf. secção 7.2.4), donde vem:

$$\Delta \overline{w} = \overline{w}' - \overline{w} = Var(w) \ .$$

Em palavras, o incremento da fitness média é igual à variância (genética) da fitness. Fisher deu a esta afirmação o nome algo pomposo de teorema fundamental da selecção natural, chegando a afirmar que ele ocupa "posição suprema nas ciências biológicas". Fisher gostava de ver na fitness média uma medida do progresso evolutivo, e neste teorema o equivalente biológico da segunda lei da termodinâmica, a que se opõe. Como a variância nunca pode ser negativa, a selecção natural nunca faz a fitness média decrescer; quando a variância genética for nula, a população está em equilíbrio, e a fitness média não varia. Assim, a fitness média, tal como a entropia, nunca diminui, e só é constante no equilíbrio. Este resultado pode parecer automático e, de certo modo, trivial: os genótipos com maior fitness aumentam de frequência (e os de menor fitness diminuem), pelo que a fitness média nunca diminui. No entanto, este teorema, verdadeiro para um único gene numa população haplóide com fitnesses constantes como acabámos de ver, só é verdadeiro num outro caso (que estudaremos mais tarde): um gene, também com fitnesses constantes e sem dominância, numa população diplóide panmítica. Quando as fitnesses são variáveis, ou a selecção envolve mais de um gene, ou há mutação, ou não há panmixia, ou etc., não só o aumento da fitness média não é igual à variância genética da fitness, como a fitness média da população pode mesmo diminuir. O teorema não é, portanto, tão geral ou fundamental como tudo isso.

De qualquer modo, este teorema é aproximadamente válido em algumas situações (em especial se os coeficientes selectivos forem pequenos), e em muitas outras verifica-se uma forma fraca mas importante do teorema: a fitness média nunca diminui, e só se mantém constante no equilíbrio.

Notemos para terminar que Fisher era muito críptico. O seu enunciado do teorema fundamental da selecção natural (que abre esta secção) constitui um dos seus pontos altos (?) a este respeito. Assim, não é de admirar que este teorema tenha sido interpretado de formas diferentes ao longo dos anos. A interpretação que usamos aqui é a mais comum, mas fica bem notar que não é a única. Em particular, vários autores (como Edwards, Price, e Ewens) têm tentado salvar este teorema adivinhando qual seria intenção de Fisher, já que tomado à letra o teorema é manifestamente falso.

7.3 Selecção diplóide

7.3.1 Caso geral (gene autossómico dialélico)

Numa espécie predominantemente diplóide, com uma curta fase haplóide (os gâmetas), pode haver selecção na fase diplóide, ou na haplóide, ou nas duas. Se houver selecção apenas entre os gâmetas, tudo se passa como acabámos de estudar. Estudamos agora a selecção apenas na fase diplóide, deixando a sua combinação com a selecção gamética para mais tarde (secção 7.5). Mantemos portanto todos os pressupostos da lei de Hardy-Weinberg (capítulo 3) excepto o que se refere à probabilidade de sobrevivência dos zigotos, e ao número médio de gâmetas por eles produzidos.

Estudemos então um modelo simples de selecção natural, numa população diplóide, ao nível de um gene autossómico dialélico, baseado no ciclo de vida representado na figura 7.3. Tal como no caso haplóide, os vários genótipos podem ter diferentes viabilidades e fertilidades, que se combinam para determinar as suas fitnesses absolutas.

Tal como na derivação da lei de Hardy-Weinberg, temos aqui de considerar que pode haver acasalamentos ou não. Se não os houver, a viabilidade diferencial dos vários genótipos reflecte-se nas diferentes probabilidades de eles sobreviverem até à fase adulta, a fertilidade diferencial reflecte-se no diferente número de gâmetas viáveis que os vários genótipos adultos produzem, e a fitness é o produto das duas (como vimos nos haplóides). No caso de haver acasalamentos, os genótipos de cada par de (potenciais) progenitores podem interactuar, de modo que a fertilidade do par não seja previsível apenas a partir das fecundidades de cada um. Neste caso, as fitnesses não estão associadas aos (três) genótipos, mas sim aos (nove) acasalamentos, pelo que a situação é bastante mais complexa. No entanto, se a fertilidade do par for igual ao produto das fecundidades dos intervenientes (isto é, se não houver interacção das fertilidades dos progenitores), pressuposto que fazemos aqui, a selecção com acasalamentos é equivalente à que ocorre sem eles. Assumimos portanto que, ou não há acasalamentos ou, se os houver, não há interacção de fertilidades.

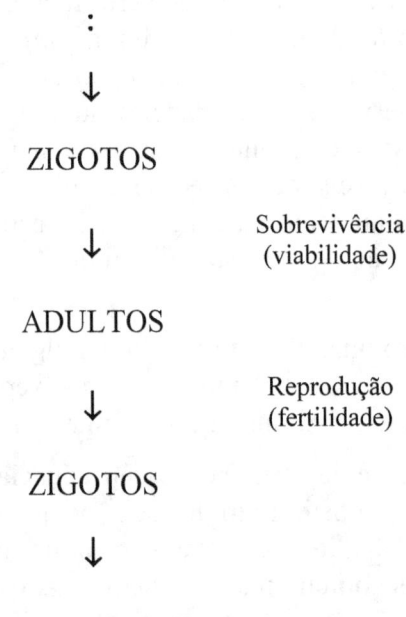

Figura 7.3. Ciclo de vida com selecção diplóide

Comecemos por considerar a população no momento em que se formam os zigotos de uma geração, com frequências p e q. Em virtude do pressuposto de panmixia, há p^2N zigotos AA, $2pqN$ Aa e q^2N aa. Se as viabilidades dos vários genótipos forem V_{AA}, V_{Aa} e V_{aa}, os números dos adultos serão $V_{AA}p^2N$ AA, $V_{Aa}2pqN$ Aa e $V_{aa}q^2N$ aa, como indicado na tabela 7.2. Assim, em virtude da selecção natural, e apesar da população ser panmítica, as frequências nos adultos podem não ser as de Hardy-Weinberg (embora nos zigotos elas se verifiquem); por exemplo, se o genótipo aa tiver viabilidade nula, a frequência deste genótipo nos adultos é zero, pelo que as frequências genotípicas são claramente diferentes das frequências de Hardy-Weinberg.

Se cada adulto produzir $2G_{AA}$, $2G_{Aa}$ ou $2G_{aa}$ gâmetas, conforme o seu genótipo, as contribuições dos três genótipos para o fundo de gâmetas que vão formar a geração seguinte são $2G_{AA}V_{AA}p^2N$, $2G_{Aa}V_{Aa}2pqN$ e $2G_{aa}V_{aa}q^2N$, ou $2W_{AA}p^2N$, $2W_{Aa}2pqN$ e $2W_{aa}q^2N$, onde os W's são as fitnesses absolutas dos três genótipos: as contribuições absolutas médias de cada zigoto de cada genótipo de uma geração para os zigotos da geração seguinte (tabela 7.2).

A fitness absoluta de um genótipo pode então ser calculada como o produto da viabilidade desse genótipo pela sua fertilidade. Por exemplo, se a viabilidade for 0, ou a fertilidade for 0, a fitness é 0. Do ponto de vista da transmissão de genes para a geração seguinte, V=0.01 e G=4 é exactamente equivalente a V=0.04 e G=1. Assim, o efeito destas duas propriedades (viabilidade e fertilidade de cada genótipo) pode ser estudado como se a selecção fosse apenas devida à viabilidade (se a fertilidade não for igual para todos os genótipos, a "viabilidade" é calculada como o produto da viabilidade e da fertilidade). Por esta razão, a este modelo chama-se muitas vezes selecção devida à viabilidade.

O número total de gâmetas produzidos é então $2(W_{AA}p^2N + W_{Aa}2pqN + W_{aa}q^2N)$, dos quais $2(W_{AA}p^2N + W_{Aa}pqN)$ são A (porquê?). A frequência do alelo A nos gâmetas é portanto

$$p' = \frac{W_{AA}p^2N + W_{Aa}pqN}{W_{AA}p^2N + W_{Aa}2pqN + W_{aa}q^2N} \qquad (7.20)$$

Tabela 7.2. Frequências genotípicas absolutas nos zigotos e adultos, e contribuições dos genótipos para os gâmetas, numa população diplóide

Genótipos	Zigotos	Adultos	Contribuições para os gâmetas
AA	p^2N	$V_{AA}p^2N$	$2G_{AA}V_{AA}p^2N = 2W_{AA}p^2N$
Aa	$2pqN$	$V_{Aa}2pqN$	$2G_{Aa}V_{Aa}2pqN = 2W_{Aa}2pqN$
aa	q^2N	$V_{aa}q^2N$	$2G_{aa}V_{aa}q^2N = 2W_{aa}q^2N$

O denominador desta equação é igual ao número de zigotos da população no início da geração seguinte (porquê?):

$$N' = W_{AA}p^2N + W_{Aa}2pqN + W_{aa}q^2N = (W_{AA}p^2 + W_{Aa}2pq + W_{aa}q^2)N \qquad (7.21)$$

A equação 7.20 mostra a frequência do alelo A nos gâmetas, como vimos. Como estamos a considerar apenas selecção diplóide, a viabilidade dos gâmetas é independente do alelo que transportam, pelo que as frequências não variam desde a formação dos gâmetas de uma geração até à formação dos zigotos da geração seguinte. Assim, esta equação dá também a frequência do alelo A nos zigotos da nova geração.

Todas as parcelas da equação 7.20 envolvem N, pelo que podemos simplificá-la:

$$p' = p\frac{W_{AA}p + W_{Aa}q}{W_{AA}p^2 + W_{Aa}2pq + W_{aa}q^2} \qquad (7.22)$$

Tal como vimos para os haplóides, podemos substituir as fitnesses absolutas por fitnesses relativas (já que, se multiplicarmos todos os W's da equação 7.22 pelo mesmo número, o valor da fracção, e portanto de p', permanece inalterado). Pode-se escolher diferentes genótipos como padrão, e parametrizar as fitnesses relativas de diferentes formas, como indicado na tabela 7.3. O padrão não tem de ser o genótipo com maior fitness mas, tal como nos haplóides, a fitness do padrão não pode ser zero. Podemos até normalizar as fitnesses de modo a que a sua média seja sempre 1, como fizemos na secção 7.2.11, para os haplóides. No entanto, usaremos geralmente o heterozigoto como padrão.

Tabela 7.3. Representações das fitnesses absolutas e relativas

	AA	Aa	Aa
a.	W_{AA}	W_{Aa}	W_{aa}
b.	w_{AA}	w_{Aa}	w_{aa}
c.	$1+s_{AA}$	1	$1+s_{aa}$
d.	1	$1-sh$	$1-s$

Além das fitnesses absolutas e relativas, a tabela 7.3 mostra também vários coeficientes selectivos. O esquema c. da tabela 7.3 é muito simples e semelhante ao que fizemos nos haplóides (secção 7.2.5): o coeficiente selectivo de cada homozigoto é a diferença entre a fitness relativa desse homozigoto e a fitness relativa do padrão (que por definição é 1). A parametrização d. da tabela 7.3 não é tão simples, e merece talvez mais alguma explicação. O padrão é agora o AA, há apenas um coeficiente selectivo, s, associado ao aa, e há um outro parâmetro h, que pode ser interpretado como um parâmetro de dominância. Por exemplo, se h=0 a fitness do heterozigoto é igual à do AA, pelo que o A é dominante; se h=1 $w_{Aa}=w_{aa}$, pelo que o a é agora o alelo dominante; se h=1/2, não há dominância.

O denominador da equação 7.22, é a soma das fitnesses absolutas dos três genótipos, ponderadas pela respectiva frequência, ou seja, é a fitness absoluta média da população (na geração inicial):

$$\bar{W} = W_{AA}p^2 + W_{Aa}2pq + W_{aa}q^2 \ . \tag{7.23}$$

A fitness média também determina a evolução da grandeza populacional segundo a equação 7.21 (e cp. equação 7.6):

$$N' = \bar{W}N \tag{7.24}$$

mas em genética populacional estamos mais interessados na variação das frequências alélicas e da fitness média do que na variação da grandeza populacional.

Quando estudámos a selecção haplóide, vimos que as fitnesses dos genótipos são as mesmas que as fitnesses dos alelos (já que nos haplóides os alelos e os genótipos se confundem). Nos diplóides, os alelos e os genótipos são entidades distintas, pelo que além das fitnesses dos genótipos, é muito útil definir também as fitnesses médias dos alelos.

O que é a fitness média de um alelo? A fitness média de um alelo (também chamada fitness marginal, ou efeito médio na fitness) é a fitness média dos genótipos que resultam de emparelhar (conceptualmente) esse alelo, ao acaso, com todos os alelos da população. Suponhamos que tomamos um alelo A, e o emparelhamos ao acaso com os alelos da população. Se o nosso alelo A for emparelhado com outro A, resulta num AA, cuja fitness é W_{AA}, se for emparelhado com um a resulta num Aa, com fitness W_{Aa}. Qual a probabilidade de cada um destes acontecimentos? Se escolhermos um alelo ao acaso, ele será A com probabilidade p, e a com probabilidade q. Portanto, o genótipo resultante do emparelhamento é AA com probabilidade p, e então tem fitness W_{AA}, e Aa com probabilidade q, e então tem fitness W_{Aa}. Assim, a fitness média do alelo A, é a média das fitnesses dos genótipos que resultam de emparelhar um alelo A ao acaso com os alelos da população, ponderadas pelas respectivas probabilidades:

$$\bar{W}_A = W_{AA}p + W_{Aa}q \ , \tag{7.25}$$

Assim, o numerador da equação 7.22 é exactamente a fitness média do alelo A.

A fitness média de um alelo só faz sentido se esse alelo estiver presente na população. Por exemplo, se todos os indivíduos forem aa, q=1 e $W_A=W_{Aa}$ (verifique na equação 7.25), mas não há heterozigotos! Assim, se um alelo não existir na população, a sua fitness não está definida.

Do mesmo modo, a fitness média do alelo a é

$$\bar{W}_a = W_{aa}q + W_{Aa}p \ . \tag{7.26}$$

A soma das fitnesses alélicas médias, ponderadas pelas respectivas frequências alélicas, é igual à fitness média da população, como é fácil verificar:

$$\overline{W}_A p + \overline{W}_a q = (W_{AA} p + W_{Aa} q) p + (W_{aa} q + W_{Aa} p) q$$
$$= W_{AA} p^2 + W_{Aa} 2pq + W_{aa} q^2$$
$$= \overline{W}$$

Temos então duas formas de calcular a fitness média da população: uma baseada na fitness de cada genótipo, outra baseada na fitness média de cada alelo.

$$\overline{W} = W_{AA} p^2 + W_{Aa} 2pq + W_{aa} q^2$$
$$= \overline{W}_A p + \overline{W}_a q \tag{7.27}$$

Juntando as equações 7.22, 7.23 e 7.25 obtemos a seguinte expressão, análoga à 7.5, para a frequência do alelo A após uma geração de selecção:

$$p' = \frac{p\overline{W}_A}{\overline{W}} \tag{7.28}$$

Como nos diplóides os alelos podem estar em diferentes combinações genotípicas, as fitnesses alélicas não são necessariamente constantes (mesmo que as fitnesses genotípicas o sejam, como estamos a considerar aqui), já que dependem das frequências alélicas (equações 7.25 e 7.26), e estas podem variar. Assim, e apesar da grande semelhança entre as equações 7.5 e 7.28, o comportamento dinâmico da selecção diplóide pode ser muito diferente do comportamento que vimos para a selecção haplóide, em que as fitnesses dos alelos eram constantes.

Podemos também considerar a fitness média relativa, usando os esquemas b. e c. da tabela 7.3:

$$\overline{w} = w_{AA} p^2 + w_{Aa} 2pq + w_{aa} q^2$$
$$= (1 + s_{AA}) p^2 + 2pq + (1 + s_{aa}) q^2 \tag{7.29}$$
$$= 1 + s_{AA} p^2 + s_{aa} q^2$$

Gostaríamos agora de obter a solução do modelo, isto é, uma expressão geral para p_t em função de p_0 (e das fitnesses), por exemplo, partir da equação 7.22, tal como fizemos no estudo da selecção haplóide (secção 7.2.7). No entanto, esta solução não existe (ou pelo menos não é conhecida), excepto para dois cenários particulares de selecção, que veremos adiante. Vamos portanto estudar a variação das frequências alélicas entre duas gerações, Δp, já que esta facilita a procura de equilíbrios e o estudo da sua estabilidade, como já vimos na mutação e na selecção haplóide.

Da equação 7.28 temos

$$\Delta p = p' - p = \frac{p\overline{W}_A}{\overline{W}} - p$$
$$\Delta p = p \frac{\overline{W}_A - \overline{W}}{\overline{W}} \tag{7.30}$$

e por simetria

$$\Delta q = q' - q = q \frac{\overline{W}_a - \overline{W}}{\overline{W}}.$$

Assim, quando a fitness média de um alelo for maior do que a fitness média da população a frequência desse alelo aumenta, e quando for menor a sua frequência diminui (verifique). Portanto, o aumento ou redução da frequência de um alelo é determinado apenas pelo excesso (positivo ou negativo) da fitness desse alelo em relação à fitness média da população.

Explicitando agora as fitnesses médias na equação 7.30, temos (usando as equações 7.23, 7.25 e 7.26)

$$\Delta p = \frac{p(W_{AA}p + W_{Aa}q) - p(W_{AA}p^2 + W_{Aa}2pq + W_{aa}q^2)}{W_{AA}p^2 + W_{Aa}2pq + W_{aa}q^2}$$

$$= \frac{p[W_{AA}p(1-p) + W_{Aa}q(1-2p) - W_{aa}q^2]}{W_{AA}p^2 + W_{Aa}2pq + W_{aa}q^2}$$

$$= pq\frac{W_{AA}p + W_{Aa}(1-2p) - W_{aa}q}{W_{AA}p^2 + W_{Aa}2pq + W_{aa}q^2}$$

Agora, $1 - 2p = 1 - p - p = q - p$. Portanto,

$$\Delta p = pq\frac{W_{AA}p + W_{Aa}(q-p) - W_{aa}q}{W_{AA}p^2 + W_{Aa}2pq + W_{aa}q^2}$$

$$= pq\frac{W_{AA}p - W_{Aa}p + W_{Aa}q - W_{aa}q}{W_{AA}p^2 + W_{Aa}2pq + W_{aa}q^2}$$

$$\Delta p = pq\frac{(W_{AA} - W_{Aa})p + (W_{Aa} - W_{aa})q}{W_{AA}p^2 + W_{Aa}2pq + W_{aa}q^2} \quad . \tag{7.31}$$

O estudo desta equação pode revelar muito sobre a dinâmica da evolução devida à selecção natural. Antes de mais, notemos o produto pq, que mostra haver os dois equilíbrios triviais esperados (por analogia com o caso haplóide, estudado na secção 7.2.6), quando p=0 ou q=0, ou seja, quando não há variabilidade genética. Além disso, este produto mostra também que a variação das frequências alélicas deve ser rápida quando as frequências alélicas são próximas de ½, e lenta quando A ou a forem bastante raros. Em particular, se $W_{AA} \cong W_{Aa}$ e $p \cong 1$, $\Delta p \cong 0$, e o mesmo acontece se $W_{aa} \cong W_{Aa}$ e $q \cong 1$ – por outras palavras, a resposta à selecção será especialmente lenta se um alelo dominante for muito abundante, ou se um recessivo for muito raro (verifique).

A equação 7.31 mostra ainda que, além dos dois equilíbrios triviais, pode também haver um terceiro equilíbrio, polimórfico, se a fracção for zero. Se esse equilíbrio polimórfico existir, a frequência do alelo A é dada por:

$$(W_{AA} - W_{Aa})\hat{p} + (W_{Aa} - W_{aa})(1 - \hat{p}) = 0$$

$$(W_{AA} - W_{Aa} - W_{Aa} + W_{aa})\hat{p} + W_{Aa} - W_{aa} = 0$$

$$\hat{p} = \frac{W_{aa} - W_{Aa}}{(W_{AA} - W_{Aa}) + (W_{aa} - W_{Aa})}$$

$$= \frac{s_{aa}}{s_{AA} + s_{aa}} \tag{7.32}$$

No entanto, se o valor de equilíbrio assim calculado for negativo, ou maior do que 1, é claro que o equilíbrio só existe matematicamente, mas é biologicamente irrelevante. Assim, este equilíbrio só tem significado biológico se as relações entre as fitnesses forem tais que $0 \le \hat{p} \le 1$, e só é polimórfico se

$0 < \hat{p} < 1$. Incidentalmente, a equação 7.32 ilustra bem a simplificação algébrica trazida pela utilização dos coeficientes selectivos.

A equação 7.31 pode também simplificar-se, usando os coeficientes selectivos s_{AA} e s_{aa}:

$$\Delta p = pq \frac{s_{AA}p - s_{aa}q}{1 + s_{AA}p^2 + s_{aa}q^2} \qquad (7.33)$$

donde, exprimindo a fracção em função de uma única frequência alélica, p:

$$\Delta p = pq \frac{s_{AA}p - s_{aa}(1-p)}{1 + s_{AA}p^2 + s_{aa}(1-p)^2}$$

$$\Delta p = pq \frac{-s_{aa} + (s_{AA} + s_{aa})p}{1 + s_{aa} - 2s_{aa}p + (s_{AA} + s_{aa})p^2} , \qquad (7.34)$$

que mostra ser o numerador metade da derivada do denominador (que, lembremos, é a fitness média da população) em ordem a p, pelo que

$$\Delta p = pq \frac{1}{2\overline{w}} \frac{d\overline{w}}{dp} . \qquad (7.35)$$

Esta equação mostra que o equilíbrio não trivial, quando existir, corresponde a um extremo (máximo ou mínimo) da fitness média da população (já que a primeira derivada se anula nos extremos da função)[4].

Como p, q, e a fitness média são sempre positivos, $d\overline{w}/dp$ é a única parte da equação 7.35 que pode mudar de sinal, determinando assim a variação das frequências alélicas. Mais do que isso, é fácil ver que Δp e $d\overline{w}/dp$ têm sempre o mesmo sinal – uma observação simples que tem consequências profundas. Suponhamos que Δp é positivo, isto é, a frequência do alelo A aumenta; então, $d\overline{w}/dp$ também é positivo, o que significa que a selecção natural, ao fazer aumentar a frequência do alelo A, faz também aumentar a fitness média. Por outro lado, se Δp for negativo, $d\overline{w}/dp$ também o é; isto significa que a selecção natural, ao fazer diminuir a frequência do alelo A, faz também aumentar a fitness média (verifique). Portanto, neste modelo (e tal como no modelo haplóide da secção 7.2.11) a selecção natural nunca faz baixar a fitness média (mas o aumento da fitness média não é, em geral, igual à variância da fitness). A fitness média da população ou aumenta, quando as frequências alélicas variam, ou se mantém constante, no equilíbrio, mas nunca diminui.

Acabámos de ver o que se passa com a fitness média da população no equilíbrio polimórfico (tem um extremo). E com as fitnesses médias dos alelos? Lembrando a equação 7.30, temos

$$\Delta p = p \frac{\overline{W}_A - \overline{W}}{\overline{W}} , \quad \Delta q = q \frac{\overline{W}_a - \overline{W}}{\overline{W}} .$$

Assim, no equilíbrio polimórfico as fitnesses médias dos dois alelos são ambas iguais à fitness média da população, e portanto iguais uma à outra. Podemos ver isto de forma mais explícita, lembrando que a fitness média da população é a média ponderada das fitnesses alélicas (equação 7.27)

---

[4] Em geral, pode tratar-se de um extremo local ou global. Neste caso, a fitness média é uma função quadrática de p sem raízes duplas, e o extremo é mesmo global.

$$\Delta p = p\frac{\overline{W}_A - \overline{W}}{\overline{W}} = p\frac{\overline{W}_A - \left(p\overline{W}_A + q\overline{W}_a\right)}{\overline{W}} = p\frac{(1-p)\overline{W}_A - q\overline{W}_a}{\overline{W}}$$

pelo que

$$\Delta p = pq\frac{\overline{W}_A - \overline{W}_a}{\overline{W}} ,\qquad(7.36)$$

donde se segue de imediato que no equilíbrio polimórfico as fitnesses médias dos dois alelos são iguais entre si.

Queremos agora saber em que condições é que a selecção natural resulta na manutenção da variabilidade genética em espécies diplóides (quando é que o equilíbrio polimórfico existe e é estável) ou, pelo contrário, leva à sua perda. No entanto, as equações da selecção, por não terem solução explícita, são difíceis de analisar mais em detalhe na sua generalidade. Portanto, passamos agora a estudar cenários particulares de fitnesses. O estudo de casos particulares, geralmente é mais simples do que o do caso geral mas, ao perdermos generalidade, podemos perder também relevância e interesse. Para evitar isso, vamos estudar todos os casos particulares do nosso modelo, isto é, todas as relações possíveis entre as fitnesses. No fim, juntamos todos os casos e tiramos conclusões sobre o modelo geral. Assim, ganhamos simplicidade sem perder generalidade.

Se pensarmos na fitness do heterozigoto, ela pode ser igual à de ambos os homozigotos (caso em que não há selecção natural[5], pelo que passamos a ignorá-lo), intermédia entre as dos dois homozigotos, igual a uma delas, ou inferior ou superior a ambas (figura 7.4) – casos que passamos a estudar.

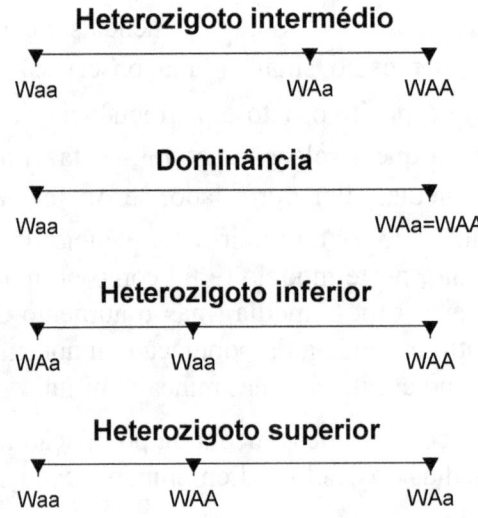

Figura 7.4. Relações entre a fitness do heterozigoto e as dos homozigotos

7.3.2 Fitness do heterozigoto intermédia entre as dos homozigotos

No caso de a fitness do heterozigoto ser intermédia entre as dos homozigotos temos $W_{AA} > W_{Aa} > W_{aa}$ ou $W_{AA} < W_{Aa} < W_{aa}$, pelo que s_{AA} e s_{aa} têm sinais contrários (cf. tabela 7.3). Sendo assim, a equação 7.33

---
[5] Os alelos e genótipos são selectivamente equivalentes, ou neutros.

mostra que (ignorando os equilíbrios triviais) Δp é ou sempre positivo (se s_{AA} for positivo – figura 7.5) ou sempre negativo (no caso contrário), pelo que não é possível um equilíbrio com ambos os alelos em segregação (o denominador é a fitness média, e portanto sempre positivo e finito). Tal como no caso de selecção haplóide, qualquer polimorfismo é apenas transiente. Dos dois equilíbrios triviais, um é estável e o outro instável (verifique, a partir da equação 7.33 ou da figura 7.5).

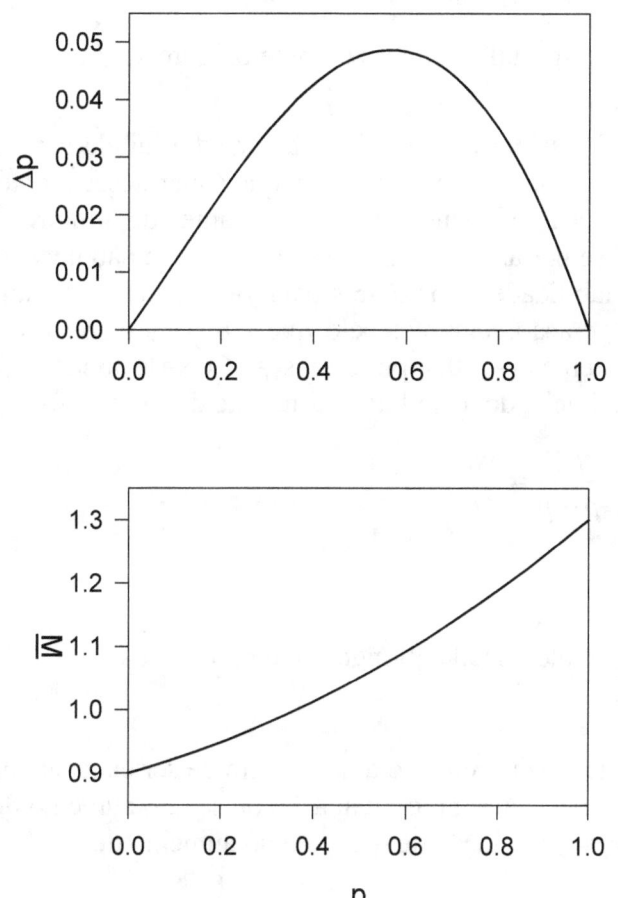

Figura 7.5. Variação das frequências alélicas e fitness média quando a fitness do heterozigoto é intermédia entre as dos homozigotos

7.3.2.1 Fitnesses aditivas: ausência de dominância

Um caso particular interessante é o de não haver dominância: neste caso, a fitness do heterozigoto é exactamente intermédia entre as dos dois homozigotos, ou seja, a sua média aritmética:

$W_{Aa} = \frac{1}{2}(W_{AA} + W_{aa})$

ou, em termos dos coeficientes selectivos s_{AA} e s_{aa},

$1 = \frac{1}{2}[(1+s_{AA})+(1+s_{aa})]$,

donde

$s_{AA} = -s_{aa} = s$,

isto é, os coeficientes selectivos além de terem sinais contrários têm agora o mesmo valor absoluto, diga-se s. Temos portanto fitnesses lineares, ou aditivas, já que cada substituição de um alelo a por um A adiciona a mesma quantidade à fitness.

Assim, a equação 7.33 pode ser simplificada:

$$\Delta p = pq \frac{s_{AA}p - s_{aa}q}{1 + s_{AA}p^2 + s_{aa}q^2} = pq \frac{sp + sq}{1 + sp^2 - sq^2} = \frac{spq}{1 + s(p - q)}.$$

Claro que, sendo este um caso especial da fitness do heterozigoto ser intermédia, também aqui só há os equilíbrios triviais (verifique).

Consideremos o caso particularíssimo do genótipo aa ser letal, ainda sem dominância. "Letal", em genética populacional, significa que não contribui com quaisquer descendentes para a geração seguinte – seja porque morre (o significado convencional de letal) antes de atingir a idade adulta, seja por ser estéril. A "letalidade" refere-se portanto à transmissão de genes, e não necessariamente aos indivíduos, que podem até ter elevada viabilidade. Por outras palavras, chamamos letal a qualquer genótipo que não transmite genes para a geração seguinte, pelo que tem fitness zero, qualquer que seja a razão. Como neste caso o aa é letal, temos $w_{aa}=0$, e portanto $s_{aa}=-1$ e $s=1$, donde (a partir da equação anterior, e assumindo que a frequência inicial do alelo letal é diferente de 1)

$$\Delta p = \frac{pq}{1 + p - q} = \frac{pq}{(1 - q) + p} = \frac{pq}{p + p} = \frac{pq}{2p}$$

$$= \frac{q}{2}$$

Seguindo agora a frequência do alelo letal ao longo do tempo, temos

$$q' = q + \Delta q.$$

Como só há dois alelos, a variação da frequência de um tem de ser exactamente compensada pelo outro (já que a soma das duas frequências é sempre igual a 1), ou seja, o aumento de um é igual à redução do outro, ou $\Delta q = -\Delta p$. Neste caso, a redução de q é igual ao aumento de p:

$$q' = q - \Delta p = \frac{q}{2}$$

ou

$$q_1 = \frac{1}{2} q_0$$

e

$$q_2 = \frac{1}{2} q_1 = \left(\frac{1}{2}\right)^2 q_0$$

e, de um modo geral,

$$q_t = q_0 2^{-t}, \qquad (7.37)$$

concluindo-se que a frequência de um alelo letal sem dominância se reduz a metade em cada geração. Como já vimos (secção 4.3.2.2), isto é uma redução muito rápida.

Podemos ainda inverter a ultima equação (*i.e.*, resolvê-la em ordem a t), para obter o tempo necessário para se dar uma dada variação das frequências alélicas:

$$\ln q_t = -t \ln 2 + \ln q_0$$

$$t = \frac{\ln q_0 - \ln q_t}{\ln 2} \qquad (7.38)$$

Mais uma vez, esta equação só é válida para $q_0<1$ (porquê?).

7.3.2.2 Fitnesses multiplicativas

Em vez de aditivos, os efeitos dos vários alelos podem ser multiplicativos. Suponhamos que o efeito de um alelo A na fitness é κ, e o de um alelo a é λ. As fitnesses dos três genótipos são então

$$W_{AA} = \kappa^2, \quad W_{Aa} = \kappa\lambda, \quad W_{aa} = \lambda^2 .$$

Tomando a fitness do aa como padrão, obtemos

$$w_{AA} = \kappa^2/\lambda^2, \quad w_{Aa} = \kappa/\lambda, \quad w_{aa} = 1 ,$$

ou (fazendo $\alpha=\kappa/\lambda$)

$$w_{AA} = \alpha^2, \quad w_{Aa} = \alpha, \quad w_{aa} = 1 \qquad (7.39)$$

onde se observa que as fitnesses constituem uma progressão geométrica (de cada vez que um alelo a é substituído por um A, a fitness é multiplicada por α), pelo que a fitness do heterozigoto é a média geométrica das fitnesses dos dois homozigotos.

Podemos simplificar algumas expressões considerando as fitnesses relativas $w_{AA}=(1+s)^2$, $w_{Aa}=1+s$, e $w_{aa}=1$ (note-se que o padrão é agora o genótipo aa). Assim, da equação 7.22,

$$p' = \frac{p\left[(1+s)^2 p + (1+s)q\right]}{(1+s)^2 p^2 + (1+s)2pq + q^2} = \frac{p(1+s)\left[(1+s)p+q\right]}{\left[(1+s)p+q\right]^2} = \frac{p(1+s)(1+sp)}{(1+sp)^2}$$

$$= \frac{p(1+s)}{1+sp}$$

e

$$q' = 1 - p' = \frac{1+sp-p-sp}{1+sp} = \frac{q}{1+sp} .$$

A razão entre as frequências alélicas na geração seguinte é pois

$$\frac{p'}{q'} = \frac{p}{q}(1+s) ,$$

donde

$$\frac{p_t}{q_t} = \frac{p_0}{q_0}(1+s)^t ,$$

e a variação da frequência do alelo A entre duas gerações sucessivas é

$$\Delta p = \frac{p(1+s)}{1+sp} - p = \frac{p+sp-p-sp^2}{1+sp} = \frac{pqs}{\overline{w}} \ .$$

Estas duas equações, que devem ser familiares (...), mostram ser este cenário de selecção diplóide equivalente à selecção haplóide. Mais uma vez, só há equilíbrios triviais. Neste caso, o sistema pode ser resolvido, *i.e.*, podemos obter equações explícitas para as frequências alélicas ao longo do tempo, e para os tempos necessários para elas variarem entre valores dados – cf. secções 7.2.7 e 7.2.8.

Suponhamos que todos os genótipos produzem o mesmo número de gâmetas, pelo que as diferenças de fitness são apenas devidas às diferentes viabilidades dos genótipos. Quais as frequências genotípicas nos adultos? Os zigotos estão em frequências de Hardy-Weinberg mas, como vimos na secção 7.3.1, é de esperar que os adultos não estejam, já que há mortalidade diferencial. Como vimos antes, as frequências nos adultos são proporcionais às frequências de Hardy-Weinberg multiplicadas pelas fitnesses dos respectivos genótipos. Por outras palavras, as proporções relativas dos genótipos AA, Aa e aa nos adultos são (usando as fitnesses da equação 7.39):

$$AA : Aa : aa \ = \ p^2\alpha^2 : 2pq\alpha : q^2$$

ou, fazendo $\pi = p\alpha$,

$$AA : Aa : aa \ = \ \pi^2 : 2\pi q : q^2$$

ou seja, os adultos estão em proporções de Hardy-Weinberg (mas não necessariamente com as mesmas frequências da geração anterior), apesar de haver selecção natural, isto é, apesar de não se verificar um dos pressupostos da lei de Hardy-Weinberg. Este resultado ilustra bem o que foi dito na secção 3.3.6: se todos os pressupostos da lei de Hardy-Weinberg se verificarem, a lei é válida, mas se eles não se verificarem isso não significa que a lei seja inválida. Neste caso, há selecção natural mas a população está em frequências de Hardy-Weinberg na mesma, em todas as fases do ciclo de vida. Assim, um bom ajustamento entre as frequências observadas e as frequências de Hardy-Weinberg nunca prova que os pressupostos da lei de Hardy-Weinberg, como a ausência de selecção, se verifiquem.

Se as diferenças selectivas forem pequenas (mas só neste caso), os modelos aditivo e multiplicativo são quase equivalentes, como é fácil verificar. Escrevamos as fitnesses multiplicativas como $w_{AA}=(1+s/2)^2$, $w_{Aa}=1+s/2$, $w_{aa}=1$ (que verificam a equação 7.39). Desenvolvendo a fitness do homozigoto AA, esta fica $w_{AA}=1+s+s^2/4$; se s for pequeno, w_{AA} é aproximadamente igual a $1+s$; por seu lado, a fitness do heterozigoto é a média aritmética das fitnesses dos homozigotos: as fitnesses são aditivas. Assim, quando a selecção é lenta os modelos diplóides aditivo e multiplicativo, assim como o modelo haplóide, são todos praticamente equivalentes.

7.3.3 Dominância

Embora em regra não assumamos quaisquer relações de dominância entre os alelos de um gene, para manter a generalidade do modelo, muitas vezes há de facto dominância, pelo que convém estudar este caso particular com alguma profundidade. Havendo dominância, temos $W_{AA}=W_{Aa}\neq W_{aa}$ ou $W_{AA}\neq W_{Aa}=W_{aa}$. Dada a simetria óbvia, estudemos apenas o primeiro caso em detalhe (supondo portanto o alelo A dominante sobre o a). Assim, $s_{AA}=0$ (tabela 7.3) e, usando a equação 7.33, temos

$$\Delta p = pq \frac{-s_{aa}q}{1+s_{aa}q^2} \tag{7.40}$$

que mostra ter Δp sempre o mesmo sinal (ignorando p=0 ou q=0). Assim, se W_{aa}<1, p aumenta sempre até atingir 1 (figura 7.6), acontecendo o contrário se W_{aa}>1. Mais uma vez, a selecção natural revela-se incapaz de manter um polimorfismo. Neste caso, em princípio é fácil estimar as fitnesses a partir da evolução das frequências alélicas (caixa 7.1).

Quando a frequência do alelo recessivo é baixa (p≅1, q≅0), a variação das frequências alélicas é muito pequena. Matematicamente, isto acontece porque quando q é pequeno, o denominador da equação 7.40 é aproximadamente 1, e Δp fica $-s_{aa}q^2$, muito pequeno mesmo, quando q é pequeno. Qual a explicação biológica para a variação das frequências alélicas ser muito pequena nestas circunstâncias?

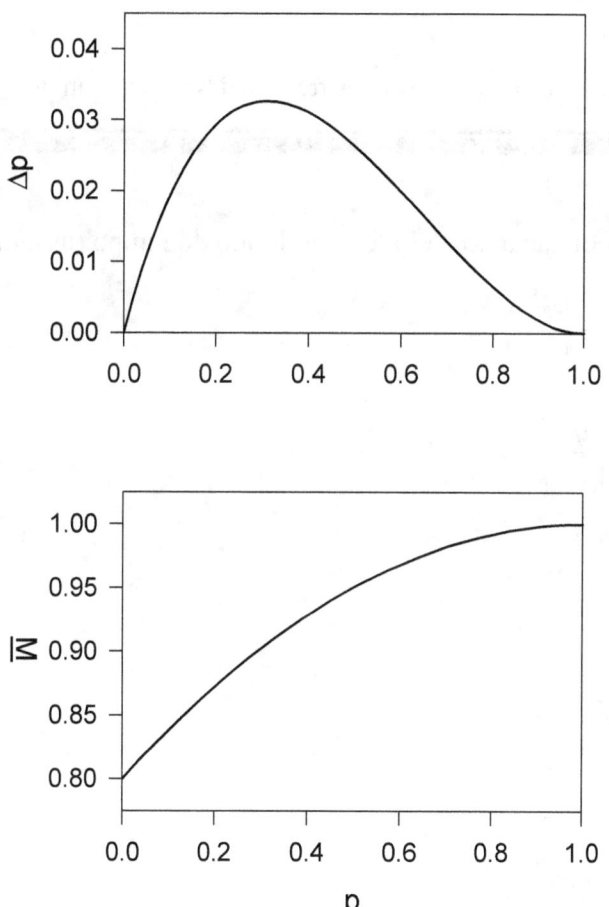

Figura 7.6. Variação das frequências alélicas e fitness média no caso de dominância

Suponhamos agora que o alelo a além de recessivo é letal (no mesmo sentido que anteriormente, secção 7.3.2.1). W_{aa} é então 0, pelo que s_{aa}=-1, e

$$\Delta p = pq \frac{q}{1-q^2}$$

> **Caixa 7.1. Um estimador do coeficiente selectivo de um alelo recessivo**
>
> A equação 7.40 é linear em s_{aa}, pelo que é fácil obter um estimador deste coeficiente selectivo a partir da variação das frequências alélicas:
>
> $$\Delta p = pq \frac{-s_{aa}q}{1+s_{aa}q^2}$$
>
> $$\Delta p + \Delta p\, q^2 s_{aa} = -pq^2 s_{aa}$$
>
> $$\Delta p = -s_{aa}\left(\Delta p\, q^2 + pq^2\right)$$
>
> $$s_{aa} = -\frac{\Delta p}{(p+\Delta p)q^2} = -\frac{p'-p}{p'q^2}$$
>
> Assim, podemos facilmente estimar s_{aa} a partir das frequências alélicas em duas gerações sucessivas.

Acompanhemos de novo a frequência do alelo letal ao longo do tempo (assumindo $q_0 \neq 1$):

$$\Delta q = -\Delta p = -\frac{(1-q)q^2}{(1-q)(1+q)} = -\frac{q^2}{1+q}$$

$$q' = q + \Delta q = \frac{q(1+q)-q^2}{1+q} = \frac{q}{1+q}$$

ou

$$q_1 = \frac{q_0}{1+q_0} \ .$$

Na geração seguinte temos

$$q_2 = \frac{q_1}{1+q_1} = \frac{\frac{q_0}{1+q_0}}{1+\frac{q_0}{1+q_0}} = \frac{\frac{q_0}{1+q_0}}{\frac{1+q_0+q_0}{1+q_0}} = \frac{q_0}{1+2q_0}$$

e do mesmo modo

$$q_3 = \frac{q_2}{1+q_2} = \frac{\frac{q_0}{1+2q_0}}{1+\frac{q_0}{1+2q_0}} = \frac{q_0}{1+3q_0}$$

e ao fim de t gerações,

$$q_t = \frac{q_0}{1+tq_0} \tag{7.41}$$

Se $q_0=1/n$, para qualquer n, temos,

$$q_t = \frac{1/n}{1+t(1/n)} = \frac{\frac{1}{n}}{\frac{n+t}{n}} = \frac{1}{n+t} ,$$

pelo que as frequências desse alelo ao longo do tempo formam uma sucessão harmónica, como ilustrado na tabela 7.4 para o caso $q_0=1/2$.

Tabela 7.4. Frequência de um alelo letal recessivo ao longo do tempo

Geração	0	1	2	3	4	5	6	7	...
Frequência	1/2	1/3	1/4	1/5	1/6	1/7	1/8	1/9	...

A frequência do alelo letal recessivo reduz-se, como seria de esperar, mas já não necessariamente a metade em cada geração (como acontecia no caso de não haver dominância, secção 7.3.2.1). É interessante determinar quanto tempo demora a frequência do alelo letal recessivo a reduzir-se de um dado valor inicial q_0 a outro, q_t? Da equação 7.41 temos,

$$q_0 = q_t(1+tq_0) = q_t + tq_0q_t$$

$$t = \frac{q_0 - q_t}{q_0 q_t} = \frac{1}{q_t} - \frac{1}{q_0}.$$ (7.42)

No caso particular da redução a metade do seu valor inicial, temos $q_t=q_0/2$, e portanto

$$t_{½} = \frac{1}{q_0}.$$

Assim, o número de gerações necessárias para reduzir a frequência de um alelo letal recessivo a metade é igual ao inverso da frequência inicial. Quanto menor for esta frequência, mais tempo é necessário para a reduzir a metade – apesar da redução ser numericamente menor. Por exemplo, são necessárias apenas 2 gerações para reduzir q de ½ a ¼ (uma redução de 0.25), mas já são precisas 4 para a reduzir de ¼ a ⅛ (uma redução de apenas 0.125) – tabela 7.4. Quanto mais perto do equilíbrio (q=0), mais lenta a aproximação, até que a frequência do alelo letal recessivo quase deixa de variar (figura 7.7).

A ineficácia da selecção em eliminar alelos recessivos quando a sua frequência é pequena, mesmo no caso extremo de serem letais, resulta do facto de a maioria dos alelos raros se encontrar nos heterozigotos (como mostrado na secção 3.3.4) onde, "escondidos" pelo alelo dominante, escapam à selecção natural. Este resultado mostra a inutilidade de processos de eugenia negativa com o objectivo de eliminar completamente um alelo recessivo considerado indesejável. Não são necessárias considerações morais, nem lembrar que aquilo que se considera hoje indesejável se pode tornar muito apreciado mais tarde: a teoria da genética de populações mostra que tais processos, mesmo que inicialmente espectaculares, se tornariam inúteis ao fim de poucas gerações. O mesmo argumento se aplica a todos os alelos recessivos prejudiciais, mesmo que não sejam letais.

De qualquer modo, é importante notar que o facto de a maioria dos alelos raros se encontrar nos heterozigotos depende do pressuposto de panmixia. Se os zigotos não forem produzidos em frequências de Hardy-Weinberg, a frequência de homozigotos para os alelos letais pode ser apreciável, e nesse caso a selecção é mais eficaz.

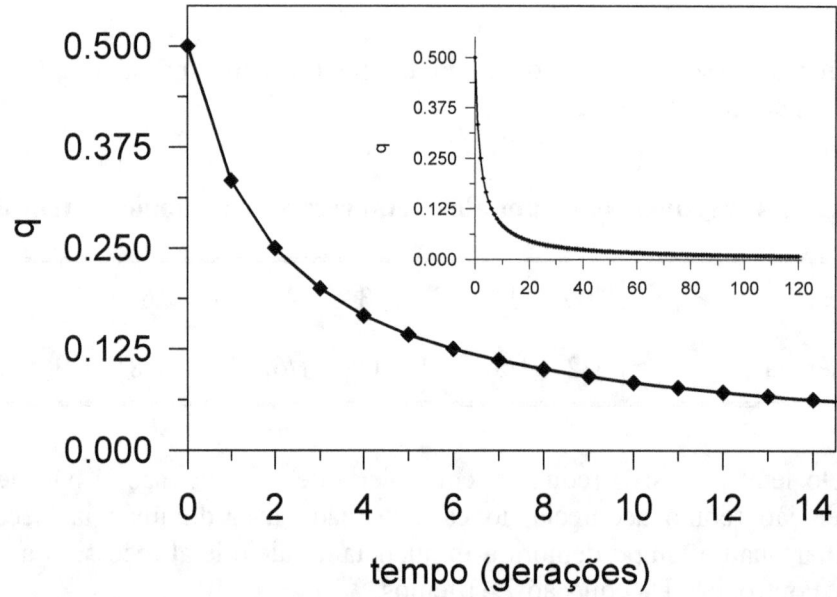

Figura 7.7. Frequência de um alelo letal recessivo ao longo do tempo

E se o alelo letal, em vez de recessivo for dominante? Nesse caso a dinâmica evolutiva é trivial: nenhum indivíduo com o alelo letal dominante contribui para a geração seguinte, pelo que esse alelo se perde numa geração, e o alelo recessivo se fixa.

Vejamos agora brevemente o caso inverso do estudado, em que o alelo A é recessivo (sem assumir letalidade). Neste caso, $W_{AA} \neq W_{Aa} = W_{aa}$, pelo que $s_{aa}=0$ e, usando de novo a equação 7.33, obtemos

$$\Delta p = pq \frac{s_{AA} p}{1 + s_{AA} p^2} \tag{7.43}$$

Mais uma vez, Δp tem sempre o mesmo sinal (ignorando p=0 ou q=0) pelo que não há qualquer polimorfismo estável. Neste caso, Δp depende de p^2 pelo que (mais uma vez...) quando a frequência do alelo recessivo é baixa, a variação das frequências alélicas é muito pequena.

7.3.4 Sub-dominância

Suponhamos agora ser a fitness do heterozigoto inferior às de ambos os homozigotos, situação chamada sub-dominância, e estudemos este caso partindo da equação 7.34, que repetimos aqui:

$$\Delta p = pq \frac{(s_{AA} + s_{aa}) p - s_{aa}}{\overline{w}} \tag{7.44}$$

Neste caso ambos os coeficientes selectivos são positivos (tabela 7.3), pelo que o numerador da fracção pode anular-se, existindo portanto um terceiro equilíbrio, não trivial, a que correspondem as frequências alélicas:

$$\hat{p} = \frac{s_{aa}}{s_{AA} + s_{aa}}, \qquad \hat{q} = \frac{s_{AA}}{s_{AA} + s_{aa}} \qquad (7.45)$$

Tendo encontrado (finalmente) um equilíbrio polimórfico, interessa estudar a sua estabilidade. Uma forma de o fazer é, como vimos no estudo da mutação, relacionar Δp com a diferença de p para o seu valor de equilíbrio. À semelhança do que fizemos para a mutação, vamos então introduzir o valor de equilíbrio na equação 7.44, usando para isso 7.45:

$$\Delta p = pq \frac{(s_{AA} + s_{aa})p - (s_{AA} + s_{aa})\hat{p}}{\overline{w}} = pq \frac{(s_{AA} + s_{aa})(p - \hat{p})}{\overline{w}} . \qquad (7.46)$$

Lembrando que s_{AA} e s_{aa} são ambos positivos, vemos que se a frequência p estiver acima (resp. abaixo) do seu valor de equilíbrio, $\hat{p}$, Δp é positivo (negativo), pelo que a frequência do alelo A aumenta (diminui), afastando-se do equilíbrio. Concluímos, portanto, que o equilíbrio polimórfico é instável, como ilustrado na figura 7.8.

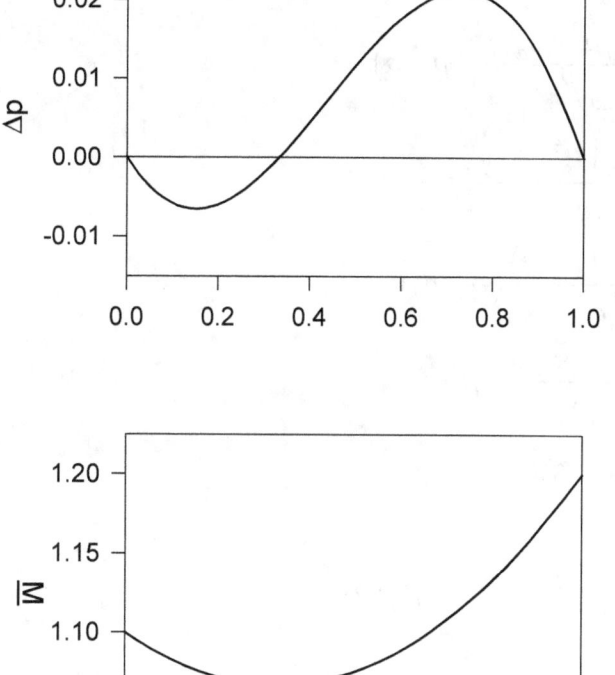

Figura 7.8. Variação das frequências alélicas e fitness média no caso de sub-dominância

Lembrando que num equilíbrio estável a diferença entre a frequência do alelo A e o seu valor de equilíbrio tende a diminuir, e num instável tende a aumentar, podemos também estudar a estabilidade do equilíbrio determinando o que acontece a esta diferença em gerações sucessivas. Usando a equação 7.46,

$$p' - \hat{p} = \Delta p + p - \hat{p}$$

$$= pq\frac{(s_{AA}+s_{aa})(p-\hat{p})}{\bar{w}} + (p-\hat{p})$$

$$= \left[pq\frac{(s_{AA}+s_{aa})}{\bar{w}} + 1\right](p-\hat{p})$$

$$= \frac{pq(s_{AA}+s_{aa}) + 1 + s_{AA}p^2 + s_{aa}q^2}{1 + s_{AA}p^2 + s_{aa}q^2}(p-\hat{p})$$

Lembrando que $pq = p(1-p) = p - p^2$ e $p^2 - q^2 = (p+q)(p-q) = (p-q)$, temos

$$p' - \hat{p} = \frac{p(s_{AA}+s_{aa}) - p^2(s_{AA}+s_{aa}) + 1 + s_{AA}p^2 + s_{aa}q^2}{1 + s_{AA}p^2 + s_{aa}q^2}(p-\hat{p})$$

$$= \frac{s_{AA}p + s_{aa}p - s_{AA}p^2 - s_{aa}p^2 + 1 + s_{AA}p^2 + s_{aa}q^2}{1 + s_{AA}p^2 + s_{aa}q^2}(p-\hat{p})$$

$$= \frac{1 + s_{AA}p + s_{aa}p - s_{aa}p^2 + s_{aa}q^2}{1 + s_{AA}p^2 + s_{aa}q^2}(p-\hat{p})$$

$$= \frac{1 + s_{AA}p + s_{aa}p - s_{aa}(p^2 - q^2)}{1 + s_{AA}p^2 + s_{aa}q^2}(p-\hat{p})$$

$$= \frac{1 + s_{AA}p + s_{aa}p - s_{aa}(p-q)}{1 + s_{AA}p^2 + s_{aa}q^2}(p-\hat{p})$$

$$= \frac{1 + s_{AA}p + s_{aa}p - s_{aa}p + s_{aa}q}{1 + s_{AA}p^2 + s_{aa}q^2}(p-\hat{p})$$

$$= \frac{1 + s_{AA}p + s_{aa}q}{1 + s_{AA}p^2 + s_{aa}q^2}(p-\hat{p})$$

$$p' - \hat{p} = \frac{1 + s_{AA}p + s_{aa}q}{1 + s_{AA}p^2 + s_{aa}q^2}(p-\hat{p}) = \lambda(p)(p-\hat{p}), \qquad (7.47)$$

onde chamamos $\lambda=\lambda(p)$ à fracção, para facilidade de exposição.

A solução desta equação é fácil:

$$(p-\hat{p})^{(t)} = \lambda^{(t)}(p-\hat{p})^{(0)}.$$

Havendo sub-dominância, os coeficientes selectivos são ambos positivos, e $\lambda > 1$[6], pelo que as diferenças para o equilíbrio aumentam monotónica e geometricamente na vizinhança do equilíbrio. Assim, vemos mais uma vez que o equilíbrio é instável.

Daqui concluímos que, embora tenhamos encontrado um equilíbrio polimórfico, não devemos esperar encontrar populações naturais neste equilíbrio, ou mesmo na sua vizinhança. De facto, as populações

---

[6] Já que $p > p^2$, e $q > q^2$, e portanto o numerador é maior do que o denominador.

reais estão sempre sujeitas a perturbações, pelo que uma população, mesmo que se encontrasse num equilíbrio instável, rapidamente se afastaria dele para sempre. Isto não quer dizer que a sub-dominância não tenha interesse biológico, já que ocorre na natureza (por exemplo, envolvendo rearranjos cromossómicos). Apenas nos diz que ainda não encontrámos um equilíbrio polimórfico mantido pela selecção, porque para isso ele tem de ser estável.

Um gene em que a fitness do heterozigoto seja a mais pequena é muito sensível a efeitos históricos. Suponhamos que uma população polimórfica se divide em duas, mantendo-se as fitnesses. No processo de divisão, as duas populações filhas podem ficar com frequências alélicas diferentes num gene sub-dominante. Se estas frequências alélicas ficarem de lados opostos da frequência de equilíbrio, as duas populações divergirão, fixando alelos diferentes, apesar de terem exactamente as mesmas fitnesses – figuras 7.8 e 7.9. De um modo geral, quando há equilíbrios instáveis, o futuro da população depende das condições iniciais.

Além deste equilíbrio polimórfico, continuam a existir os dois equilíbrios triviais. Como estão separados por um equilíbrio instável, eles são localmente (mas não globalmente) estáveis, isto é, são resistentes a pequenas perturbações, mas não a grandes. Verifiquemos, usando a figura 7.8: se a população estiver no equilíbrio p=0 e for invadida (só uma vez) por indivíduos com alelos A, de modo que p passe a ser 0.2, volta ao equilíbrio onde estava (p=0); se a invasão for maior, e p aumentar para 0.4, a população passa a afastar-se do equilíbrio onde se encontrava, tendendo agora para p=1.

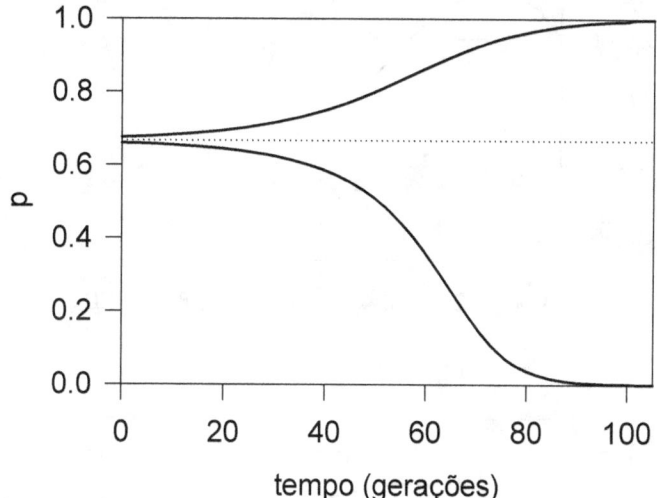

Figura 7.9. Frequências alélicas ao longo do tempo no caso de sub-dominância.
$W_{AA}=1.1$, $W_{Aa}=1$, $W_{aa}=1.2$.

Tal como vimos antes, na equação 7.35, o equilíbrio polimórfico corresponde a um extremo da fitness média, neste caso um mínimo (figura 7.8). Ao levar as frequências para longe do equilíbrio instável, a selecção faz aumentar a fitness média. Suponhamos que numa dada geração a frequência do alelo A é 0.1 (na figura 7.8): a selecção vai fixar o alelo a, aumentando assim a fitness média da população – mas há valores ainda maiores da fitness média (o maior dos quais, no intervalo $0 \leq p \leq 1$, corresponde à fixação do alelo A). Mas para lá chegar, a população teria de atravessar um "vale" da fitness média, isto é, a fitness média teria de reduzir-se, antes de aumentar. Neste modelo, como vimos (na secção 7.3.1, a seguir à equação 7.35), a fitness média nunca se reduz, pelo que a selecção natural apenas leva a uma maximização local da fitness média da população, que pode não coincidir com o máximo global, pelo que se diz que a selecção é gananciosa (ou míope...).

7.3.5 Super-dominância

Falta apenas considerar o caso particular de a fitness do heterozigoto ser superior às de ambos os homozigotos, $W_{AA} < W_{Aa} > W_{aa}$, situação chamada de super-dominância. Neste caso, ambos os coeficientes selectivos são negativos (tabela 7.3), pelo que a equação 7.44 continua a ter as duas raízes,

$$\hat{p} = \frac{s_{aa}}{s_{AA} + s_{aa}}, \quad \hat{q} = \frac{s_{AA}}{s_{AA} + s_{aa}}, \tag{7.48}$$

mas neste caso a equação 7.46 e a figura 7.10 mostram ser o equilíbrio estável (opcionalmente, veja-se também a Caixa 7.2). Como s_{AA} e s_{aa} são agora negativos, vemos que se a frequência do alelo A estiver acima (resp. abaixo) do seu valor de equilíbrio, $\hat{p}$, Δp é negativo (positivo), pelo que a frequência do A diminui (aumenta), aproximando-se do equilíbrio polimórfico, que é portanto estável. Igual conclusão podemos tirar directamente da equação 7.47, agora com $0 \leq \lambda < 1$[7]: como o desvio para o equilíbrio tem sinal constante e se reduz em grandeza, as frequências alélicas tendem para o equilíbrio polimórfico (verifique). Encontrámos assim (finalmente!) um equilíbrio polimórfico estável mantido pela selecção natural (também ilustrado na figura 7.11, que podemos comparar com a 7.9).

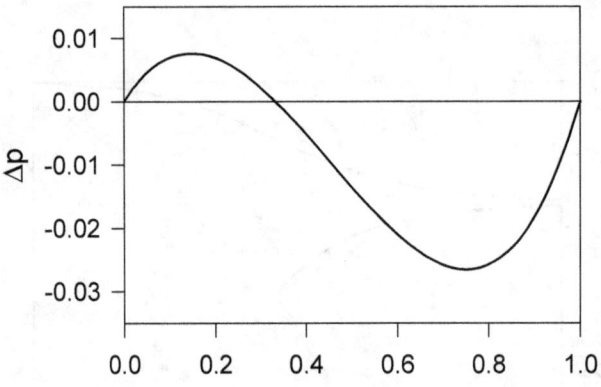

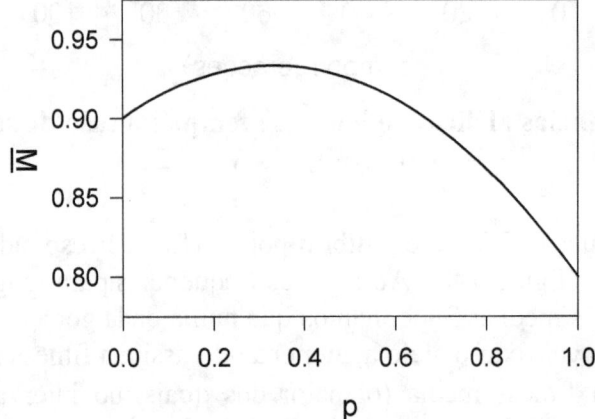

Figura 7.10. Variação das frequências alélicas e fitness média no caso de super-dominância

---

[7] Lembrando mais uma vez que $p > p^2$, e $q > q^2$; como agora os coeficientes selectivos são negativos, o numerador é positivo, mas menor do que o denominador.

Caixa 7.2. Super-dominância e estabilidade do equilíbrio

Dissemos que quando a fitness do heterozigoto é superior às dos homozigotos, e portanto ambos os coeficientes selectivos são negativos, a equação 7.46 e a figura 7.10 mostravam a estabilidade do equilíbrio polimórfico. No entanto, isto não é inteiramente verdade. Para o equilíbrio ser estável não é suficiente que Δp tenha sinal contrário à diferença $p - \hat{p}$ (equação 7.46), ou (o que é equivalente) que a derivada de Δp no ponto de equilíbrio $\hat{p}$ seja negativa (figura 7.10). É também necessário que o Δp não seja tão grande em valor absoluto que p ultrapasse $\hat{p}$ para o outro lado e se afaste mais, criando oscilações divergentes das frequências alélicas, que se afastariam do equilíbrio, o qual seria portanto instável. A condição matemática para que isto não aconteça é que a derivada de Δp no ponto de equilíbrio seja negativa mas maior do que -2:

$$-2 < \left.\frac{d(\Delta p)}{dp}\right|_{\hat{p}} < 0$$

De facto, ela nunca é menor do que -1, pelo que as frequências alélicas se aproximam monotonicamente do seu valor de equilíbrio, nunca lhe saltando por cima, como mostramos a seguir.

Cálculo e álgebra, laboriosos mas elementares[8], mostram (a partir da equação 7.34) que

$$\left.\frac{d(\Delta p)}{dp}\right|_{\hat{p}} = \frac{s_{AA}s_{aa}}{s_{AA}s_{aa} + s_{AA} + s_{aa}}$$

Se ambos os coeficientes selectivos forem positivos, é óbvio que a derivada está entre 0 e 1 (e o equilíbrio é instável). No caso limite de ambos os coeficientes selectivos serem -1 (e os dois alelos serem letais equilibrados), é fácil ver que (a derivada é -1 e) o equilíbrio p=q=1/2 é estável, pois em cada geração só sobrevivem os heterozigotos. Se ambos os coeficientes selectivos forem nulos não temos selecção, caso que portanto não nos interessa. Falta assim mostrar que se $-1 < s_{AA}, s_{aa} < 0$ a derivada está entre -1 e 0. Pensemos apenas nos valores absolutos: o produto dos dois coeficientes selectivos é menor do que qualquer deles, pelo que a soma é maior do que o dobro do produto: $|s_{AA} + s_{aa}| > 2(s_{AA}s_{aa})$. Logo o denominador, $s_{AA}s_{aa} - (|s_{AA} + s_{aa}|)$, é maior (em valor absoluto) do que o numerador, mas tem sinal contrário, e a derivada é maior do que -1, c.e.d. Assim, a super-dominância leva de facto a um equilíbrio polimórfico estável.

Esta análise é importante, pois prepara outras semelhantes em modelos menos simples. Mas igual conclusão se podia obter da equação 7.47 – basta confirmar que $0 \leq \lambda < 1$. Em genética populacional, diversidade não falta – há sempre várias maneiras de obter o mesmo resultado.

Por outro lado, p=0 e q=0 são agora instáveis. Quando p está próximo de 0, Δp é positivo (figura 7.10): a frequência do alelo A aumenta quando este é raro. Por outro lado, quando p está próximo de 1, Δp é negativo: por outras palavras, quando q é pequeno, Δq é positivo (o alelo a também aumenta quando raro). Resumindo, com super-dominância a frequência de ambos os alelos aumenta quando eles são raros, de modo que eles escapam à extinção: é por isso que o polimorfismo se mantém, estando protegido. O oposto acontece na sub-dominância: quando qualquer dos alelos é raro, a sua frequência diminui ainda mais, levando assim ao seu desaparecimento (verifique), pelo que não há polimorfismo estável.

---

[8] "Elementar" não significa simples ou fácil, mas sim que não exige que se saiba muito à partida (embora inteligência e vontade ajudem!).

Notemos que as frequências do equilíbrio polimórfico dependem apenas da relação entre as fitnesses dos dois homozigotos – pelo que são as mesmas (para os mesmos valores absolutos dos coeficientes selectivos) nos casos de sub- e super-dominância. Por outro lado, o facto de o heterozigoto ter ou não a fitness maior é o factor determinante da estabilidade do equilíbrio (independentemente dos valores exactos dos coeficientes selectivos).

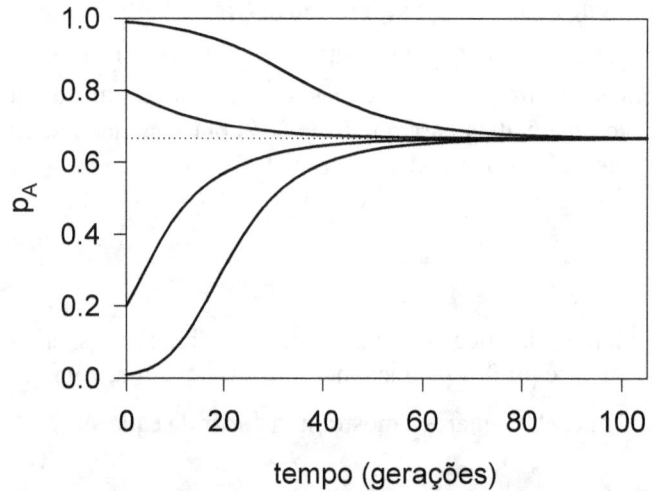

Figura 7.11. Frequências alélicas ao longo do tempo no caso de super-dominância. $W_{AA}=0.9$, $W_{Aa}=1$, $W_{aa}=0.8$.

Ao equilíbrio estável corresponde o máximo da fitness média – figura 7.10 e caixa 7.3 – pelo que, ao levar as frequências para o equilíbrio polimórfico estável, a selecção leva a população para o máximo da fitness média. Assim, nas condições deste modelo, a fitness nunca diminui (mesmo quando o heterozigoto é intermédio, ou há dominância – figuras 7.5 e 7.6). A super-dominância é muitas vezes confundida com a heterose. Existe super-dominância, como vimos, quando a fitness do heterozigoto é superior à dos homozigotos. Heterose refere-se à observação muito comum de que a descendência de um cruzamento entre duas populações tem um fenótipo médio superior ao de qualquer das populações parentais. A heterose pode ser devida a super-dominância ou a outras causas, pelo que é importante não confundir os dois conceitos.

Vimos no caso de sub-dominância que o máximo da fitness média para que a população tende pode não ser o maior máximo possível. E no caso de super-dominância? A figura 7.10 sugere que a população tende para o máximo global (como vimos), mas é preciso atenção. Se a população fosse apenas constituída por heterozigotos, p=q=½, e a fitness média seria ainda mais alta do que no equilíbrio polimórfico estável dado pela equação 7.48. A fitness média em equilíbrio é (substituindo as frequências de equilíbrio, dadas pela equação 7.48, na fitness média, equação 7.29):

$$\hat{\bar{w}} = 1 + s_{AA}\left(\frac{s_{aa}}{s_{AA}+s_{aa}}\right)^2 + s_{aa}\left(\frac{s_{AA}}{s_{AA}+s_{aa}}\right)^2$$

$$= 1 + \frac{s_{AA}s_{aa}s_{aa} + s_{AA}s_{AA}s_{aa}}{\left(s_{AA}+s_{aa}\right)^2} = 1 + \frac{s_{AA}s_{aa}\left(s_{AA}+s_{aa}\right)}{\left(s_{AA}+s_{aa}\right)^2}$$

$$= 1 + \frac{s_{AA}s_{aa}}{s_{AA}+s_{aa}}$$

> **Caixa 7.3. Fitness média e equilíbrios polimórficos**
>
> É fácil verificar que a fitness média é sempre um mínimo no equilíbrio polimórfico instável, e sempre um máximo no equilíbrio polimórfico estável, e não apenas para os valores particulares das fitnesses usados nas figuras 7.8 e 7.10. Vimos já que o numerador da equação 7.34 é metade da derivada da fitness média, pelo que o ponto de equilíbrio não trivial (determinado pelo zero desse numerador) corresponde a um zero da derivada. Para determinar em que condições se trata de um máximo ou um mínimo, vamos calcular a segunda derivada da fitness média (da equação 7.34) em ordem a p:
>
> $$\overline{w} = (s_{AA} + s_{aa})p^2 - 2s_{aa}p + s_{aa} + 1$$
>
> $$\frac{d\overline{w}}{dp} = 2[(s_{AA} + s_{aa})p - s_{aa}]$$
>
> $$\frac{d^2\overline{w}}{dp^2} = 2(s_{AA} + s_{aa})$$
>
> No caso do heterozigoto ter fitness inferior às de ambos os homozigotos, os dois coeficientes selectivos são positivos, e portanto a segunda derivada da fitness média também o é, pelo que o equilíbrio instável corresponde a um mínimo da fitness média, quaisquer que sejam os valores dos coeficientes selectivos. Do mesmo modo se conclui que sempre que o heterozigoto tiver a fitness maior (pelo que os coeficientes selectivos são ambos negativos), o equilíbrio polimórfico corresponde a um máximo da fitness média.
>
> Finalmente, se os coeficientes selectivos tiverem o mesmo valor absoluto mas sinais contrários, temos um ponto de inflexão da fitness média – mas esta observação é biologicamente irrelevante, já que neste caso não existe equilíbrio polimórfico, como vimos.

Lembremos que com super-dominância o genótipo com maior fitness é o heterozigoto, que tem fitness 1, e os dois coeficientes selectivos s_{AA} e s_{aa} são negativos. Assim, a fracção é negativa (verifique), e esta equação mostra que a fitness média da população em equilíbrio é menor do que seria se a população fosse só constituída por heterozigotos.

Então, porque é que a selecção natural não leva a população para o máximo valor possível da fitness média, 1? Porque é contrariada pela segregação mendeliana. Uma população só de heterozigotos não é estável, já que na geração seguinte aparecem logo homozigotos (há uma excepção: qual é?).

7.3.6 Conclusão

A selecção natural é um factor evolutivo notável, que pode ter várias consequências, dependendo das fitnesses dos genótipos e das frequências alélicas: pode eliminar a variação genética, ou mantê-la; pode variar rapidamente as frequências génicas, ou mantê-las constantes; pode produzir uniformidade genética entre populações, ou fazê-las divergir (figura 7.12).

Embora haja explicações alternativas (ou complementares) para estes fenómenos, este modelo simples de selecção permite assim explicar a ausência de variação ou a sua manutenção, a ocorrência de processos dinâmicos de substituição alélica ou de configurações estáticas de equilíbrio, a convergência ou a divergência de populações – por outras palavras, propriedades tão fundamentais das populações biológicas como a sua capacidade de manter variação genética, e a sua capacidade de evoluir e divergir.

De facto, as populações reais têm considerável polimorfismo, aparentemente estável, não obstante podermos observar (ou pelo menos inferir a partir de observações) a substituição de uns alelos por outros – e precisamos de compreender ambos os fenómenos.

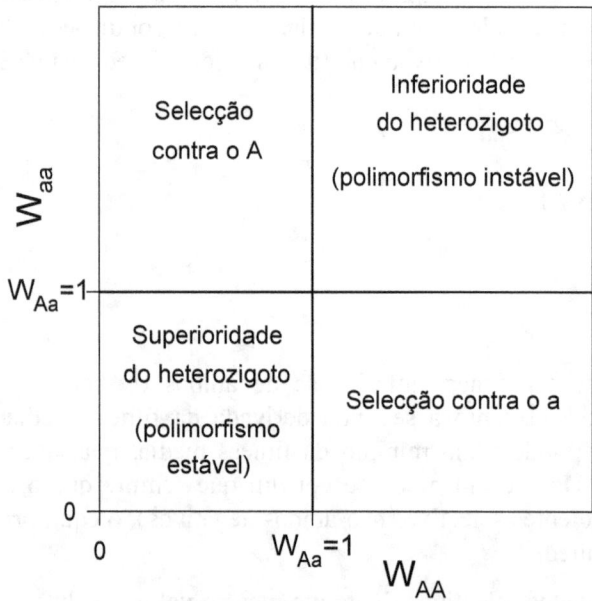

Figura 7.12. Selecção natural ao nível de um gene autossómico dialélico: condições e resultados

Na figura 7.12, chamámos à selecção em que um alelo é eliminado deterministicamente, e o outro fixado, selecção contra um dos alelos – mas claro que podemos igualmente dizer que a selecção é a favor do outro. Embora aqui a escolha seja arbitrária, há casos em que a distinção faz sentido. Suponhamos que uma população é constantemente bombardeada por novas mutações. Se os novos mutantes tiverem fitness média inferior aos alelos presentes, sendo eliminados pela selecção, diz-se que há selecção purificadora, contra os novos mutantes. Se houver mutantes com maior fitness média do que os alelos residentes, de modo que as suas frequências aumentem na população até se fixarem, diz-se que há selecção positiva ou direccional desses mutantes (há também quem lhe chame selecção progressiva, mas há que ter muito cuidado no uso deste termo em discussões sobre evolução).

Por outro lado, a selecção pode também resultar na manutenção do polimorfismo. A qualquer tipo de selecção que mantenha mais de um alelo na população chamamos selecção balanceada. Até agora, a única forma de selecção balanceada que encontrámos foi a super-dominância, mas é importante saber que há mais (como a selecção variável no tempo ou no espaço, ou a selecção dependente das frequências; estudaremos algumas mais tarde, por exemplo, já na secção 7.5).

Notemos que a super-dominância é condição necessária e suficiente para um polimorfismo estável: basta haver super-dominância para haver polimorfismo estável, e este só apareceu no caso de super-dominância. Este resultado é muito importante, e uma das principais conclusões deste estudo, mas não é necessariamente uma conclusão geral relativa à selecção natural, mas sim do modelo de selecção que acabámos de estudar. Com outros modelos de selecção natural (envolvendo mais de dois alelos, fitnesses diferentes nos dois sexos, fitnesses variáveis no espaço ou no tempo, etc.), as condições que levam a polimorfismos estáveis têm de ser reavaliadas caso a caso.

Muitas vezes se ouve e lê que a selecção natural consiste na sobrevivência dos mais aptos e aumenta a sua frequência (por vezes definindo os mais aptos como os que (mais) sobrevivem, transformando a primeira afirmação numa tautologia). De facto, nenhuma destas ideias é correcta. Por um lado, nem sempre o genótipo com maior taxa de sobrevivência é o mais apto, no sentido de ter a maior fitness, já que pode ter fertilidade baixa (secção 7.3.1). Por outro lado, se houver sub-dominância, o genótipo com maior fitness pode ser eliminado pela própria selecção natural; por exemplo, na figura 7.9 o genótipo com maior fitness é o aa, mas é eliminado sempre que a frequência inicial do A é maior do que 0.67.

7.4 Comparação de selecção haplóide e diplóide

Os modelos de selecção natural que acabámos de estudar só diferem no grau de ploidia, sendo assim interessante comparar o comportamento dos dois modelos. Em ambos os casos, a variação da frequência de um alelo é determinada pela relação entre a fitness desse alelo e a fitness média da população. Se a fitness alélica for maior do que a da população, a frequência do alelo aumenta, se for menor diminui, se forem iguais não varia. Mas enquanto no modelo haplóide a fitness de um alelo é constante, no modelo diplóide ela varia.

A principal diferença entre os efeitos da selecção natural com fitnesses constantes em espécies haplóides e diplóides é que no primeiro caso não é possível obter polimorfismos estáveis, enquanto no segundo é. Este polimorfismo estável é uma propriedade emergente da selecção diplóide, só possível pela interacção entre os dois alelos no heterozigoto. Mesmo assim, como seria de esperar, nem todas as interacções resultam em polimorfismo: a dominância é uma forma de interacção em que um alelo é irrelevante face ao outro, mas não leva a polimorfismo. Só a super-dominância (a "superioridade" selectiva do heterozigoto) é que permite polimorfismo estável. Assim, em espécies diplóides a selecção natural com fitnesses constantes é explicação suficiente (mesmo que não seja a única) para os polimorfismos estáveis, em haplóides não é. Outra diferença, relacionada com a primeira, é que em populações haplóides o genótipo com maior fitness tende sempre para a fixação, o que pode não acontecer nos diplóides. Se os heterozigotos tiverem a maior fitness, a selecção é contrariada pela segregação mendeliana, que em cada geração recria os genótipos com menor fitness a partir dos heterozigotos, pelo que o genótipo com maior fitness nunca se fixa. Encontraremos mais tarde outros casos em que a selecção natural é contrariada por outro factor evolutivo, ou uma forma de selecção é contrariada por outra, de modo que o resultado é um compromisso entre os vários factores evolutivos em presença.

A principal diferença entre a selecção haplóide e a selecção diplóide é que no último caso pode haver interacções entre as fitnesses dos dois alelos. O modelo aditivo, ou linear, corresponde a não haver interacções. Assim, poderíamos esperar que as fitnesses aditivas fossem a forma de selecção diplóide equivalente à selecção haplóide. No entanto, e como vimos na secção 7.3.2.2, isso não acontece – as fitnesses multiplicativas é que são o equivalente diplóide da selecção haplóide. Isto reflecte o facto de que, de um modo geral, a selecção natural é um processo multiplicativo. De qualquer forma, se as diferenças selectivas forem pequenas, os modelos aditivo e multiplicativo são quase equivalentes (secção 7.3.2.2), razão pela qual (mas com algum abuso), os modelos haplóide e diplóide aditivo são muitas vezes apresentados como equivalentes.

7.5 Selecção diplóide e gamética

Muitas espécies predominantemente haplóides têm também uma fase diplóide e, de modo recíproco, muitas espécies predominantemente diplóides têm uma fase haplóide. Em muitos animais a fase haplóide (os gâmetas) é muito reduzida, pelo que podemos assumir que a selecção diplóide prevalece sobre a haplóide, passando-se o inverso nos organismos que têm apenas uma curta fase diplóide (*e.g.*, musgos e algas). Assim, e numa primeira abordagem, faz sentido estudar a selecção em cada uma destas fases desprezando a outra, como fizemos até agora, até porque é mais simples assim. No entanto, mesmo que a fase haplóide seja curta, a selecção pode ser importante, já que, por exemplo, os alelos recessivos ficam expostos. Além disso, há muitos organismos em que as duas fases têm igual importância.

É então importante estudar as consequências da selecção natural em ambas as fases haplóide e diplóide do ciclo de vida, num gene autossómico dialélico, o que fazemos agora, seguindo o esquema da figura 7.13. Entre os indivíduos diplóides há diferenças de viabilidade e fertilidade, resumidas como diferenças de fitness, que continuamos a representar por W_{AA}, W_{Aa} e W_{aa}. Entre os gâmetas há diferenças de viabilidade, que representamos agora por V_A e V_a ou, em termos relativos, v_A e $v_a=1$.

Suponhamos que as frequências genotípicas nos zigotos são as de Hardy-Weinberg, como se espera numa população panmítica, com frequências alélicas p e q. A frequência do alelo A nos gâmetas antes da selecção gamética, resultado da selecção diplóide, é agora representada por p*, e dada por (da equação 7.22):

$$p^* = \frac{p(W_{AA}p + W_{Aa}q)}{W_{AA}p^2 + W_{Aa}2pq + W_{aa}q^2} \tag{7.49}$$

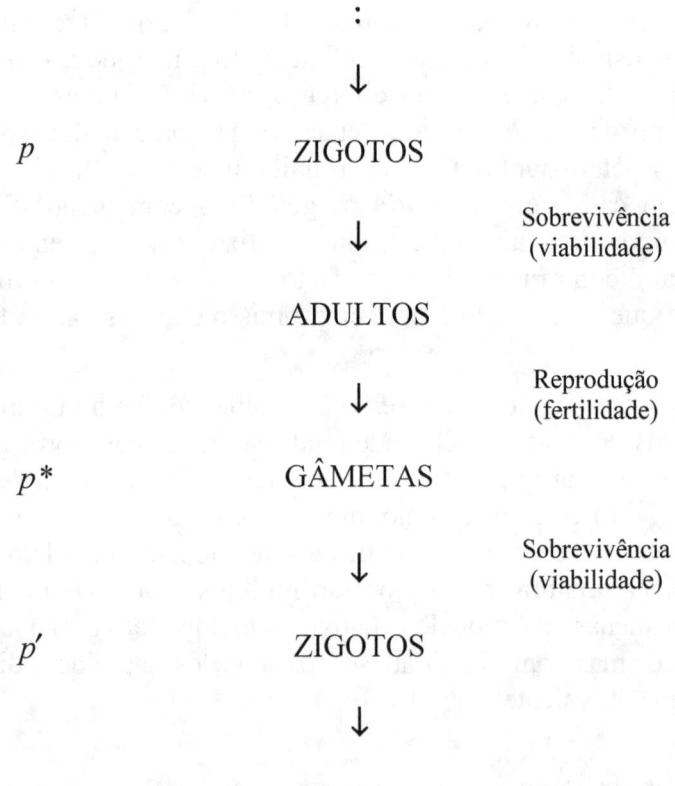

Figura 7.13. Ciclo de vida com selecção haplóide e diplóide

Esta frequência pode ser alterada pela selecção gamética, depois da qual temos a frequência de A na geração seguinte (pela equação 7.3),

$$p' = \frac{p^* V_A}{p^* V_A + q^* V_a}$$

A análise deste modelo segue os mesmos passos dos anteriores, a única diferença é que a álgebra é mais longa, se bem que igualmente simples. É importante sublinhar que, embora os cálculos não sejam aqui apresentados com o detalhe habitual, não há quaisquer conceitos novos, nem de matemática nem de biologia, nem quaisquer pressupostos implícitos – as equações são mais pesadas, e a álgebra mais laboriosa, mas é só isso. Assim, o leitor motivado é convidado a seguir os passos indicados, preenchendo os detalhes algébricos que faltam, de modo a obter as equações apresentadas.

Substituindo p* na última equação pela sua expressão dada pela anterior, e simplificando, obtemos

$$p' = \frac{\left(W_{AA}p^2 + W_{Aa}pq\right)V_A}{p^2\left[V_A(W_{AA}-W_{Aa}) + V_a(W_{aa}-W_{Aa})\right] + p\left[V_A W_{Aa} + V_a(W_{Aa} - 2W_{aa})\right] + V_a W_{aa}} \quad (7.50)$$

donde

$$\Delta p = pq \frac{p\left[V_A(W_{AA}-W_{Aa}) + V_a(W_{aa}-W_{Aa})\right] + V_A W_{Aa} - V_a W_{aa}}{p^2\left[V_A(W_{AA}-W_{Aa}) + V_a(W_{aa}-W_{Aa})\right] + p\left[V_A W_{Aa} + V_a(W_{Aa} - 2W_{aa})\right] + V_a W_{aa}} \quad (7.51)$$

donde concluímos que o sistema está em equilíbrio quando p=0 ou q=0 (os equilíbrios triviais esperados), ou quando o numerador é nulo, ou seja,

$$\hat{p} = \frac{V_a W_{aa} - V_A W_{Aa}}{V_A(W_{AA}-W_{Aa}) + V_a(W_{aa}-W_{Aa})} = \frac{1 + s_{aa} - v_A}{v_A s_{AA} + s_{aa}} . \quad (7.52)$$

Se só houver selecção diplóide (isto é, se $V_A = V_a = v_A = 1$), a equação 7.52 dá uma frequência idêntica à da equação 7.48, como seria de esperar (verifique). Por outro lado, se houver selecção gamética e diplóide, o equilíbrio polimórfico tem um valor diferente, podendo mesmo não existir. Como o número de parâmetros é elevado (cinco fitnesses), e a equação 7.50 não tem solução, não vamos fazer o estudo completo do modelo na sua generalidade. Não vamos também estudar todos os casos particulares possíveis, como fizemos para a selecção diplóide, já que agora eles são muitos, e alguns triviais. Por exemplo, se o alelo A for favorecido nas duas fases (*i.e.*, se $W_{AA} > W_{Aa} > W_{aa}$ e $V_A > V_a$), o resultado não pode deixar de ser a eliminação do alelo a. Em vez disso, vamos concentrar-nos nas condições para que haja polimorfismo. Em especial, estamos interessados em saber se a principal conclusão do estudo da selecção diplóide – que a super-dominância é condição necessária e suficiente para o polimorfismo se manter – se aplica aqui também.

O equilíbrio indicado pela equação 7.52 só tem significado biológico se $0 \leq \hat{p} \leq 1$ – e só é polimórfico se as desigualdades forem estritas. Se $v_A > 1 + s_{aa}$, o numerador é negativo; se $v_A s_{AA} + s_{aa} > 0$, ou seja, $v_A > -s_{aa}/s_{AA}$, o denominador é positivo; se se verificarem ambas as condições, $\hat{p}$ é negativo, e portanto biologicamente irrelevante. Por outro lado, se $v_A < 1/(1 + s_{AA})$, $\hat{p} > 1$ (verifique) pelo que o equilíbrio polimórfico também não existe.

Notemos que estas relações não fazem qualquer referência à existência de super-dominância na fase diplóide, pelo que as conclusões tiradas são válidas haja ou não super-dominância. Em particular, pode haver super-dominância e não existir qualquer equilíbrio polimórfico. Assim, com selecção haplóide e diplóide, haver super-dominância na fase diplóide não é suficiente para garantir um polimorfismo estável.

Então, em que condições é que o polimorfismo está protegido? A selecção natural impede a eliminação de qualquer alelo se ambos os alelos aumentarem quando raros (cp. secção 7.3.5). Outra forma de dizer que o alelo A aumenta quando raro é que $\Delta p>0$ quando $p \ll 1$; usando a equação 7.51, e desprezando termos em p^2, p^3, etc, já que são muito pequenos quando p é pequeno, temos

$$\Delta p \cong \frac{(V_A W_{Aa} - V_a W_{aa})p}{\overline{W}} > 0 \ .$$

Da mesma forma, o alelo a aumenta quando raro se $\Delta p<0$ quando $q \ll 1$, ou seja, se

$$\Delta p \cong \frac{(V_A W_{AA} - V_a W_{Aa})q}{\overline{W}} < 0 \ .$$

Assim, o polimorfismo está protegido quando ambas as condições se verificam, ou seja quando

$$V_A W_{Aa} > V_a W_{aa} \quad \wedge \quad V_a W_{Aa} > V_A W_{AA} \tag{7.53}$$

As condições para haver polimorfismo protegido não são tão simples como no caso de haver apenas selecção diplóide. Na selecção diplóide, a super-dominância é condição necessária e suficiente para o polimorfismo estável, mas com selecção diplóide e gamética a condição equivalente são de facto duas (equação 7.53), e não têm interpretação simples. Se não houver diferenças de viabilidade nos gâmetas, estas condições reduzem-se à super-dominância, como seria de esperar (verifique). Por outro lado, as condições 7.53 podem verificar-se sem super-dominância, se a selecção gamética e a selecção diplóide favorecerem alelos distintos – por exemplo se o A for favorecido na fase haplóide, e o a na diplóide:

$$V_A > V_a \quad \wedge \quad W_{aa} > W_{Aa} > W_{AA} \tag{7.54}$$

Portanto, a super-dominância, além de não ser suficiente, também não é necessária para haver um polimorfismo estável.

Concluindo a nossa análise deste modelo, se houver selecção haplóide e diplóide no mesmo gene autossómico dialélico, as condições para a população se manter polimórfica não são fáceis de resumir em palavras. Por outro lado, nem a super-dominância (na fase diplóide), nem selecção contrária nas duas fases é condição necessária ou suficiente para que o polimorfismo se mantenha.

7.6 Selecção e mutação

No capítulo 3 estudámos a "evolução" numa população ideal obedecendo aos pressupostos do modelo de Hardy-Weinberg. No capítulo 6 levantámos o pressuposto de não haver mutação, e neste capítulo levantámos os pressupostos referentes à ausência de selecção natural nas fases diplóide e haplóide. É agora altura de levantar simultaneamente os pressupostos relativos à mutação e à selecção, para estudarmos os seus efeitos evolutivos conjuntos. Tal como fizemos no estudo da mutação, comecemos pelo destino de uma mutação única, mas desta vez com efeitos na fitness.

7.6.1 O destino de uma mutação vantajosa única

Estudámos já o destino de uma mutação selectivamente neutra única, numa população de grandeza infinita (na secção 6.2), concluindo que a sua extinção é certa, e geralmente rápida. E no caso de a mutação ter alguma vantagem (ou desvantagem) selectiva, será que também se extingue de certeza?

Quando o novo alelo aparece, encontra-se necessariamente em heterozigotia e, numa população panmítica, é de esperar que assim continue durante bastante tempo. Assim, a questão da dominância desse alelo não é muito relevante, e podemos assumir que ele é aditivo (isto é, que não há qualquer dominância), pelo que o modelo se aplica (com boa aproximação) tanto a populações haplóides como a diplóides.

Vamos proceder como no caso de uma mutação neutra, considerando as probabilidades de o mutante, produzir 0, 1, 2, ... descendentes, P_0, P_1, P_2, ... (lembrando que P_0 é a probabilidade de ele se perder numa só geração). Mais uma vez, assumimos que estas seguem uma Poisson, mas agora com média (1+s), onde s é a vantagem selectiva do mutante em heterozigotia. As probabilidades de o alelo preexistente produzir descendentes seguem a Poisson com média 1, tal como antes. Seguindo o mesmo caminho já trilhado para mutações neutras, é fácil mostrar que as probabilidades de extinção V, e sobrevivência U, obedecem a

$$V_t = e^{-(1+s)(1-V_{t-1})}$$
$$U_t = 1 - e^{-(1+s)(U_{t-1})}$$
(7.55)

o que nos permite calcular a probabilidade de sobrevivência ao longo do tempo (tabela 7.5). Para s≤0.05, mais de metade dos novos mutantes perde-se ao fim de duas gerações, apesar da sua vantagem selectiva.

Tabela 7.5. Probabilidade de sobrevivência de um mutante único ao longo do tempo

Geração	Probabilidade de sobrevivência				
	s=0	s=0.01	s=0.05	s=0.1	s=0.5
0	1	1	1	1	1
1	0.632121	0.635781	0.650062	0.667129	0.776870
2	0.468536	0.473834	0.494681	0.519939	0.688172
3	0.374082	0.380333	0.405132	0.435567	0.643798
4	0.312080	0.318961	0.346484	0.380674	0.619283
5	0.268077	0.275411	0.304975	0.342126	0.605021
10	0.158235	0.166742	0.202323	0.249282	0.584860
20	0.087571	0.096944	0.138794	0.197637	0.582830
50	0.037650	0.048009	0.101079	0.177136	0.582812
100	0.019353	0.030692	0.094277	0.176141	0.582812
200	0.009825	0.022722	0.093706	0.176134	0.582812
400	0.004953	0.020095	0.093702	0.176134	0.582812
∞	0	0.019736	0.093702	0.176134	0.582812

Enquanto que para s pequeno (digamos, menor do que 0.1), a probabilidade de sobrevivência demora bastante a estabilizar, para s grande o valor assimptótico é aproximado depressa (tabela 7.5 e figura 7.14). Isto significa que se um mutante bastante vantajoso sobreviver as primeiras 10 gerações já não se deve extinguir. Isto compreende-se, pois o mutante está em maior risco de extinção quando ainda está representado por um pequeno número de cópias, isto é, no início. Se tiver uma vantagem selectiva apreciável, ou se extingue logo por acaso, ou o seu número aumenta rapidamente, libertando-se assim do risco de extinção.

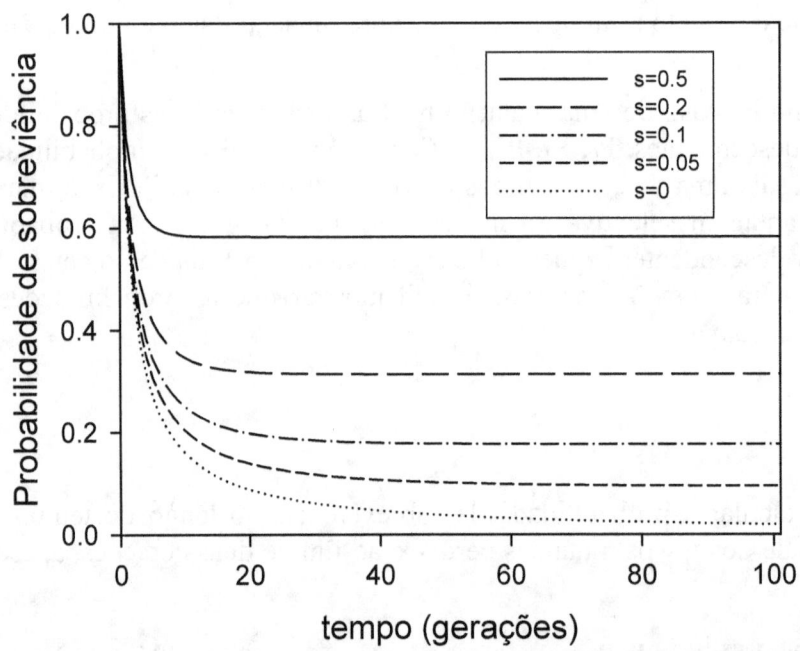

Figura 7.14. Probabilidade de sobrevivência de um mutante único

A probabilidade última (ou total) de extinção do mutante (isto é, a probabilidade de ele se extinguir, seja em que geração for) é o limite de V_t quando t tende para infinito, dado pela solução de

$$V = e^{-(1+s)(1-V)} \tag{7.56}$$

O caso s=0 foi já estudado na secção 6.2, onde vimos que V=1. Se s≠0 esta equação não tem solução explícita, mas se s for pequeno, podemos supor que V≅1, pelo que podemos desenvolver o lado direito de 7.56 numa série de potências em torno de V=1. Desprezando termos de ordem superior a dois, obtemos

$$V = 1 + (V-1)(1+s) + \frac{(V-1)^2(1+s)^2}{2},$$

donde

$$(1-V) + (V-1)(1+s) + \frac{(V-1)^2(1+s)^2}{2} = 0$$

$$(1-V)\left[1 - (1+s) - \frac{(V-1)(1+s)^2}{2}\right] = 0$$

$$(1-V)\left[\frac{-(1+s)^2 V + (1+s^2)}{2}\right] = 0$$

cujas soluções são V=1 (se não existir qualquer mutante desde o início) e

$$V = \frac{1+s^2}{(1+s)^2}$$

pelo que a probabilidade última de sobrevivência do mutante é (aproximadamente, já que só retivemos os primeiros termos da série)

$$U = 1 - V = \frac{(1+s)^2 - 1 - s^2}{(1+s)^2} = \frac{1 + 2s + s^2 - 1 - s^2}{(1+s)^2},$$

donde

$$U = \frac{2s}{(1+s)^2} \qquad (7.57)$$

Se a vantagem do mutante for positiva e muito pequena (digamos, $0 < s \leq 0.05$), a sua probabilidade de sobrevivência é aproximadamente $2s$ (da equação 7.57, já que nesse caso $(1+s)^2 \cong 1$; veja-se também a tabela 7.5 para $t=\infty$). Este resultado é muito simples, e fácil de lembrar, mas só serve mesmo para s muito pequeno (por exemplo, para $s>0.5$ este resultado sugere uma probabilidade de sobrevivência maior do que 1!). Se s for um pouco maior (digamos, $0.05 < s < 0.1$), a aproximação 7.57 é suficientemente boa, mas para s ainda maior, já não chega (podemos então considerar termos de ordem superior a dois no desenvolvimento de 7.56). Claro que se s for negativo (*i.e.*, se o mutante conferir uma desvantagem aos seus portadores), a única solução válida é $V=1$, $U=0$, pelo que a probabilidade de sobrevivência do mutante é nula.

Assim, e ao contrário do que vimos para uma mutação única selectivamente neutra, um mutante vantajoso pode não se extinguir (como seria de esperar). No entanto, o destino mais provável de um mutante com uma vantagem selectiva apreciável, é ainda a extinção. Por exemplo, mais de 82% dos novos mutantes vantajosos com $s=0.1$ (uma vantagem enorme do ponto de vista evolutivo) perdem-se, a maior parte deles nas três primeiras gerações (tabela 7.5).

Sem vantagem selectiva, a probabilidade de sobrevivência do mutante seria nula, portanto uma probabilidade pequena de sobreviver não parece muito mau. Mas a conclusão importante aqui é que o facto de um mutante ter uma vantagem selectiva, mesmo bastante grande, não garante que ele se mantenha na população (ao contrário do que se poderia esperar). Voltaremos a este importante tema, quando estudarmos a evolução em populações finitas (capítulo 10).

7.6.2 Selecção diplóide e mutação

Suponhamos agora que além de os diferentes genótipos poderem ter fitnesses diferentes, pode também ocorrer mutação recorrente. A situação é pois um pouco mais complicada do que se houver apenas selecção, já que o número de parâmetros é maior. Façamos portanto aqui apenas uma primeira abordagem, aproximada e sem todos os detalhes (mas cobrindo os casos de maior interesse biológico), já que as manipulações algébricas são mais uma vez (tal como na combinação de selecção haplóide e diplóide) longas (se bem que simples). Assumimos, com plausibilidade, que as taxas de mutação são muito menores do que as diferenças de fitness[9].

---

[9] Este pressuposto é plausível para os genes morfológicos clássicos, mas algo duvidoso quando os alelos são variantes de sequências de DNA ou proteína diferindo apenas numa posição, ou num número muito reduzido de posições, em que algumas diferenças selectivas podem ser da mesma ordem de grandeza das taxas de mutação.

Para fixar ideias, consideremos o ciclo de vida da figura 7.15, em que a selecção antecede a mutação, isto é, a selecção deve-se apenas a diferenças de viabilidade entre as fases de recém-nascidos e adultos, e a mutação ocorre durante a reprodução (a ordem inversa daria essencialmente os mesmos resultados). O alelo A tem frequência p nos recém-nascidos de uma dada geração, p* nos adultos da mesma geração, e p' nos recém-nascidos da geração seguinte.

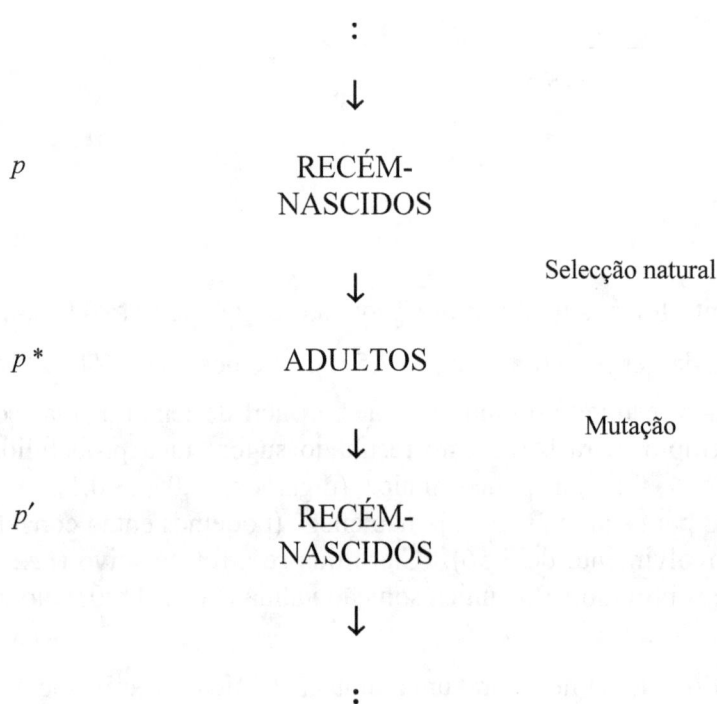

Figura 7.15. Um ciclo de vida com selecção e mutação

Consideremos mais uma vez um gene autossómico dialélico A/a. A frequência do alelo A ao longo do ciclo de vida é (a partir da equação 7.20 para a selecção e da 6.10 para a mutação)

$$p^* = \frac{W_{AA}p^2 N + W_{Aa}pqN}{W_{AA}p^2 N + W_{Aa}2pqN + W_{aa}q^2 N}$$

$$p' = (1-u)p^* + v(1-p^*).$$

A relação entre as frequências alélicas de duas gerações sucessivas é então (substituindo e simplificando)

$$p' = \frac{\left(W_{AA}p^2 + W_{Aa}pq\right)(1-u) + \left(W_{Aa}pq + W_{aa}q^2\right)v}{W_{AA}p^2 + W_{Aa}2pq + W_{aa}q^2} \tag{7.58}$$

e a variação da frequência do alelo A é

$$\Delta p = pq \frac{p(W_{AA}-W_{Aa})+q(W_{Aa}-W_{aa})}{W_{AA}p^2+W_{Aa}2pq+W_{aa}q^2}(1-u+v)-up+vq$$

$$= \Delta p_{sel}(1-u+v)+\Delta p_{mut}$$

ou aproximadamente, já que u e v são muito pequenos,

$$\Delta p = pq \frac{(W_{AA}-W_{Aa})p+(W_{Aa}-W_{aa})q}{W_{AA}p^2+W_{Aa}2pq+W_{aa}q^2}-up+vq$$

$$= pq \frac{s_{AA}p-s_{aa}q}{1+s_{AA}p^2+s_{aa}q^2}-up+vq \qquad (7.59)$$

$$= \Delta p_{sel}+\Delta p_{mut}$$

Assim, e com boa aproximação, podemos considerar que a variação das frequências alélicas devida à selecção e à mutação é a soma das variações devidas a cada uma delas.

Em equilíbrio, $\Delta p=0$, e portanto $\Delta psel=-\Delta pmut$, o que pode ajudar a encontrar pontos de equilíbrio e determinar a sua estabilidade, graficamente. Para procurarmos os pontos de equilíbrio algebricamente podemos proceder como de costume: exprimimos Δp numa única fracção, e procuramos os zeros do numerador. Fazendo isso, verificamos que o numerador é um polinómio do terceiro grau em p (ou q), com termo independente – mostrando que p=0 e q=0 já não são pontos de equilíbrio (porquê?) – cuja solução geral não é simples, nem tem interpretação biológica fácil. Consideremos portanto alguns casos particulares.

Nalguns casos, o efeito conjunto da selecção e da mutação é trivialmente simples. Se quer a selecção quer a mutação tenderem a eliminar o mesmo alelo (por exemplo, selecção contra o alelo A, e mutação apenas de A para a), o resultado conjunto dos dois factores evolutivos não pode deixar de ser a eliminação desse alelo. As situações em que os dois factores se "contrariam" são mais interessantes. Em vez de tentar a generalidade completa, suponhamos, para fixar ideias, que há selecção contra o alelo a, e mutação para o mesmo alelo com taxa u, sem haver mutação inversa (v=0). Temos portanto o caso em que a mutação introduz constantemente um alelo que a selecção tende a eliminar (por exemplo, um alelo que causa uma doença).

Temos então, a partir da equação 7.59

$$\Delta p = \Delta p_{sel}+\Delta p_{mut} = pq \frac{(W_{AA}-W_{Aa})p+(W_{Aa}-W_{aa})q}{W_{AA}p^2+W_{Aa}2pq+W_{aa}q^2}-up \qquad (7.60)$$

Para encontrarmos os pontos de equilíbrio podemos de novo proceder como de costume: exprimimos Δp numa única fracção, e procuramos os zeros do numerador, verificando eventualmente que $\Delta p=0$ quando p=0 (como seria de esperar – porquê?) ou quando

$$W_{AA}u\hat{p}^2+\left[W_{Aa}(1+2u)-W_{AA}\right]\hat{p}\hat{q}+\left[W_{aa}(1+u)-W_{Aa}\right]\hat{q}^2=0 .$$

Fazendo agora a aproximação $1+2u \cong 1+u \cong 1$, justificada já que u é muito pequeno, obtemos

$$W_{AA}u\hat{p}^2+(W_{Aa}-W_{AA})\hat{p}\hat{q}+(W_{aa}-W_{Aa})\hat{q}^2=0 .$$

Exprimindo esta equação em termos da frequência do alelo mutante, e usando o esquema de fitnesses d. da tabela 7.3, obtemos

$$(2sh-s+u)\hat{q}^2 -(sh+2u)\hat{q}+u=0$$

ou aproximadamente

$$s(2h-1)\hat{q}^2 - sh\hat{q}+u=0 \ . \tag{7.61}$$

As soluções desta equação são

$$\hat{q} = \frac{sh \pm \sqrt{h^2 s^2 - 4su(2h-1)}}{2s(2h-1)} \ . \tag{7.62}$$

Alguns casos particulares têm especial interesse. Por exemplo, se o alelo a for recessivo, h=0, pelo que a frequência do alelo mutante em equilíbrio é

$$\hat{q} = \frac{0 \pm \sqrt{0+4su}}{2s} = \frac{\sqrt{su}}{s} = \sqrt{\frac{u}{s}} \ , \tag{7.63}$$

e a frequência de homozigotos mutantes é

$$\hat{q}^2 = \frac{u}{s} \ . \tag{7.64}$$

Este resultado é fácil de perceber de forma intuitiva e aproximada: a frequência dos homozigotos para o alelo mutante (os únicos que são seleccionados) é q^2. A fitness relativa destes homozigotos é 1-s (tabela 7.3), pelo que a probabilidade de um deles ser eliminado numa geração é s, e portanto a quantidade de alelos mutantes eliminados é q^2s. Esta eliminação é contrariada pela criação de novos mutantes, com frequência u. Em equilíbrio, os dois processos compensam-se, isto é, $\hat{q}^2 s = u$, donde se obtém a equação 7.64 de imediato.

No caso extremo de o alelo recessivo ser letal, temos s=1 e portanto a frequência de equilíbrio do genótipo letal é igual à taxa de mutação:

$$\hat{q}^2 = u \tag{7.65}$$

Vimos na secção 7.3.3 que a selecção contra alelos recessivos tende a eliminá-los (embora a aproximação ao equilíbrio seja muito lenta, já que esses alelos ficam escondidos nos heterozigotos). Havendo mutação, e como seria de esperar, a tendência já não é para a eliminação total do genótipo deletério, mas a sua frequência de equilíbrio é muito baixa – igual à taxa de mutação, para os alelos letais recessivos, pouco maior para os outros.

As frequências de equilíbrio são influenciadas directamente pela taxa de mutação, e inversamente pelo coeficiente selectivo (equações 7.63 e 7.64). Suponhamos que a taxa de mutação passa para o dobro, por exemplo, devido a uma maior concentração de agentes mutagénicos no ambiente; a frequência de equilíbrio do genótipo afectado passa também para o dobro. Por outro lado, se a desvantagem selectiva de um genótipo se reduzir para metade, por exemplo devido a uma melhoria dos cuidados médicos, o efeito é o mesmo: a frequência do genótipo afectado tende também a duplicar – um resultado certamente indesejado!

Suponhamos agora que a não é completamente recessivo (0<h≤1). Nesse caso os heterozigotos também são seleccionados, e $\hat{q}$ é com certeza mais pequeno do que no caso de a ser recessivo. Assim, podemos desprezar $\hat{q}^2$ na equação 7.61, pois é ainda mais pequeno, obtendo

$$\hat{q} = \frac{u}{sh}, \quad 0 < h \leq 1 \tag{7.66}$$

Este resultado também se percebe de forma intuitiva. Como a selecção afecta os homozigotos e heterozigotos para o alelo mutante, a frequência deste é muito baixa, pelo que o mutante se encontra principalmente nos heterozigotos (secção 7.3.3). A fitness relativa dos heterozigotos é 1-sh (tabela 7.3), pelo que a probabilidade de um deles ser eliminado numa geração é sh; a frequência de heterozigotos eliminados é assim 2pqsh, ou aproximadamente 2qsh (já que q≅0, e portanto p≅1); só metade dos genes dos heterozigotos é que são mutantes; assim, a frequência de mutantes eliminados é qsh. Esta eliminação é contrariada pela criação de novos mutantes, u por geração. Em equilíbrio, os dois processos compensam-se, isto é, $\hat{q}sh = u$, donde obtemos facilmente a equação 7.66.

É também curioso notar que a frequência de equilíbrio depende apenas da desvantagem selectiva do heterozigoto (sh) – por outras palavras, a fitness do homozigoto mutante é irrelevante – apesar de ambos os genótipos com alelos mutantes serem sujeitos à selecção natural. Isto deve-se ao facto de o efeito principal da selecção incidir sobre os heterozigotos, dado que são muito mais numerosos do que os homozigotos para o alelo mutante (já que o alelo mutante é raro – cf. secção 3.3.4).

No caso particular de a ser totalmente dominante (lembremos que o "tamanho" da letra não quer dizer nada), temos h=1 e portanto

$$\hat{q} = \frac{u}{s} \tag{7.67}$$

Assim, no caso de um dominante letal é a frequência de equilíbrio do alelo letal (e não do genótipo, como no caso recessivo) que é igual à taxa de mutação:

$$\hat{q} = u \tag{7.68}$$

Concluindo, com selecção contrariada pela mutação, a frequência de equilíbrio de um alelo dominante é u/s (equação 7.67), e a de um alelo recessivo é $\sqrt{u/s}$ (equação 7.63), portanto muito maior. Esta ineficácia da selecção em reduzir a frequência de alelos recessivos raros deve-se a que o mutante deletério fica protegido da selecção nos heterozigotos. Em qualquer dos casos (mutante dominante, recessivo, ou intermédio), a redução do efeito selectivo do mutante tem o mesmo efeito que o aumento da taxa de mutação.

Acabámos de ver os casos extremos de alelos dominantes e recessivos; e os de dominância intermédia? As equações não são muito fáceis de interpretar, mas é fácil comparar graficamente as frequências de equilíbrio para mutantes com vários graus de dominância. Como vimos antes, a equação 7.59 mostra que em equilíbrio $\Delta p_{sel} = -\Delta p_{mut}$. Assim, fazendo um gráfico de Δp_{sel} e $-\Delta p_{mut}$ em função de p, o ponto de intersecção das duas curvas determina $\hat{p}$, a partir do qual é trivial obter $\hat{q}$, a frequência de equilíbrio do mutante. A figura 7.16 mostra um gráfico deste tipo (exagerando o efeito da mutação de modo a torná-lo visível) para mutantes recessivos, sem dominância e dominantes (todos com o mesmo valor de s). A frequência do mutante dominante (h=1) é praticamente metade da do mutante aditivo (h=0.5), e qualquer destas é muito menor do que a do mutante recessivo.

A figura 7.17 mostra a frequência de equilíbrio do mutante, $\hat{q}$, em função da dominância, a partir da equação 7.62. Quando h é grande a frequência de equilíbrio é quase independente da dominância mas, pelo contrário, quando o mutante é aproximadamente recessivo (h pequeno) a frequência de equilíbrio é muito sensível ao grau de dominância: uma pequena alteração de h causa uma variação muito maior da frequência de equilíbrio.

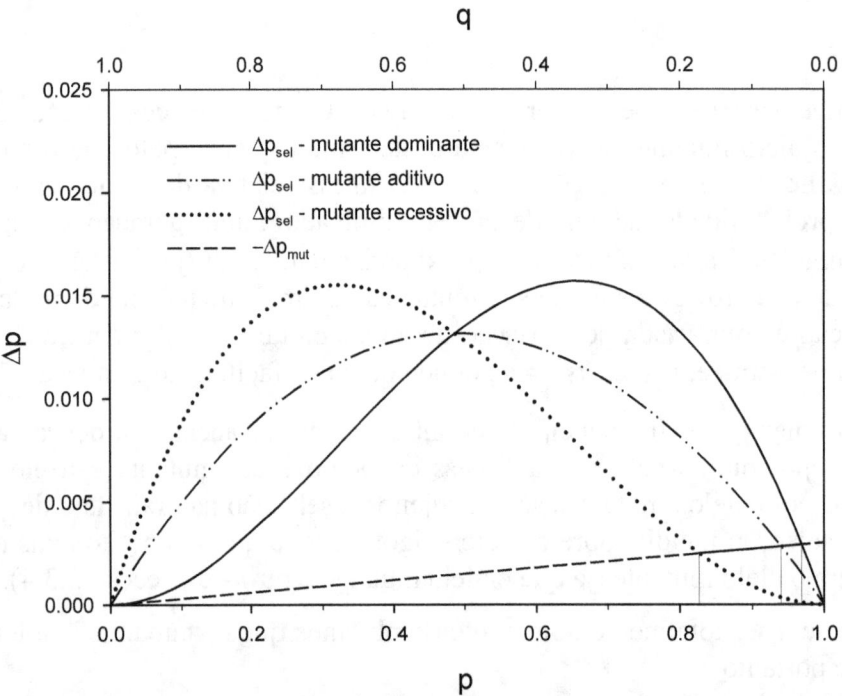

Figura 7.16. Equilíbrio sob selecção e mutação para mutantes dominantes, aditivos e recessivos

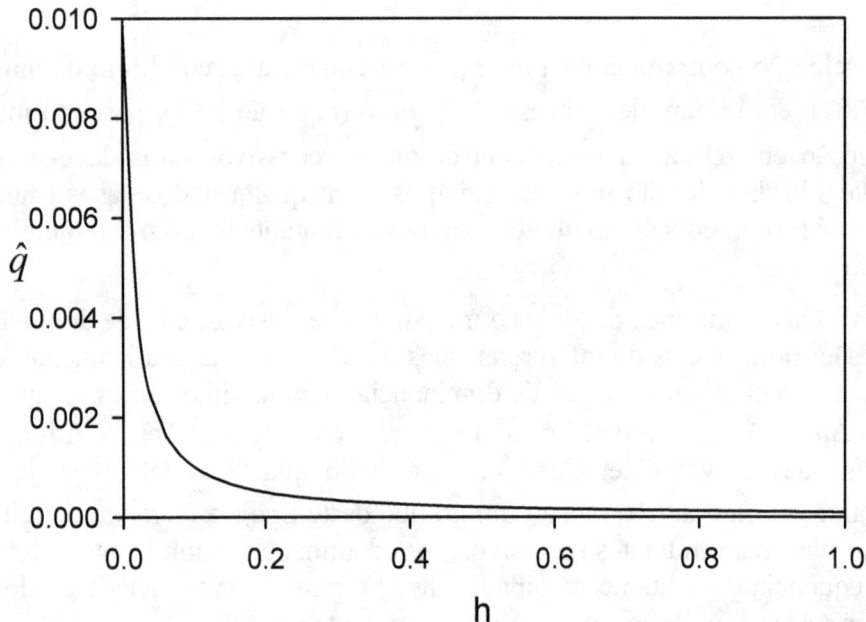

Figura 7.17. Frequência de equilíbrio sob selecção e mutação em função da dominância

Estes resultados mostram outra forma como a variabilidade genética pode ser mantida numa população: não apenas pela mutação, ou pela selecção natural, mas por um balanço entre as duas. Mesmo quando cada um dos dois factores, por si só, tenderia a eliminar a variação genética, juntos podem levar à sua manutenção. No entanto, e ao contrário do que acontece se a variação for mantida por super-dominância, neste caso a frequência de um dos alelos é sempre muito pequena (embora um pouco maior no caso de selecção contra um recessivo).

7.7 Complementos

7.7.1 *Variorum*

Há uma fórmula da variância que é muito útil no desenvolvimento da teoria, mas que não é a mais conhecida. Mostramos agora como obtê-la, começando pela mais comum:

$$\sigma^2 = \frac{1}{n}\sum_{i=1}^{n}(x_i - \overline{x})^2 \;.$$

Desenvolvendo o quadrado, temos

$$\sigma^2 = \frac{1}{n}\left(\sum_{i=1}^{n} x_i^2 - 2\sum_{i=1}^{n} x_i \overline{x} + \sum_{i=1}^{n} \overline{x}^2\right)$$

$$= \frac{1}{n}\left(\sum_{i=1}^{n} x_i^2 - 2\overline{x}\sum_{i=1}^{n} x_i + n\overline{x}^2\right)$$

A média é, como sabemos,

$$\overline{x} = \frac{1}{n}\sum_{i=1}^{n} x_i$$

donde

$$\sum_{i=1}^{n} x_i = n\overline{x} \;,$$

pelo que

$$\sigma^2 = \frac{1}{n}\left(\sum_{i=1}^{n} x_i^2 - 2n\overline{x}^2 + n\overline{x}^2\right)$$

$$= \frac{1}{n}\left(\sum_{i=1}^{n} x_i^2 - n\overline{x}^2\right)$$

e finalmente

$$\sigma^2 = \frac{1}{n}\sum_{i=1}^{n} x_i^2 - \overline{x}^2 \;.$$

Em teoria, que é o que nos interessa aqui, e como acabámos de mostrar, estas duas fórmulas para a variância são equivalentes. No entanto, na prática as duas fórmulas podem dar resultados muito diferentes. O problema é que as duas quantidades que são subtraídas na última equação podem ser grandes e semelhantes, levando a uma perda de algarismos significativos, e portanto a que o valor calculado da variância tenha um grande erro relativo. Assim, nos cálculos práticos, a fórmula habitual (envolvendo os quadrados da diferença para a média) é geralmente preferível à última.

Podemos seguir os mesmos passos para a variância ponderada (deixando agora os detalhes para os leitores aplicados). Lembrando que a média ponderada é

$$\overline{x} = \frac{1}{\sum_{i=1}^{n} n_i} \sum_{i=1}^{n} n_i x_i$$

vem

$$\sum_{i=1}^{n} n_i x_i = \overline{x} \sum_{i=1}^{n} n_i \ .$$

Obtemos então a equivalência

$$\sigma^2 = \frac{1}{\sum_{i=1}^{n} n_i} \sum_{i=1}^{n} n_i (x_i - \overline{x})^2$$

$$= \frac{1}{\sum_{i=1}^{n} n_i} \left(\sum_{i=1}^{n} n_i x_i^2 \right) - \overline{x}^2 \ .$$

7.7.2 Paisagem adaptativa

A um gráfico da fitness média em função das frequências populacionais chama-se uma paisagem adaptativa[10] (ou topologia adaptativa, ou superfície de fitness, ou outras variações sobre o mesmo tema). Este conceito, introduzido por Wright, e talvez a metáfora mais popular da teoria da evolução, é mais fácil de ilustrar em termos da frequência de um alelo de um gene dialélico, como nas figuras 7.5, 7.6, 7.8 e 7.10, mas é mais útil em situações mais complexas, envolvendo vários genes, epistasia, fitnesses dependentes das frequências, etc., como na figura 7.18, que mostra uma paisagem rugosa e com vários picos. Os picos da paisagem representam composições genéticas para os quais a fitness média é (localmente) máxima, razão porque são chamados são chamados picos adaptativos, e os vales correspondem aos mínimos (locais, também). Noutros casos, as variáveis independentes podem ser as frequências alélicas ou genotípicas de mais genes, ou mesmo frequências fenotípicas. Em qualquer caso, a evolução da população pode ser identificada com uma linha na paisagem, muitas vezes a caminho de um pico. Pode haver vários picos, uns mais altos do que outros, como na figura 7.18, e a população pode não se dirigir ao mais alto, como vimos quando discutimos a figura 7.8. Por outro lado, processos não selectivos, como a deriva genética (estudada no capítulo 10), podem levar a população a transpor um vale, ficando assim na região de atracção de outro pico, possivelmente mais elevado; isto pode permitir à população atingir maiores valores de fitness média do que os que estariam ao seu alcance apenas sob a influência da selecção. As paisagens adaptativas não devem ser encaradas como fixas: se o ambiente mudar, as fitnesses podem mudar também, e com elas a paisagem adaptativa: uma composição genética que correspondia a um pico pode passar a um vale, etc., pelo que mesmo que a população estivesse em equilíbrio num pico, as suas frequências voltam a variar, possivelmente para um novo pico que a atraia. Um aspecto interessante, mas muitas vezes negligenciado, é que esta alteração da paisagem adaptativa pode ser causada não só por mudanças do ambiente abiótico, mas também pela própria evolução da população: ao moverem-se ao longo da paisagem adaptativa, as populações podem mudar essa própria paisagem (por exemplo, se as fitnesses dependerem das frequências génicas da população).

---

[10] Em inglês, *adaptive landscape*.

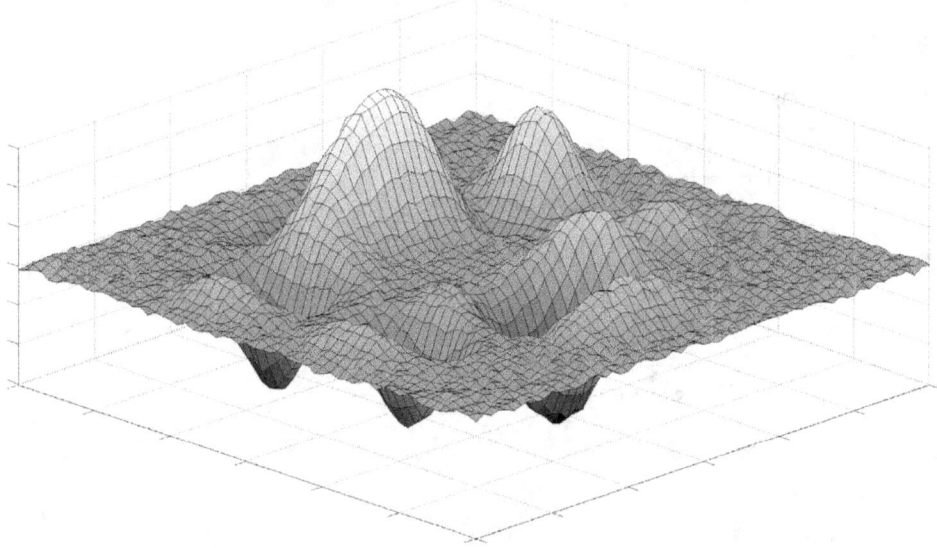

Figura 7.18. Paisagem adaptativa

A expressão "adaptativa" no nome deste gráfico está associada a várias ideias, das quais vale a pena destacar a de que a selecção natural tende a maximizar a fitness média da população. No entanto, nem sempre os máximos da fitness média correspondem a equilíbrios estáveis, pelo que a população pode não se dirigir a qualquer pico da superfície de fitness. Uma paisagem adaptativa é especialmente útil como ajuda à visualização do processo evolutivo nos casos em que a selecção natural maximiza a fitness média. Se isto não acontecer, mas a selecção maximizar uma outra quantidade relacionada com a fitness média, podemos fazer um gráfico semelhante, substituindo a fitness média por essa outra quantidade. Em qualquer dos casos, podemos ver a evolução por selecção natural como um processo constante de subida de encostas[11], mas míope, como vimos na secção 7.3.4.

7.7.3 Evolução das frequências para alelos letais

Como dissemos acima, não é possível obter uma solução geral para as frequências alélicas ao longo do tempo, mas conseguimos obtê-la em quatro casos particulares: fitnesses multiplicativas (secção 7.3.2.2), alelos letais sem dominância (secção 7.3.2.1), alelos letais recessivos (secção 7.3.3), e alelos letais dominantes (no fim da secção 7.3.3). Portanto, encontrámos soluções para três casos de alelos letais em casos particulares de dominância. De facto, existe uma solução para os alelos letais, qualquer que seja o grau de dominância, como vamos ver agora.

Consideremos as seguintes fitnesses: $W_{AA}=1$, $W_{Aa}=1+s$, $W_{aa}=0$. A frequência do alelo letal ao fim de uma geração de selecção é (da equação 7.22)

$$q_1 = \frac{q_0(W_{aa}q_0 + W_{Aa}p_0)}{W_{AA}p_0^2 + W_{Aa}2p_0q_0 + W_{aa}q_0^2} = \frac{p_0q_0(1+s)}{p_0^2 + 2p_0q_0(1+s)} = \frac{q_0(1+s)}{1+q_0(1+2s)}$$

---

[11] Mas, ao contrário de Sísifo, não é preciso imaginá-la feliz.

e o seu inverso é

$$\frac{1}{q_1} = \frac{1+2s}{1+s} + \frac{1}{1+s}\frac{1}{q_0} \ .$$

Ao fim de duas gerações temos

$$\frac{1}{q_2} = \frac{1+2s}{1+s} + \frac{1}{1+s}\frac{1}{q_1} = \frac{1+2s}{1+s}\left(1 + \frac{1}{1+s}\right) + \frac{1}{(1+s)^2}\frac{1}{q_0} \ ,$$

e ao fim de três

$$\frac{1}{q_3} = \frac{1+2s}{1+s}\left(1 + \frac{1}{1+s} + \frac{1}{(1+s)^2}\right) + \frac{1}{(1+s)^3}\frac{1}{q_0} \ ,$$

e de um modo geral

$$\frac{1}{q_t} = \frac{1+2s}{1+s}\left(1 + \frac{1}{1+s} + \frac{1}{(1+s)^2} + \ldots + \frac{1}{(1+s)^{t-1}}\right) + \frac{1}{(1+s)^t}\frac{1}{q_0} \ .$$

Notando que dentro do parêntesis temos a soma dos primeiros termos de uma sucessão geométrica, temos

$$S_t = \left(1 + \frac{1}{1+s} + \frac{1}{(1+s)^2} + \ldots + \frac{1}{(1+s)^{t-1}}\right) = \frac{\frac{1}{(1+s)^t} - 1}{\frac{1}{(1+s)} - 1} = \frac{1+s}{s}\left(1 - \frac{1}{(1+s)^t}\right) \ ,$$

e portanto

$$\frac{1}{q_t} = \frac{1+2s}{s}\left(1 - \frac{1}{(1+s)^t}\right) + \frac{1}{(1+s)^t}\frac{1}{q_0} \ ,$$

donde a solução desejada é

$$q_t = \frac{s(1+s)^t q_0}{s + (1+2s)\left[(1+s)^t - 1\right]q_0} \ . \tag{7.69}$$

Vejamos se esta solução tem o comportamento esperado em alguns casos particulares já estudados. Se s=-1/2 não há dominância, e obtemos (após alguma simplificação) a equação 7.37. Se s=-1 o alelo letal é dominante, pelo que deve desaparecer ao fim de uma geração: substituindo em 7.69 obtemos $q_t=q_0$ para t=0, e $q_t=0$ para todos os t>0, de acordo com a expectativa. Se s=0 o alelo letal é recessivo e temos uma indeterminação, mas fazendo o limite de q_t quando s tende para 0 (ou desenvolvendo em série de Taylor em torno de s=0 e desprezando todos os termos em s) obtemos a equação 7.41, mais uma vez como seria de esperar. Se s>0 há super-dominância, pelo que deve manter-se um equilíbrio polimórfico. Fazendo o tempo tender para infinito na equação 7.69 obtemos

$$\lim_{t\to\infty} q_t = \lim_{t\to\infty} \frac{s(1+s)^t q_0}{s - (1+2s)q_0 + (1+2s)(1+s)^t q_0} = \frac{s}{1+2s}$$

enquanto a teoria antes desenvolvida mostra que (partindo, por exemplo, da equação 7.32)

$$\hat{q} = \frac{W_{AA} - W_{Aa}}{(W_{AA} - W_{Aa}) + (W_{aa} - W_{Aa})} = \frac{1 - (1+s)}{1 - (1+s) - (1+s)} = \frac{s}{1+2s}$$

pelo que os resultados estão mais uma vez de acordo com os esperados: a equação 7.69 está assim confirmada para todos os casos particulares antes estudados. Aproveitando a última equação, é interessante notar que um alelo letal pode ser mantido na população com frequência apreciável, desde que confira superioridade de fitness aos seus heterozigotos.

Notemos para terminar que se $-1 < s < 0$ o alelo letal é eliminado; se s e q_0 forem pequenos temos, com boa aproximação,

$$q_t = (1+s)^t q_0 \ .$$

Concluímos assim que a frequência dos alelos letais se aproxima do equilíbrio de forma aproximadamente geométrica.

Podemos resolver a equação 7.69 em ordem a t para obter o tempo necessário para a frequência do alelo letal ir de q_0 a q_t:

$$t = \frac{1}{\ln(1+s)} \left[\ln \frac{q_t}{q_0} - \ln \frac{q_t(1+2s) - s}{q_0(1+2s) - s} \right] \tag{7.70}$$

Como acontece tantas vezes, esta equação geral é útil na prática, mas de difícil interpretação intuitiva. Considerando mais uma vez o caso particular de não haver dominância (s=-1/2) obtemos a equação 7.38. Por outro lado, se o alelo letal for recessivo, podemos fazer o limite da equação 7.70 quando s tende para 0 (ou desenvolver em série de Taylor em torno de s=0 e desprezar os termos em s, s^2, etc.), obtendo de novo a equação 7.42, como esperado. Para outros casos de dominância, a equação 7.70 não se simplifica, mas podemos usá-la na mesma para calcular numericamente os tempos desejados, para quaisquer valores de q_0, q_t e s.

7.7.4 Tempos evolutivos

7.7.4.1 Introdução

Dissemos já várias vezes que a solução geral da evolução populacional sob a influência da selecção diplóide seria muito útil, mas que essa solução não existe (ou pelo menos não é conhecida). Se existisse, talvez pudesse ser invertida para obtermos o tempo necessário para uma dada variação das frequências alélicas, como vimos para a mutação (na secção 6.4.1), para a selecção haplóide (na secção 7.2.8), e para a selecção diplóide nos casos particulares de fitnesses multiplicativas (secção 7.3.2.2) e alelos letais (secção 7.7.3). Na ausência de uma solução geral exacta, podemos usar a seguinte abordagem para obter soluções aproximadas para o tempo. Começamos por aproximar Δp pela derivada de p em ordem ao tempo (tal como já fizemos para a mutação, nas Caixas 6.1 e 6.2), continuando a medir o tempo em gerações,

$$\Delta p \cong \frac{dp}{dt},$$

aproximação que é tanto melhor quanto menor for Δp (por exemplo, quanto menores forem as diferenças de fitness). Podemos separar variáveis (*i.e.*, fazer $dt \cong dp/\Delta p$), e integrar de 0 a t gerações, obtendo aproximadamente

$$\int_0^t dt = \int_0^t \frac{dp}{\Delta p}$$

donde

$$t = \int_{p_0}^{p_t} \frac{dp}{\Delta p} \ .$$

Se não conseguirmos obter o integral desta última equação de forma analítica, podemos aproximá-lo numericamente para valores particulares dos parâmetros, ou podemos de novo aproximar Δp. Se as fitnesses forem semelhantes, a fitness média da população é aproximadamente igual a 1, pelo que pode ser desprezada (já que é o denominador de Δp, e 1 é elemento neutro da divisão), simplificando bastante a expressão, que pode então ficar integrável; podemos também inverter a ordem das aproximações (*i.e.*, desprezar a fitness média antes de aproximar Δp pela diferencial) sem alterar o resultado. Por vezes é ainda possível inverter a equação de t em função das fitnesses e frequências alélicas, obtendo assim uma equação aproximada para p_t. Para pequenas diferenças de fitnesses, as aproximações são bastante boas, o que podemos (devemos!) verificar numericamente, comparando com os resultados obtidos por iteração das equações às diferenças. Apliquemos estas ideias a alguns cenários de selecção natural.

7.7.4.2 Super- e sub-dominância

Como vimos na secção 7.3.1, a variação das frequências alélicas entre duas gerações é dada por (repetindo aqui a equação 7.33)

$$\Delta p = pq \frac{s_{AA}p - s_{aa}q}{1 + s_{AA}p^2 + s_{aa}q^2} \ .$$

Esta equação não tem solução, mas podemos usar uma aproximação, como indicado acima. Se s_{AA} e s_{aa} forem suficientemente pequenos (em valor absoluto) para podermos considerar a fitness média aproximadamente constante e igual a 1 (*i.e.*, para fazer $1 + s_{AA}p^2 + s_{aa}q^2 \cong 1$), esta equação vem aproximadamente

$$\Delta p = pq(s_{AA}p - s_{aa}q) \ . \tag{7.71}$$

Com coeficientes selectivos pequenos, Δp é pequeno, pelo que podemos aproximá-la por dp/dt:

$$\frac{dp}{dt} = pq(s_{AA}p - s_{aa}q) \tag{7.72}$$

Podemos integrar esta equação (separando variáveis antes de integrar, e fazendo $p=p_0$ e $q=q_0$ para $t=0$), obtendo

$$t = \frac{1}{s_{aa}} \ln \frac{p_0}{p_t} + \frac{1}{s_{AA}} \ln \frac{q_0}{q_t} + \left| \frac{s_{AA} + s_{aa}}{s_{AA}s_{aa}} \right| \ln \left| \frac{s_{AA}p_0 - s_{aa}q_0}{s_{AA}p_t - s_{aa}q_t} \right| \tag{7.73}$$

Infelizmente não podemos inverter esta equação para obter a solução aproximada deste modelo (*i.e.*, p_t em função dos coeficientes selectivos e das frequências alélicas iniciais). Mesmo assim, esta equação é útil para determinar aproximadamente o número de gerações necessárias para uma determinada variação das frequências alélicas.

7.7.4.3 Dominância

Há dois casos de dominância para os quais existem soluções exactas, como já vimos (um alelo letal dominante, e um letal recessivo, portanto com grandes diferenças de fitness). Para os restantes casos temos de usar aproximações, semelhantes à que acabámos de fazer. Suponhamos primeiro que A é dominante (mas não letal). Neste caso $W_{AA}=W_{Aa}\neq W_{aa}$ pelo que $s_{AA}=0$ e (repetindo aqui a equação 7.40)

$$\Delta p = pq \frac{-s_{aa}q}{1+s_{aa}q^2}$$

ou, aproximadamente (fazendo $-s_{aa}=s$, para simplificar a notação, donde $W_{AA}=W_{Aa}=1$ e $W_{aa}=1-s$)

$$\frac{dp}{dt} = sp(1-p)^2 \qquad (7.74)$$

que por integração dá

$$t = \frac{1}{s}\left[\frac{1}{1-p_t} - \frac{1}{1-p_0} + \ln\frac{p_t}{1-p_t} - \ln\frac{p_0}{1-p_0}\right],$$

ou, em função das frequências de ambos os alelos,

$$t = \frac{1}{s}\left[\frac{q_0 - q_t}{q_0 q_t} + \ln\frac{p_t q_0}{p_0 q_t}\right]. \qquad (7.75)$$

Esta equação dá-nos o tempo necessário para a frequência do alelo A variar de p_0 a p_t como pretendido, mas mais uma vez não pode ser resolvida em ordem a p_t.

É curioso notar que a primeira parcela dentro dos parênteses rectos desta equação é o tempo exacto necessário para variar as frequências alélicas no caso de um alelo letal recessivo (equação 7.42). Isto significa que quando s=1, o erro da equação 7.75 é igual à sua segunda parcela, tanto maior quanto mais extremos forem p_0 e p_t. Por exemplo, quando $p_0=1/2$ e $p_t=1/64$, a equação 7.75 dá t≅66, enquanto o resultado exacto (obtido por iteração numérica) é 62; para $p_t=1/128$ temos t≅131, enquanto o resultado exacto é 126. Não admira que a equação 7.75 dê um resultado diferente do exacto, já que se trata de uma aproximação válida para fitnesses semelhantes, e estamos a usá-la para o caso extremo de um genótipo letal. De qualquer modo, mesmo neste caso extremo, os resultados são muito parecidos, o que indica que a aproximação é bastante boa.

Se, em vez de dominante, o alelo A for recessivo (lembremos mais uma vez que o "tamanho" da letra não quer dizer nada), temos (a equação 7.43)

$$\Delta p = pq \frac{s_{AA}p}{1+s_{AA}p^2},$$

donde aproximadamente (fazendo $s_{AA}=s$, donde $W_{AA}=1+s$ e $W_{Aa}=W_{aa}=1$, e desprezando a fitness média como antes)

$$\frac{dp}{dt} = sp^2(1-p).$$

É fácil ver que esta equação é semelhante à 7.74, trocando p e q, pelo que temos directamente

$$t = \frac{1}{s}\left[\frac{1}{p_0} - \frac{1}{p_t} - \ln\frac{p_0}{1-p_0} + \ln\frac{p_t}{1-p_t}\right] = \frac{1}{s}\left[\frac{p_t - p_0}{p_0 p_t} + \ln\frac{p_t q_0}{p_0 q_t}\right] \qquad (7.76)$$

Em qualquer dos casos (A dominante ou recessivo), vemos mais uma vez uma propriedade importante da variação das frequências alélicas devida à selecção: a mesma variação pode ser obtida com uma diferença selectiva maior ou mais pequena, a única diferença é que no último caso demora mais tempo (cf. secção 7.2.8), mas mesmo assim tipicamente muito menos do que se essa variação fosse devida à mutação.

7.7.4.4 Aditividade

Podemos usar a mesma abordagem para o caso particular de fitnesses aditivas (secção 7.3.2.1), mas é mais simples aproveitar o trabalho já feito, usando directamente a equação 7.73 com $s_{AA}=-s_{aa}=s$ (o que equivale exactamente a $W_{AA}=1+s$, $W_{Aa}=1$ e $W_{aa}=1-s$ e, ao nível de aproximação aqui desenvolvido, a $W_{AA}=1+2s$, $W_{Aa}=1+s$ e $W_{aa}=1$). Após alguma simplificação, isto dá

$$t = \frac{1}{s}\ln\frac{p_t q_0}{p_0 q_t} \,. \qquad (7.77)$$

Suponhamos, por exemplo, que s é positivo, pelo que a frequência do alelo A nunca diminui – quanto tempo demora a substituir completamente o alelo a pelo A? Fazendo $q_t=0$ nesta equação, vemos imediatamente que o tempo é infinito (caso particular da observação de que geralmente os equilíbrios só são atingidos assintoticamente). Consideremos então uma questão semelhante, mas de maior interesse prático.

Suponhamos que o alelo A, com maior fitness, começa com uma frequência muito baixa p_0 e substitui (quase completamente) o a, ficando com frequência $1-p_0$ (enquanto o alelo a baixa de $1-p_0$ para p_0). O tempo que este processo de quase-substituição (secção 7.2.8) demora é

$$t = \frac{1}{s}\ln\frac{(1-p_0)^2}{p_0^2}$$

ou, aproximando $(1-p_0)^2$ por 1, já que p_0 é muito pequeno,

$$t = -\frac{2}{s}\ln p_0 \,. \qquad (7.78)$$

Estas equações mostram mais uma vez que, quando a selecção é lenta, o tempo necessário para uma dada variação das frequências alélicas é inversamente proporcional ao coeficiente selectivo.

Neste caso, podemos inverter a equação do tempo (equação 7.77), obtendo a solução aproximada

$$p_t = \frac{p_0 e^{st}}{p_0 e^{st} + (1-p_0)} \,,$$

uma equação logística que nos dá a frequência do alelo A ao fim de um número arbitrário de gerações.

Notemos para terminar que por vezes estas equações aparecem com um aspecto diferente na literatura. Isto deve-se a que, em vez das fitnesses $W_{AA}=1+2s$, $W_{Aa}=1+s$ e $W_{aa}=1$ que nós usámos, usa-se muitas vezes $W_{AA}=1+s$, $W_{Aa}=1+s/2$ e $W_{aa}=1$. A única diferença é um factor de 2 nos coeficientes selectivos, pelo que as equações apresentam também essa diferença. O resultado dos cálculos e a sua interpretação biológica mantêm-se, apenas a parametrização das fitnesses é diferente.

7.7.5 Dinâmica selectiva em função da dominância

É interessante comparar a dinâmica da selecção natural nos casos em que um alelo vantajoso, inicialmente raro, é dominante, aditivo (ou seja, sem dominância), ou recessivo. A situação é ilustrada na figura 7.19, que mostra a evolução da frequência do alelo vantajoso para os mesmos valores do coeficiente selectivo e das frequências alélicas iniciais nos três casos.

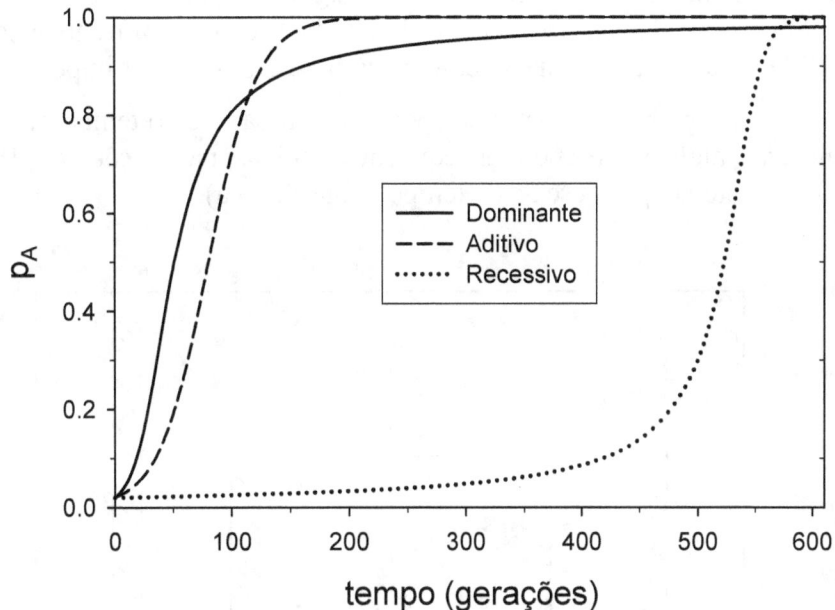

Figura 7.19. Comparação da variação das frequências alélicas com selecção a favor de um alelo dominante, aditivo e recessivo. Fitnesses dos genótipos AA, Aa e aa: dominante: 1+s 1+s 1; aditivo 1+s 1+s/2 1; recessivo: 1+s 1 1. Em todos os casos, s=0.1 e p_0=0.02.

Antes de mais, notemos mais uma vez que os tempos envolvidos são muito menores do que os necessários para variações semelhantes devidas à mutação (figura 6.3). A diferença mais óbvia entre os três casos de dominância refere-se à lentidão com que a frequência do alelo recessivo aumenta quando este é raro (tal como o alelo dominante quando é abundante: porquê?). De facto, a frequência do alelo recessivo demora mais de 400 gerações para chegar a 0.1, enquanto que sem dominância demora menos de 40, e no caso dominante o aumento inicial é ainda mais rápido. Isto não é mais do que o reverso do que vimos na secção 7.3.3 quando estudamos a eliminação de um alelo recessivo. Numa população panmítica, quando um alelo é raro, ele encontra-se quase só nos heterozigotos (secção 3.3.4). Se o alelo raro for recessivo a fitness dos heterozigotos é igual à dos homozigotos dominantes, e as fitnesses médias dos dois alelos (equações 7.25 e 7.26) são quase iguais, pelo que as frequências alélicas variam muito lentamente. A fitness dos homozigotos para o alelo raro é quase irrelevante (quer seja muito maior, como aqui, quer seja zero, como no caso da eliminação de um letal) porque este genótipo é muito raro.

Outro aspecto interessante da figura 7.19 é que o alelo dominante começa por aumentar mais depressa que os outros, mas a certa altura é ultrapassado pelo alelo aditivo. Isto é, mais uma vez, reflexo do mesmo fenómeno: quando o alelo favorável dominante é abundante, o outro alelo, deletério e recessivo, é raro – e já vimos que neste caso a evolução populacional é lenta. Por outro lado, quando as fitnesses são aditivas todos os genótipos têm fitnesses diferentes, e a selecção é efectiva numa gama maior de frequências alélicas (como também se vê na figura: neste caso, a evolução é bastante rápida desde valores de p próximos de 0 até valores próximos de 1).

O princípio fundamental por trás de tudo isto é simples: a evolução devida à selecção de um alelo raro depende da relação entre a fitness dos heterozigotos (para esse alelo raro) e a fitness dos homozigotos para o outro alelo; a fitness do homozigoto para o alelo raro é irrelevante, já que a sua frequência é muito pequena. Por outras palavras, neste caso a evolução depende da relação entre a fitness do genótipo raro e a do abundante (desprezando a existência do raríssimo). É importante lembrar que o facto de a maioria dos alelos raros se encontrar nos heterozigotos depende do pressuposto de panmixia. Se os zigotos não forem produzidos em frequências de Hardy-Weinberg, a frequência de homozigotos para os alelos raros pode ser apreciável, e nesse caso a sua fitness passa a ser importante.

Podemos observar os mesmos padrões de outra perspectiva, comparando o tempo necessário para dadas variações das frequências alélicas (usando as equações obtidas na secção 7.7.4) nos três casos, ilustrados na figura 7.20 (note-se que a escala de tempo é logarítmica).

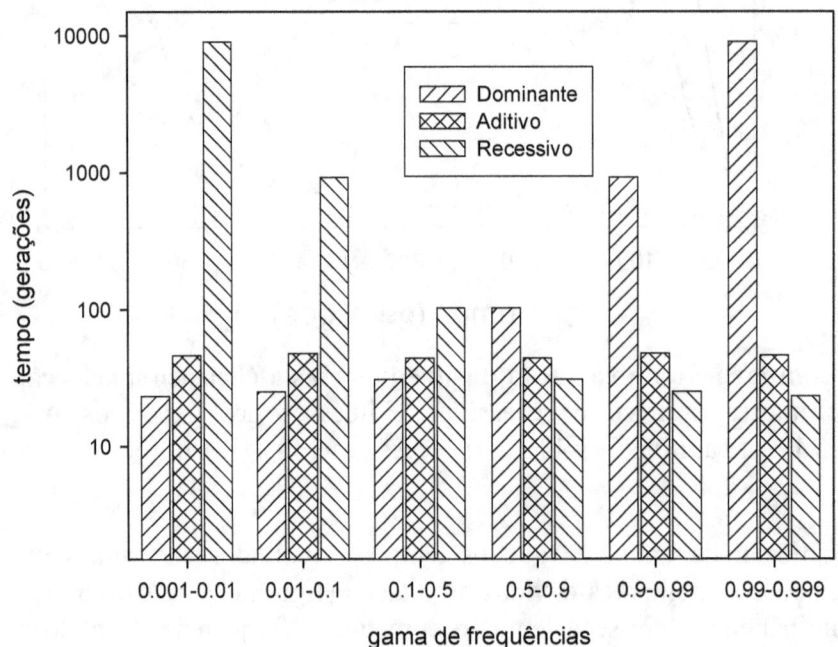

Figura 7.20. Tempos para variação das frequências alélicas em função da dominância.
Fitnesses dos genótipos como na figura 7.19.

O tempo necessário para atravessar as várias gamas de frequências alélicas ilustradas é quase constante no caso de fitnesses aditivas, reforçando o que dissemos na secção anterior quanto à efectividade deste tipo de selecção, mas muito variável para os casos dominante e recessivo. Em particular, quando um alelo recessivo é raro, é necessário muito tempo, mesmo para uma variação pequena das frequências alélicas; para $0.001<p<0.01$, o tempo é mais de 100 vezes maior para um alelo recessivo do que para o caso de não haver dominância (figura 7.20). O mesmo se passa para alelos dominantes muito abundantes. De facto, e como já tínhamos visto, há uma simetria evidente para estes dois modelos: por exemplo, o tempo necessário para um alelo recessivo aumentar de 0.001 a 0.01 é igual ao tempo necessário para um dominante aumentar de 0.99 para 0.999.

7.7.6 Genes multialélicos

Acabámos de estudar a selecção natural constante em reprodutores sazonais com gerações separadas, ao nível de um gene autossómico dialélico. A extensão deste modelo a genes multialélicos é imediata, mas infelizmente a sua análise não é nada simples.

A fitness absoluta do genótipo ij é W_{ij} (para quaisquer i e j), a frequência do genótipo ii aquando da formação dos zigotos é p_i^2, e a frequência do genótipo ij (i≠j) na mesma altura é $p_i p_j$. Assim, a frequência do alelo i ao fim de uma geração de selecção é dada pela generalização da equação 7.28,

$$p_i' = \frac{p_i \overline{W}_i}{\overline{W}}, \qquad (7.79)$$

onde $\overline{W}_i$ é a fitness marginal (ou média) do alelo i (a média das fitnesses que o alelo i teria em cada genótipo, ponderada pela probabilidade de o alelo i se encontrar nesse genótipo, generalizando 7.25):

$$\overline{W}_i = \sum_j p_j W_{ij}, \qquad (7.80)$$

e $\overline{W}$ é a fitness média da população (a média das fitnesses alélicas marginais, ou a média das fitnesses dos vários genótipos, em qualquer caso ponderadas pelas respectivas frequências, generalizando 7.23):

$$\overline{W} = \sum_i p_i \overline{W}_i = \sum_i \sum_j p_{ij} W_{ij}. \qquad (7.81)$$

A partir de 7.79 podemos também obter uma equação para Δp_i:

$$\Delta p_i = p_i \frac{\overline{W}_i - \overline{W}}{\overline{W}} \qquad (7.82)$$

A partir desta equação, é fácil ver que se a fitness média de um alelo for maior do que a fitness média da população a frequência desse alelo aumenta – e que se for menor, a frequência diminui. As frequências alélicas só estão em equilíbrio se as fitnesses médias de todos os alelos forem iguais à fitness média da população – e nesse caso, sendo todas iguais à mesma quantidade, são iguais entre si. Mais uma vez, isto generaliza o que vimos para genes dialélicos, na secção 7.3.1, e pode também ser confirmado na equação 7.79.

Em princípio, podemos determinar os equilíbrios polimórficos completos (*i.e.*, em que todos os alelos estejam presentes), quer a partir desta observação de que as fitnesses alélicas são iguais no equilíbrio (igualando as fitnesses alélicas na equação 7.82, e achando as raízes não triviais do sistema de equações resultante), quer a partir da equação 7.79 (fazendo $p_i' = p_i = \hat{p}$, e lembrando que a soma das frequências alélicas é 1), determinando depois as suas estabilidades. Alguns dos alelos podem ser eliminados, ou podem nem estar presentes desde o início, pelo que importa também determinar os pontos de equilíbrio do sistema formado pelos restantes alelos – e as suas estabilidades. Por exemplo, num gene com três alelos, A_1, A_2 e A_3, devemos encontrar o equilíbrio completo e, se for biologicamente realista (*i.e.*, se todas as frequências estiverem entre 0 e 1), determinar a sua estabilidade; mas temos também de ver se há equilíbrios dialélicos apenas com os alelos A_1 e A_2, A_1 e A_3, e A_2 e A_3, e as respectivas estabilidades, assim como estudar a estabilidade dos equilíbrios monomórficos (*i.e.*, só com A_1, só com A_2 e só com A_3). Isto implica muito trabalho, ou conhecimentos de álgebra linear, em especial para mais de três alelos, e os resultados não são fáceis de interpretar, devido ao grande número de parâmetros independentes.

Por esta razão, não estudamos aqui o comportamento deste modelo para mais de dois alelos, notando apenas (sem o demonstrar) alguns resultados interessantes. A fitness média nunca diminui, e só se mantém constante no equilíbrio. Isto generaliza o que vimos para os diplóides na secção 7.3.1, e ajuda a análise da estabilidade dos equilíbrios. Além disso, com mais de dois alelos a vantagem dos heterozigotos não garante um polimorfismo estável completo: se todos os heterozigotos tiverem fitness superior à dos homozigotos respectivos, situação a que se chama super-dominância marginal, pode não haver um equilíbrio polimórfico estável completo. De facto, mesmo se todos os heterozigotos tiverem fitnesses maiores do que todos os homozigotos (super-dominância total) não é garantido que haja um equilíbrio polimórfico estável completo. Por outro lado, pode existir um polimorfismo completo estável sem super-dominância.

Algumas condições para um equilíbrio polimórfico completo estável são que as fitnesses de todos os heterozigotos sejam maiores do que a média das fitnesses dos homozigotos respectivos, e que (de forma algo vaga), as fitnesses dos heterozigotos não sejam muito diferentes entre si, já que se um heterozigoto tiver uma fitness muito maior do que os outros, isso leva à eliminação dos alelos não envolvidos nesse heterozigoto (independentemente das fitnesses dos homozigotos).

Outra propriedade interessante é que as variações das frequências alélicas podem não ser monotónicas, *i.e.*, a frequência de um alelo pode aumentar inicialmente, e depois decrescer (e *vice versa*). Estes resultados, embora de difícil demonstração analítica, podem ser facilmente verificados por simulação numérica das equações 7.79 a 7.81. Por exemplo, a figura 7.21 mostra um caso em que todos os heterozigotos têm fitness superior à de todos os homozigotos e um dos alelos se perde, enquanto a figura 7.22 mostra um caso em que não há super-dominância (o heterozigoto A_1A_2 tem a mesma fitness que o homozigoto A_2A_2) e nenhum alelo se perde; em ambos os casos há pelo menos um alelo cuja variação não é monotónica.

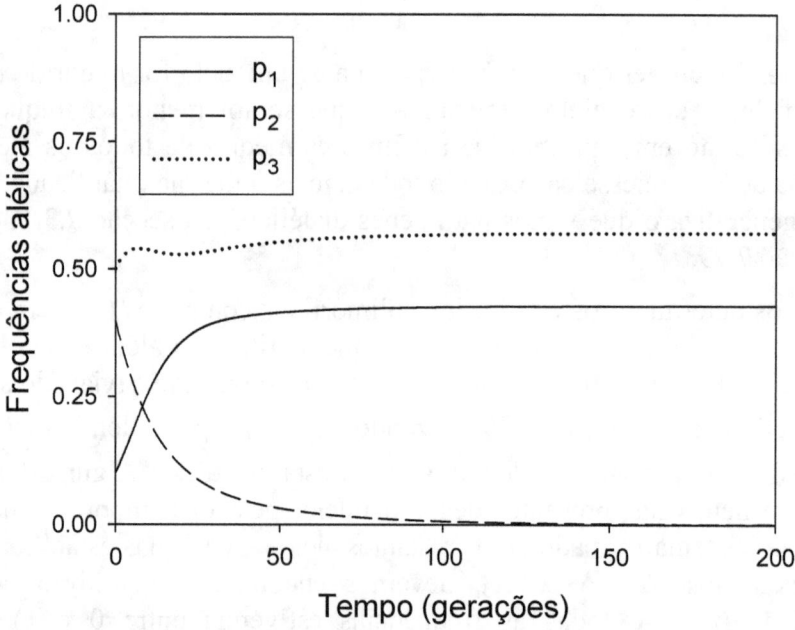

Figura 7.21. Evolução de um gene trialélico com super-dominância total. Fitnesses dos genótipos: $W_{11}=0.8$ $W_{12}=1$ $W_{13}=1.2$ $W_{22}=0.7$ $W_{23}=1$ $W_{33}=0.9$.

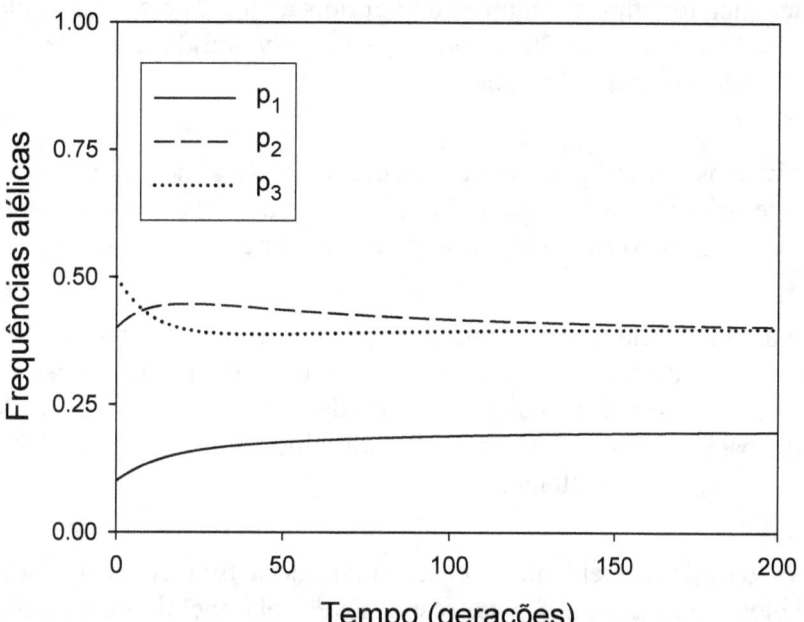

Figura 7.22. Evolução de um gene trialélico sem super-dominância. Fitnesses dos genótipos: $W_{11}=0.8$ $W_{12}=1$ $W_{13}=1.2$ $W_{22}=1$ $W_{23}=1.1$ $W_{33}=0.9$.

7.8 Problemas

1. Calcular o tempo necessário para fazer variar a frequência do alelo A de 0.01 até 0.99 sob selecção haplóide para os seguintes valores do coeficiente selectivo s: 1, 0.333, 0.1, 0.0333, 0.01, 0.00333, 0.001. Discutir os resultados.

2. Discuta a seguinte afirmação sem fazer muitas contas: duas gerações de selecção natural haplóide com s=0.001 causam a mesma variação do rácio das frequências alélicas p/q que uma geração com s=0.002.

3. As frequências absolutas dos genótipos de um gene autossómico aquando da formação dos zigotos de uma geração eram

AA	Aa	aa
3763	5573	2064

Na época de reprodução da mesma geração, contou-se de novo o número de indivíduos de cada genótipo, tendo-se obtido os seguintes resultados:

AA	Aa	aa
3600	4800	1200

Supondo que a fitness depende apenas da viabilidade, calcular a fitness relativa de cada genótipo nesta geração, usando o heterozigoto como padrão.

4. Uma dada característica fenotípica é controlada por dois alelos, a_1 e a_2. Cada indivíduo a_1a_1 produz 10 descendentes, cada a_1a_2 produz 20, e cada a_2a_2 5. A viabilidade é independente do genótipo. Quais as frequências de equilíbrio dos alelos?

5. A fitness dos indivíduos homozigotos para o alelo a de certo gene autossómico dialélico é apenas metade da dos heterozigotos. Contudo, a frequência de a numa população panmítica permanece constante em 10%. Desenvolver uma hipótese para explicar estas observações.

6. Considerar que o albinismo humano é controlado por um único alelo recessivo. Suponha que uma população panmítica quanto a este gene, com um albino em cada 10000 pessoas, pretendia reduzir a frequência deste alelo. Se todos os albinos concordassem em não ter descendentes, quantos anos seriam necessárias para reduzir a ocorrência de indivíduos albinos a 1 em 1000000 (considere 20 anos por geração)? Discutir o resultado.

7. Em certas regiões da África Ocidental, verificou-se que a frequência de indivíduos "anormais", homozigotos e heterozigotos, para o gene responsável pela anemia de células falciformes era de 40%. 2.9% destes 40% são homozigotos. Por comparação da mortalidade e da fertilidade dos heterozigotos e dos homozigotos para o alelo da anemia falciforme, calculou-se que a fitness destes homozigotos é 0.25 ($w_{AS}=1$). Admitindo que as frequências alélicas estão em equilíbrio,

    7.1 determinar a frequência do alelo que origina a hemoglobina S ("anormal").

    7.2 qual o genótipo que tem maior fitness, e porquê?

8. Considerar um gene autossómico dialélico no qual há selecção haplóide e diplóide. Determinar se há manutenção do polimorfismo em cada um dos seguintes casos:

    8.1 $V_A=1$, $V_a=0.3$, $W_{AA}=0.1$, $W_{Aa}=0.5$, $W_{aa}=1$.

    8.2 $V_A=1$, $V_a=0.5$, $W_{AA}=0.9$, $W_{Aa}=1$, $W_{aa}=0.5$.

    8.3 $V_A=1$, $V_a=0.9$, $W_{AA}=0.1$, $W_{Aa}=0.5$, $W_{aa}=1$.

    8.4 Discutir os resultados.

9. Considerar dois mutantes de genes diferentes, ambos letais em homozigotia, e gerados por mutação com taxa 10^{-6}. O alelo a (do gene A/a) é completamente recessivo, enquanto o b do gene (B/b) tem fitness 0.99 em heterozigotia. Comparar as frequências de equilíbrio dos alelos mutantes em cada caso, e discutir os resultados.

Capítulo 8

ENDOGAMIA

The inbreeding effects such as inbreeding depression for survival played a major role in the extinction of the Spanish Habsburg lineage at the end of the 17th century.

Ceballos, Alvarez. 2013.

8.1 Introdução

Considerámos até agora populações panmíticas quanto ao(s) gene(s) em estudo, ideal que parece ser bem aproximado por muitas populações reais. Há, no entanto, excepções óbvias a este modelo, como populações de organismos que se reproduzem com alto grau de autofecundação, ou mesmo de forma vegetativa ou partenogénica, ou ainda o caso de populações divididas em várias subpopulações (também chamadas demes), entre os quais pode ou não haver migração. Assim, começamos agora o estudo da genética de populações não panmíticas, com ênfase nas consequências dos cruzamentos entre indivíduos aparentados (ou familiares) nas frequências genotípicas e alélicas de um único gene autossómico, numa população de diplóides, na ausência de mutação (a selecção é estudada no fim do capítulo). No capítulo seguinte, estudaremos os efeitos da divisão populacional e da migração. Este estudo generaliza, portanto, o que fizemos até agora para populações panmíticas, no sentido em que haver panmixia é um caso particular de não haver[1].

Se os cruzamentos forem dependentes do genótipo ou do fenótipo dos indivíduos (independentemente das relações de parentesco), é óbvio que a população também não é panmítica. Em parte, este fenómeno pode ser incorporado na selecção natural. Por exemplo, se os machos AA forem preteridos por todas as fêmeas, isto pode levar a que este genótipo tenha menor fitness do que os outros. Podemos então estudar este fenómeno como no capítulo 7, com cruzamentos aleatórios entre os indivíduos que passam a "peneira" da selecção. Mas há outras formas de escolha que são mais difíceis de incluir nos modelos simples de selecção natural que estudámos, por exemplo, se as fêmeas heterozigóticas preferirem os machos homozigóticos. De qualquer modo, em virtude da sua complexidade, não estudamos este assunto nesta abordagem introdutória da genética de populações não-panmíticas, dedicada aos efeitos dos cruzamentos entre familiares, situação chamada de endogamia[2].

---

[1] Já que por "não haver" entendemos "não impomos que tenha de haver... mas até pode ser que haja".

[2] Em inglês, *inbreeding*, termo que se usa também fora do contexto da genética populacional, geralmente com carga negativa: por exemplo, há quem diga que algumas faculdades, ou departamentos, têm muito inbreeding...

8.2 Conceitos fundamentais

8.2.1 Pedigrees, genótipos e probabilidades

O estudo da genética de populações não panmíticas parece à partida muito difícil: só há uma forma de o processo de reprodução ser aleatório, mas muitas formas de não o ser. Por exemplo, se a população for panmítica, a frequência de cruzamentos entre indivíduos AA e aa é igual ao produto das frequências genotípicas respectivas. Numa população não panmítica, pode ser o dobro, ou metade, ou o quadrado, ou ser sempre ½, ou depender do grau de parentesco entre os indivíduos, ou da sua distância geográfica, etc.

Como numa população não panmítica as relações de parentesco possíveis entre dois indivíduos são muitas e variadas, cada indivíduo pode ter um *pedigree*[3] diferente, e a previsão do seu genótipo é muito trabalhosa. A probabilidade de um indivíduo de uma população panmítica em frequências de Hardy-Weinberg ser, por exemplo, AA, é muito simples: p^2, como sabemos. Mas numa população não panmítica, não é tão simples. Tomemos como exemplo a situação (ainda assim das mais simples!) da figura 8.1.a: dois meios-irmãos, X e Y, cruzam-se e têm um filho, Z. Suponhamos que a geração inicial, U, V e W, provém de uma população panmítica muito grande (teoricamente infinita) em frequências de Hardy-Weinberg, com dois alelos, A e a, num gene autossómico, com frequências respectivas p e q.

Quantos pedigrees genotipados (isto é, com indicação do genótipo de todos os indivíduos) diferentes há? Cada um dos seis indivíduos pode ter um de três genótipos (AA, Aa e aa), pelo que podemos atribuir genótipos de $3^6=729$ modos diferentes. Destes, 574 violam as leis de Mendel (podem incluir, por exemplo, um aa como descendente de um AA), pelo que podemos ignorá-los. Mesmo assim, sobram 155 pedigrees genotipados legais.

Qual a probabilidade do indivíduo Z ser, digamos, AA? Dos 155 pedigrees genotipados legais, 45 atribuem o genótipo AA ao indivíduo Z. Assim, temos de considerar todos estes 45 pedigrees um a um, assim como as respectivas probabilidades. A figura 8.1.b mostra um destes pedigrees, a que corresponde a probabilidade

$$p^2 \times 2pq \times q^2 \times \tfrac{1}{2} \times \tfrac{1}{2} \times \tfrac{1}{2}$$

dado que p^2 é a probabilidade de o indivíduo U ser AA, 2pq a do V ser Aa, e q^2 a do W ser aa (já que assumimos provirem de uma população em frequências de Hardy-Weinberg), e as probabilidades de o X ser AA (receber um A do U e outro do V), do Y ser Aa (receber um A do V e um a do W), e do Y transmitir o seu A são todas ½.

A probabilidade de o indivíduo Z do pedigree da figura 8.1.a ser AA é então a soma de 45 termos semelhantes a este, que dariam muito trabalho a calcular. Por outro lado, para sabermos a frequência do genótipo AA numa população (e não apenas a probabilidade de um dado indivíduo de um pedigree ser AA) teríamos de considerar todos os pedigrees existentes na população, e fazer cálculos semelhantes aos que acabámos de enunciar para cada um desses pedigrees – uma tarefa impraticável.

Felizmente, é possível fazer um "atalho", baseado nos coeficientes de endogamia e de parentesco, e que simplifica muito os cálculos. Para isso vamos começar por um refinamento do conceito de identidade genética, definindo então os coeficientes de endogamia e parentesco, que usamos depois não só para

---

[3] Podemos traduzir *pedigree* por "árvore genealógica", mas em estudos evolutivos é muitas vezes importante distinguir entre "árvore genealógica de indivíduos" e "árvore genealógica de genes"; preferimos assim usar o termo inglês, como forma muito mais concisa de dizer "árvore genealógica de indivíduos".

estudar os pedigrees, como também as frequências genotípicas e alélicas das populações. Assumimos por agora que não há mutação ou selecção, e que a grandeza populacional é muito grande (teoricamente infinita).

8.2.2 Consanguinidade

Dois indivíduos são considerados aparentados, ou consanguíneos, se têm pelo menos um antepassado em comum. Este antepassado não pode ser muito remoto, ou o conceito deixaria de fazer sentido: todos os indivíduos seriam aparentados (assumindo a origem monofilética da espécie em estudo), e a consanguinidade seria dificilmente detectável na prática. Portanto, a consanguinidade só faz sentido se especificarmos uma geração para lá da qual não procuramos mais antepassados comuns – uma população base, ou de referência, cujos indivíduos se postula não serem aparentados. Este ponto no tempo é arbitrário – na prática, determinado pela informação disponível – mas isto não é, em geral, problemático, já que a consanguinidade recente é a mais relevante.

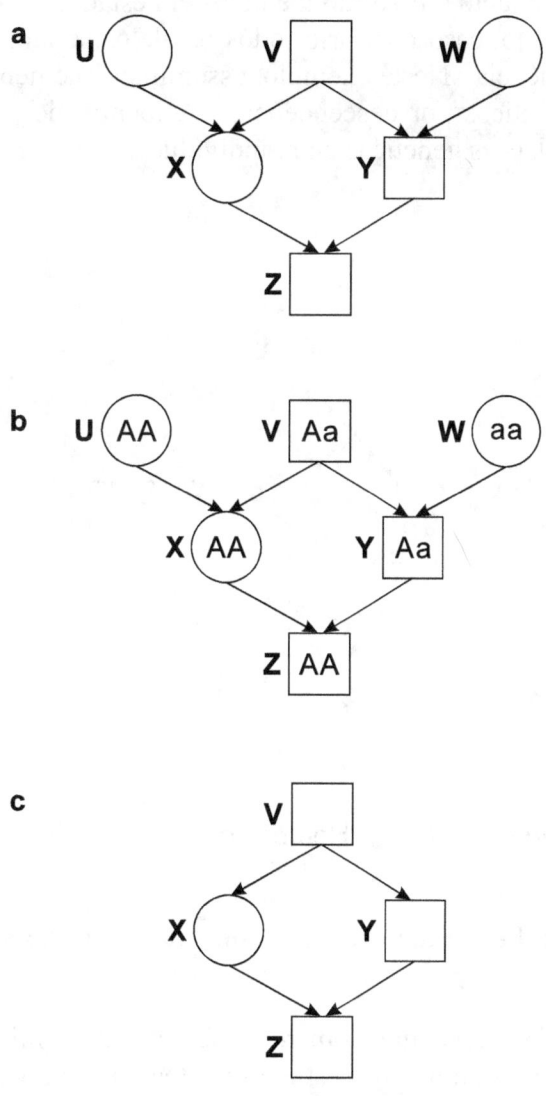

Figura 8.1. Pedigrees de meios-irmãos

Um dado alelo presente no antepassado comum pode ser herdado pelos dois indivíduos aparentados. Assim, os parentes podem ter duas cópias de um mesmo alelo, e podem passá-los à sua eventual descendência. Os efeitos genéticos da endogamia resultam deste simples facto que, por outro lado, mostra ser necessário refinar o conceito de identidade de alelos.

8.2.3 Identidade por descendência e identidade em estado

Pensando em dois alelos de dado gene, eles podem ser diferentes ou iguais, e se iguais isso pode dever-se a uma de duas razões: derivação de um mesmo alelo ancestral – caso em que são idênticos por descendência – ou convergência a partir de origens independentes, sendo assim apenas idênticos em estado. Por exemplo, dois alelos para olhos brancos de *Drosophila melanogaster* podem descender de uma única mutação ancestral de um alelo determinando olhos castanhos (sendo idênticos por descendência), ou resultar de duas mutações independentes de alelos "castanhos" para "brancos", ou mesmo de uma mutação de um alelo "castanho" para "branco", e outra mutação de um alelo "vermelho" para branco (e nestes casos são idênticos em estado). Na figura 8.2, os alelos 8 e 9 são idênticos por descendência, enquanto 9 e 10 são idênticos em estado. Claro que, como notámos acima, temos de parar em qualquer lado, caso contrário todos os alelos seriam descendentes de um único, e portanto idênticos por descendência. Neste exemplo, assumimos que nenhuns alelos da geração inicial (indivíduos S, T e U) são idênticos por descendência. A identidade por descendência é o conceito fundamental dos estudos de relações genéticas entre indivíduos.

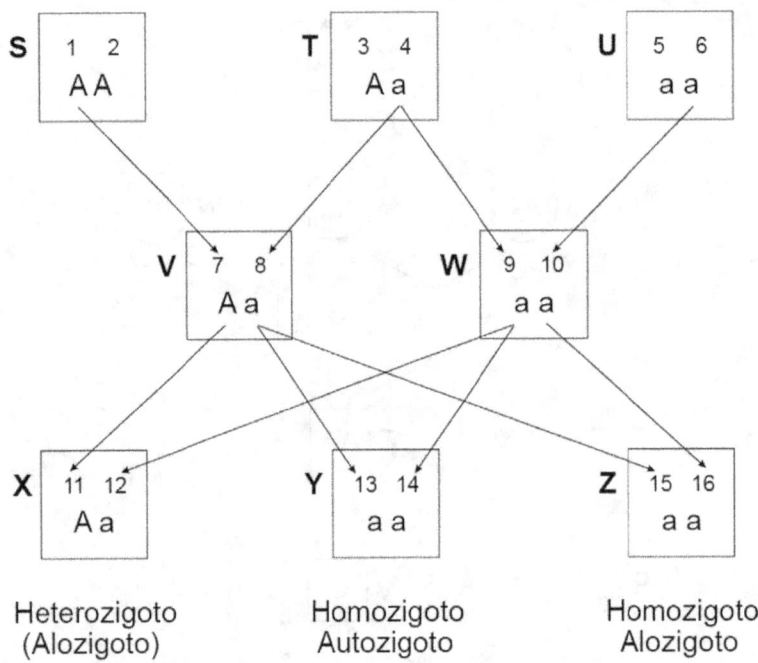

Figura 8.2. Pedigree ilustrando conceitos de consanguinidade

A identidade por descendência é fundamentalmente diferente da identidade em estado, já que põe a ênfase na ideia de os alelos terem ou não o mesmo ascendente (na população referência). A primazia da descendência sobre o estado é tão grande que na literatura especializada é habitual (apesar de poder gerar confusão) ignorar completamente o estado, e chamar idênticos por descendência a dois alelos que descendem do mesmo alelo ancestral, mesmo que um deles tenha sofrido uma mutação (pelo que já não são de todo idênticos!). No entanto, ignoramos aqui o efeito da mutação, pelo que a identidade por descendência implica identidade em estado.

8.2.4 Alozigotos e autozigotos

Se os dois alelos de um indivíduo diplóide são idênticos por descendência, o indivíduo diz-se autozigoto, caso contrário é alozigoto (quer os seus alelos sejam idênticos em estado, quer sejam mesmo diferentes). Consideremos então um indivíduo heterozigoto: os seus dois alelos são, por definição, diferentes, pelo que é alozigoto. Já o caso de um homozigoto não é tão simples: os seus alelos são idênticos, mas podem sê-lo apenas em estado ou por descendência. No primeiro caso o homozigoto também é alozigoto, no segundo é autozigoto. Por exemplo, na figura 8.2, o indivíduo X é heterozigoto (e portanto alozigoto), já que os seus dois alelos são diferentes; o Y é homozigoto e autozigoto, já que ambos os seus alelos descendem do mesmo alelo ancestral (o alelo 4 do indivíduo T), enquanto Z é também homozigoto, mas alozigoto, já que os seus dois alelos a têm origens diferentes (o alelo 15 descende do 4, o 16 do 6). A partir de agora, "idêntico", usado sem qualquer qualificativo, significa sempre "idêntico por descendência".

8.2.5 Coeficientes de endogamia e parentesco

O coeficiente de endogamia de um indivíduo X (com respeito a um gene autossómico), f_X, é a probabilidade de os seus dois alelos (desse gene) serem idênticos, ou seja, de ele ser autozigoto, relativamente a uma população base, cujos alelos assumimos não serem idênticos. O coeficiente de endogamia pode também ser definido como uma correlação (aliás, historicamente, foi assim que foi definido pela primeira vez por Wright), o que lhe dá um significado mais geral. Como a abordagem baseada em probabilidades é mais simples de perceber e aplicar, é esta que seguimos aqui. Por outro lado, podemos também definir o coeficiente de endogamia de uma população, como o coeficiente de endogamia médio dos seus indivíduos ou, o que é o mesmo, como a probabilidade de um indivíduo escolhido ao acaso da população ser autozigoto. Por exemplo, a população base tem um coeficiente de endogamia igual a 0 (porquê?).

No estudo de pedigrees complexos é por vezes útil (por facilitar os cálculos) calcular o coeficiente de parentesco[4] de dois indivíduos, X e Y, f_{XY}: a probabilidade de um alelo (escolhido ao acaso) de X ser idêntico a um alelo (também escolhido ao acaso) de Y. Assim, f_{XY} é formalmente equivalente ao coeficiente de endogamia de um descendente que X e Y tivessem, já que os alelos do descendente provêm de gâmetas, escolhidos ao acaso, um de X e outro de Y. Esta equivalência existe, mesmo que X e Y nunca produzam descendência, ou mesmo não possam produzi-la (por exemplo, por serem mesmo sexo...).

Há ainda outra relação entre os coeficientes de endogamia e parentesco: se a população for panmítica (os gâmetas conjugam-se aleatoriamente, e portanto) todos os indivíduos têm o mesmo coeficiente de endogamia. Além disso, o coeficiente de parentesco de quaisquer dois indivíduos é igual ao coeficiente de endogamia – já que, numa população panmítica, o facto de dois alelos se encontrarem no mesmo indivíduo ou em indivíduos diferentes se deve apenas ao acaso. Se a população não for panmítica, f_X é em geral diferente de f_{XY}. No caso de endogamia, f_X é maior do que em panmixia, enquanto que f_{XY} é maior para indivíduos da mesma linha, e menor para indivíduos de linhas diferentes.

---

[4] Em francês, *coefficient de parenté*; em inglês, *coefficient of coancestry*, *consanguinity*, ou *kinship* (e também, mas infelizmente, *parentage*). Há vários coeficientes semelhantes, e os vários autores são inconsistentes na nomenclatura, o que torna a situação bastante confusa.

8.3 Cálculo dos coeficientes de endogamia e parentesco a partir de pedigrees

Um pedigree bem feito representa toda a informação relevante: se não indica qualquer grau de parentesco entre dois indivíduos, assume-se que eles não são de facto aparentados. Por exemplo, no caso da figura 8.1.a, assumimos que os indivíduos U e W não são aparentados entre si, nem qualquer deles com V, pelo que não podem contribuir para a consanguinidade de Z: não é possível Z receber dois alelos idênticos de U, nem receber dois alelos idênticos de W, nem receber dois alelos idênticos, um de U e outro de W, etc.. Assim, para efeitos de cálculo dos coeficientes de endogamia e parentesco, é costume representar o pedigree de forma simplificada, omitindo todos os indivíduos não aparentados, já que não contribuem para a consanguinidade, como ilustrado na figura 8.1.c.

Um indivíduo só pode ser autozigoto se os seus progenitores tiverem (pelo menos) um antepassado comum. Se assim acontecer, é possível seguir ao longo do pedigree desde o indivíduo, passar por um progenitor, pelo antepassado comum, e pelo outro progenitor, voltando ao próprio indivíduo. É só ao longo de um destes percursos de consanguinidade que um mesmo alelo de um antepassado pode vir a estar representado por duas cópias no indivíduo.

Assim, o primeiro passo para o cálculo do coeficiente de endogamia f_I de um indivíduo I é a simplificação do pedigree, omitindo todos os indivíduos não aparentados. O segundo passo é a identificação de todos os antepassados comuns dos seus progenitores. O terceiro passo é a marcação de todos os percursos desde o indivíduo, passando por um dos progenitores, até regressar ao indivíduo, passando por qualquer desses antepassados e pelo outro progenitor (de facto as regras são um pouco mais complexas, mas óbvias: um percurso de consanguinidade não pode passar duas vezes pelo mesmo indivíduo, nem mudar de direcção – para cima ou para baixo – mais de uma). O quarto passo é o cálculo da probabilidade de autozigotia em I devida a cada um dos percursos (usando as leis de Mendel). Os percursos são mutuamente exclusivos (se um indivíduo for autozigoto devido a um alelo herdado ao longo de um percurso, não pode ser também autozigoto devido a um alelo herdado por um percurso diferente). Assim, o quinto e último passo é somar as várias probabilidades assim calculadas para obter f_I. Apliquemos esta receita a um caso concreto.

8.3.1 Um caso particular simples: meios-irmãos

Referindo-nos de novo aos meios-irmãos da figura 8.1, há aqui apenas um percurso de consanguinidade, pelo que os cálculos são simples. A probabilidade do indivíduo Z ser autozigoto – o seu coeficiente de endogamia – é a probabilidade de ambos os seus progenitores terem recebido o mesmo alelo de V, e de cada um deles o transmitir a Z.

A probabilidade de X e Y receberem o mesmo alelo de V é ½ (a probabilidade de serem ambos derivados do alelo materno é ½ ×½ , a de serem ambos derivados do alelo paterno é também ½ ×½, e a soma das duas é ½). A probabilidade de X transmitir a Z um determinado alelo (por exemplo, o que terá recebido de V) é ½, e a probabilidade de Y transmitir a Z um alelo pré-determinado é também ½. Todos estes acontecimentos são independentes, pois resultam (ou não) de meioses distintas. Portanto, a probabilidade de os dois alelos de Z serem idênticos por descendência – o coeficiente de endogamia de Z – é o produto das três probabilidades individuais:

$$f_Z = \frac{1}{2} \times \frac{1}{2} \times \frac{1}{2} = \frac{1}{8}.$$

Consideremos agora a probabilidade de escolhermos um alelo ao acaso de X e outro de Y, e os dois serem idênticos – o coeficiente de parentesco de X e Y, f_{XY}. A probabilidade de X e Y terem um alelo idêntico é, como vimos acima, ½. A probabilidade de escolhermos um alelo de X ao acaso e este ser o que é idêntico ao de Y é ½, e do mesmo modo para o acontecimento recíproco. Assim, o coeficiente de parentesco de X e Y é dado por

$$f_{XY} = \frac{1}{2} \times \frac{1}{2} \times \frac{1}{2} = \frac{1}{8}.$$

O coeficiente de endogamia do indivíduo Z é igual ao coeficiente de parentesco dos seus progenitores, como tínhamos visto para o caso geral na secção 8.2.5.

Assumimos até agora que os indivíduos da geração inicial derivam de uma população base infinita e panmítica, implicando que são alozigotos. Levantemos agora esta restrição. A probabilidade de V ser autozigoto é o seu próprio coeficiente de endogamia, f_V (pela definição de f_V) e, se isso acontecer, X e Y recebem de V alelos idênticos com probabilidade 1. Se V for alozigoto (com probabilidade 1-f_V), X e Y recebem de V alelos idênticos com probabilidade ½, como já vimos. Assim, no caso geral, a probabilidade de X e Y receberem o mesmo alelo de V é, não ½, mas sim

$$1 f_V + \tfrac{1}{2}(1 - f_V) = \tfrac{1}{2} + f_V - \tfrac{1}{2} f_V = \tfrac{1}{2}(1 + f_V),$$

pelo que

$$f_Z = \tfrac{1}{2}(1 + f_V) \tfrac{1}{2} \tfrac{1}{2} = \tfrac{1}{8}(1 + f_V) = f_{XY}. \qquad (8.1)$$

Como seria de esperar, se a probabilidade do antepassado comum ser autozigoto for zero, esta equação reduz-se ao valor 1/8 obtido na secção anterior (verifique).

8.3.2 Caso geral

Os cálculos que acabámos de fazer podem ser facilmente generalizados, seguindo os passos indicados acima. Mais uma vez, o pressuposto fundamental é que todos os indivíduos para os quais o pedigree não mostra relações de parentesco não são de facto aparentados (embora possam ser autozigotos).

O coeficiente de endogamia de um indivíduo I, f_I, é então calculado da seguinte forma:

$$f_I = \sum \left(\tfrac{1}{2}\right)^i (1 + f_A), \qquad (8.2)$$

onde a soma é para todos os percursos possíveis (legais) passando por todos os antepassados comuns dos progenitores de I, A é o ancestral comum de cada percurso (e f_A o seu coeficiente de endogamia), e i é o número de indivíduos do percurso, sem contar com o próprio indivíduo I.

No entanto, a simplicidade da equação 8.2 esconde algumas dificuldades práticas. Em pedigrees complexos é por vezes difícil determinar todos os percursos de consanguinidade, sem redundâncias. Se o percurso for complexo, mas com poucos indivíduos, muitas vezes é mais simples calcular o coeficiente de parentesco entre pares de indivíduos do pedigree, começando pela geração mais antiga – o que, se os indivíduos cujos progenitores não aparecem no pedigree forem alozigotos e não aparentados, pode ser feito seguindo algumas regras simples. No entanto, se isto não acontecer, os cálculos complicam-se bastante. Além disso, se o pedigree for muito grande, este método pode gerar demasiados coeficientes de parentesco para ser prático. Não entramos aqui em pormenores, já que o mais importante a este nível é perceber-se a lógica dos argumentos, e não os detalhes dos cálculos em pedigrees muito complicados.

Os coeficientes de endogamia e parentesco têm aplicação prática no estudo de populações reais, por exemplo, de aves, cavalos, ou seres humanos. Numa população de índios das Honduras dois irmãos tinham tantos antepassados comuns que é quase impossível descrever a sua relação em palavras (as suas mães eram irmãs, os pais meios-irmãos, os dois avós (machos) eram irmãos, primos de uma das avós, e...), sendo no entanto possível calcular o seu coeficiente de parentesco a partir dos seus pedigrees conhecidos (neste caso, 0.37). Um dos maiores estudos de pedigrees até à data envolveu mais de 5000 cavalos, ao longo de trinta gerações. Com tantas gerações, o número de percursos de consanguinidade é enorme – um cavalo tinha 1013352 ! – pelo que os cálculos têm que ser feitos em computador.

O coeficiente de parentesco indica a probabilidade de dois alelos escolhidos ao acaso, cada um de um indivíduo diferente, serem idênticos. Permite portanto usar informação de um indivíduo para deduzir características de outro, que pode nem ter ainda nascido – por exemplo, estimar a probabilidade de um indivíduo com um parente afectado por uma doença grave ter também a doença, ou ser portador dela. Quanto maior a informação disponível, melhores as estimativas. Por exemplo, consideremos um casal de primos direitos: na ausência de qualquer outra informação, a probabilidade de terem um descendente autozigótico é 1/16. Por outro lado, se a história familiar indicar que há mais endogamia recente (por exemplo, os pais dele também eram primos), ou que há uma determinada doença na família, a probabilidade de um descendente ter essa doença é maior.

8.3.3 Genes ligados ao sexo

O que vimos até aqui aplica-se aos genes autossómicos. Estudemos agora o que se passa nos genes ligados ao sexo. Para os genes exclusivos do cromossoma Y, não há nada a saber: cada indivíduo tem, no máximo, um cromossoma Y, pelo que o conceito de autozigotia não se aplica. Como vimos para as populações panmíticas na secção 4.3.1, os genes da zona homóloga do cromossoma X comportam-se como os autossómicos.

A equação 8.2 pode ser estendida aos genes da zona heteróloga do cromossoma X, mas a forma de contar os indivíduos e os percursos é mais subtil. Para começar, temos de distinguir o sexo dos indivíduos. Como os machos só têm um X, não podem ser autozigotos para estes genes. Portanto, se o indivíduo I for macho, temos de imediato $f_I=0$ (sem precisarmos de aplicar a equação 8.2) e, do mesmo modo, se o antepassado A for macho, $f_A=0$.

Suponhamos agora que num percurso de consanguinidade do indivíduo do sexo feminino I, há um pai seguido de uma filha sua: a filha recebeu um gene do cromossoma X do pai com probabilidade 1 (e não ½ como para os genes autossómicos). Por outro lado, se houver dois machos em gerações seguidas, o filho recebe os seus genes do cromossoma X da mãe, pelo que não tem quaisquer genes do X do pai; assim, a contribuição deste percurso para o coeficiente de endogamia de I é nula, e podemos eliminá-lo dos cálculos.

Portanto, podemos aplicar a equação 8.2 aos genes do cromossoma X das fêmeas, para todos os percursos que não foram eliminados pela última regra. O i da equação é agora o número de fêmeas dos percursos que restam (sem contar com o próprio indivíduo I, tal como para os genes autossómicos).

Podemos usar de novo os meios-irmãos da figura 8.1 como exemplo. Como Z é macho, o seu coeficiente de endogamia é 0. Suponhamos então que Z era fêmea. Como V e Y são machos, e aparecem em gerações sucessivas, o percurso que passa por V é eliminado, e o coeficiente de endogamia de Z é também 0. Suponhamos agora que Z e V eram fêmeas: neste caso, haveria duas fêmeas no percurso, pelo que o coeficiente de endogamia de Z seria

$$f_Z = \sum \left(\tfrac{1}{2}\right)^2 (1+f_Z).$$

8.4 Frequências genotípicas em pedigrees

Sabendo o coeficiente de endogamia, f, de um indivíduo, torna-se muito mais fácil prever o seu genótipo. A probabilidade de ele ser autozigoto é f (e então é com certeza homozigoto), e nesse caso a probabilidade de os seus alelos serem derivados de um A da população base é p, e a de serem derivados de um a é q. Portanto, a probabilidade do indivíduo ser autozigoto e AA é fp, e a de ser autozigoto e aa é fq. Se ele for alozigoto (com probabilidade 1-f), é homozigoto AA com probabilidade p^2, heterozigoto com probabilidade 2pq e homozigoto aa com probabilidade q^2 (supondo que a população base tinha frequências de Hardy-Weinberg).

A probabilidade de o indivíduo ser AA é a probabilidade de ser AA e alozigótico, mais a de ser AA e autozigótico, e do mesmo modo para os outros genótipos:

$$\text{Prob}(AA) = (1-f)p^2 + fp$$
$$\text{Prob}(Aa) = (1-f)2pq \qquad (8.3)$$
$$\text{Prob}(aa) = (1-f)q^2 + fq.$$

Aplicando estas fórmulas gerais ao caso particular da figura 8.1.a, assumindo que V é alozigoto, o coeficiente de endogamia do indivíduo Z é 1/8 (como vimos na secção 8.3.1), relativo à população base a que pertencem U, V e W, com frequências alélicas p e q. Então, substituindo f for 1/8, a probabilidade de Z ser AA é

$$\text{Prob}(Z = AA \mid V \text{ alozigoto}) = \frac{7}{8}p^2 + \frac{1}{8}p$$

e, já agora, a probabilidade de Z ser Aa é

$$\text{Prob}(Z = Aa \mid V \text{ alozigoto}) = \frac{7}{4}pq$$

e a de ser aa é

$$\text{Prob}(Z = aa \mid V \text{ alozigoto}) = \frac{7}{8}q^2 + \frac{1}{8}q$$

Existindo a possibilidade de V ser autozigoto, os cálculos são também simples: só temos que substituir f por $\frac{1}{8}(1+f_V)$ nas fórmulas. Por exemplo, para o genótipo AA,

$$\text{Prob}(Z = AA) = \frac{7-f_V}{8}p^2 + \frac{1+f_V}{8}p$$

e para o heterozigoto,

$$\text{Prob}(Z = Aa) = \frac{7-f_V}{4}pq$$

Em qualquer dos casos, muito mais simples do que considerar todos os 155 pedigrees legais para a figura 8.1.a, e calcular e somar as probabilidades respectivas.

8.5 Endogamia em populações

O coeficiente de endogamia seria já muito útil se servisse apenas para prever o genótipo de um indivíduo dado o seu pedigree, como acabámos de ver, mas a sua aplicação estende-se ainda ao cálculo das frequências genotípicas em populações consanguíneas. Havendo muitas (infinitas!) maneiras de a população não ser panmítica, claro que não podemos estudá-las todas. Estudaremos assim os dois extremos, panmixia (aliás, já estudada em capítulos anteriores) e autofecundação, que dão os limites do possível, assim como alguns casos intermédios representativos.

8.5.1 Autofecundação exclusiva

O caso mais extremo (e mais simples) de endogamia é o de todos os indivíduos se reproduzirem por autofecundação ao longo das gerações. Consideremos uma população base de indivíduos não aparentados, inicialmente com quaisquer frequências (que, portanto, podem não ser as de Hardy-Weinberg), que passa a reproduzir-se apenas por autofecundação. Quais as frequências resultantes deste regime de reprodução?

Todos os AA e aa produzem apenas descendentes AA e aa, respectivamente, enquanto que os Aa produzem ¼ AA, ½ Aa e ¼ aa. Então, após a primeira geração de autofecundação, as frequências genotípicas são:

$$n_{AA}^{(1)} = n_{AA}^{(0)} + \frac{1}{4}n_{Aa}^{(0)}$$

$$n_{Aa}^{(1)} = \frac{1}{2}n_{Aa}^{(0)} \tag{8.4}$$

$$n_{aa}^{(1)} = n_{aa}^{(0)} + \frac{1}{4}n_{Aa}^{(0)}$$

Portanto, as frequências genotípicas são alteradas. E as alélicas, sê-lo-ão também?

$$p_1 = n_{AA}^{(1)} + \frac{1}{2}n_{Aa}^{(1)} = n_{AA}^{(0)} + \frac{1}{4}n_{Aa}^{(0)} + \frac{1}{4}n_{Aa}^{(0)} = p_0$$

$$q_1 = n_{aa}^{(1)} + \frac{1}{2}n_{Aa}^{(1)} = n_{aa}^{(0)} + \frac{1}{4}n_{Aa}^{(0)} + \frac{1}{4}n_{Aa}^{(0)} = q_0 \tag{8.5}$$

Não. Assim, o efeito deste regime de endogamia (e os outros, serão iguais neste aspecto?) é a redução da frequência de heterozigotos sem alteração das frequências alélicas.

Claro que a passagem da geração 1 à 2 se faz do mesmo modo que a da 0 à 1, pelo que temos, ao fim de duas gerações,

$$n_{AA}^{(2)} = n_{AA}^{(1)} + \frac{1}{4}n_{Aa}^{(1)} = n_{AA}^{(0)} + \frac{1}{4}n_{Aa}^{(0)} + \frac{1}{4}\frac{1}{2}n_{Aa}^{(0)} = n_{AA}^{(0)} + \frac{1}{4}n_{Aa}^{(0)}\left(1+\frac{1}{2}\right)$$

$$n_{Aa}^{(2)} = \frac{1}{2}n_{Aa}^{(1)} = \frac{1}{2}\frac{1}{2}n_{Aa}^{(0)} = \left(\frac{1}{2}\right)^2 n_{Aa}^{(0)}$$

$$n_{aa}^{(2)} = n_{aa}^{(1)} + \frac{1}{4}n_{Aa}^{(1)} = n_{aa}^{(0)} + \frac{1}{4}n_{Aa}^{(0)} + \frac{1}{4}\frac{1}{2}n_{Aa}^{(0)} = n_{aa}^{(0)} + \frac{1}{4}n_{Aa}^{(0)}\left(1+\frac{1}{2}\right)$$

e, de um modo geral, ao fim de t gerações,

$$n_{AA}^{(t)} = n_{AA}^{(0)} + \left[1+\frac{1}{2}+...+\left(\frac{1}{2}\right)^{t-1}\right]\frac{1}{4}n_{Aa}^{(0)}$$

$$n_{Aa}^{(t)} = \left(\frac{1}{2}\right)^t n_{Aa}^{(0)}$$

$$n_{aa}^{(t)} = n_{aa}^{(0)} + \left[1 + \frac{1}{2} + \ldots + \left(\frac{1}{2}\right)^{t-1}\right]\frac{1}{4}n_{Aa}^{(0)}$$

donde (usando a soma da progressão geométrica, que já vimos várias vezes, por exemplo, na secção 5.2.2),

$$n_{AA}^{(t)} = n_{AA}^{(0)} + \frac{1}{2}\left[1 - \left(\frac{1}{2}\right)^t\right]n_{Aa}^{(0)}$$

$$n_{Aa}^{(t)} = \left(\frac{1}{2}\right)^t n_{Aa}^{(0)} \tag{8.6}$$

$$n_{aa}^{(t)} = n_{aa}^{(0)} + \frac{1}{2}\left[1 - \left(\frac{1}{2}\right)^t\right]n_{Aa}^{(0)}$$

e no limite (t→∞)

$$n_{AA} = p$$
$$n_{Aa} = 0 \tag{8.7}$$
$$n_{aa} = q$$

O caso mais extremo de endogamia resulta assim na eliminação completa dos heterozigotos da população mas, já que não altera as frequências alélicas, não causa perda de variabilidade genética (no sentido de perda de alelos da população), apenas o modo como essa variabilidade se organiza em genótipos. Assim, numa população que se reproduz por autofecundação, esperamos que a heterozigotia da população seja muito baixa, mas não necessariamente que o número de genes polimórficos seja baixo. De qualquer forma, este limite só é atingido se a população se reproduzir sempre por autofecundação exclusiva. Basta uma geração de reprodução aleatória para as frequências de Hardy-Weinberg (re)aparecerem logo.

É curioso notar que as equações para as frequências génicas em autofecundação exclusiva foram deduzidas por Mendel, no seu artigo seminal de 1865.

Como é que varia o coeficiente de endogamia da população? Podemos usar aqui a equação 8.2, aplicada ao pedigree da figura 8.3, que mostra dois indivíduos, após t-1 e t gerações de autofecundação. Neste caso, temos apenas um antepassado comum, um percurso de consanguinidade, e um indivíduo no percurso, pelo que (indicando em índice a geração)

$$f_t = \frac{1}{2}(1 + f_{t-1}) \tag{8.8}$$

Esta equação resolve-se facilmente em ordem a 1-f (por vezes chamado coeficiente, ou índice, de panmixia):

$$1 - f_t = 1 - \frac{1}{2}(1 + f_{t-1}) = \frac{1}{2}(1 - f_{t-1}) ,$$

donde obtemos de imediato

$$1 - f_t = \left(\tfrac{1}{2}\right)^t (1 - f_0) ,$$

pelo que

$$f_t = 1 - \left(\tfrac{1}{2}\right)^t (1 - f_0) ,$$

que mostra aumentar f muito rapidamente sob este regime de endogamia, tendendo para 1. Assim, os indivíduos tendem não só a ficar homozigotos, como também autozigotos (os seus alelos tendem a ficar idênticos).

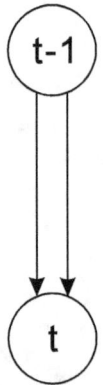

Figura 8.3. Pedigree de autofecundação

Há outros sistemas de regulares de acasalamentos (isto é, sistemas de acasalamentos aplicados repetidamente a todos os indivíduos ao longo do tempo), como acasalamentos entre irmãos, meios-irmãos, progenitor-descendente, retrocruzamento repetido, etc. Estes sistemas são muito importantes na produção de linhas artificiais completamente endogâmicas, e para transferir genes de uma linha para outra, ou entre espécies, sendo muitas vezes mais eficientes do que transformação, pelo que mantêm a sua relevância mesmo hoje. No entanto, são muito pouco relevantes para a evolução de populações naturais, pelo que não os estudamos aqui.

8.5.2 Autofecundação parcial

Muitas espécies (especialmente de plantas) que se reproduzem por autofecundação, podem também reproduzir-se por reprodução cruzada. Nestes casos, o mais simples é supor que a probabilidade de cada indivíduo se reproduzir por autofecundação é S, e a de o fazer por reprodução cruzada aleatória é (1-S) – ou, o que é equivalente, que uma proporção S da população se reproduz por autofecundação, e a restante por reprodução cruzada aleatória. Assumimos que a autofecundação não é hereditária, isto é, que todos os indivíduos têm a mesma probabilidade de se auto-reproduzirem, independentemente de serem descendentes de autofecundação ou de reprodução cruzada.

Será que também aqui a frequência de heterozigotos tende para zero? Neste caso temos dois processos de efeitos opostos – a autofecundação tende a eliminar os heterozigotos, mas o cruzamento entre homozigotos diferentes recria-os. Portanto, é de esperar que os heterozigotos não desapareçam por completo – mas estabilizam em que valor?

A tabela 8.1 mostra as probabilidades de acasalamento, e as frequências genotípicas na descendência com autofecundação parcial. O primeiro bloco refere-se à fracção da população que se reproduz por auto-fecundação, enquanto o segundo se refere à fracção da população que se reproduz aleatoriamente, sem distinguir o sexo dos indivíduos (razão por que só há seis acasalamentos, e não nove). A coluna central mostra as probabilidades de acasalamento, que são multiplicadas pelas probabilidades mendelianas para obter as frequências da descendência. A lógica desta tabela é semelhante à da 3.1 (com a diferença de que aqui não já explicitamos as frequências mendelianas).

Tabela 8.1. Probabilidades de acasalamento e frequências genotípicas na descendência com autofecundação parcial

Cruzamento	Probabilidade	Descendência		
		AA	Aa	aa
Autofecundação				
AA x AA	$S\, n_{AA}$	$S\, n_{AA}$	–	–
Aa x Aa	$S\, n_{Aa}$	¼ $S\, n_{Aa}$	½ $S\, n_{Aa}$	¼ $S\, n_{Aa}$
aa x aa	$S\, n_{aa}$	–	–	$S\, n_{aa}$
Panmixia				
AA x AA	$(1-S)\, n_{AA}^2$	$(1-S)\, n_{AA}^2$	–	–
AA x Aa	$(1-S)\, 2\, n_{AA} n_{Aa}$	$(1-S)\, n_{AA} n_{Aa}$	$(1-S)\, n_{AA} n_{Aa}$	–
AA x aa	$(1-S)\, 2\, n_{AA} n_{aa}$	–	$(1-S)\, 2\, n_{AA} n_{aa}$	–
Aa x Aa	$(1-S)\, n_{Aa}^2$	¼ $(1-S)\, n_{Aa}^2$	½ $(1-S)\, n_{Aa}^2$	¼ $(1-S)\, n_{Aa}^2$
Aa x aa	$(1-S)\, 2\, n_{Aa} n_{aa}$	–	$(1-S)\, n_{Aa} n_{aa}$	$(1-S)\, n_{Aa} n_{aa}$
aa x aa	$(1-S)\, n_{aa}^2$	–	–	$(1-S)\, n_{aa}^2$

Podemos obter a frequência do genótipo AA ao fim de uma geração somando a coluna respectiva da tabela 8.1:

$$n_{AA}^{(1)} = S n_{AA}^{(0)} + \frac{1}{4} S n_{Aa}^{(0)} + (1-S) n_{AA}^{(0)2} + (1-S) n_{AA}^{(0)} n_{Aa}^{(0)} + \frac{1}{4}(1-S) n_{Aa}^{(0)2}$$

$$= (1-S)\left(n_{AA}^{(0)2} + n_{AA}^{(0)} n_{Aa}^{(0)} + \frac{1}{4} n_{Aa}^{(0)2} \right) + S\left(n_{AA}^{(0)} + \frac{1}{4} n_{Aa}^{(0)} \right)$$

$$= (1-S)\left(n_{AA}^{(0)} + \frac{1}{2} n_{Aa}^{(0)} \right)^2 + S\left(n_{AA}^{(0)} + \frac{1}{4} n_{Aa}^{(0)} \right)$$

$$= (1-S) p^2 + S\left(n_{AA}^{(0)} + \frac{1}{4} n_{Aa}^{(0)} \right)$$

e podemos obter as outras frequências genotípicas de modo semelhante:

$$n_{AA}^{(1)} = (1-S)p^2 + S\left(n_{AA}^{(0)} + \frac{1}{4}n_{Aa}^{(0)}\right)$$

$$n_{Aa}^{(1)} = (1-S)2pq + S\left(\frac{1}{2}n_{Aa}^{(0)}\right) \qquad (8.9)$$

$$n_{aa}^{(1)} = (1-S)q^2 + S\left(n_{aa}^{(0)} + \frac{1}{4}n_{Aa}^{(0)}\right)$$

Estas equações podem também ser obtidas sem recurso à tabela 8.1. Com efeito, a fracção S da população reproduz-se por autofecundação, pelo que as equações 8.4 se aplicam, e a fracção (1-S) reproduz-se por panmixia, pelo que se aplicam as frequências de Hardy-Weinberg. Combinando as duas nas respectivas proporções obtemos as equações 8.9.

Ter-se-ão alterado as frequências alélicas? Por exemplo, para o alelo A, temos

$$p_1 = n_{AA}^{(1)} + \frac{1}{2}n_{Aa}^{(1)} = (1-S)p_0^2 + S\left(n_{AA}^{(0)} + \frac{1}{4}n_{Aa}^{(0)}\right) + \frac{1}{2}\left[(1-S)2p_0q_0 + S\left(\frac{1}{2}n_{Aa}^{(0)}\right)\right]$$

$$= (1-S)p_0(p_0+q_0) + S\left(n_{AA}^{(0)} + \frac{1}{4}n_{Aa}^{(0)} + \frac{1}{4}n_{Aa}^{(0)}\right) = (1-S)p_0 + Sp_0$$

$$= p_0$$

pelo que ainda neste caso as frequências alélicas se mantêm.

Voltando às frequências genotípicas, as equações 8.9 são válidas para qualquer par de gerações sucessivas, pelo que temos, para os heterozigotos,

$$n_{Aa}^{(t)} = (1-S)2pq + S\left(\frac{1}{2}n_{Aa}^{(t-1)}\right)$$

Em equilíbrio, $n_{Aa}^{(t)} = n_{Aa}^{(t-1)} = \hat{n}_{Aa}$, donde

$$\hat{n}_{Aa} = (1-S)2pq + \frac{S}{2}\hat{n}_{Aa} = 2pq\frac{2(1-S)}{2-S}$$

Para os AA temos, usando a expressão de equilíbrio dos heterozigotos agora obtida,

$$\hat{n}_{AA} = (1-S)p^2 + S(\hat{n}_{AA} + \tfrac{1}{4}\hat{n}_{Aa}) = (1-S)p^2 + S\hat{n}_{AA} + \tfrac{1}{4}S\frac{4pq(1-S)}{2-S} = p^2 + \frac{Spq}{2-S}$$

e do mesmo modo para os aa, pelo que as frequências genotípicas de equilíbrio são

$$\hat{n}_{AA} = p^2 + \frac{Spq}{2-S}$$

$$\hat{n}_{Aa} = 2pq\frac{2(1-S)}{2-S} \qquad (8.10)$$

$$\hat{n}_{aa} = q^2 + \frac{Spq}{2-S}$$

Quando S=0 estas frequências reduzem-se às de Hardy-Weinberg, e quando S=1 são iguais às de autofecundação exclusiva (como seria de esperar). Nos outros casos (0<S<1), as frequências genotípicas de equilíbrio são intermédias entre as esperadas nos casos extremos de panmixia e autofecundação exclusiva – quanto maior o S, menor a frequência de heterozigotos (figura 8.4). Assim, os dois processos (autofecundação e reprodução cruzada) contrariam-se, e acabam por se compensar, levando a uma frequência de heterozigotos mais pequena do que sob panmixia, mas não nula (tal como tínhamos suposto antes). Como a figura 8.4 também mostra, as frequências genotípicas aproximam-se muito rapidamente do equilíbrio.

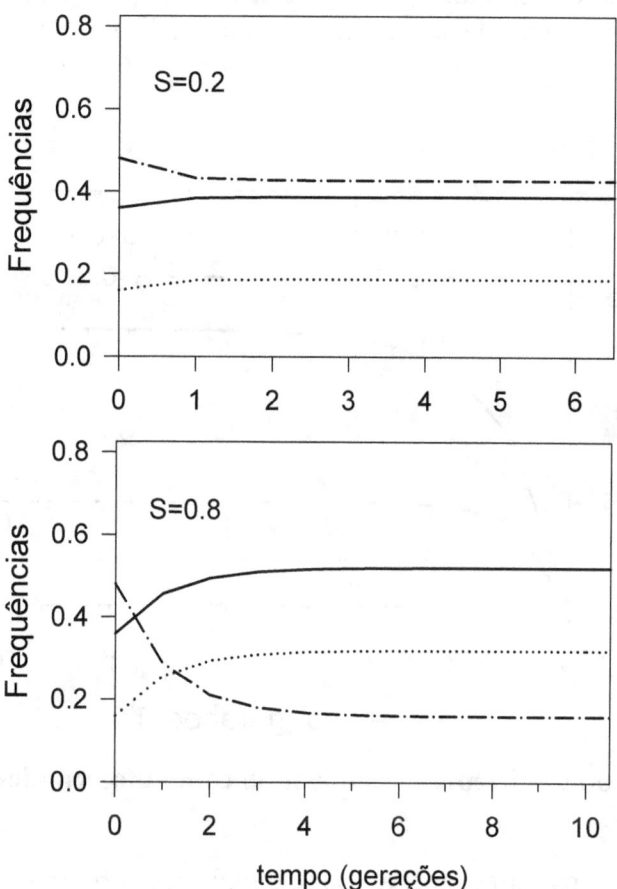

Figura 8.4. Evolução das frequências genotípicas com autofecundação parcial

Vimos antes (secção 8.5.1) que, no caso de autofecundação exclusiva, quer a frequência de homozigotos quer o coeficiente de endogamia tendem para 1. Acabámos agora de ver que, se a autofecundação for apenas parcial, os heterozigotos não desaparecem da população, pelo que o coeficiente de endogamia já não pode tender para 1 (porquê?). Então, para que valor tende agora o coeficiente de endogamia?

Podemos seguir a mesma logica já usada para rederivar as equações 8.9. No regime de autofecundação exclusiva obtivemos a equação 8.8. No caso presente, uma fracção S da população reproduz-se por autofecundação, e a restante por panmixia (f=0), pelo que na população geral temos uma mistura ponderada das duas:

$$f_t = S\left[\frac{1}{2}(1+f_{t-1})\right] + (1-S)0 = \frac{S}{2}(1+f_{t-1}) \ .\tag{8.11}$$

A partir daqui podemos determinar o valor de equilíbrio de f, fazendo $f_t = f_{t-1} = \hat{f}$ e resolvendo:

$$\hat{f} = \frac{S}{2}(1+\hat{f}) = \frac{S}{2} + \frac{S}{2}\hat{f}$$

$$\hat{f} = \frac{S}{2-S} \tag{8.12}$$

Assim, numa população em equilíbrio, mantida por uma mistura de autofecundação e panmixia, a probabilidade de um indivíduo ser autozigoto é determinada pela fracção da população que se autofecunda, sendo portanto independente das frequências alélicas. O equilíbrio é estável, como ilustrado na figura 8.5.

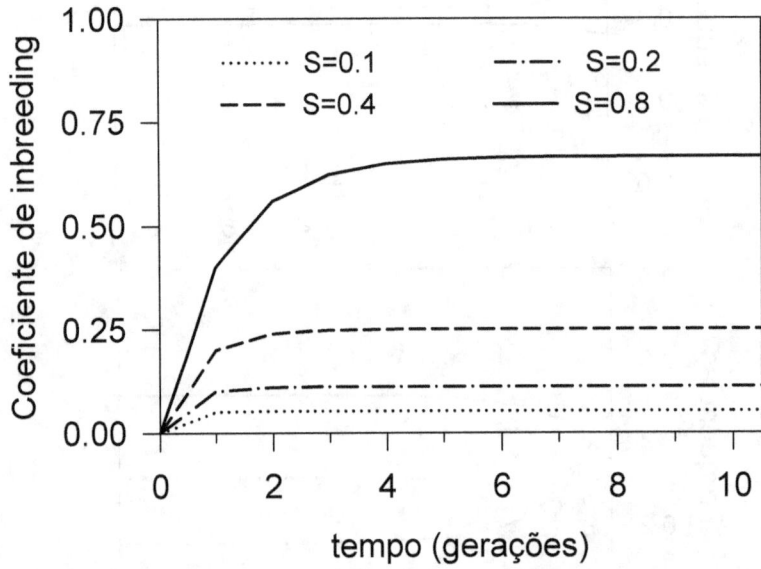

Figura 8.5. Evolução do coeficiente de endogamia com autofecundação parcial

Na prática, é muito difícil estimar directamente (por exemplo, por observação) a fracção da população que se reproduz por autofecundação, mas podemos usar a relação entre $\hat{f}$ e S para a estimar indirectamente. Assumindo que a população está em equilíbrio, podemos estimar o coeficiente de endogamia a partir das frequências genotípicas, e estimar S invertendo a equação 8.12:

$$S = \frac{2\hat{f}}{1+\hat{f}}$$

8.5.3 Caso geral

Consideremos agora uma população em que o coeficiente de endogamia médio é f, e as frequências alélicas p e q. Podemos deduzir as frequências genotípicas esperadas numa população em equilíbrio de um modo semelhante ao que seguimos na secção 8.3.3 para um indivíduo só. Escolhendo ao acaso um indivíduo da população, ele tem probabilidade f de ser autozigoto, e 1-f de ser alozigoto. A probabilidade de ser autozigoto AA é fp, e a de ser autozigoto aa é fq. Se for alozigoto, pode ser AA com probabilidade p^2, Aa com probabilidade 2pq, e aa com probabilidade q^2 (tabela 8.2).

Tabela 8.2. Frequências genotípicas numa população consanguínea

Genótipos	Autozigotos	Alozigotos	Total
AA	fp	$(1-f)p^2$	$(1-f)p^2 + fp$
Aa	0	$(1-f)2pq$	$(1-f)2pq$
aa	fq	$(1-f)q^2$	$(1-f)q^2 + fq$

A frequência de indivíduos AA (ou Aa, ou aa) na população é a soma dos AA (ou Aa, ou aa) que são alozigóticos e dos que são autozigóticos (tabela 8.2):

$$n_{AA} = (1-f)p^2 + fp$$
$$n_{Aa} = (1-f)2pq \tag{8.13}$$
$$n_{aa} = (1-f)q^2 + fq$$

Se f=0, a população é panmítica, e tem frequências de Hardy-Weinberg, como já sabíamos. Se f=1, todos os indivíduos são autozigotos, e portanto homozigotos, como como também já tínhamos visto (na secção 8.5.1). Se 0<f<1, há uma redução intermédia das frequências de heterozigotos, e as frequências genotípicas podem ser vistas como uma mistura das frequências em panmixia (p^2, 2pq, q^2) e com endogamia máxima (autofecundação: p, 0, q), com o f a controlar a proporção dos ingredientes na mistura (cf. equação 8.13).

Estas frequências genotípicas de equilíbrio estão representadas num gráfico ternário (estudado na secção 3.4.1) na figura 8.6, que mostra bem a redução progressiva da frequência dos heterozigotos (medida pela distância vertical à base do triângulo), à medida que o coeficiente de endogamia aumenta.

Podemos reescrever a equação 8.13 de forma a tornar mais óbvia esta diferença para as frequências de Hardy-Weinberg:

$$n_{AA} = (1-f)p^2 + fp = p^2 + fp - fp^2 = p^2 + fp(1-p)$$
$$n_{Aa} = (1-f)2pq = 2pq - f2pq$$
$$n_{aa} = (1-f)q^2 + fq = q^2 + fq - fq^2 = q^2 + fq(1-q)$$

donde,

$$n_{AA} = p^2 + fpq$$
$$n_{Aa} = 2pq - f2pq \tag{8.14}$$
$$n_{aa} = q^2 + fpq$$

Assim, numa população endogâmica, as frequências dos homozigotos são as de Hardy-Weinberg adicionadas de fpq, e a frequência dos heterozigotos é a de Hardy-Weinberg menos 2fpq.

O principal efeito da endogamia é então a redução da frequência de heterozigotos. Podemos quantificar este efeito através da redução fraccional da heterozigotia populacional, relativamente à de uma população panmítica com as mesmas frequências alélicas. A partir da equação 8.12 temos

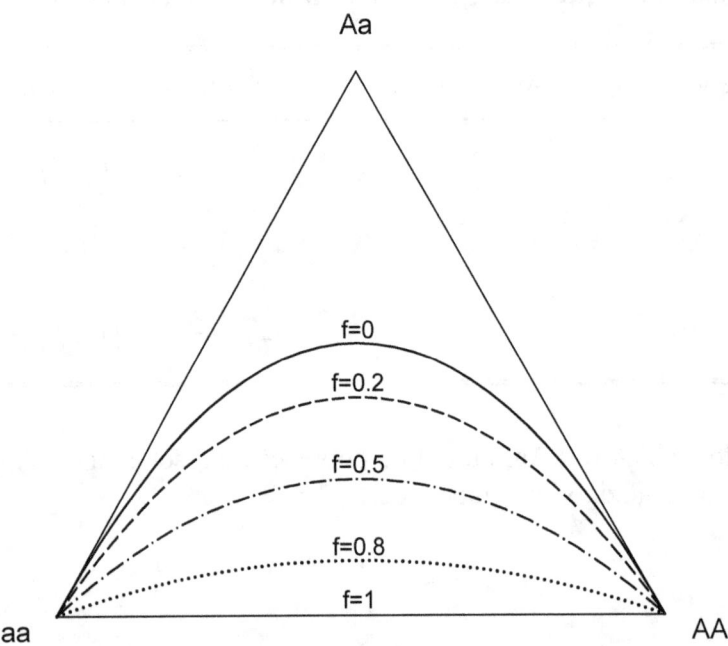

Figura 8.6. Representação das frequências genotípicas de populações consanguíneas num gráfico ternário

$$n_{Aa} = 2pq - f2pq$$
$$f = \frac{2pq - n_{Aa}}{2pq} = 1 - \frac{n_{Aa}}{2pq}$$
(8.15)

Assim, o coeficiente de endogamia da população (definido como a média dos coeficientes de endogamia dos indivíduos da população) é também uma medida da diferença entre as frequências genotípicas da população consanguínea e as frequências esperadas numa população panmítica com as mesmas frequências alélicas (*i.e.*, as frequências de Hardy-Weinberg).

De facto, o coeficiente de endogamia é matematicamente equivalente ao parâmetro F introduzido na secção 3.4.3 para caracterizar a diferença entre quaisquer frequências genotípicas e as frequências de Hardy-Weinberg. A principal diferença (e é muito importante!) é que na secção 3.4.3, F foi introduzido apenas como um parâmetro descritivo, independente das causas da diferença entre as frequências, enquanto que neste capítulo f tem também um significado preciso, o coeficiente de endogamia da população. Outra diferença é que nós definimos o coeficiente de endogamia f como uma probabilidade, pelo que é necessariamente positivo, enquanto que F pode ser positivo ou negativo.

Resumindo, numa população em que há cruzamentos entre indivíduos aparentados, com coeficiente de endogamia médio f, há uma redução relativa de heterozigotos igual a f. Mas não podemos inverter o raciocínio, pois uma redução de heterozigotos, mesmo que quantificada como acabámos de ver, pode não ser devida a cruzamentos entre parentes (por exemplo, pode ser devida à selecção natural).

8.5.4 Um gene multialélico

A extensão das equações 8.13 e 8.14 a genes multialélicos é imediata: se um indivíduo for autozigoto, a probabilidade de ele ser homozigoto A_iA_i é p_i; se for alozigoto, a probabilidade de ter qualquer genótipo é a frequência de Hardy-Weinberg desse genótipo (equações 3.6). Portanto, as frequências genotípicas são

$$n_{ii} = (1-f)p_i^2 + fp_i = p_i^2 + fp_i(1-p_i)$$
$$n_{ij} = (1-f)2p_ip_j = 2p_ip_j - f2p_ip_j \quad , \quad (i \neq j)$$
(8.16)

Estas equações constituem a generalização da lei de Hardy-Weinberg a populações em que pode ocorrer endogamia (ao nível de um gene autossómico com qualquer número de alelos). Como as frequências alélicas e o coeficiente de endogamia são positivos, havendo endogamia as frequências de todos os homozigotos são inferiores, e as frequências de todos os heterozigotos são superiores, às respectivas frequências de Hardy-Weinberg.

8.6 Endogamia e selecção natural

8.6.1 Introdução

Podemos estudar as consequências evolutivas da selecção natural em populações endogâmicas seguindo os mesmos passos que antes para populações panmíticas, isto é, acompanhando o ciclo de vida da espécie (figura 7.3). A única diferença é que, enquanto para as populações panmíticas assumimos frequências de Hardy-Weinberg nos zigotos, agora usamos as frequências da equação 8.13. Para simplificar a exposição, podemos supor que a selecção é apenas devida a diferenças de viabilidade (tabela 8.3), sabendo que, se houver também diferenças de fertilidade entre os genótipos (mas sem interacções entre os elementos de cada casal) o resultado é o mesmo (como vimos, para populações panmíticas, na secção 7.3.1).

Tabela 8.3. Frequências genotípicas absolutas nos zigotos e adultos numa população endogâmica com selecção natural

Genótipos	Zigotos	Adultos
AA	$\left[(1-f)p^2 + fp\right]N$	$W_{AA}\left[(1-f)p^2 + fp\right]N$
Aa	$\left[(1-f)2pq\right]N$	$W_{Aa}(1-f)2pqN$
aa	$\left[(1-f)q^2 + fq\right]N$	$W_{aa}\left[(1-f)q^2 + fq\right]N$

A frequência do alelo A nos adultos desta geração, e nos zigotos da geração seguinte é, desta tabela, eliminando N,

$$p' = \frac{\left[(1-f)p^2 + fp\right]W_{AA} + (1-f)pqW_{Aa}}{\left[(1-f)p^2 + fp\right]W_{AA} + (1-f)2pqW_{Aa} + \left[(1-f)q^2 + fq\right]W_{aa}} \quad .$$
(8.17)

O denominador desta fracção é a soma das fitnesses dos genótipos, ponderadas pelas respectivas frequências, ou seja, é a fitness média da população com coeficiente de endogamia f, que representamos por $\bar{W}_f$:

$$\bar{W}_f = W_{AA}\left[(1-f)p^2 + fp\right] + W_{Aa}(1-f)2pq + W_{aa}\left[(1-f)q^2 + fq\right].$$

Podemos separar os factores que envolvem (1-f) dos que envolvem f:

$$\bar{W}_f = (1-f)\left(W_{AA}p^2 + W_{Aa}2pq + W_{aa}q^2\right) + f\left(W_{AA}p + W_{aa}q\right), \qquad (8.18)$$

ou

$$\bar{W}_f = (1-f)\bar{W}_0 + f\bar{W}_1$$
$$\bar{W}_0 = W_{AA}p^2 + W_{Aa}2pq + W_{aa}q^2 \qquad (8.19)$$
$$\bar{W}_1 = W_{AA}p + W_{aa}q$$

onde $\bar{W}_0$ é a fitness média de uma população com f=0 (panmítica), e $\bar{W}_1$ a fitness média de uma população com f=1 (completamente endogâmica), ambas com as mesmas frequências alélicas que a nossa população com coeficiente de endogamia f. Esta equação é interessante: diz-nos que a fitness média de uma população endogâmica pode ser calculada como a média ponderada de duas fitness médias, a de uma população panmítica e a de uma população totalmente endogâmica, com a ponderação dada pelo coeficiente de endogamia da própria população.

8.6.2 Equilíbrios e sua estabilidade

Para procurar as frequências de equilíbrio, e estudar a sua estabilidade, voltemos a considerar a frequência do alelo A ao fim de uma geração,

$$p' = \frac{\left[(1-f)p^2 + fp\right]W_{AA} + (1-f)pqW_{Aa}}{\bar{W}},$$

donde a variação da mesma frequência entre duas gerações seguidas vem

$$\Delta p = p' - p$$
$$= \frac{\left[(1-f)p^2 + fp\right]W_{AA} + (1-f)pqW_{Aa} - p\bar{W}}{\bar{W}}$$
$$= \frac{(1-f)W_{AA}p^2 + fW_{AA}p + (1-f)W_{Aa}pq - (1-f)W_{AA}p^3 - (1-f)W_{Aa}2p^2q - \ldots}{\bar{W}}$$
$$\ldots \frac{-(1-f)W_{aa}pq^2 - W_{AA}fp^2 - fW_{aa}pq}{}$$
$$= \frac{(1-f)\left[W_{AA}p^2(1-p) + W_{Aa}pq(1-2p) - W_{aa}pq^2\right] + f\left[W_{AA}p(1-p) - W_{aa}pq\right]}{\bar{W}}$$
$$= \frac{pq}{\bar{W}}\left\{(1-f)\left[W_{AA}p - W_{Aa}(p-q) - W_{aa}q\right] + f\left(W_{AA} - W_{aa}\right)\right\}$$

ou

$$\Delta p = \frac{pq}{\bar{W}}\left\{(1-f)\left[(W_{AA}-W_{Aa})p+(W_{Aa}-W_{aa})q\right]+f(W_{AA}-W_{aa})\right\} .\tag{8.20}$$

Assim, temos sempre os dois equilíbrios triviais esperados (p=0 e q=0). Se f=0 esta equação fica igual à equação 7.31. Por outro lado, se f=1 a população fica sem heterozigotos, pelo que a fitness destes se torna irrelevante, e a variação das frequências alélicas fica

$$\Delta p = \frac{pq}{\bar{W}}(W_{AA}-W_{aa}), \quad \bar{W}=W_{AA}p+W_{aa}q ,$$

formalmente igual à do modelo haplóide (cf. equação 7.11, substituindo W_{AA} por W_A e W_{aa} por W_a).

Para continuar, é preferível escrever Δp como

$$\Delta p = \frac{pq}{\bar{W}}g(p)$$

$$g(p) = (1-f)\left[(W_{AA}-W_{Aa})p+(W_{Aa}-W_{aa})q\right]+f(W_{AA}-W_{aa})$$

Qualquer que seja o valor de f, se g(p) for nulo para algum 0<p<1, existe um equilíbrio polimórfico. Para o encontrar, é mais fácil exprimir g(p) em termos de uma única frequência alélica, por exemplo, p:

$$\begin{aligned}g(p)&=(1-f)\left[(W_{AA}-W_{Aa})p+(W_{Aa}-W_{aa})q\right]+f(W_{AA}-W_{aa})\\&=(1-f)\left[(W_{AA}-W_{Aa})p+(W_{Aa}-W_{aa})-(W_{Aa}-W_{aa})p\right]+f(W_{AA}-W_{aa})\\&=(1-f)\left[(W_{AA}-W_{Aa}+W_{aa}-W_{Aa})p+W_{Aa}-W_{aa}\right]+f(W_{AA}-W_{aa})\\&=(1-f)\left[(W_{AA}-W_{Aa})+(W_{aa}-W_{Aa})\right]p-(1-f)(W_{aa}-W_{Aa})+f(W_{AA}-W_{aa})\\&=(1-f)\left[(W_{AA}-W_{Aa})+(W_{aa}-W_{Aa})\right]p+f(W_{AA}-W_{Aa})-(W_{aa}-W_{Aa})\end{aligned}$$

Igualando a g(p) a zero, e resolvendo em ordem a p, podemos obter a frequência do equilíbrio não trivial:

$$\begin{aligned}\hat{p}&=\frac{(1-f)(W_{aa}-W_{Aa})-f(W_{AA}-W_{aa})}{(1-f)\left[(W_{AA}-W_{Aa})+(W_{aa}-W_{Aa})\right]}\\&=\frac{(W_{aa}-W_{Aa})-f(W_{AA}-W_{aa})}{(1-f)\left[(W_{AA}-W_{Aa})+(W_{aa}-W_{Aa})\right]}\end{aligned}\tag{8.21}$$

Como seria de esperar, este equilíbrio é diferente do que encontrámos quando estudámos a selecção natural em populações panmíticas (equação 7.32), e a que chamamos agora $\hat{p}_0$:

$$\hat{p}_0 = \frac{W_{aa}-W_{Aa}}{(W_{AA}-W_{Aa})+(W_{aa}-W_{Aa})} .$$

De facto, a diferença é[5]

$$\hat{p}-\hat{p}_0 = -\frac{f}{(1-f)}\frac{(W_{AA}-W_{aa})}{(W_{AA}-W_{Aa})+(W_{aa}-W_{Aa})} ,\tag{8.22}$$

e, claro, se f=0 os dois equilíbrios são iguais.

---
[5] No resto desta secção apresentamos alguns resultados sem as deduções detalhadas.

Este equilíbrio polimórfico $\hat{p}$ só faz sentido se estiver entre 0 e 1, e mesmo assim pode não ser estável. Para investigar as condições de existência e estabilidade deste equilíbrio, consideremos agora vários casos particulares (ignorando os equilíbrios triviais devidos a não haver variabilidade genética, ou às fitnesses serem todas iguais). Como p, q e $\overline{W}$ são todos positivos, o sinal de Δp é o mesmo de g(p), que é uma função linear de p, e que escrevemos agora em termos dos coeficientes selectivos s_{AA} e s_{aa}:

$$g(p) = (1-f)(s_{AA} + s_{aa})p + fs_{AA} - s_{aa} .$$

Há, assim, quatro casos particulares, dependendo dos sinais de

$$g(0) = fs_{AA} - s_{aa} \qquad (8.23)$$

e

$$\begin{aligned} g(1) &= (1-f)(s_{AA} + s_{aa})p + fs_{AA} - s_{aa} \\ &= s_{AA} + s_{aa} - fs_{AA} - fs_{aa} + fs_{AA} - s_{aa} \\ &= s_{AA} - fs_{aa} \end{aligned} \qquad (8.24)$$

1. g(0), g(1)>0, ou seja, $s_{aa} \leq fs_{AA}$ e $fs_{aa} \leq s_{AA}$. Neste caso, Δp é sempre positivo, pelo que p tende sempre para 1, e o equilíbrio polimórfico não existe. Notemos em particular que se $W_{AA} \geq W_{Aa} \geq W_{aa}$, $s_{AA} \geq 0$ e $s_{aa} \leq 0$. Assim, sempre que o alelo A seja favorecido, temos este caso, qualquer que seja f.

2. g(0), g(1)<0, ou seja, $s_{aa} \geq fs_{AA}$ e $fs_{aa} \geq s_{AA}$. Neste caso, Δp é sempre negativo, pelo que p tende sempre para 0, e o equilíbrio polimórfico não existe. Em particular, se $W_{AA} \leq W_{Aa} \leq W_{aa}$, $s_{AA} \leq 0$ e $s_{aa} \geq 0$, pelo que as condições deste caso se verificam para qualquer f. Assim, este caso e o anterior correspondem a selecção direccional.

3. g(0)<0, g(1)>0, ou seja, $s_{aa} \geq fs_{AA}$ e $fs_{aa} \leq s_{AA}$. Agora, Δp é negativo perto de 0, e positivo perto de 1. Assim, quando A é raro diminui ainda mais, e quando é abundante aumenta. Algures no meio, Δp=0. Existe portanto um equilíbrio polimórfico, dado pela equação 8.21, mas é instável (o que podemos confirmar graficamente, comparando com a figura 7.8, onde se verifica a mesma forma de Δp).

Este caso particular é semelhante à sub-dominância, no sentido em que há um equilíbrio polimórfico instável, pelo que é interessante comparar as duas situações. Resolvendo as equações 8.23 e 8.24 em ordem a s_{AA} e s_{aa} obtemos

$$s_{AA} = \frac{g(1) - fg(0)}{1 - f^2}, \quad s_{aa} = \frac{fg(1) - g(0)}{1 - f^2} .$$

Como $1-f^2$ é sempre positivo, e neste caso temos g(0)<0 e g(1)>0, s_{AA} e s_{aa} são sempre positivos. Por outras palavras, para este caso particular se verificar, tem de haver sub-dominância, qualquer que seja f. Por outro lado, pode haver sub-dominância sem que este caso se verifique (arranje um exemplo).

4. g(0)>0, g(1)<0, ou seja, $s_{aa} \leq fs_{AA}$ e $fs_{aa} \geq s_{AA}$. Agora, Δp é positivo perto de 0, e negativo perto de 1. Assim, A aumenta quando raro, e diminui quando abundante. Portanto, o polimorfismo está protegido. Assim, nestas condições o equilíbrio 8.21 existe, e é estável.

Falta ver a relação entre o equilíbrio polimórfico e o pico adaptativo (o máximo da fitness média). Nas populações panmíticas, havendo um equilíbrio polimórfico estável, é nesse valor que a fitness média é maximizada (secção 7.3.5). Assim, a selecção natural, ao levar as frequências alélicas para esse equilíbrio estável, maximiza também a fitness média da população. E com endogamia?

A derivada da fitness média (equação 8.18) em ordem a p é

$$\frac{d\bar{W}_f}{dp} = f(W_{AA} - W_{Aa}) + (1-f)\left[2p(W_{AA} - W_{Aa}) - 2q(W_{aa} - W_{Aa})\right]$$

Igualando a zero e resolvendo, obtemos eventualmente a frequência que maximiza a fitness média, $\hat{p}$:

$$\hat{p} = \frac{2(W_{aa} - W_{Aa}) - f\left[(W_{AA} - W_{Aa}) + (W_{aa} - W_{Aa})\right]}{2(1-f)\left[(W_{AA} - W_{Aa}) + (W_{aa} - W_{Aa})\right]},$$

ou, expressa como diferença para a frequência que maximiza a fitness média em populações panmíticas,

$$\hat{p} = \hat{p}_0 - \frac{f}{2(1-f)} \frac{(W_{AA} - W_{aa})}{(W_{AA} - W_{Aa}) + (W_{aa} - W_{Aa})}$$

Esta frequência não é igual à frequência de equilíbrio dada pelas equações 8.21 e 8.22. Comparando estas equações vemos que

$$\hat{p} = \frac{\hat{p}_0 + \hat{p}}{2} .$$

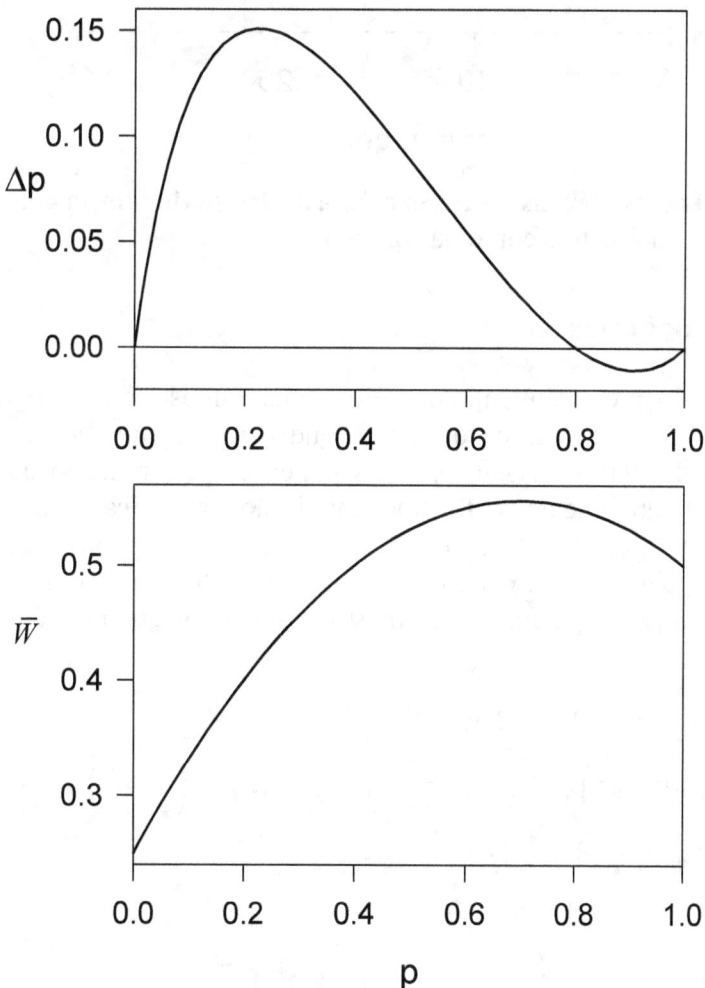

Figura 8.7. Variação das frequências alélicas e fitness média com endogamia e super-dominância. $W_{AA}=0.5$, $W_{Aa}=1$, $W_{aa}=0.25$, $f=0.5$.

Portanto, ao contrário do que acontece com panmixia, o equilíbrio polimórfico estável e o máximo da fitness média não coincidem, pelo que a fitness média não é maximizada no equilíbrio (na figura 8.7, o equilíbrio corresponde a p=0.8 e o máximo a p=0.7). De facto, a selecção natural ao levar a população para o equilíbrio pode mesmo fazer baixar a fitness média da população (figura 8.8)! A ideia de que a selecção natural aumenta constantemente a adaptação da população, medida pela sua fitness média, é verdadeira para o modelo mais simples que estudámos no capítulo 7, mas tem muitas excepções, sendo uma delas a presença de endogamia.

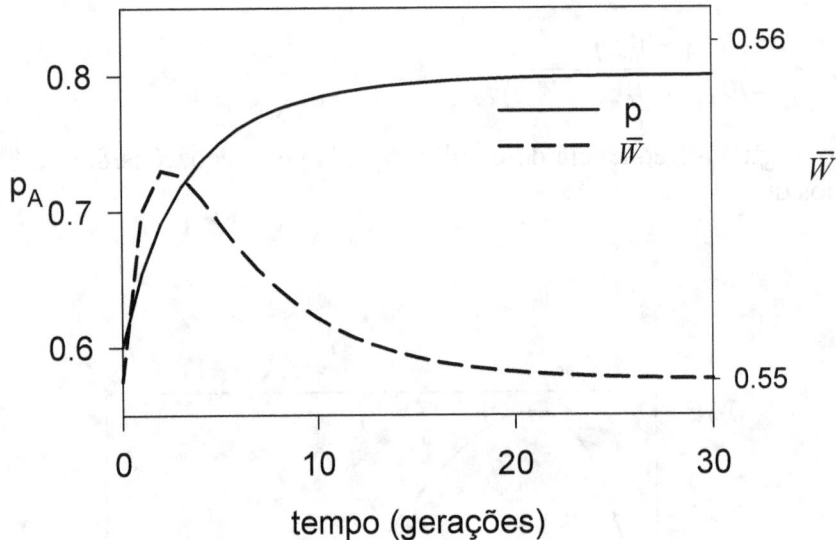

Figura 8.8. Frequências alélicas e fitness média ao longo do tempo com endogamia e super-dominância. Parâmetros como na figura 8.7.

8.6.3 Depressão endogâmica

A depressão endogâmica[6], provavelmente o efeito mais famoso da endogamia, é a redução da sobrevivência e da fertilidade dos descendentes de indivíduos aparentados, devida ao aumento da homozigotia para alelos deletérios. Assim, pode ser medida pela redução da fitness média de uma população endogâmica, relativamente à de uma população panmítica com as mesmas frequências alélicas. Por outras palavras, em quanto é que a fitness média da população é reduzida, relativamente ao valor que teria se a população fosse panmítica, mantendo-se tudo o resto igual. Podemos decompor a fitness média (equação 8.18), separando os termos que têm f dos que não têm, de modo a tornar esta redução mais evidente:

$$\begin{aligned}\bar{W}_f &= W_{AA}\left[(1-f)p^2 + fp\right] + W_{Aa}(1-f)2pq + W_{aa}\left[(1-f)q^2 + fq\right] \\ &= \left(W_{AA}p^2 + W_{Aa}2pq + W_{aa}q^2\right) + f\left[\left(p-p^2\right)W_{AA} - 2pqW_{Aa} + \left(q-q^2\right)W_{aa}\right] \\ &= \bar{W}_0 + f\left(W_{AA}pq - W_{Aa}2pq + W_{aa}pq\right) \\ &= \bar{W}_0 + fpq\left(W_{AA} - 2W_{Aa} + W_{aa}\right)\end{aligned}$$

---

[6] Também chamada depressão de consanguinidade, em inglês, *inbreeding depression*.

Assim, a depressão endogâmica é dada por

$$\overline{W}_0 - \overline{W}_f = -fpq(W_{AA} + W_{aa} - 2W_{Aa}) \quad . \tag{8.25}$$

A depressão endogâmica é função do coeficiente de endogamia da população, das frequências alélicas, e das fitnesses dos três genótipos. Nem sempre a endogamia causa uma redução de fitness. Quando causa, a depressão é directamente proporcional ao coeficiente de endogamia da população. Além disso, se a população estiver fixada para um alelo, a endogamia não tem qualquer efeito na fitness (porquê?); pelo contrário, quanto mais semelhantes as frequências alélicas, maior o seu efeito. Talvez menos esperado, se não houver dominância, também não há depressão endogâmica, qualquer que seja o grau de endogamia da população (verifique).

Se a fitness do heterozigoto for maior do que a média das fitnesses dos homozigotos, por haver dominância ou super-dominância (e houver endogamia, e variabilidade genética), a depressão é positiva, isto é, a endogamia reduz a fitness da população. Pelo contrário, se a fitness do heterozigoto for menor do que a média das dos homozigotos (por exemplo, se houver sub-dominância), a endogamia aumenta a fitness média da população (verifique algebricamente este resultado algo surpreendente na equação 8.25, e justifique-o intuitivamente).

Se as fitnesses não forem todas iguais (se houver selecção), é de esperar que as frequências alélicas variem ao longo do tempo, pelo que a interacção entre a endogamia e a selecção pode ser mais complexa (já que a depressão endogâmica depende também das frequências alélicas, equação 8.25). Mas a análise que acabámos de fazer continua a ser válida em cada geração.

Qual é a causa da depressão endogâmica? Curiosamente, há quase 100 anos que esta questão é debatida. Como vimos, é de esperar depressão endogâmica quando a fitness do heterozigoto for mais próxima do homozigoto melhor do que do pior. Isto pode acontecer se houver super-dominância, ou se houver dominância (mesmo que apenas parcial), que constituem assim as duas explicações para o fenómeno da depressão. A balança parece estar finalmente a tender para a hipótese de dominância, mas ainda não há consenso.

8.6.4 Genes multialélicos

O modelo que acabámos de estudar estende-se facilmente a genes com mais de dois alelos, embora a análise seja mais difícil. Por exemplo, para três alelos temos a extensão natural da equação 8.17,

$$p_1' = p_1 \frac{\left[(1-f)p_1 + f\right]W_{11} + (1-f)p_2 W_{12} + (1-f)p_3 W_{13}}{\overline{W}}$$

$$p_2' = p_2 \frac{(1-f)p_1 W_{12} + \left[(1-f)p_2 + f\right]W_{22} + (1-f)p_3 W_{23}}{\overline{W}}$$

$$p_3' = p_3 \frac{(1-f)p_1 W_{13} + (1-f)p_2 W_{23} + \left[(1-f)p_3 + f\right]W_{33}}{\overline{W}}$$

O estudo completo deste modelo é muito complicado (ainda mais do que a selecção com três alelos numa população panmítica), pelo que não o fazemos aqui. Por outro lado, se tivermos valores das fitnesses e do coeficiente de endogamia (estimados ou hipotéticos), podemos usar estas equações para estudos numéricos de selecção natural com três alelos e endogamia.

8.7 Problemas

1. O pedigree da figura ilustra duas gerações de cruzamentos entre irmãos.
   Calcular o coeficiente de endogamia do indivíduo I, assumindo que

   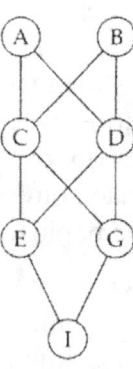

   1.1 todos os antepassados comuns podem ser autozigóticos.
   1.2 todos os antepassados comuns são alozigóticos.

2. O algodão pode reproduzir-se por autofecundação ou por reprodução cruzada. Numa plantação de algodão estimou-se que f=0.081. Qual a probabilidade de estas plantas se auto-fecundarem?

3. Numa amostra de plantas silvestres da Califórnia, Jain e Marshall contaram as seguintes frequências genotípicas:

BB	Bb	bb
0.712	0.138	0.150

   Estimar o coeficiente de endogamia nesta população.

4. Numa dada população, a frequência de recém nascidos de pais não aparentados que sofrem de fenilcetonúria (doença conhecida por FCU ou PKU, causada por um alelo recessivo) é 0.0001. Estimar a frequência de FCU nos descendentes de
   4.1 primos direitos (f=1/16)
   4.2 meios-irmãos (f=1/8)
   4.3 irmãos (f=1/4).
   4.4 Discutir os resultados.

Capítulo 9

DIVISÃO POPULACIONAL E MIGRAÇÃO

9.1 Introdução

Continuamos neste capítulo o nosso estudo da genética de populações não panmíticas. Concentramo-nos aqui nos efeitos de dois factores: a divisão de uma população em várias subpopulações, e a migração entre essas subpopulações. Assim, ignoramos o efeito dos outros factores evolutivos, como a mutação e a selecção natural.

9.2 Divisão populacional

9.2.1 Um gene autossómico dialélico

Consideremos uma população dividida[1] em D subpopulações ou demes, panmíticos, isolados uns dos outros, cada um com N_i indivíduos, e frequências alélicas p_i e q_i (notemos que em índice temos agora o deme, e não o alelo). Cada um destes demes[2] verifica todos os pressupostos do modelo de Hardy-Weinberg. Assim, as frequências genotípicas em cada deme são as de Hardy-Weinberg – tabela 9.1 – pelo que podemos supor que a população geral (ou total) também está em frequências de Hardy-Weinberg. Mas estará mesmo?

Suponhamos, para começar, que os diferentes demes têm todos a mesma grandeza populacional, já que os cálculos ficam assim facilitados. As frequências alélicas na população geral são as médias aritméticas simples das frequências respectivas nos vários demes. Por exemplo, para o alelo A,

$$\overline{p} = \frac{1}{D}\sum_{i=1}^{D} p_i \ . \tag{9.1}$$

Esta é, claro, a mesma frequência que obtemos para a população geral, se ignorarmos a divisão populacional (porquê?).

As frequências alélicas dos vários demes podem ser diferentes. Esta heterogeneidade pode ser medida pela variância (paramétrica) das frequências alélicas, dada por (a equivalência destas fórmulas da variância foi demonstrada na secção 7.7.1):

---

[1] Populações divididas são também chamadas estruturadas.

[2] Considerámos uma população dividida em demes, mas também há quem lhe chame uma metapopulação (população de populações). O significado biológico é o mesmo, apenas os nomes são diferentes; por exemplo, os nossos demes passam a ser chamados populações, e a nossa população é chamada metapopulação; embora também haja quem lhe chame uma metapopulação de demes.

Tabela 9.1. Descrição estatística dos demes de uma população dividida

Deme	Frequências alélicas		Grandeza populacional	Frequências genotípicas		
	A	a		AA	Aa	aa
1	p_1	q_1	N_1	p_1^2	$2p_1q_1$	q_1^2
2	p_2	q_2	N_2	p_2^2	$2p_2q_2$	q_2^2
...	...	...	...	...	...	...
I	p_i	q_i	N_i	p_i^2	$2p_iq_i$	q_i^2
...	...	...	...	...	...	...
D	p_D	q_D	N_D	p_D^2	$2p_Dq_D$	q_D^2

$$\sigma_p^2 = \frac{1}{D}\sum_{i=1}^{D}(p_i - \bar{p})^2 = \frac{1}{D}\sum_{i=1}^{D}p_i^2 - \bar{p}^2 \ . \tag{9.2}$$

Pensando agora nas frequências genotípicas na população geral, elas são também as médias das frequências respectivas em cada deme:

$$\bar{n}_{AA} = \frac{1}{D}\sum_{i=1}^{D}p_i^2$$

$$\bar{n}_{Aa} = \frac{1}{D}\sum_{i=1}^{D}2p_iq_i \tag{9.3}$$

$$\bar{n}_{aa} = \frac{1}{D}\sum_{i=1}^{D}q_i^2 \ .$$

Podemos agora relacionar as frequências dos homozigotos com as frequências alélicas médias. Da equação 9.2 temos:

$$\frac{1}{D}\sum_{i=1}^{D}p_i^2 = \bar{p}^2 + \sigma_p^2 \ ,$$

pelo que (da equação 9.3)

$$\bar{n}_{AA} = \bar{p}^2 + \sigma_p^2$$

e, por analogia,

$$\bar{n}_{aa} = \bar{q}^2 + \sigma_q^2 \ .$$

Notando que as duas variâncias das frequências alélicas são iguais (caixa 9.1), e comparando com as frequências de Hardy-Weinberg, vemos que adicionamos a mesma quantidade à frequência de cada homozigoto, a variância das frequências alélicas, σ_p^2. Como a soma das três frequências genotípicas tem de ser sempre 1, tem de haver uma subtracção correspondente na frequência dos heterozigotos:

Caixa 9.1. Igualdade das variâncias das frequências alélicas num gene autossómico dialélico

Se as frequências alélicas p_i e q_i forem iguais em todos os demes, é obvio que as variâncias de p_i e q_i são ambas iguais (e iguais a 0). Se a frequência do alelo A variar pouco, a do a tem também de variar pouco (já que p+q=1), e se a frequência do alelo A variar muito, a do a tem de variar de igual modo, pelo que as variâncias são ainda iguais, como é fácil demonstrar:

$$\sigma_p^2 = \frac{1}{D}\sum_{i=1}^{D} p_i^2 - \overline{p}^2 = \frac{1}{D}\sum_{i=1}^{D}(1-q_i)^2 - (1-\overline{q})^2 = \frac{1}{D}\sum_{i=1}^{D}(1-2q_i+q_i^2) - 1 + 2\overline{q} - \overline{q}^2$$

$$= \frac{1}{D}D - \frac{1}{D}\sum_{i=1}^{D} 2q_i + \frac{1}{D}\sum_{i=1}^{D} q_i^2 - 1 + 2\overline{q} - \overline{q}^2 = 1 - 2\overline{q} + \frac{1}{D}\sum_{i=1}^{D} q_i^2 - 1 + 2\overline{q} - \overline{q}^2$$

$$= \frac{1}{D}\sum_{i=1}^{D} q_i^2 - \overline{q}^2 = \sigma_q^2 \quad , c.e.d.$$

$$\overline{n}_{AA} = \overline{p}^2 + \sigma_p^2$$
$$\overline{n}_{Aa} = 2\overline{pq} - 2\sigma_p^2 \qquad (9.4)$$
$$\overline{n}_{aa} = \overline{q}^2 + \sigma_p^2 \ .$$

Dado que a variância nunca é negativa, uma população dividida em demes panmíticos tem em regra mais homozigotos e menos heterozigotos do que se fosse panmítica – resultado a que se chama efeito (e frequências) de Wahlund[3]. A única excepção é quando as frequências alélicas em todos os demes forem iguais, e neste caso as frequências da população geral são iguais às de Hardy-Weinberg.

Por que razão há mais homozigotos e menos heterozigotos numa população dividida em demes com frequências diferentes do que numa população panmítica? Consideremos primeiro um caso extremo simples, uma população dividida em dois demes isolados, um fixado para o alelo A e outro fixado para o alelo a. Se a população fosse panmítica, os gâmetas A podiam conjugar-se com os a, produzindo heterozigotos. Mas como os dois demes estão isolados, e fixados para alelos diferentes, os gâmetas A e a nunca se encontram, e os heterozigotos não se podem formar. Neste caso extremo, é fácil perceber por que razão não há heterozigotos. No caso geral (demes polimórficos com frequências alélicas diferentes), dá-se um fenómeno semelhante, mas não tão extremo, formando-se todos os genótipos, mas menos heterozigotos do que se a população fosse panmítica. Só no caso particular de as frequências alélicas serem iguais em todos os demes é que este fenómeno não se verifica; neste caso, todos os demes têm as mesmas frequências genotípicas, que são portanto também iguais às da população geral.

Podemos também estudar este efeito graficamente, usando a figura 9.1. Se dois demes panmíticos tiverem as frequências alélicas p_1 e p_2, as suas heterozigotias serão H_1 e H_2 ($H_1=2p_1q_1$ e $H_2=2p_2q_2$). Consideremos agora a população formada por esses dois demes: a frequência alélica da população dividida é a média de p_1 e p_2, ou seja $\overline{p}$, e a sua heterozigotia é a média de H_1 e H_2, ou seja $\overline{H}$. No entanto, uma população panmítica com frequência alélica $\overline{p}$ teria a heterozigotia de Hardy-Weinberg,

---

[3] Em honra de Sten Gösta William Wahlund (1901-1976), geneticista e político sueco que obteve este resultado em 1928.

$H_T = 2\overline{pq}$, e não $\overline{H}$. Como o gráfico de 2pq em função de p é côncavo para baixo, H_T é sempre maior do que $\overline{H}$[4]. Assim, numa população dividida em demes panmíticos com frequências diferentes há sempre mais homozigotos e menos heterozigotos do que se a população fosse panmítica.

A figura 9.1 ilustra o caso de demes da mesma grandeza, mas é fácil ver que o mesmo fenómeno se verifica no caso geral. Se os demes tiverem grandezas diferentes, $\overline{p}$ já não é exactamente intermédio entre p_1 e p_2, ficando mais próximo de um deles. Mas H_T é sempre maior do que $\overline{H}$, pelo que há sempre menos heterozigotos na população dividida do que numa população panmítica com as mesmas frequências alélicas. A única excepção é o caso, forçado, de $\overline{p}$ corresponder exactamente ao máximo da heterozigotia, e então $\overline{H}$ e H_T são iguais.

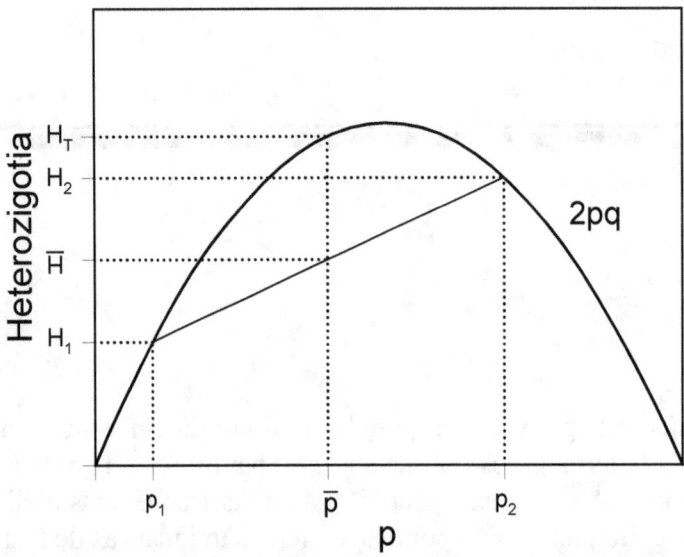

Figura 9.1. Heterozigotia de dois demes isolados e da população geral

As frequências de Wahlund são válidas mesmo que os demes tenham grandezas diferentes. Neste caso temos (usando mais uma vez os resultados da secção 7.7.1)

$$\overline{p} = \frac{\sum_{i=1}^{D} N_i p_i}{\sum_{i=1}^{D} N_i}$$

$$\sigma_p^2 = \frac{\sum_{i=1}^{D} N_i (p_i - \overline{p})^2}{\sum_{i=1}^{D} N_i} = \frac{\sum_{i=1}^{D} N_i p_i^2}{\sum_{i=1}^{D} N_i} - \overline{p}^2$$

---

[4] Este efeito é geral, e conhecido como a desigualdade de Jensen que, na sua forma mais simples, afirma que para qualquer função côncava (para baixo), como a função heterozigotia da figura 9.1, a média de valores da função (neste caso, $\overline{H}$) é menor do que a função calculada no valor médio desses valores (H_T); e o inverso é verdadeiro para funções convexas.

e portanto

$$\bar{n}_{AA} = \frac{\sum_{i=1}^{D} N_i p_i^2}{\sum_{i=1}^{D} N_i},$$

de onde as equações 9.4 se seguem de imediato. A única diferença é que, no cálculo das médias e variâncias, as frequências alélicas têm agora de ser ponderadas pelas grandezas dos demes respectivos. Mas a conclusão mais importante é a mesma: quer os demes tenham todos a mesma grandeza quer não tenham, a população geral está em frequências de Wahlund, pelo que tem mais homozigotos do que se não fosse dividida.

No estudo de uma população pode acontecer não sermos capazes de rejeitar a hipótese de ela estar em frequências de Hardy-Weinberg mas, como sabemos, isto não nos permite concluir que a população seja panmítica (secção 3.3.6).

Por exemplo, como acabámos de ver, se a população estiver dividida em demes separados, todos com as mesmas frequências alélicas, as frequências genotípicas esperadas na população dividida – e portanto não panmítica – são exactamente iguais às de Hardy-Weinberg. Na prática, mesmo que as frequências alélicas nos vários demes não sejam exactamente iguais, podem ser parecidas, de modo a ser muito difícil distinguir as frequências de Wahlund das de Hardy-Weinberg.

Por outro lado, um défice significativo das frequências dos heterozigotos é um dos sinais de que a população pode não ser panmítica: consanguínea (como estudámos no último capítulo) ou dividida (como vimos agora). Um gene multialélico pode ajudar a distinguir estes dois casos.

9.2.2 Um gene autossómico multialélico

Como vimos, numa população dividida e heterogénea, um gene com dois alelos tem menos heterozigotos do que se fosse panmítica. É de esperar que se passe o mesmo se houver mais alelos. Será assim? Estudemos esta questão, como fizemos para o caso dialélico, numa população constituída por vários demes panmíticos.

Lembremos que em qualquer população a soma das frequências de todos os alelos é sempre igual a 1 (e portanto constante). Assim, com dois alelos, a frequência de qualquer um deles determina a do outro – e portanto as suas variâncias (iguais, como vimos acima) e a sua covariância. Com mais de dois alelos temos mais do que um grau de liberdade, pelo que a situação se complica. Para fixar ideias, suponhamos que temos três alelos, A_1 A_2 e A_3, e que em dado deme a frequência do alelo A_1 é baixa: a do alelo A_2 pode ser também baixa (e a do alelo A_3 alta), ou a do alelo A_2 pode ser alta (e a do alelo A_3 baixa). Claro que isto afecta as frequências genotípicas: no primeiro caso temos muitos A_1A_3, no segundo poucos (mas em qualquer caso, a frequência dos homozigotos A_1A_1 é sempre a mesma).

Assim, num gene multialélico as frequências dos heterozigotos (mas não as dos homozigotos) dependem do padrão de covariação das frequências alélicas. Se em todos os demes em que a frequência de A_1 é alta, a do A_2 for baixa (como acontece sempre para um gene dialélico), a população geral tem poucos heterozigotos A_1A_2 (isto é, menos do que se fosse panmítica). Se, pelo contrário, as frequências dos dois alelos forem altas nos mesmos demes, a população geral terá muitos heterozigotos A_1A_2, podendo mesmo exceder os valores esperados em panmixia.

Para investigar esta possibilidade, lembremos que a variância da frequência de um alelo é dada por (supondo que os demes têm todos a mesma grandeza, para não complicar desnecessariamente a álgebra),

$$\sigma_p^2 = \frac{1}{D}\sum_{i=1}^{D} p_i^2 - \overline{p}^2 \; ,$$

e a covariância das frequências de dois alelos, por exemplo p e q, é

$$\sigma_{pq}^2 = \frac{1}{D}\sum_{i=1}^{D}(p_i - \overline{p})(q_i - \overline{q}) = \frac{1}{D}\sum_{i=1}^{D} p_i q_i - \overline{pq} \; . \tag{9.5}$$

Ao contrário da variância, que nunca é negativa, a covariância pode ser positiva ou negativa (ou, claro, nula).

A frequência dos homozigotos A_1A_1 na população geral é a média das frequências deste genótipo nos vários demes (tal como num gene dialélico):

$$\overline{n}_{A_1A_1} = \frac{1}{D}\sum_{i=1}^{D} p_i^2 = \overline{p}^2 + \sigma_p^2 \; .$$

A frequência dos heterozigotos A_1A_2 no deme i é $2p_iq_i$, e na população é

$$\overline{n}_{A_1A_2} = \frac{1}{D}\sum_{i=1}^{D} 2p_i q_i \; ,$$

de onde se segue de imediato que (cp. equação 9.5)

$$\overline{n}_{A_1A_2} = 2\overline{pq} + 2\sigma_{pq}^2 \; .$$

Portanto, para todos os genótipos de um gene com três alelos, com frequências p, q, e r, temos, na população,

$$\begin{aligned}
\overline{n}_{A_1A_1} &= \overline{p}^2 + \sigma_p^2 \\
\overline{n}_{A_1A_2} &= 2\overline{pq} + 2\sigma_{pq}^2 \\
\overline{n}_{A_1A_3} &= 2\overline{pr} + 2\sigma_{pr}^2 \\
\overline{n}_{A_2A_2} &= \overline{q}^2 + \sigma_q^2 \\
\overline{n}_{A_2A_3} &= 2\overline{qr} + 2\sigma_{qr}^2 \\
\overline{n}_{A_3A_3} &= \overline{r}^2 + \sigma_r^2
\end{aligned} \tag{9.6}$$

e, de um modo geral, para um gene multialélico as frequências da população são

$$\overline{n}_{A_iA_i} = \overline{p}_i^2 + \sigma_{p_i}^2$$

$$\overline{n}_{A_iA_j} = 2\overline{p}_i\overline{p}_j + 2\sigma_{p_ip_j}^2 \; , \quad i \neq j \; .$$

Assim, a frequência dos homozigotos são as frequências de Hardy-Weinberg mais a variância da frequência do respectivo alelo (como nos genes dialélicos), enquanto as frequências dos heterozigotos são as frequências de Hardy-Weinberg mais duas vezes a covariância das frequências dos alelos respectivos. Como a variância é sempre positiva, a frequência de cada homozigoto numa população dividida heterogénea é sempre maior do que a respectiva frequência esperada se a população fosse panmítica (qualquer que seja o número de alelos). Assim, a frequência total de homozigotos é também maior do que se a população fosse panmítica, e portanto a frequência total de heterozigotos tem de ser menor. No entanto, a frequência de heterozigotos específicos (por exemplo, A_1A_2) na população dividida pode ser menor, igual ou até mesmo maior do que se a população fosse panmítica, resultado obtido por Li[5] em 1969.

Isto constitui uma diferença importante entre a endogamia e a divisão populacional. A endogamia causa uma redução das frequências de todos os heterozigotos, qualquer que seja o número de alelos do gene (equação 8.16), enquanto que a divisão populacional pode resultar no aumento das frequências de alguns heterozigotos (mas não de todos) dos genes multialélicos. Em princípio, esta diferença pode ajudar a distinguir se o excesso de homozigotos é devido à endogamia ou à divisão populacional.

9.3 Migração

9.3.1 Introdução

Acabámos de estudar as frequências genotípicas e alélicas de uma população dividida, numa geração qualquer. Para investigarmos o que acontece a estas frequências ao longo do tempo temos de considerar a possibilidade de os demes trocarem indivíduos entre si, *i.e.*, de haver migração. De facto, a migração pode afectar as frequências génicas, se os indivíduos que migram para um deme tiverem frequências diferentes das desse deme.

Como acabámos de sugerir, em genética populacional entende-se por "migração" a troca de indivíduos entre diferentes demes. Como os indivíduos levam consigo todos os seus genes, este tipo de migração é também designado fluxo génico, e é distinto da migração sazonal de populações inteiras (por exemplo, de borboletas, peixes, aves ou mamíferos), entre zonas diferentes do globo (*e.g.*, os trópicos e zonas temperadas), em regra com viagem de regresso todos os anos. A migração, como entendida aqui, pode incluir também a dispersão, ou deslocação, de indivíduos, para fora do seu deme – mas só se isso levar à sua incorporação noutros demes. O cerne da questão é que os indivíduos que migram ficam residentes o seu novo deme (embora os seus descendentes possam migrar nas gerações seguintes), pelo que podem afectar as frequências génicas deste. Como?

Para responder a esta questão, estudamos agora os efeitos da migração na evolução populacional, usando modelos simples que assumem não haver mutação ou selecção, e que a grandeza de todos os demes é suficientemente grande para podermos ignorar variações aleatórias.

9.3.2 Um modelo geral

Comecemos por um modelo razoavelmente geral: uma população dividida em D demes em cada um dos quais, na geração t e após a migração, $m_{ij}^{(t)}$ dos alelos da população i acabaram de chegar da população j. É preciso bastante cuidado na interpretação destas taxas de migração m_{ij}: i é a população recipiente, j a origem, e m_{ij} é a proporção dos indivíduos da população i que nasceram na população j e daí vieram para a i. Os $m_{ij}^{(t)}$ podem ser todos diferentes, o que confere grande generalidade ao modelo.

---

[5] C.C. Li (1912-2003) foi um geneticista sino-americano que trabalhou em genética e melhoramento de plantas, genética humana, e ainda bioestatística. Defendeu a genética de Mendel face ao Lysenkoismo chinês, mas teve de acabar por fugir para escapar à deportação e morte que vitimaram vários colegas seus.

Poderíamos também considerar a proporção de indivíduos da população i que migra para a j, m_{ji}^*, talvez mais intuitiva mas menos útil para estudar a evolução da população. Em qualquer dos casos, m_{ii} é a proporção de não-migrantes.

Podemos usar estas taxas de migração para projectar as frequências alélicas ao longo do tempo. Após a migração, a frequência do alelo k no deme i, p_{ik}, é dada por

$$p_{ik}^{(t+1)} = m_{i1}^{(t)} p_{1k}^{(t)} + m_{i2}^{(t)} p_{2k}^{(t)} + ... + m_{iD}^{(t)} p_{Dk}^{(t)}$$
$$= \sum_l m_{il}^{(t)} p_{lk}^{(t)} ,$$

equação que pode, com vantagem, ser expressa de forma matricial. Começamos por construir uma matriz com todas as taxas de migração m_{ij} (notemos que a soma de cada linha desta matriz tem de ser 1, pois todos os indivíduos de um deme vieram de algum lado), e depois podemos escrever a equação, equivalente à anterior mas muito mais simples (lembrando as regras do cálculo matricial),

$$p_{ik}^{(t+1)} = MP . \qquad (9.7)$$

Este modelo, concentrando-se nas frequências alélicas, aplica-se a todas as espécies, qualquer que seja o seu grau de ploidia. Assume taxas de migração iguais para os dois sexos (se os houver) e para todos os genótipos, e independente das relações de parentesco. Claro que é possível generalizá-lo para incluir estes factores (mas, como de costume, quanto mais complexos os modelos, mais difíceis de analisar se tornam). Mesmo este modelo não é fácil de analisar. Podemos estudá-lo usando a teoria das matrizes estocásticas, mas infelizmente obtém-se poucos resultados úteis. Em vez disso, estudaremos alguns casos particulares deste que, sendo mais simples mas ainda assim interessantes, são mais fáceis de analisar.

9.3.3 Modelo continente–ilha

O modelo mais simples de migração recorrente é talvez o de migração unidireccional, criado por Haldane. Imaginemos uma população numa ilha, perto de um continente, com uma população pequena na primeira, e outra muito maior no segundo. Mesmo que haja migração da ilha para o continente, ela pode ser desprezada, já que estes migrantes constituem uma fracção muito pequena da grande população do continente, e portanto são inconsequentes. Pelo contrário, a migração do continente para a ilha é, em relação à população desta, apreciável. Claro que este tipo de situação não se limita a ilhas e continentes (aplica-se também, por exemplo, a ribeiras alimentadas por lagos, sem haver fluxo contra a corrente), mas chamamos a este modelo continente-ilha para fixar ideias.

Qual o efeito da migração neste caso? Intuitivamente, podemos esperar que as frequências da ilha se vão aproximando das do continente, mas será que vão mesmo? Suponhamos que, em cada geração, uma fracção m da população da ilha vem do continente, cujas frequências alélicas se mantêm constantes, e a restante (1-m) deriva da geração anterior da própria ilha.

Representando por p_C a frequência de A no continente, a relação entre as frequências deste alelo na ilha em gerações sucessivas é então:

$$p' = (1-m)p + m p_C . \qquad (9.8)$$

É fácil verificar a frequência de equilíbrio na ilha, calculando Δp, igualando a 0, e resolvendo em ordem a $\hat{p}$ (assumindo que m≠0, já que m=0 equivale a dizer que não há migração, e portanto não nos interessa aqui):

$$\Delta p = p' - p = -m(p - p_C)$$
$$\Delta p = -m(\hat{p} - p_C) = 0$$
$$\hat{p} = p_C \ .$$

Em palavras, as frequências alélicas na ilha tendem para as do continente (já que o equilíbrio é estável – verifique), a uma velocidade que depende directamente de m, como seria de esperar.

9.3.4 Modelo de várias ilhas

No modelo das ilhas, criado por Sewall Wright, considera-se uma população geral, dividida em D subpopulações ou demes, como ilhas de um arquipélago (ou lagos ligados por ribeiros, ou cumes de montanhas separados por vales, ou...). É especialmente apropriado para situações em que há capacidade de migração a longa distância, já que este modelo assume a mesma taxa de migração entre todos os demes. A frequência do alelo A no deme i é p_i, e na população geral é $\overline{p}$. Em cada geração, (1-m) dos indivíduos do deme i provêm do próprio deme i, e m/(D-1) de cada um dos outros demes. Assim, e tal como o modelo anterior, este é um caso particular do modelo geral da secção 9.3.2, mas praticamente oposto: o modelo ilha-continente é totalmente assimétrico, aqui há simetria total.

Por exemplo, para três demes temos $m_{12}=m_{13}=m_{21}=m_{23}=m_{31}=m_{32}=m/2$ (metade dos migrantes para qualquer deme, m, vem de cada um dos outros dois demes) e $m_{11}=m_{22}=m_{33}=1-m$.

Temos assim

$$p_i' = (1-m)p_i + \sum_{j \neq i} \frac{m}{D-1} p_j = (1 - m - \frac{m}{D-1})p_i + \frac{m}{D-1} \sum_j p_j$$

$$p_i' = (1 - \frac{D}{D-1}m)p_i + \frac{D}{D-1} m\overline{p} \ .$$

Portanto, as frequências de cada deme podem variar ao longo do tempo. E as frequências médias, da população geral? Somando ambos os lados da última equação para todos os i, e dividindo por D, obtemos as frequências médias,

$$\frac{1}{D} \sum p_i' = (1 - \frac{D}{D-1} m) \frac{1}{D} \sum p_i + \frac{D}{D-1} m\overline{p}$$

$$\overline{p}' = (1 - \frac{D}{D-1} m)\overline{p} + (\frac{D}{D-1} m)\overline{p} = \overline{p} \ ,$$

donde se conclui que as frequências alélicas médias não se alteram (como seria de esperar), pelo que são as frequências de equilíbrio:

$$\overline{p} = \hat{p} \ . \tag{9.9}$$

Falta ver se o equilíbrio é estável. A quantidade Dm/(D-1) aparece em todas estas equações; chamando-lhe m*, temos

$$\begin{aligned} p_i' &= (1-m^*)p_i + m^* \overline{p} \\ &= (1-m^*)p_i + m^* \hat{p} \ . \end{aligned} \tag{9.10}$$

Em palavras, consideramos que a fracção (1-m*) dos indivíduos de uma subpopulação vem dessa subpopulação, e que os restantes m* vêm da população geral, cujas frequências não variam.

Esta equação tem a mesma forma que a 9.8, já estudada. A interpretação biológica deste facto é simples: como a frequência alélica média não se altera, do ponto de vista de cada deme a população geral (*i.e.*, o conjunto de todos os demes) comporta-se como a população do continente do modelo anterior (que também não variava).

Em consequência disto, a equação 9.10 tem solução e comportamento idênticos à 9.8: as frequências de todos os demes aproximam-se das da população geral, que já vimos que não variam, pelo que constituem o equilíbrio estável do conjunto de ilhas:

$$\hat{p} = \overline{p} \ .$$

Como as frequências de todos os demes se vão aproximando das da população geral, é claro que a variância das frequências de todos os demes se reduz. A que velocidade? Da equação 9.10 temos

$$\begin{aligned}p_i' &= p_i - m^* p_i + m^* \overline{p} \\ &= p_i - m^*(p_i - \overline{p}) \ .\end{aligned} \qquad (9.11)$$

Vamos agora transformar esta equação noutra que relacione a variância de p_i em gerações sucessivas (subtraindo $\overline{p}$, quadrando, e calculando a média para todos os demes):

$$\begin{aligned}p_i' - \overline{p} &= p_i - m^*(p_i - \overline{p}) - \overline{p} = (p_i - \overline{p}) - m^*(p_i - \overline{p}) \\ &= (1 - m^*)(p_i - \overline{p})\end{aligned}$$

$$\left(p_i' - \overline{p}\right)^2 = (1 - m^*)^2 (p_i - \overline{p})^2$$

$$\frac{1}{D}\sum \left(p_i' - \overline{p}\right)^2 = (1 - m^*)^2 \frac{1}{D}\sum (p_i - \overline{p})^2$$

$$\sigma_{p'}^2 = (1 - m^*)^2 \sigma_p^2 \ .$$

A heterogeneidade das frequências alélicas, medida pela sua variância, reduz-se em cada geração para $(1-m^*)^2$ do valor da geração anterior. Quanto maior m^*, mais rápida a aproximação ao equilíbrio (figura 9.2).

Se a taxa de migração variar ao longo do tempo, a equação anterior aplica-se ainda, apenas com o valor de m actualizado em cada geração:

$$\sigma_{p_{t+1}}^2 = (1 - m_t^*)^2 \sigma_{p_t}^2 \ . \qquad (9.12)$$

Note-se que concentramos a nossa atenção no alelo i, sem especificar quantos mais alelos havia na população. O modelo aplica-se portanto a um gene autossómico com qualquer número de alelos.

Da equação 9.11 vem (lembrando que $\overline{p} = \hat{p}$)

$$\Delta p_i = m(\overline{p} - p_i) = m(\hat{p} - p_i).$$

O efeito da migração é então análogo ao da mutação (cp. equação 6.15): são ambos factores evolutivos lineares. A principal diferença, e é importante, é que as taxas de migração são muito maiores do que as taxas de mutação. Assim, embora a variação das frequências alélicas devida à mutação seja muito pequena, e portanto possa ser desprezada em face das variações causadas pelos outros factores evolutivos, a variação devida à migração pode ser bastante importante.

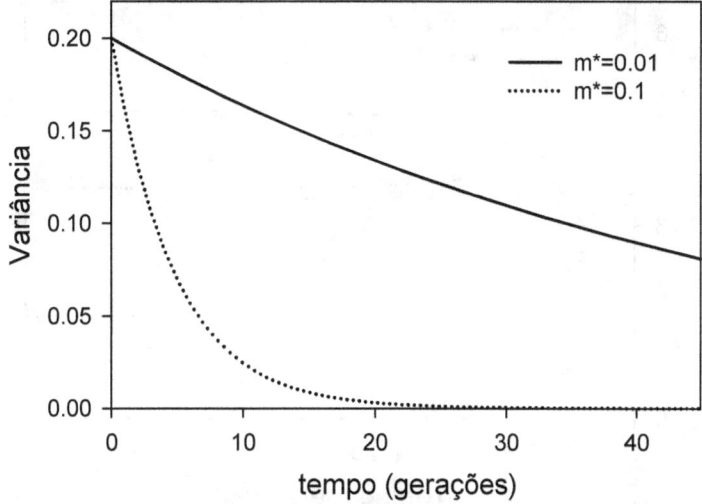

Figura 9.2. Variância das frequências alélicas ao longo do tempo sob migração

O modelo das ilhas é semelhante ao modelo de divisão populacional que estudámos antes (neste capítulo), com uma população dividida em vários demes. Vimos então que, no caso de uma espécie diplóide, há um excesso de homozigotos, relacionado com a variância das frequências alélicas entre os demes. Agora a espécie pode ser haplóide ou diplóide. Se for haplóide, as frequências genotípicas são iguais às alélicas, que acabámos de estudar. Se for diplóide e os demes panmíticos, como evoluem as frequências genotípicas ao longo do tempo?

Em cada deme, as frequências são as de Hardy-Weinberg, como antes. Na população geral, as frequências são as de Wahlund, com a variância dada em cada geração pela equação 9.12:

$$\overline{n}_{AA} = \overline{p}^2 + \sigma_p^2$$

$$\overline{n}_{Aa} = 2\overline{pq} - 2\sigma_p^2$$

$$\overline{n}_{aa} = \overline{q}^2 + \sigma_p^2$$

$$\sigma_{p_{t+1}}^2 = (1 - m_t^*)^2 \sigma_{p_t}^2 \; .$$

Como a variância de Wahlund se vai reduzindo ao longo do tempo (figura 9.2), as frequências genotípicas na população geral vão-se aproximando das frequências de Hardy-Weinberg (figura 9.3), que constituem assim o equilíbrio estável da população. No limite, a população fica uniforme, em equilíbrio de Hardy-Weinberg – apesar de não ser panmítica.

A taxa de migração pode aumentar de repente, por se quebrarem, ou reduzirem muito, os obstáculos à migração, como tem acontecido várias vezes na história da nossa espécie. O resultado é então a redução rápida da variância das frequências alélicas, e portanto também da frequência de homozigotos entre os nascimentos. Na nossa espécie, o efeito mais notável é a redução da frequência de nascimentos de indivíduos com defeitos genéticos determinados por alelos recessivos (total ou parcialmente), raros na espécie mas comuns em algumas populações particulares – por exemplo, albinismo em algumas tribos de índios, ou fibrose quística nos caucasianos. Esta consequência é interessante, mas não sem os seus riscos: ao reduzir-se a frequência de homozigotos, que poderiam ser eliminados pela selecção natural, a frequência desses alelos deixa de baixar, podendo mesmo aumentar devido à mutação.

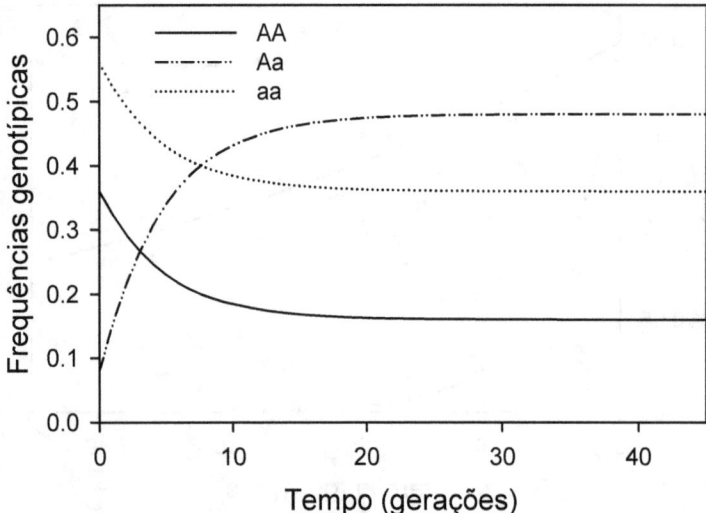

Figura 9.3. Variação das frequências genotípicas da população ao longo do tempo sob migração. ($\overline{p}$=0.4, m=0.1).

9.3.5 Modelos geográficos

A partir do modelo geral com que iniciámos este estudo considerámos dois modelos simples nos quais, num caso a migração é apenas num sentido, e no outro ela é uniforme em todas as direcções e distâncias. Esta uniformidade supõe estarem os demes praticamente à mesma distância uns dos outros, e portanto ignora a sua localização geográfica, o que se justifica quando a capacidade de migração dos indivíduos é maior do que a distância entre os demes. Como isto nem sempre acontece, podemos também formular outros modelos (infelizmente mais complexos), em que a taxa de migração depende da distância. Podemos considerar modelos contínuos no espaço, com probabilidades de dispersão, por exemplo, normais (gaussianas), ou discretos, supondo haver vários demes distintos e, por exemplo, que cada deme só troca indivíduos com os demes vizinhos (modelos chamados *stepping-stone*). Em qualquer dos casos, podemos estudar a migração ao longo de uma dimensão (*e.g.*, ao longo de uma costa, ou da margem de um rio), duas (*e.g.*, num campo), ou três (*e.g.*, no mar). Embora para muitas espécies sejam mais realistas do que os que acabámos de estudar, estes modelos geográficos são também muito mais difíceis de analisar, especialmente os discretos (e tanto mais quanto maior for o número de dimensões), pelo que apenas notamos a sua existência, sem os estudar.

De qualquer maneira, o resultado qualitativo de todos estes modelos não é difícil de resumir: a migração tende a uniformizar as frequências genéticas, com uma velocidade tanto maior quanto maiores as taxas de migração.

9.4 Complementos

9.4.1 Estatísticas F

Suponhamos que uma subpopulação tem dois alelos, A_1 e A_2, e outra também tem dois alelos, mas A_1 e A_3; se a separação for completa (i.e., se não houver migração), não se formam heterozigotos A_2A_3 na população, ao contrário do que aconteceria se não houvesse divisão populacional. Assim, a probabilidade de um indivíduo de qualquer subpopulação ser heterozigoto fica reduzida (relativamente à da população geral, se esta não fosse dividida), e a de os seus alelos serem idênticos aumenta (já que a heterozigotia é uma medida de diversidade genética). De facto, não é só a probabilidade de os alelos serem idênticos em estado (secção 8.2.3) que aumenta: a divisão da população pode levar a inbreeding relativamente à população total, mesmo que as subpopulações sejam panmíticas.

Vimos no capítulo anterior (equação 8.13) que a frequência de heterozigotos numa população com coeficiente de endogamia f é

$$n_{Aa} = 2pq(1-f) \; ,$$

e no capítulo 3 (equação 3.9) vimos também que podemos escrever a mesma frequência em função do índice de fixação F como

$$n_{Aa} = 2pq(1-F) \; .$$

Por outro lado, numa população dividida em subpopulações, essa frequência é (da equação 9.4, simplificando a notação e rearranjando)

$$n_{Aa} = 2\overline{pq} - 2\sigma^2 = 2\overline{pq}\left(1 - \frac{\sigma^2}{\overline{pq}}\right) = 2\overline{pq}\left(1 - \frac{\sigma^2}{\overline{pq}}\right) \; .$$

A comparação destas equações mostra que $\sigma^2/\overline{pq}$, chamada variância normalizada de Wahlund, é uma medida da diferença das frequências genotípicas para as de Hardy-Weinberg, análoga ao coeficiente de endogamia da população f, e ao índice de fixação F. Podemos assim interpretar $\sigma^2/\overline{pq}$ como um coeficiente de endogamia, ou índice de fixação, mas agora de um grupo de subpopulações (e não de um indivíduo ou de uma população, como f ou F). Podemos desenvolver esta analogia.

Consideremos uma população geral, ou total, T, constituída por subpopulações. Designemos por S uma subpopulação escolhida ao acaso, com frequência alélica p_i, e por I um indivíduo escolhido também ao acaso da população total. Sejam H_I a heterozigotia do indivíduo I (*i.e.*, a probabilidade de um indivíduo escolhido ao acaso ser heterozigoto), H_S a heterozigotia esperada de um indivíduo numa subpopulação panmítica equivalente à sua (*i.e.*, com as mesmas frequências alélicas), e H_T a heterozigotia esperada de um indivíduo de uma população total panmítica equivalente a T. Assim, H_I é a heterozigotia observada média (de todas as subpopulações), H_S é $2p_iq_i$, e H_T é $2\overline{pq}$.

Tal como antes, o coeficiente de endogamia mede a redução da heterozigotia devida à endogamia, mas agora temos de especificar a população base a que ele se refere: a subpopulação a que pertence o indivíduo, ou a população total. No primeiro caso temos o coeficiente de endogamia anteriormente definido, que designamos agora por F_{IS} para maior clareza (o coeficiente de endogamia do indivíduo I em relação à sua subpopulação S),

$$F_{IS} = \frac{H_S - H_I}{H_S} \; ,$$

e no segundo caso temos F_{IT} (o coeficiente de endogamia do indivíduo I em relação à população total T):

$$F_{IT} = \frac{H_T - H_I}{H_T} \; .$$

Podemos ainda considerar o coeficiente de endogamia da subpopulação S em relação à população total T, conhecido por índice de fixação, F_{ST}:

$$F_{ST} = \frac{H_T - H_S}{H_T} = 1 - \frac{H_S}{H_T} = \frac{\sigma_p^2}{\overline{pq}} \quad .$$ (9.13)

A partir desta equação, temos duas formas simples de ver que F_{ST} nunca é negativo. Por um lado, se todas as subpopulações tiverem as mesmas frequências alélicas, $H_T=H_S$, caso contrário $H_T>H_S$, como vimos antes (figura 9.1); por outro lado, F_{ST} é a razão entre uma variância e o produto de frequências alélicas, todas quantidades positivas.

Por sua vez, F_{IS} e F_{IT} são medidas dos desvios para as frequências de Hardy-Weinberg nas subpopulações e na população total, respectivamente, podendo portanto ser positivos ou negativos: valores positivos indicam deficit de heterozigotos, valores negativos excesso. Se as subpopulações forem todas panmíticas, $F_{IS}=0$, se todas tiverem frequências alélicas iguais, $F_{ST}=0$, se se verificarem ambas as condições, $F_{IT}=0$ (verifique).

Além disso, estas equações também mostram que nenhum F pode ser maior do que 1, já que a razão entre duas heterozigotias é sempre positiva. Por exemplo, se cada população estiver fixada para um alelo diferente, $H_S=0$, e $F_{ST}=1$.

Os três coeficientes estão relacionados por

$$F_{ST} = \frac{F_{IT} - F_{IS}}{1 - F_{IS}} \quad .$$

Estas estatísticas F (como são conhecidas) são todas tipos de "coeficientes de endogamia", diferindo quanto às populações base. F_{IT} é o coeficiente mais inclusivo, já que inclui os efeitos da divisão populacional (F_{ST}) e da ausência de panmixia dentro da subpopulação (F_{IS}). Estes F's permitem integrar e generalizar o estudo que fizemos de populações consanguíneas (capítulo 8), e de populações divididas em subpopulações panmíticas (este capítulo), a populações divididas em subpopulações, que podem não ser panmíticas. Podem ainda ser generalizados a mais níveis hierárquicos, por exemplo, uma população total dividida em subpopulações, cada uma subdividida em demes; ou (no sentido oposto) locais de amostragem agrupados em rios, agrupados em sistemas de drenagem, agrupados em continentes. Foram desenvolvidos por Wright (em 1951 e 1965) para dois alelos, e generalizados por Masatoshi Nei (1931-) em 1973 e 1977.

Podemos também encarar as estatísticas F como uma forma de decompor a variância das frequências alélicas na população total, usando rácios de diferentes variâncias. Com efeito, a equação 9.13 mostra que F_{ST} é a proporção da variância das frequências alélicas na população geral (a variância binomial, $\overline{pq}$), devida à variância das frequências alélicas entre as populações (σ_p^2).

9.4.2 Dois genes autossómicos

Ao nível de um único gene autossómico, o efeito da divisão populacional é a redução da frequência total de heterozigotos, criando assim um desequilíbrio em relação às frequências de Hardy-Weinberg. E se estivermos a estudar não apenas um, mas dois genes? A divisão populacional criará também desequilíbrio ao nível do sistema de dois genes, *i.e.*, desequilíbrio gamético? É capaz disso... Para estudar esta questão, consideremos uma população constituída por dois demes, que podem ou não ter a mesma grandeza, ambos em equilíbrio quanto ao sistema de dois genes autossómicos A/a B/b. Queremos então saber se a população formada pelos dois demes em equilíbrio gamético está também necessariamente em equilíbrio gamético. Se estiver, é porque a divisão populacional por si só não cria desequilíbrio gamético, caso contrário pode criar.

No deme i, a frequência do alelo A é p_{Ai}, e a frequência do gâmeta AB é g_{ABi}. Como os demes estão em equilíbrio gamético, as suas frequências são dadas pelos produtos das respectivas frequências alélicas (segundo a equação 5.16). Por exemplo, a matriz gamética do primeiro deme é

$$g_1 = \begin{bmatrix} g_{AB1} & g_{Ab1} \\ g_{aB1} & g_{ab1} \end{bmatrix} = \begin{bmatrix} p_{A1}p_{B1} & p_{A1}q_{b1} \\ q_{a1}p_{B1} & q_{a1}q_{b1} \end{bmatrix} .$$

A população geral é composta por ambos os demes, nas proporções π_1 e π_2 ($=1-\pi_1$), respectivamente. Assim, a frequência do alelo A na população geral é a média ponderada das frequências deste alelo nos dois demes,

$$p_A = \pi_1 p_{A1} + \pi_2 p_{A2} ,$$

e do mesmo modo para a frequência do gâmeta AB:

$$g_{AB} = \pi_1 g_{AB1} + \pi_2 g_{AB2}$$
$$= \pi_1 p_{A1} p_{B1} + \pi_2 p_{A2} p_{B2} ,$$

assim como para as outras frequências alélicas e gaméticas. O desequilíbrio gamético da população total é dado pelo determinante da sua matriz gamética:

$$\begin{aligned} d &= g_{AB}g_{ab} - g_{Ab}g_{aB} \\ &= (\pi_1 p_{A1}p_{B1} + \pi_2 p_{A2}p_{B2})(\pi_1 q_{a1}q_{b1} + \pi_2 q_{a2}q_{b2}) - \\ &\quad - (\pi_1 p_{A1}q_{b1} + \pi_2 p_{A2}q_{b2})(\pi_1 q_{a1}p_{B1} + \pi_2 q_{a2}p_{B2}) \\ &= \pi_1 \pi_2 (p_{A1}p_{B1}q_{a2}q_{b2} + p_{A2}p_{B2}q_{a1}q_{b1} - p_{A1}q_{b1}q_{a2}p_{B2} - p_{A2}q_{b2}q_{a1}p_{B1}) \\ &= \pi_1 \pi_2 (p_{A1}q_{a2} - p_{A2}q_{a1})(p_{B1}q_{b2} - p_{B2}q_{b1}) . \end{aligned}$$

Simplificando por partes, temos

$$\begin{aligned} p_{A1}q_{a2} - p_{A2}q_{a1} &= p_{A1}(1 - p_{A2}) - p_{A2}(1 - p_{A1}) \\ &= p_{A1} - p_{A1}p_{A2} - p_{A2} + p_{A1}p_{A2} \\ &= p_{A1} - p_{A2} \end{aligned}$$

e, do mesmo modo,

$$p_{B1}q_{b2} - p_{B2}q_{b1} = p_{B1} - p_{B2} ,$$

pelo que o desequilíbrio gamético é

$$d = \pi_1 \pi_2 (p_{A1} - p_{A2})(p_{B1} - p_{B2}) .$$

Então, em que condições é que o desequilíbrio gamético da população geral é nulo? Só se π_1 ou π_2 forem zero, isto é, se a população for constituída por um único deme em equilíbrio (claro!); ou se a população for homogénea para algum dos dois genes, isto é, se as frequências alélicas de algum dos genes forem iguais nos dois demes.

Se, pelo contrário, uma população for formada por dois demes com frequências alélicas diferentes, a população estará em desequilíbrio gamético, mesmo que cada deme esteja em equilíbrio gamético. Temos assim a resposta à pergunta com que iniciámos este estudo: a divisão populacional pode criar desequilíbrio gamético (positivo ou negativo), mesmo que todos os demes estejam em equilíbrio. Por outro lado, é também possível (mesmo que pouco provável) que os demes estejam em desequilíbrio gamético, mas as coisas se compensem de tal modo que a população geral não esteja.

9.5 Problemas

1. Numa amostra de 569 esquimós da Gronelândia Oriental, Fabricius-Hansen contou 475 indivíduos do grupo sanguíneo M, 89 do grupo MN, e 5 do grupo N. Noutra amostra de 733 esquimós da Gronelândia Ocidental, o mesmo investigador contou 485 indivíduos do grupo sanguíneo M, 227 do grupo MN, e 21 do grupo N.

   1.1 Testar a hipótese de que as duas populações de esquimós não diferem entre si nas frequências do gene M/N.

   1.2 Testar a hipótese de que cada população está em equilíbrio de Hardy-Weinberg com respeito a este gene.

2. A tabela seguinte apresenta os números de indivíduos com os grupos sanguíneos MM, MN, e NN, em amostras de quatro populações humanas:

	MM	MN	NN	Soma
1. Navajo	305	52	4	361
2. Utes	61	36	7	104
3. Pueblo	83	46	11	140
4. Blackfeet	52	38	5	95
Soma	501	172	27	700

   2.1 Testar a hipótese de que o gene M/N está em equilíbrio de Hardy-Weinberg em cada uma das populações.

   2.2 Testar a hipótese de que o gene M/N está em equilíbrio de Hardy-Weinberg no total das quatro populações.

   2.3 Testar a hipótese de que as quatro populações constituem um agregado populacional homogéneo.

   2.4 Testar a hipótese de que o gene M/N está em frequências de Wahlund (no total das quatro populações).

   2.5 Integrar e discutir os resultados.

   2.6 Verificar que a frequência do alelo M na amostra total (calculada directamente a partir das somas) é igual à média ponderada das frequências do mesmo alelo nas quatro tribos (a menos de eventuais erros de arredondamento).

Capítulo 10

FINIDADE DA GRANDEZA POPULACIONAL

O Fortuna, / velut Luna / statu variabilis, / semper crescis / aut decrescis
Anon. c.1230.

10.1 Introdução

A teoria que desenvolvemos até agora é determinística[1]: dadas as frequências genotípicas numa dada geração, e os parâmetros evolutivos relevantes (taxas de mutação e coeficientes selectivos, por exemplo), esta teoria prevê o valor exacto que as frequências alélicas e genotípicas tomam numa qualquer geração posterior. No entanto, isto não é muito realista: mesmo que soubéssemos tudo o que é possível saber acerca de uma população, não poderíamos prever a sua evolução com exactidão, por causa das variações aleatórias que ocorrem em todas as populações naturais.

Estas variações podem ter dois tipos de causas: extrínsecas à população, ou intrínsecas a ela. Por exemplo, as fitnesses dos vários genótipos podem não se manter constantes de geração em geração porque o ambiente varia ao longo do tempo – e se as fitnesses variarem de modo imprevisível, não podemos determinar as frequências alélicas futuras. Embora esta variação ambiental possa não ser estritamente aleatória, pode ser estudada como tal, na medida em que é independente da evolução da própria população. Por outro lado, podem também ocorrer variações aleatórias intrínsecas à população, no sentido em que elas ocorreriam mesmo num ambiente constante. A principal causa destas variações é o facto de as populações serem finitas.

Neste capítulo, levantamos assim mais um (o último) pressuposto do modelo de Hardy-Weinberg – o de estarmos a lidar com populações de grandeza infinita. De facto, as populações biológicas reais são todas finitas e, por isso mesmo, sujeitas a acidentes de amostragem[2]. Todas as gerações, um número de gâmetas é "escolhido" para formar a nova geração. Este número pode ser relativamente pequeno, ou muito grande, mas é sempre finito. Por esta razão, é impossível prever com exactidão a composição genética de uma população numa geração futura, do mesmo modo que é impossível saber quantas "caras" resultarão de um certo número de lançamentos de uma moeda.

---

[1] Embora a derivação dessa teoria inclua probabilidades, todos os modelos resultaram em equações determinísticas para a evolução de todas as variáveis de interesse (frequências alélicas e genotípicas, desequilíbrio gamético, coeficiente de endogamia, etc.).

[2] Por vezes também chamados erros de amostragem.

Assim, as frequências genéticas das populações finitas variam aleatoriamente ao longo das gerações (figura 10.1), processo a que chamamos deriva genética. O seu efeito pode levar à fixação casual de um alelo, *i.e.*, a frequência desse alelo pode, por mero acaso, atingir a unidade (por oposição à fixação determinística, por exemplo em resultado da selecção natural). Se isso acontecer, a população perde variabilidade genética. Assim, a finidade populacional pode ter consequências importantíssimas para a evolução biológica. Em consequência da deriva genética, é impossível fazer uma previsão exacta da evolução, mesmo que pudéssemos ter conhecimento total de todos os aspectos relevantes do genótipo e do ambiente de todos os indivíduos envolvidos.

A deriva genética tem a sua origem no processo simples e bem compreendido das amostragens finitas. As principais consequências deste processo ao longo do tempo são também facilmente percebidas a partir do estudo de gráficos como os da figura 10.1 (como veremos em breve). No entanto, o estudo quantitativo destas consequências exige modelos biomatemáticos. Os modelos que usaremos para estudar as consequências da finidade das populações são, como de costume, simples – e em alguns aspectos simplistas. Apesar disso, a formulação e análise matemática destes modelos é bastante mais complexa do que a dos modelos que estudámos até agora, exigindo conhecimentos que a maior parte dos estudantes de biologia não possui.

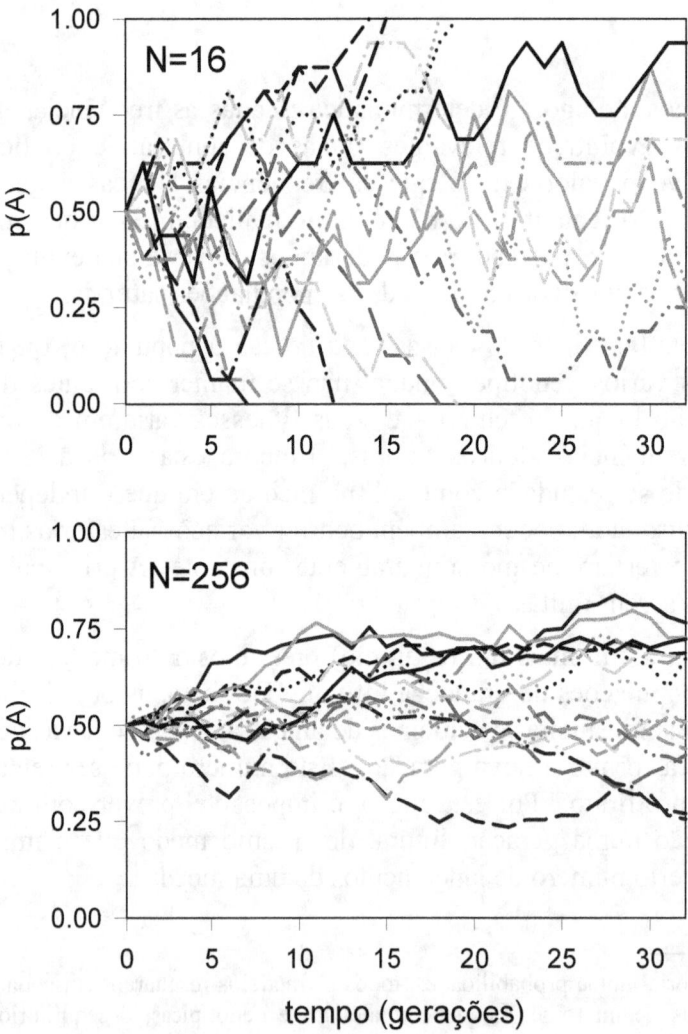

Figura 10.1. Evolução das frequências alélicas ao longo do tempo em populações finitas. 16 populações de N=16, e 16 de N=256, todas com $p_0 = \frac{1}{2}$.

Assim, para estudar as consequências evolutivas da finidade das populações, vamos usar uma abordagem diferente da que seguimos até agora: neste capítulo, grande parte das equações são apresentadas sem qualquer dedução, sendo a ênfase na interpretação biológica dessas equações, geralmente baseada em gráficos, muitas vezes resultado de simulações em computador. Isto é bastante menos satisfatório do que o que temos feito até agora, já que parece estarmos a tirar um coelho da cartola: podemos ficar maravilhados, mas ao mesmo tempo desconfiados. Mas a maior dificuldade matemática dos modelos assim o exige, pelo menos numa primeira abordagem. Em maior grau do que nos capítulos anteriores, os argumentos serão mais heurísticos do que rigorosos.

10.2 As principais consequências da finidade populacional

Comecemos por fazer uma experiência conceptual, envolvendo bolas brancas e pretas. Imaginemos que temos um saco (ou outro recipiente apropriado) com um grande número de bolas (por exemplo, 10000) das quais metade são brancas e metade são pretas, bem misturadas. Tiramos 10 bolas, uma a uma, registando a sua cor. Suponhamos que obtemos seis bolas brancas e quatro pretas, pelo que a frequência relativa das brancas nesta amostra é 0.6. Depois, repomos as bolas, e tirarmos outra amostra – desta vez, obtemos três brancas e sete pretas (isto é, 0.3 brancas). De seguida, tiramos duas amostras de 100 bolas. Da primeira vez, a frequência relativa de brancas é 0.53, da segunda vez 0.45.

É altura de fazermos algumas observações. Primeiro, as frequências das amostras foram diferentes das do saco – umas vezes maiores, outras menores; isto não é surpreendente, apesar de ser diferente do esperado (0.5 de cada cor), devido aos inevitáveis e bem conhecidos acidentes de amostragem. Segundo, as diferentes amostras também tiveram frequências diferentes entre si. Terceiro, as amostras pequenas variaram mais do que as grandes: as frequências das amostras pequenas foram mais diferentes das do saco, e mais diferentes entre si, do que as das amostras grandes.

Estudemos agora o efeito cumulativo destes acidentes de amostragem. Usando o resultado da nossa primeira amostra de 10 bolas, fazemos um novo saco de 10000 bolas, mas com a mesma frequência relativa de bolas brancas que obtivemos nessa amostra, 0.6 (ou seja, pomos 6000 bolas brancas e 4000 pretas no saco). Tiramos uma amostra deste saco, e registamos a frequência de bolas brancas: pode ser 0.6, mas também pode não ser. Preparamos um saco com as novas frequências, tiramos outra amostra, vemos a frequência de bolas brancas... e repetimos o processo. Em cada nova amostra, a frequência de bolas brancas pode ser igual ou diferente da anterior, mas só depende das frequências das bolas no saco de onde tiramos essa amostra. Por exemplo, na segunda amostra deste processo, esperamos 0.6 bolas brancas. O processo "esqueceu" que a frequência de bolas brancas no saco inicial tinha sido 0.5.

Qual a relevância desta experiência para a evolução populacional? Na verdade, este último processo sequencial de amostragem é uma excelente analogia para o processo de formação de cada geração (de uma população de reprodutores sazonais com gerações separadas) a partir da anterior. Consideremos uma população com uma grandeza constante de 5 indivíduos diplóides. Quando adultos, estes indivíduos formam um grande número de gâmetas, muito maior do que o número de indivíduos da população (estes gâmetas são equivalentes ao saco com muitas bolas). A geração seguinte é formada por uma amostra de 10 gâmetas (dois por indivíduo, já que estes são diplóides), escolhidos ao acaso do grande número de gâmetas produzidos. As frequências alélicas nestes 10 gâmetas, e portanto nos 5 indivíduos da nova geração, podem ser diferentes das frequências alélicas da geração anterior. Quando estes 5 indivíduos formam gâmetas, as frequências alélicas nestes gâmetas são as iguais às destes indivíduos, independentemente das da geração anterior (e os gâmetas são equivalentes a um novo saco com muitas bolas com as mesmas frequências da amostra anterior). Nas gerações seguintes, o processo repete-se: cada nova geração é formada por uma amostra aleatória de 10 gâmetas, escolhidos ao acaso dos muitos gâmetas formados. Em cada geração, a frequência esperada de um dado alelo é igual à da geração anterior, independentemente da frequência na geração inicial, mas a frequência observada pode ser diferente.

Assim, a evolução das frequências alélicas de uma população finita pode ser muito diferente da esperada numa população infinita (estudado nos capítulos anteriores). A figura 10.1 mostra a evolução de várias populações (simuladas), de duas grandezas diferentes, e ilustra as principais consequências evolutivas da finidade da grandeza populacional:

1. As frequências génicas (que tratámos até agora como contínuas) são discretas[3].

2. As frequências genéticas das populações finitas variam aleatoriamente ao longo das gerações, processo a que chamamos deriva genética.

3. Em virtude desta variação, a frequência de um alelo pode chegar a 0 ou a 1; no primeiro caso esse alelo perde-se, no segundo fixa-se (e perdem-se todos os outros). Em qualquer caso, a população fica geneticamente empobrecida.

4. Populações inicialmente idênticas tendem a ficar cada vez mais diferentes.

Como a figura 10.1 também mostra, estes efeitos são tanto maiores quanto menor for a população. Façamos agora o estudo quantitativo destes aspectos da evolução de populações finitas, usando alguns modelos simples.

10.3 Modelo de Fisher-Wright

10.3.1 Populações de um único indivíduo diplóide

Já que vamos tratar de populações finitas, comecemos pelo caso mais extremo: uma população de um único indivíduo (de uma espécie diplóide monóica[4] de reprodutores sazonais com gerações separadas). Claro que o interesse biológico de uma população de um só indivíduo é muito reduzido mas, como de costume, o objectivo é começar com um caso muito simples, e mais fácil de perceber, como introdução aos modelos mais gerais que estudaremos mais tarde.

O genótipo do indivíduo pode ser aa, Aa ou AA, pelo que esta população pode ter 0, 1 ou 2 alelos A. Assim, o estado da população pode ser descrito pelo seu número de alelos A: a população pode estar no estado 0, 1, ou 2, conforme o número de alelos A que tenha. O indivíduo reproduz-se por autofecundação (que remédio!) e só sobrevive um descendente, que forma a geração seguinte (mantendo a grandeza populacional igual a 1). Não podemos determinar com certeza o genótipo desse descendente, mas podemos estudar a probabilidade de ele ser AA, Aa ou aa.

Comecemos pela probabilidade de o descendente ser Aa, ignorando por agora a possibilidade de haver mutação, migração e selecção natural. Se o progenitor for aa o descendente não pode ser Aa (a probabilidade é nula); se o progenitor for Aa, o descendente é também Aa com probabilidade 1/2; se o progenitor for AA o descendente não pode ser Aa (a probabilidade é nula). A probabilidade de o descendente ser Aa é então zero vezes a probabilidade de o progenitor ser aa, mais 1/2 vezes a probabilidade de o progenitor ser Aa, mais zero vezes a probabilidade de o progenitor ser AA (por aplicação directa do teorema da probabilidade total).

---

[3] Por exemplo, numa população de cinco indivíduos diplóides pode haver 0, ou 1, ou 2, etc., alelos A, mas não 1.5, pelo que p pode tomar os valores 0, 0.1, 0.2, etc., mas não 0.15 ou, por exemplo, 1/3.

[4] Recordemos que cada indivíduo de uma espécie monóica produz gâmetas dos dois sexos (se os houver), pelo que é capaz de reprodução sexual autónoma.

Podemos dizer o mesmo com menos repetições (depois de alguma preparação). Seja X o número de alelos A na população, e ρ_t o vector de probabilidades de haver i alelos A na geração t:

$$\rho_t(i) = \text{Prob}[X_t = i].$$

Neste caso temos uma população de um indivíduo diplóide, e portanto i=0, 1, 2 (correspondendo ao indivíduo ser aa, Aa ou AA) e ρ_t tem portanto três elementos (a probabilidade de haver 0, 1 ou 2 alelos A na população, respectivamente):

$$\boldsymbol{\rho}_t = \text{Prob}[X_t = 0, X_t = 1, X_t = 2].$$

Se, por exemplo, soubermos que na geração 0 o indivíduo é heterozigoto, temos $\boldsymbol{\rho}_0 = (0\,1\,0)$. A probabilidade de o descendente ser Aa é então (compare com a frase acima que começava da mesma forma):

$$\rho_1(1) = 0\rho_0(0) + \tfrac{1}{2}\rho_0(1) + 0\rho_0(2)$$

Parece muito trabalho para pouco proveito, mas suponhamos que a população tinha 1000 indivíduos diplóides. Tornava-se impraticável escrever a probabilidade de um e um só deles ser heterozigoto (havendo 0, ou 1, ou ..., ou 2000 alelos A na geração anterior), enquanto que esta equação é facilmente generalizável, como veremos a seguir.

Acabámos de ver qual a probabilidade de haver 1 alelo A na geração seguinte, *i.e.*, de o descendente ser heterozigoto[5]. Mais geralmente, podemos perguntar qual a probabilidade de o descendente ser aa, de ser Aa, e de ser AA; ou, o que é o mesmo, a probabilidade de haver 0, 1, ou 2 alelos A na população ao fim de uma geração. Isto depende, como vimos, do genótipo do indivíduo da geração parental.

Se na geração inicial o indivíduo for aa, a probabilidade de o descendente ser aa é 1, e as probabilidades de ser Aa e AA são 0; se o inicial for heterozigoto as probabilidades são 1/4 1/2 1/4, para os três genótipos aa, Aa e AA; e se o inicial for AA temos 0 0 1, respectivamente.

Podemos escrever tudo isto sob a forma de uma tabela de duas entradas (tabela 10.1) com o número de alelos A da população na geração t indicado à esquerda, e o número de alelos A na geração t+1 indicado em cima, e as probabilidades respectivas no corpo da tabela – em cada célula temos portanto a probabilidade de haver 0, 1, ou 2 alelos A numa geração, condicionada a haver 0, 1, ou 2 alelos A na geração anterior. Por exemplo, e como já vimos acima, se houver 1 alelo A na geração t, a probabilidade de haver 2 alelos A na geração t+1 é 1/4 (verifique a tabela).

Tabela 10.1. Probabilidades de transição para uma população de um indivíduo diplóide

		Geração t+1		
		0	1	2
	0	1	0	0
Geração t	1	1/4	1/2	1/4
	2	0	0	1

---

[5] Aqui e no que se segue, "1 alelo A" significa "exactamente 1 alelo A", não incluindo portanto a possibilidade de haver mais do que 1.

Depois de percebermos a organização dos valores, não precisamos mais da tabela completa, e podemos escrever o mesmo de forma mais concisa, usando uma matriz de 3x3 elementos (em caso de dúvidas, compare a matriz com a tabela 10.1).

$$\mathbf{P} = \begin{pmatrix} 1 & 0 & 0 \\ \frac{1}{4} & \frac{1}{2} & \frac{1}{4} \\ 0 & 0 & 1 \end{pmatrix}$$

Notemos que todos os elementos da matriz são não-negativos, e que a soma de cada linha é 1; porquê? Porque cada linha nos diz qual a probabilidade de termos cada número de alelos (0, 1, ou 2) na geração seguinte, para um dado número na geração inicial. As probabilidades não podem ser negativas, e a probabilidade de haver 0 alelos A, mais a probabilidade de haver 1 alelo A, mais a probabilidade de haver 2 alelos A (por outras palavras, a probabilidade de o descendente ser aa, mais a de ser Aa, mais a de ser AA) tem de ser 1. Às matrizes com estas propriedades chama-se matrizes estocásticas.

Assim, **P** é uma matriz de probabilidades de transição, que nos indica a probabilidade de a população passar (ou transitar) de um estado a outro, em duas gerações sucessivas. Por exemplo, a probabilidade de ter inicialmente 1 alelo A e passar a ter 2 na geração seguinte é P_{12} e, de um modo geral, a probabilidade de passar do estado i ao estado j é P_{ij}. Os índices indicam o número inicial e final de alelos A da população; começando a contar as linhas e colunas em zero, os índices indicam também a linha e coluna da matriz, por esta ordem:

$$\mathbf{P} = \begin{pmatrix} 1 & 0 & 0 \\ \frac{1}{4} & \frac{1}{2} & \frac{1}{4} \\ 0 & 0 & 1 \end{pmatrix} = \begin{pmatrix} P_{00} & P_{01} & P_{02} \\ P_{10} & P_{11} & P_{12} \\ P_{20} & P_{21} & P_{22} \end{pmatrix} \qquad (10.1)$$

A probabilidade de haver 0 alelos A ao fim de uma geração é (verifique, comparando com o que fizemos antes para a probabilidade de haver 1 alelo A)

$$\rho_1(0) = 1\rho_0(0) + \tfrac{1}{4}\rho_0(1) + 0\rho_0(2)$$

a probabilidade de haver 1 é (como já tínhamos visto)

$$\rho_1(1) = 0\rho_0(0) + \tfrac{1}{2}\rho_0(1) + 0\rho_0(2)$$

e a de haver 2 é dada por uma equação semelhante.

Estas equações estão bem organizadas: por exemplo, ρ_0 aparece em todas as linhas, sempre pela mesma ordem – $\rho_0(0)$ seguido de $\rho_0(1)$ seguido de $\rho_0(2)$ – e os valores que multiplicam os **ρ**'s são os elementos da matriz **P**, uma coluna em cada equação:

$$\rho_1(0) = P_{00}\rho_0(0) + P_{10}\rho_0(1) + P_{20}\rho_0(2)$$
$$\rho_1(1) = P_{01}\rho_0(0) + P_{11}\rho_0(1) + P_{21}\rho_0(2)$$
$$\rho_1(2) = P_{02}\rho_0(0) + P_{12}\rho_0(1) + P_{22}\rho_0(2)$$

Assim, estas três equações podem ser escritas como o produto do vector $\boldsymbol{\rho}_0$ pela matriz **P**:

$$\boldsymbol{\rho}_1 = \boldsymbol{\rho}_0 \mathbf{P} \qquad (10.2)$$

Vale a pena salientar que esta equação é exactamente equivalente às anteriores, não há aqui conceitos biológicos novos, apenas outra forma de escrever o mesmo, muito mais concisa e fácil de generalizar.

Este modelo pode também ser escrito sob a forma $\boldsymbol{\rho}_1 = \mathbf{P}'\boldsymbol{\rho}_0$ (onde $\mathbf{P}'$ é a transposta da matriz $\mathbf{P}$ da equação 10.1, e os vectores são escritos como coluna), o que equivale a trocar pais e filhos nas linhas e colunas da tabela 10.1, (*i.e.*, com o número de alelos A da geração t indicado em cima, e o da geração t+1 indicado à esquerda, ao contrário do que fizemos, mas igualmente válido). Ambas as formas são encontradas na literatura, o que pode ser algo confuso.

Para estudarmos a evolução da população ao longo do tempo podemos usar a equação anterior como de costume, já que é válida para quaisquer duas gerações sucessivas. Ao fim de duas gerações temos

$$\boldsymbol{\rho}_2 = \boldsymbol{\rho}_1 \mathbf{P} = \boldsymbol{\rho}_0 \mathbf{PP} = \boldsymbol{\rho}_0 \mathbf{P}^2 \ . \tag{10.3}$$

Matematicamente, a matriz $\mathbf{P}^2$ representa o produto (interno) de $\mathbf{P}$ por si própria[6]; biologicamente, os seus elementos P_{ij}^2 indicam-nos a probabilidade de a população ter j alelos A, condicionada a ter i alelos A duas gerações atrás. Ou, dito de outra forma, a probabilidade de ter i alelos A numa geração, e passar a ter j duas gerações mais tarde.

De um modo geral, ao fim de um número qualquer de gerações, temos

$$\boldsymbol{\rho}_t = \boldsymbol{\rho}_0 \mathbf{P}^t \ . \tag{10.4}$$

Esta equação representa portanto a evolução de uma população de um único indivíduo ao longo do tempo. Mais uma vez, dado que a população tem um número finito de indivíduos, as frequências genéticas futuras não estão determinadas (*i.e.*, não podemos saber qual o valor das frequências genotípicas e alélicas nas gerações seguintes), mas podemos saber a probabilidade de as frequências tomarem cada um dos seus valores possíveis, dada por ρ_t. A ρ_t chamamos a distribuição de frequências alélicas (na geração t).

A utilização prática das equações 10.2 a 10.4 está exemplificada na Caixa 10.1 e na Tabela 10.2, para uma população de um único indivíduo diplóide (dois alelos), inicialmente polimórfica. As probabilidades dos estados terminais (correspondendo à perda de um dos alelos) aumentam sempre, e tendem para 0.5, enquanto a probabilidade do estado polimórfico tende para 0.

Estas equações referem-se a populações de um único indivíduo diplóide. E se a população tiver mais de um indivíduo – temos de recomeçar do princípio? Esta representação da evolução populacional, sob forma matricial, é válida para qualquer grandeza populacional. De facto, podemos usar exactamente as mesmas equações (10.2 a 10.4) sem qualquer alteração, só precisamos de dar mais alguma atenção à matriz de transição $\mathbf{P}$. Damos primeiro um pequeno passo, considerando populações de dois indivíduos diplóides, antes de generalizarmos a populações de qualquer grandeza.

10.3.2 Populações de dois indivíduos diplóides

Estudemos agora uma população de dois indivíduos diplóides, em tudo semelhantes ao único indivíduo da população estudada na secção anterior. Cada indivíduo produz um número muito grande de gâmetas (o mesmo número esperado para ambos os indivíduos), dos quais quatro são escolhidos ao acaso para formar a população na geração seguinte. Assim, o processo de passagem de uma geração à seguinte pode ser visto como um processo de amostragem aleatória de quatro alelos com reposição (já que o número de gâmetas é muito maior do que quatro). Pode acontecer, por acaso, que ambos os indivíduos contribuam com alelos para a geração seguinte, talvez até com o mesmo número, mas também pode

---

[6] Sendo diferente de elevar cada elemento de $\mathbf{P}$ ao quadrado (já que $\mathbf{P}$ não é uma matriz diagonal).

acontecer, igualmente por acaso, que todos os alelos que formam a nova geração provenham do mesmo indivíduo (como acontecia necessariamente no caso N=1).

Caixa 10.1. Distribuição de frequências alélicas numa população de um indivíduo diplóide

Se a população for inicialmente formada por dois alelos iguais (A ou a) não há qualquer alteração ao longo do tempo. Consideremos portanto o caso de haver um alelo A e outro a. Nesse caso, a distribuição de frequências alélicas na geração inicial é $\boldsymbol{\rho}_0 = \begin{pmatrix} 0 & 1 & 0 \end{pmatrix}$ que, multiplicada pela matriz **P** (equação 10.1) como indicado na equação 10.2, dá a distribuição de frequências alélicas da geração 1:

$$\boldsymbol{\rho}_1 = \boldsymbol{\rho}_0 \, \mathbf{P} = \begin{pmatrix} 0 & 1 & 0 \end{pmatrix} \begin{pmatrix} 1 & 0 & 0 \\ \tfrac{1}{4} & \tfrac{1}{2} & \tfrac{1}{4} \\ 0 & 0 & 1 \end{pmatrix}$$

$$= \begin{pmatrix} P_{00}\rho_0(0) + P_{10}\rho_0(1) + P_{20}\rho_0(2) \\ P_{01}\rho_0(0) + P_{11}\rho_0(1) + P_{21}\rho_0(2) \\ P_{02}\rho_0(0) + P_{12}\rho_0(1) + P_{22}\rho_0(2) \end{pmatrix}' = \begin{pmatrix} 1\cdot 0 + \tfrac{1}{4}\cdot 1 + 0\cdot 0 \\ 0\cdot 0 + \tfrac{1}{2}\cdot 1 + 0\cdot 0 \\ 0\cdot 0 + \tfrac{1}{4}\cdot 1 + 1\cdot 0 \end{pmatrix}'$$

$$= \begin{pmatrix} \tfrac{1}{4} & \tfrac{1}{2} & \tfrac{1}{4} \end{pmatrix} = \begin{pmatrix} .25 & 0.5 & 0.25 \end{pmatrix}$$

Para a geração 2 temos (da equação 10.3)

$$\boldsymbol{\rho}_2 = \boldsymbol{\rho}_1 \, \mathbf{P} = \begin{pmatrix} .25 & 0.5 & 0.25 \end{pmatrix} \begin{pmatrix} 1 & 0 & 0 \\ \tfrac{1}{4} & \tfrac{1}{2} & \tfrac{1}{4} \\ 0 & 0 & 1 \end{pmatrix} = \begin{pmatrix} 1\cdot 0.25 + \tfrac{1}{4}\cdot 0.50 + 0\cdot 0.25 \\ 0\cdot 0.25 + \tfrac{1}{2}\cdot 0.50 + 0\cdot 0.25 \\ 0\cdot 0.25 + \tfrac{1}{4}\cdot 0.50 + 1\cdot 0.25 \end{pmatrix}'$$

$$= \begin{pmatrix} 0.375 & 0.250 & 0.375 \end{pmatrix}$$

Outra forma de obter esta distribuição da geração 2 (de novo a partir da equação 10.3) é directamente a partir de $\boldsymbol{\rho}_0$, usando $\mathbf{P}^2$:

$$\mathbf{P}^2 = \begin{pmatrix} 1 & 0 & 0 \\ \tfrac{1}{4} & \tfrac{1}{2} & \tfrac{1}{4} \\ 0 & 0 & 1 \end{pmatrix} \begin{pmatrix} 1 & 0 & 0 \\ \tfrac{1}{4} & \tfrac{1}{2} & \tfrac{1}{4} \\ 0 & 0 & 1 \end{pmatrix} = \begin{pmatrix} 1 & 0 & 0 \\ \tfrac{3}{8} & \tfrac{1}{4} & \tfrac{3}{8} \\ 0 & 0 & 1 \end{pmatrix}$$

$$\boldsymbol{\rho}_2 = \boldsymbol{\rho}_0 \, \mathbf{P}^2 = \begin{pmatrix} \tfrac{3}{8}\cdot 0 + \tfrac{1}{4}\cdot 1 + \tfrac{3}{8}\cdot 0 \\ \tfrac{3}{8}\cdot 0 + \tfrac{1}{4}\cdot 1 + \tfrac{3}{8}\cdot 0 \\ \tfrac{3}{8}\cdot 0 + \tfrac{1}{4}\cdot 1 + \tfrac{3}{8}\cdot 0 \end{pmatrix}' = \begin{pmatrix} 0.375 & 0.250 & 0.375 \end{pmatrix}$$

Podemos calcular a distribuição de frequências alélicas para mais gerações do mesmo modo (de qualquer das formas, ou de ambas para verificação dos resultados), obtendo assim os valores da Tabela 10.2.

Vale a pena salientar que $\mathbf{P}^2$ não é igual à matriz que resultaria de elevar cada elemento de **P** ao quadrado.

Tabela 10.2. Distribuição de frequências alélicas numa população de um indivíduo diplóide ao longo do tempo

t	Número de alelos A		
	0	1	2
0	0	1	0
1	0.25	0.5	0.25
2	0.375	0.25	0.375
3	0.4375	0.125	0.4375
4	0.46875	0.0625	0.46875
5	0.484375	0.03125	0.484375
6	0.4921875	0.015625	0.4921875
7	0.49609375	0.0078125	0.49609375
8	0.498046875	0.00390625	0.498046875
9	0.4990234375	0.001953125	0.4990234375
10	0.49951171875	0.0009765625	0.49951171875

Suponhamos que a população começa no estado 0, isto é, há 0 alelos A e 4 a (p=0, q=1). Como continuamos a ignorar a mutação e a migração (por agora), na geração seguinte temos p=0 outra vez com toda a certeza, *i.e.*, a probabilidade de haver 0 alelos A na geração seguinte é 1, e a de haver qualquer outro número de alelos é 0. Seguindo o esquema da tabela 10.1 e da matriz **P** da secção anterior (equação 10.1), generalizado para dois indivíduos, temos

$$P_{00} = 1 \quad P_{01} = P_{02} = P_{03} = P_{04} = 0$$

Suponhamos agora que o número inicial de alelos A é 1 (p=1/4, q=3/4). A probabilidade de, na geração seguinte, a população passar a ter 0 alelos A é a probabilidade de o primeiro alelo escolhido ao acaso ser a, e o segundo também ser a, e o terceiro também ser a, e o quarto também ser a, ou seja $(3/4)^4$:

$$P_{10} = \left(\frac{3}{4}\right)^4$$

A probabilidade de continuar a haver 1 alelo A é a probabilidade de a amostra ter 1 alelo A e 3 a. Por exemplo, a probabilidade de o primeiro ser A e os restantes serem a é $(1/4)(3/4)^3$. Mas o A pode ser o primeiro, ou o segundo, ou o terceiro, ou ainda o quarto, dos alelos escolhidos, e todos estes acontecimentos têm a mesma probabilidade, pelo que P_{11} é:

$$P_{11} = 4\left(\frac{1}{4}\right)^1 \left(\frac{3}{4}\right)^3.$$

Do mesmo modo, a probabilidade de passar a haver dois alelos A na geração seguinte é igual à probabilidade de escolhermos dois alelos A e dois a. A probabilidade de escolher cada A continua a ser 1/4, e a de escolher cada a 3/4. Os dois A podem ser os dois primeiros, ou o primeiro e o terceiro, ou o primeiro e o quarto, ou... De quantas maneiras diferentes podemos ter dois alelos A em quatro alelos? A resposta é (como o leitor deve estar lembrado) o número de combinações de quatro, dois a dois (ou seja, 6). Assim, a probabilidade de passar a haver dois alelos A na geração seguinte é

$$P_{12} = \binom{4}{2}\left(\frac{1}{4}\right)^2\left(\frac{3}{4}\right)^2 .$$

Mais geralmente, se a população estiver no estado 1 numa dada geração, a probabilidade de passar ao estado j (0, 1, 2, 3, ou 4 alelos A) na geração seguinte é (verifique que esta equação inclui os casos j=0 j=1 e j=2 estudados acima)

$$P_{1j} = \binom{4}{j}\left(\frac{1}{4}\right)^j\left(\frac{3}{4}\right)^{4-j}$$

Do mesmo modo, para 2 alelos A na geração inicial temos

$$P_{2j} = \binom{4}{j}\left(\frac{2}{4}\right)^j\left(\frac{2}{4}\right)^{4-j}$$

e, de um modo geral, para i alelos A na geração inicial e j na seguinte, para quaisquer i e j entre 0 e 4 (inclusive), temos (verifique)

$$P_{ij} = \binom{4}{j}\left(\frac{i}{4}\right)^j\left(1-\frac{i}{4}\right)^{4-j} \cong \begin{pmatrix} 1 & 0 & 0 & 0 & 0 \\ 0.3164 & 0.4219 & 0.2109 & 0.0469 & 0.0039 \\ 0.0625 & 0.2500 & 0.3750 & 0.2500 & 0.0625 \\ 0.0039 & 0.0469 & 0.2109 & 0.4219 & 0.3164 \\ 0 & 0 & 0 & 0 & 1 \end{pmatrix} \qquad (10.5)$$

Obtivemos assim a matriz de probabilidades de transição para populações de dois indivíduos diplóides, e portanto quatro alelos, equivalente à matriz 10.1 para populações de um único indivíduo diplóide. Notemos que, mais uma vez, todos os elementos da matriz são não-negativos, e a soma de cada linha é 1 – de facto, qualquer semelhança entre a i-ésima linha desta matriz e a distribuição binomial com p=i/4 não é pura coincidência.

Por outro lado, como a população pode ter 0, 1, 2, 3, ou 4 alelos A, a distribuição de frequências alélicas (*i.e.*, o vector de probabilidades de haver X alelos A, para X=0,1,..4) da geração t é agora

$$\rho_t(i) = \text{Prob}[X_t = i], \quad i = 0,1,...,4 \qquad (10.6)$$

Se, por exemplo, ambos os indivíduos forem heterozigotos, temos $\rho_t = \begin{pmatrix} 0 & 0 & 1 & 0 & 0 \end{pmatrix}$ (a população tem 2 alelos A com probabilidade 1), se um for AA e o outro aa, ρ_t é o mesmo (porquê?), se a população estiver fixada para o alelo a $\rho_t = \begin{pmatrix} 1 & 0 & 0 & 0 & 0 \end{pmatrix}$.

Com o vector ρ_t e a matriz de transição 10.5 estamos prontos a obter a evolução da população, usando a equação 10.2 (ou a 10.4) tal como fizemos na Caixa 10.1 e na tabela 10.1 para N=1 (sem precisar de modificar estas equações, como dissemos acima). Mais ainda, a simples generalização da matriz de transição vai permitir-nos descrever a evolução de populações de qualquer grandeza.

Os cálculos são enfadonhos (e ainda mais se a população for maior!), mas pode-se programar um computador para os fazer. A tabela 10.3 apresenta alguns resultados destes cálculos, para uma população de dois indivíduos diplóides, e portanto quatro alelos, inicialmente dois A e dois a. Tal como antes, as probabilidades dos estados terminais aumentam sempre, e tendem para 0.5. Por seu lado, as probabilidades dos estados polimórficos tendem a uniformizar-se (i.e., a ficar cada vez mais semelhantes) e a reduzir-se, aproximando-se de 0.

Tabela 10.3. Distribuição de frequências alélicas numa população de dois indivíduos diplóides ao longo do tempo

t	Número de alelos A				
	0	1	2	3	4
0	0.0000000000	0.0000000000	1.0000000000	0.0000000000	0.0000000000
1	0.0625000000	0.2500000000	0.3750000000	0.2500000000	0.0625000000
2	0.1660156250	0.2109375000	0.2460937500	0.2109375000	0.1660156250
3	0.2489624023	0.1604003906	0.1812744141	0.1604003906	0.2489624023
4	0.3116703033	0.1205062866	0.1356468201	0.1205062866	0.3116703033
5	0.3587478995	0.0903990269	0.1017061472	0.0903990269	0.3587478995
6	0.3940604720	0.0678010806	0.0762768947	0.0678010806	0.3940604720
7	0.4205453116	0.0508509802	0.0572074164	0.0508509802	0.4205453116
8	0.4404089797	0.0381382511	0.0429055384	0.0381382511	0.4404089797
9	0.4553067344	0.0286036898	0.0321791516	0.0286036898	0.4553067344
10	0.4664800508	0.0214527675	0.0241343635	0.0214527675	0.4664800508
11	0.4748600381	0.0160895756	0.0181007726	0.0160895756	0.4748600381
12	0.4811450286	0.0120671817	0.0135755794	0.0120671817	0.4811450286
13	0.4858587714	0.0090503863	0.0101816846	0.0090503863	0.4858587714
14	0.4893940786	0.0067877897	0.0076362634	0.0067877897	0.4893940786
15	0.4920455589	0.0050908423	0.0057271976	0.0050908423	0.4920455589
16	0.4940341692	0.0038181317	0.0042953982	0.0038181317	0.4940341692

A tabela 10.3 é útil, por exemplo para verificar resultados numéricos, mas a melhor forma de estudar estes resultados é através de gráficos. A figura 10.2 mostra graficamente as distribuições de frequências alélicas da tabela 10.3 nas primeiras quatro gerações, e a figura 10.3 as mesmas distribuições nas primeiras nove. Este tipo de gráficos "tridimensionais" será muito usado a partir de agora, pelo que é importante o leitor assegurar-se de que os compreende, se necessário por comparação com os gráficos bidimensionais e os valores da tabela.

10.3.3 Populações haplóides e diplóides

Antes de continuar, notemos uma generalização, simples mas importante, deste modelo. Enquanto que na secção 10.3.1 começámos com um indivíduo diplóide, que podia ser homozigoto ou heterozigoto, na secção anterior (apesar do seu nome) já discutimos a matriz de transição apenas em termos do número de alelos A ou a da população. Além disso, e como já vimos, a distribuição de frequências alélicas é a mesma para uma população de dois heterozigotos ou de um homozigoto AA e outro aa. Por outras palavras, a distribuição de frequências alélicas também depende apenas dos números de alelos A e a da população, e não da forma como eles se agrupam nos indivíduos.

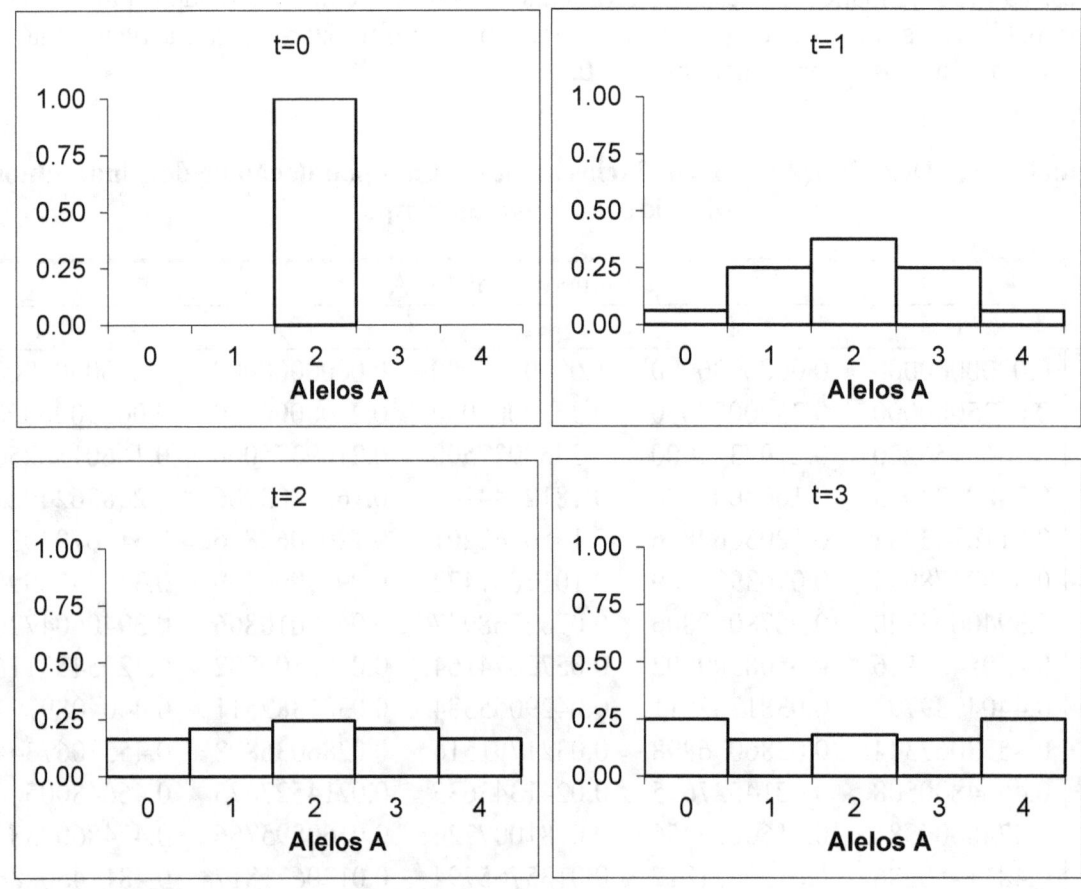

Figura 10.2. Distribuição esperada do número de alelos ao longo do tempo numa população de dois indivíduos diplóides (2D)

Consideremos agora uma população de dois indivíduos haplóides (e portanto uma população de dois alelos), e que numa dada geração um deles tem genótipo A, e o outro a. A probabilidade de, na geração seguinte, ambos os alelos que constituem a população serem A é a probabilidade de escolhermos dois alelos A, ou seja $(1/2)^2=1/4$, igual ao que obtivemos na secção 10.3.1 para um único indivíduo diplóide heterozigoto (e portanto um só alelo A numa população de dois alelos). Do mesmo modo, uma população de dois diplóides Aa é equivalente a uma de quatro haplóides com dois A e dois a.

De um modo geral, uma população de N indivíduos diplóides é equivalente a uma de 2N indivíduos haplóides com o mesmo número de alelos de cada tipo. Em qualquer dos casos, uma geração é formada a partir de um processo de amostragem de 2N alelos da geração anterior. Assim, o que importa é o número de alelos da população, e não se esses alelos estão agrupados dois a dois nos indivíduos. Portanto, este modelo aplica-se tanto a populações de haplóides como a populações de diplóides, com o necessário ajuste do número de indivíduos.

O número total de alelos da população (igual a N se a população for haplóide, ou a 2N se esta for diplóide) é o parâmetro principal do modelo, já que é este o tamanho da amostra que forma cada geração a partir da anterior. Assim, é muito tentador formular os modelos para populações finitas em termos do número de alelos, em vez do número de indivíduos[7]. Isto tem duas vantagens: simplifica as equações, e é mais facilmente aplicável a qualquer população, independentemente do grau de ploidia.

---

[7] E eu próprio já cedi várias vezes a essa tentação!

No entanto, isto dificulta a comparação com as equações geralmente encontradas na literatura, pelo que continuamos a estudar a evolução das populações finitas em função do número de indivíduos diplóides.

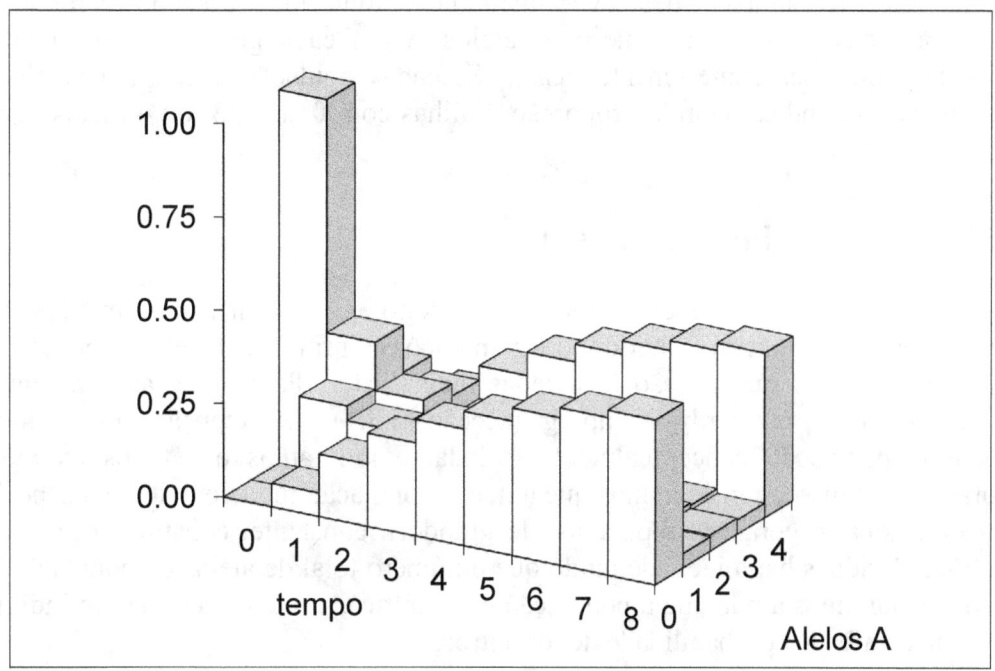

Figura 10.3. Distribuição esperada do número de alelos ao longo do tempo numa população de dois indivíduos diplóides (3D)

10.3.4 Três formas de conceptualizar a deriva genética

A deriva genética pode ser conceptualizada de várias formas diferentes. Aquela de que falámos até agora considera a variação da distribuição de frequências alélicas ao nível de um gene de uma população. Por exemplo, para uma população de quatro alelos (dois indivíduos diplóides, ou quatro haplóides), dos quais dois são A, a tabela 10.3 indica a probabilidade de essa população ter 0, 1, 2, 3, ou 4 alelos A ao longo do tempo.

Embora estejamos a concentrar a nossa atenção num único gene, é bom lembrar que este processo afecta igualmente todos os genes. Assim, podemos também considerar este processo como a evolução, com o correr das gerações, das frequências alélicas num grande número de genes da mesma população (em teoria, um número infinito, designado por *ensemble*, de genes), partindo todos da mesma frequência inicial (de facto, não é necessário que os genes comecem todos com a mesma frequência, mas a interpretação é mais simples neste caso). Nas gerações seguintes, alguns destes genes poderão ter frequências superiores, e outros inferiores, à inicial, apenas por acaso. Por exemplo, consideremos uma população de quatro indivíduos haplóides, e os genes A/a, B/b, C/c, etc. Se inicialmente houver igual número de alelos dos dois tipos (A e a, B e b, etc.), a tabela 10.3 indica a proporção de genes com 0, 1, 2, 3, ou 4 alelos letra maiúscula ao longo do tempo.

Podemos ainda interpretar este processo como a evolução de um gene num grande número (em teoria, infinito) de populações (mais uma vez, um ensemble) da mesma grandeza, partindo todas da mesma frequência inicial. Pensemos num grande número de populações idênticas, cada população numa ilha isolada, e um mesmo gene, em que o alelo A tem a mesma frequência inicial em todas as populações. Cada população satisfaz todas as condições indicadas acima (panmixia, ausência de mutação e selecção, etc.), e produz um número virtualmente infinito de gâmetas, que são amostrados aleatoriamente para formar uma nova geração. Como resultado, a frequência do alelo A varia independentemente em cada população. A deriva genética pode então ser seguida num conjunto de populações como o que acabámos de descrever, inicialmente todas idênticas, considerando a proporção de populações (ou ilhas) com cada número de alelos A em cada geração (mais uma vez, não é necessário que as populações comecem idênticas). Se cada população tiver quatro alelos, dos quais dois são A, a tabela 10.3 indica agora a proporção de ilhas com 0, 1, 2, 3, ou 4 alelos A ao longo do tempo.

10.3.5 Populações de qualquer grandeza

É altura de formalizarmos um pouco o que temos feito e, em particular, explicitar os nossos pressupostos. Como no estudo anterior de populações infinitas, fazemos primeiro bastantes simplificações, algumas das quais serão levantadas mais tarde. Para começar, mantemos todos os pressupostos do modelo de Hardy-Weinberg (secção 3.3.1), à excepção do último. Assim, consideramos uma população conceptualmente isolada, e ignoramos os efeitos da mutação e da selecção natural. Além disso, consideramos que a nossa população modelo é de uma espécie monóica, com reprodução sazonal e gerações separadas, de grandeza constante, constituída por N indivíduos diplóides, ou 2N indivíduos haplóides (de modo que o número total de alelos da população seja 2N em qualquer caso). Assumimos ainda que a população é panmítica, e que o facto de um indivíduo ter um descendente em nada afecta a probabilidade de ter outros.

Este modelo foi proposto e analisado por R.A. Fisher em 1930 e S. Wright em 1931 (embora nenhum destes autores tenha formulado o modelo em termos de matrizes, os seus modelos são equivalentes ao nosso). Os resultados deste modelo serão depois generalizados a outros tipos de populações mais complexas (por exemplo, com sexos separados, e grandeza variável), e integrados com os resultados obtidos nos capítulos anteriores, relativos aos efeitos da mutação e da selecção natural.

Consideremos então um gene autossómico com dois alelos, A e a. O número total de alelos da população é 2N. O número de alelos A é X, e a sua frequência é[8] $p = X/2N$; X pode variar entre 0 (só há alelos a) e 2N (só há A). O número de alelos a, e a respectiva frequência, podem ser obtidos a partir dos valores para A: o número de alelos a é $2N-X$, e a sua frequência é $q = (2N-X)/2N = 1-p$. No caso de a população ser diplóide, as frequências genotípicas esperadas podem ser obtidas a partir das alélicas usando as frequências de Hardy-Weinberg (já que a população é panmítica); assim, e tal como nas populações infinitas, podemos seguir o processo evolutivo só com um alelo.

Estamos agora prontos a modelar o processo de formação de uma nova geração, nesta população finita. A forma mais fácil de o fazer é imaginar que todos os indivíduos da população produzem um número muito grande de gâmetas (independente do seu genótipo), dos quais 2N são amostrados aleatoriamente (dois a dois, no caso dos diplóides) para formar uma nova geração. Estritamente, a amostragem é sem reposição mas, se o número de gâmetas formado for muito maior do que o número de indivíduos, como é habitual, esta amostragem é praticamente equivalente a um processo de amostragem com reposição, bastante mais simples.

Há outros ciclos de vida que podem ser equivalentes a este: por exemplo, cada indivíduo pode ter um número muito grande de descendentes, sujeitos a uma elevada mortalidade aleatória, que os reduz de novo ao mesmo número de indivíduos da geração anterior; se os zigotos se formarem em frequências

---

[8] A partir de agora, representamos (2N) apenas por 2N, para não sobrecarregar a notação com parenteses excessivos. Por exemplo, X/2N em vez de X/(2N), e 2N! em vez de (2N)!, que seriam mais correctos. Como neste capítulo seguimos sempre esta convenção, esperamos que o risco de confusão seja reduzido.

de Hardy-Weinberg, este ciclo de vida é matematicamente equivalente ao anterior. Podemos também pensar, com o mesmo resultado, que amostramos 2N alelos com reposição, directamente dos 2N alelos que constituem a geração anterior.

Sabemos já também que, numa população panmítica, o resultado do processo reprodutivo é independente de haver ou não acasalamentos (cf. secção 3.3.2.2), e é mais simples supor que não há, pelo que ignoramos eventuais acasalamentos.

10.3.5.1 A matriz de transição

A probabilidade de a população ter i (0, 1, ..., 2N) alelos A numa geração, e passar a ter j (0, 1, ..., 2N) alelos A na geração seguinte, é dada por uma matriz quadrada de ordem 2N+1, **P**, cujos elementos são

$$P_{ij} = \text{Prob}[X_1 = j \mid X_0 = i]$$
$$= \binom{2N}{j} p^j q^{2N-j} \qquad (10.7)$$
$$= \frac{2N!}{j!(2N-j)!} \left(\frac{i}{2N}\right)^j \left(1 - \frac{i}{2N}\right)^{2N-j}$$

Esta matriz não é mais do que a generalização das que já tínhamos visto, na secção 10.3.1 para uma população de um único indivíduo, e na secção 10.3.2 para o caso de dois indivíduos, não envolvendo quaisquer conceitos novos.

Para simplificar a linguagem, dizemos (como anteriormente) que uma população com 0 alelos A está no estado 0, outra com 1 alelo A está no estado 1, com i alelos A está no estado i. Cada elemento P_{ij} indica a probabilidade de uma população no estado i numa geração, transitar para o estado j na geração seguinte – daí **P** ser conhecida como a matriz de probabilidades de transição ou, mais simplesmente, matriz de transição.

É fácil ver que este processo não tem memória. Por exemplo, na passagem da geração 2 para a 3 só intervêm as frequências alélicas da geração 2, e não as da geração 1, ou de qualquer outra geração anterior. A frequência de um alelo (donde, também a do outro) varia assim como se flutuasse, ou andasse à deriva, sem qualquer tendência a "corrigir" desvios ocorridos em gerações anteriores, pelo que esses desvios tendem a acumular-se. Além disso, as probabilidades de transição não variam com o tempo: por exemplo, se uma população tiver três alelos A, a probabilidade de passar a ter 2 é independente da idade da população.

Tecnicamente, o número de alelos A (assim como o de a) é uma variável estocástica, e o processo resultante é uma cadeia de Markov[9] de 1ª ordem, univariada e homogénea no tempo. Os estados desta cadeia de Markov são associados com o número de alelos da população, informação necessária e suficiente para caracterizar a população.

Como estamos a considerar que não há mutação e a população é isolada, os estados terminais (0 e 2N em número de alelos, 0 e 1 em frequências) são absorventes: se uma população entrar num destes estados, jamais poderá daí escapar, e as frequências alélicas não variam mais; quando a população entra num destes estados terminais absorventes, ficando monomórfica, diz-se que houve absorção. Neste modelo, a perda de variabilidade é, portanto, irreversível. As frequências intermédias, pelo contrário,

---

[9] Assim chamada em honra de Андрей Марков (1856-1922), ou Andrey Markov, ou Andrei Markoff, etc., matemático russo.

correspondem a estados transientes: uma população pode ocupar um estado intermédio numa geração, na geração seguinte ocupar outro, e mais tarde voltar ao mesmo e voltar a sair, etc. A população só visita um estado transiente um número finito de gerações, após o que nunca mais regressa (pois ficou "presa" num estado absorvente).

Os estados terminais podem ser atingidos a partir de qualquer estado intermédio (numa só geração). Sendo assim, em cada geração há uma probabilidade finita de a população se tornar monomórfica ao nível do gene em estudo. A probabilidade de a população ainda ser polimórfica ao fim de várias gerações é igual à probabilidade de não ter ficado monomórfica na primeira geração, vezes a probabilidade de não ter ficado monomórfica na segunda, vezes a probabilidade de não ter ficado monomórfica na terceira, vezes... À medida que o número de gerações aumenta, a probabilidade de polimorfismo é portanto cada vez menor, já que é o resultado do produto de muitos números menores do que 1. No limite, a população torna-se inevitavelmente monomórfica, quaisquer que sejam as frequências iniciais e a grandeza populacional (desde que finita). A este processo, que leva à degradação da variabilidade genética das populações, chamamos fixação casual.

Note-se que enquanto a deriva ocorre em todas as populações finitas, a fixação de genes só é irreversível em populações isoladas em que não haja mutação. Havendo mutação ou migração, a fixação de um gene é temporária (mas pode durar muito tempo!), já que a migração ou a mutação podem repor a variabilidade genética da população.

10.3.5.2 Evolução da população ao longo do tempo

Como antes, representemos a distribuição de frequências alélicas como um vector de 2N+1 elementos

$$\rho_t(i) = \text{Prob}[X_t = i], \quad i = 0, 1, \ldots, 2N$$

onde X_t é o número de alelos A na geração t. No caso particular de sabermos qual a composição da população na geração inicial, um elemento de ρ_0 é igual a 1, e todos os outros são nulos, caso contrário, há vários (possivelmente todos) elementos não nulos; em qualquer caso, a soma dos elementos de ρ é sempre 1. A probabilidade de ter i alelos A na geração 1 pode ser obtida calculando o produto deste vector pela matriz de transição **P** (como vimos na Caixa 10.1 para um único indivíduo diplóide):

$$\rho_1 = \rho_0 \mathbf{P} \tag{10.8}$$

Não há nada de especial acerca das gerações 0 e 1 que nos impeça de continuar este processo do mesmo modo, para calcular a distribuição de frequências alélicas em qualquer outra geração. Assim, podemos escrever

$$\rho_2 = \rho_1 \mathbf{P}$$

ou, de um modo geral,

$$\rho_{t+1} = \rho_t \mathbf{P}$$

o que nos permite acompanhar a distribuição de frequências alélicas ao longo do tempo, calculando cada geração a partir da anterior (de modo semelhante ao que fizemos com as equações da selecção natural, no capítulo 7).

Por outro lado, podemos também escrever

$$\rho_2 = \rho_1 \mathbf{P} = \rho_0 \mathbf{P}\mathbf{P} = \rho_0 \mathbf{P}^2$$

onde $\mathbf{P}^2$ representa o produto de $\mathbf{P}$ por si própria. Em geral, para qualquer geração t, temos

$$\mathbf{\rho}_t = \mathbf{\rho}_0 \mathbf{P}^t \qquad (10.9)$$

Matematicamente, a matriz $\mathbf{P}^t$ representa $\mathbf{P}$ multiplicada por si própria t vezes; biologicamente, os seus elementos P_{ij}^t indicam-nos a probabilidade de a população ter j alelos A, condicionada a ter i alelos A t gerações atrás. As equações 10.7 e 10.9 representam matematicamente o modelo de Fisher-Wright.

Podemos então utilizar estas equações para obter a distribuição de frequências alélicas (*i.e.*, a probabilidade de a população ter 0, 1, ..., 2N alelos A; ou, num conjunto de populações, a proporção esperada de populações com 0, 1, ..., 2N alelos A) ao longo do tempo, acompanhando assim a evolução esperada da população, como ilustrado na figura 10.4 para uma população de 32 alelos, inicialmente 16 A e 16 a. Neste caso, as frequências dos estados intermédios tendem a uniformizar-se e a tender para zero, e as frequências dos estados terminais, iguais ao longo do tempo, tendem ambas para 1/2 (as frequências alélicas iniciais). Assim, o comportamento deste modelo não é muito excitante – mas é biologicamente muito importante!

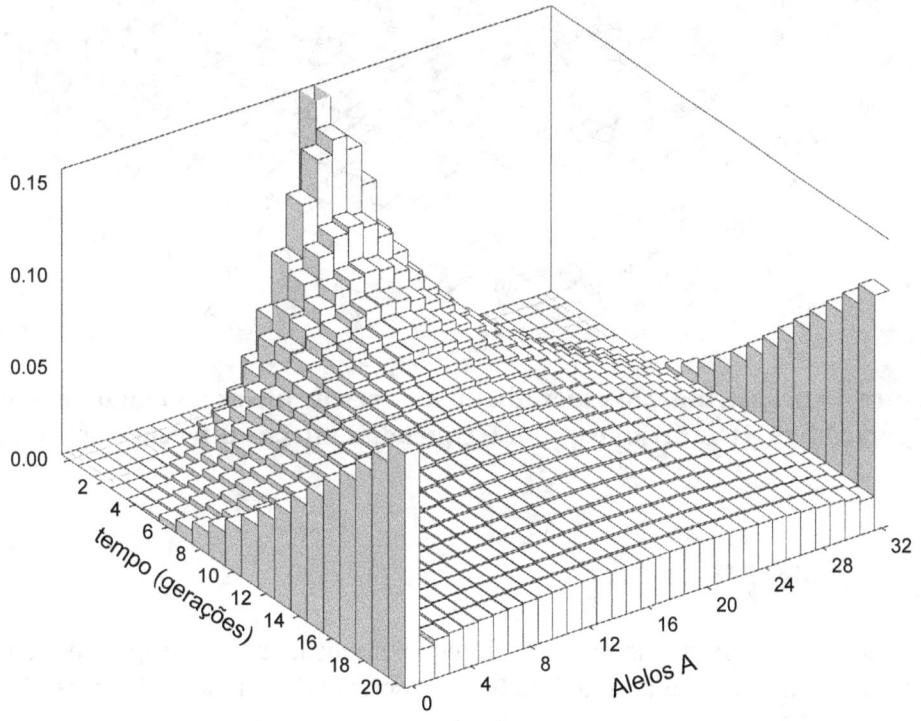

Figura 10.4. Distribuição esperada do número de alelos ao longo do tempo em populações de 16 indivíduos, com frequências iniciais iguais

No caso de as frequências alélicas iniciais serem diferentes de 1/2, a população tende ainda a ficar monomórfica (a soma das frequências dos estados polimórficos tende para 0, e a dos terminais tende para 1), mas as probabilidades de fixação de cada um dos alelos já não são iguais (figura 10.5).

Será que estes modelos tão simples (?!) conseguem prever o que se passa em populações reais? A figura 10.6 mostra a distribuição observada do número de alelos ao longo de 19 gerações em 107 populações experimentais de drosófila, inicializadas com 16 heterozigotos. Em cada geração, 16 indivíduos (8 de cada sexo) foram escolhidos aleatoriamente para iniciar a geração seguinte, de modo a manter a população com grandeza constante. Comparando com os resultados esperados da figura 10.4, vemos que a distribuição observada não é tão regular como a esperada, já que foi obtida a partir de "apenas" 107 populações, em vez de um ensemble infinito de populações conceptuais, mas o padrão geral é o mesmo: as populações vão ficando fixadas para um ou outro dos alelos, com probabilidades quase iguais, enquanto as frequências dos estados intermédios tendem a ficar parecidas e a tender para zero.

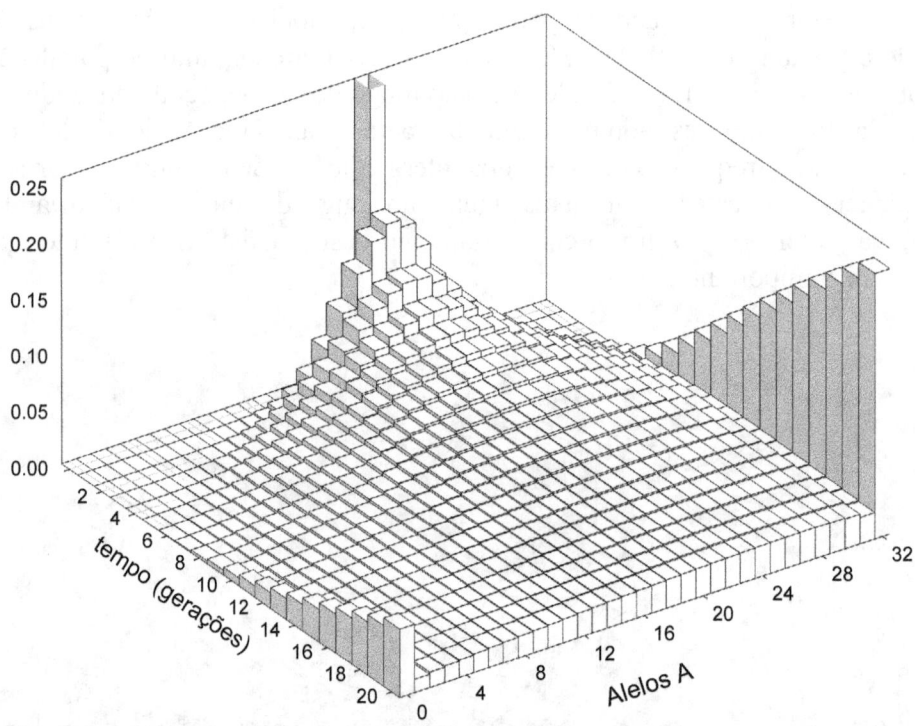

Figura 10.5. Distribuição esperada do número de alelos ao longo do tempo em populações de 16 indivíduos, com frequências iniciais diferentes. p_0=0.625.

10.4 Mutação e selecção

Os factores evolutivos de efeito direccional, como a mutação e a selecção, podem ser facilmente incorporados no nosso modelo de deriva genética, reescrevendo a matriz de transição (equação 10.7) sob a forma

$$P_{ij} = \binom{M}{j} \pi_i^j (1-\pi_i)^{M-j} \tag{10.10}$$

Nesta equação, o π_i corresponde ao p' (a frequência do alelo A na geração seguinte) dos modelos anteriores, determinísticos. Fazendo π_i=p (a frequência do alelo A na geração inicial), recuperamos a equação 10.7, que corresponde à ausência destes factores evolutivos (p'=p), mas podemos generalizar o modelo dando outras formas a π_i.

A mutação pode ser incluída no modelo fazendo (cp. equação 6.12)

$$\pi_i = (1-u)p + v(1-p) \tag{10.11}$$

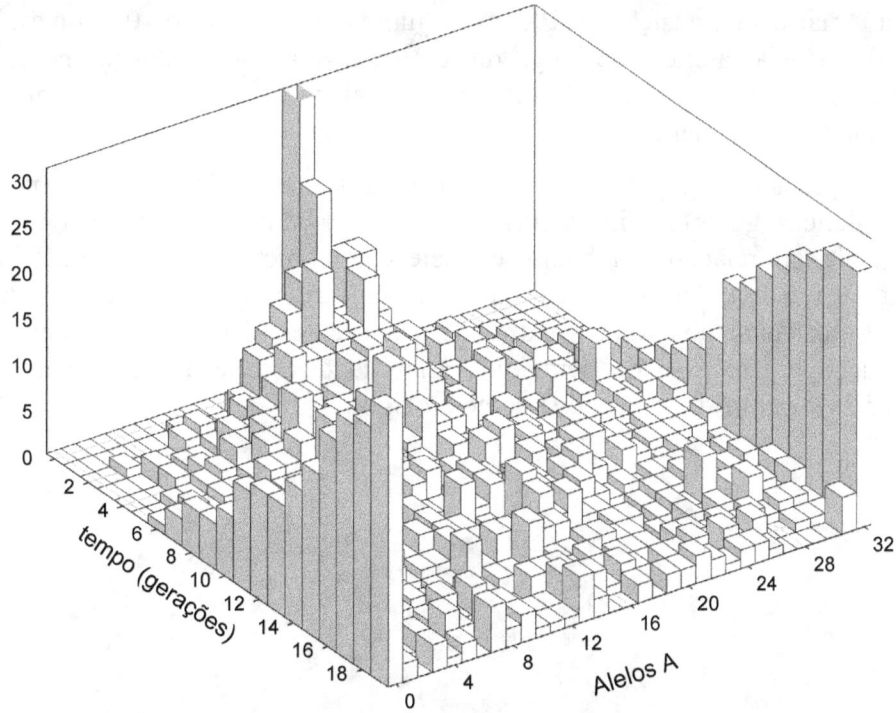

Figura 10.6. Distribuição observada do número de alelos ao longo do tempo em 107 populações experimentais de 16 indivíduos de *Drosophila melanogster*. Dados de Buri (1956).

Do mesmo modo, os efeitos da selecção podem ser incorporados escrevendo (cp. equação 7.20)

$$\pi_i = \frac{W_{AA}\,p^2 + W_{Aa}\,p(1-p)}{W_{AA}\,p^2 + W_{Aa}\,2p(1-p) + W_{aa}(1-p)^2} \tag{10.12}$$

e o efeito combinado da mutação e da selecção pode ser estudado com (cp. equação 7.58)

$$\pi_i = \frac{\left[W_{AA}\,p^2 + W_{Aa}\,p(1-p)\right](1-u) + \left[W_{Aa}\,p(1-p) + W_{aa}(1-p)^2\right]v}{W_{AA}\,p^2 + W_{Aa}\,2p(1-p) + W_{aa}(1-p)^2} \tag{10.13}$$

Do mesmo modo, poderíamos incluir os efeitos da migração.

Por exemplo, para N=2 e w_{AA}=0.9, w_{Aa}=1, w_{aa}=0.8, u=v=10^{-3} (exagerando as taxas de mutação, de modo a tornar o seu efeito mais óbvio), a matriz de transição vem

$$P_{ij} \cong \begin{pmatrix} 0.9950 & 0.0050 & 0.0000 & 0.0000 & 0.0000 \\ 0.2731 & 0.4187 & 0.2408 & 0.0615 & 0.0059 \\ 0.0560 & 0.2365 & 0.3745 & 0.2635 & 0.0695 \\ 0.0043 & 0.0497 & 0.2171 & 0.4217 & 0.3072 \\ 0.0000 & 0.0000 & 0.0000 & 0.0044 & 0.9956 \end{pmatrix} \tag{10.14}$$

Comparando com a matriz 10.5, sem selecção nem mutação, a principal diferença é que na equação 10.14 os estados terminais já não são absorventes. Além disso, a simetria óbvia da matriz 10.5, desapareceu.

Podemos utilizar a matriz de transição 10.10, em conjunto com a equação 10.8 (ou a 10.9), para obter a distribuição de frequências alélicas ao longo do tempo, do mesmo modo que no caso de não haver causas evolutivas de efeito direccional – vemos assim, mais uma vez, como a formulação matricial do modelo inicial é facilmente generalizável.

Esta evolução é ilustrada para populações de 16 indivíduos e super-dominância simétrica (começando com frequências alélicas iguais) na figura 10.7, que pode ser comparada com a figura 10.4. A fixação de alelos é retardada, em relação ao modelo sem selecção, como seria de esperar, já que neste caso a selecção tende a levar as frequências alélicas para 1/2, contrariando assim a deriva, que tende a levá-las para todo o lado, acabando nos valores extremos absorventes, 0 e 1. No entanto, na ausência de mutação e migração, o processo de perda de variabilidade é apenas mais lento, mas igualmente inevitável, apesar da superioridade selectiva do heterozigoto.

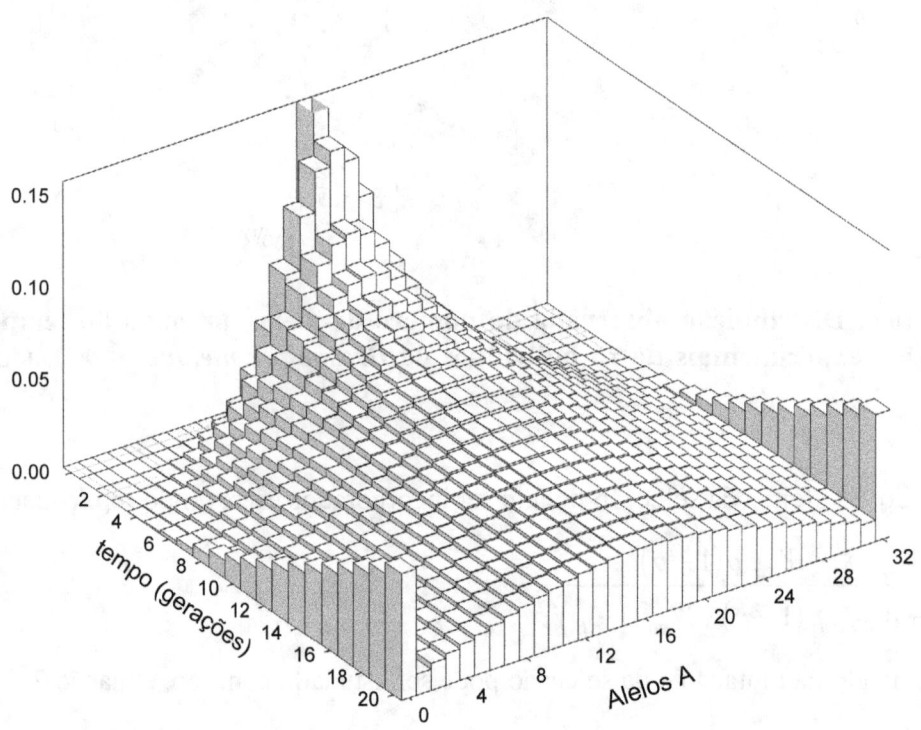

Figura 10.7. Distribuição esperada do número de alelos ao longo do tempo em populações de 16 indivíduos com selecção super-dominante simétrica. $w_{AA}=w_{aa}=0.9$, $w_{Aa}=1$, $p_0=1/2$.

Curiosamente, se a selecção for assimétrica (de modo que as frequências alélicas de equilíbrio não sejam 1/2), a selecção pode acelerar o processo de fixação relativamente ao caso neutro, mesmo no caso de super-dominância (compare a figura 10.8 com a 10.4, já que em ambos os casos $p_0=1/2$). Este resultado também pode ser percebido: a selecção leva as frequências alélicas para valores próximos de 0 ou 1 ($p=5/6$, no caso da figura 10.8), de modo que mesmo pequenas variações aleatórias facilmente levam à fixação de um dos alelos. Esta observação enfraquece ainda mais a ideia de que a super-dominância é necessária e suficiente para a manutenção do polimorfismo (cp. secção 7.3.6): em populações finitas, mesmo num gene autossómico dialélico com fitnesses constantes, não só a super-dominância não garante a manutenção da variabilidade genética, como pode mesmo acelerar a sua perda.

Na ausência de mutação e migração, os estados terminais são absorventes, pelo que a solução limite da equação 10.9 corresponde a todos os estados polimórficos terem probabilidade zero – a população acaba por ficar monomórfica, e mesmo autozigótica.

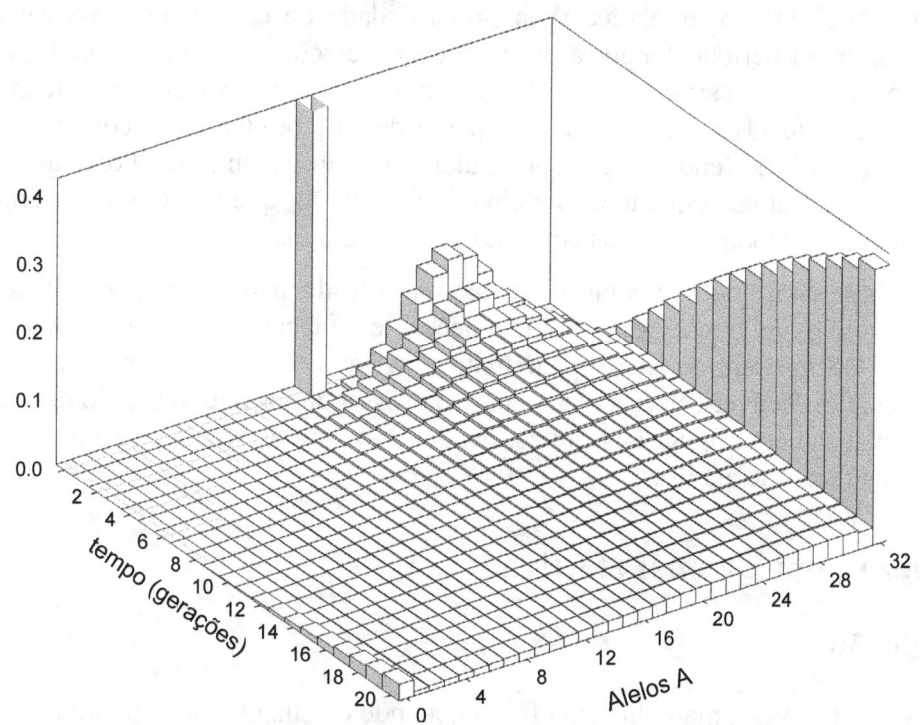

Figura 10.8. Distribuição esperada do número de alelos ao longo do tempo em populações de 16 indivíduos com selecção super-dominante assimétrica. $w_{AA}=0.9$, $w_{Aa}=1$, $w_{aa}=0.5$, $p_0=1/2$.

No caso de haver mutação ou migração, os dois estados terminais já não são absorventes (e a cadeia de Markov é ergódica), como ilustrado na equação 10.14. Assim, pode atingir-se um equilíbrio dinâmico em que a fixação de alelos pode ser contrabalançada pela recriação dos alelos perdidos, pelo que os estados polimórficos têm probabilidade finita. Nesse caso, a equação 10.9 tem uma solução limite não trivial, a distribuição de frequências alélicas de equilíbrio, que verifica

$$\hat{\rho} = \hat{\rho} P \quad \text{e} \quad \hat{\rho} = \lim_{t \to \infty} \rho_t \qquad (10.15)$$

É importante perceber o significado de "equilíbrio" na expressão "distribuição de frequências alélicas de equilíbrio". Isto não significa de modo nenhum que cada população esteja em equilíbrio: de facto, as frequências alélicas das populações continuam a variar aleatoriamente. Mas se considerarmos um conjunto infinito de populações, a distribuição de frequências de populações com 0, 1, ... 2N alelos A mantém-se constante: se uma população deixa de ter x alelos A e passa a ter y, outra passa a ter x, e outra deixa de ter y, etc., de modo que as proporções se mantêm constantes. Trata-se portanto de um equilíbrio dinâmico: as frequências alélicas em cada população variam ao longo do tempo mas, no conjunto de todas as populações, a proporção de populações com cada valor das frequências alélicas (o vector **ρ**) mantém-se constante.

Além disso, esta distribuição é estável: do mesmo modo que nas populações conceptualmente infinitas as frequências alélicas tendem para os seus valores de equilíbrio estável, também a distribuição das frequências alélicas num conjunto de populações finitas tende para a distribuição de frequências alélicas de equilíbrio.

Esta distribuição diz-nos duas coisas: por um lado, numa geração qualquer (mas ao fim de tempo suficiente para o equilíbrio se estabelecer), a probabilidade de cada valor possível das frequências alélicas; por outro, num período longo, a proporção de gerações em que a população teve cada um desses valores possíveis. Assim, o interesse dos modelos de deriva com mutação centra-se nesta distribuição de equilíbrio. Havendo mutação, a perda de variabilidade, se ocorrer, não é permanente, pelo que a população já não tende a ficar constituída por alelos idênticos. Por outro lado, continua a existir uma relação genealógica que une os alelos da população, que tendem a descender todos de um único alelo (só não sendo todos idênticos em estado devido à mutação).

Apesar da facilidade com que o modelo pode ser modificado para incluir estes factores evolutivos, assim como outros (*e.g.*, migração com ou sem selecção e mutação), e estudado numericamente (como as figuras 10.7 e 10.8 ilustram), a análise matemática do novo modelo é ainda mais difícil do que a do original, em especial se houver selecção. Assim, não prosseguimos aqui o estudo das consequências da mutação ou da selecção em populações finitas, deixando-o para as secções seguintes, usando modelos aproximados, mais fáceis de analisar.

10.5 Grandeza populacional efectiva

10.5.1 Introdução

Como vimos, a evolução de uma população finita depende da sua grandeza populacional, N (ou, o que é equivalente, do número de alelos da população). É o caso, por exemplo, da velocidade a que as populações perdem a sua variabilidade genética, ou a que populações inicialmente idênticas se diferenciam (figura 10.1). Mas o que é esta grandeza populacional? Do ponto de vista ecológico, ou demográfico, talvez o mais óbvio, N é o número de indivíduos da população, que seria revelado num censo exaustivo. Contudo, do ponto de vista genético, pode não ser este número que interessa.

Sexos separados (possivelmente com números diferentes de indivíduos dos dois sexos), genes ligados ao sexo, variações da grandeza populacional, e outros fenómenos não contemplados pelo modelo "simples" de Fisher-Wright, podem alterar os resultados deste modelo. Por exemplo, se nem todos os indivíduos participarem no processo reprodutivo, os que não participam aparecem no censo, mas são geneticamente irrelevantes. Ou, imaginemos duas populações de 200 indivíduos, uma com igual número de machos e fêmeas reprodutores, e outra com um único macho e 199 fêmeas responsáveis pela reprodução. Na segunda população todos os descendentes são parentes muito próximos (meios-irmãos ou irmãos), e portanto têm grande probabilidade de terem os mesmos alelos. Assim, é de esperar que esta população perca variabilidade genética mais depressa, apesar de ter o mesmo número de indivíduos que a primeira. De um modo geral, os efeitos qualitativos que observámos antes (oscilação das frequências alélicas, perda de variabilidade genética, etc.) continuam a observar-se, mas a sua quantificação (a relação entre a variância das frequências alélicas, e a velocidade a que a variabilidade é perdida, e a grandeza populacional) é diferente. Em vez de estudar estas situações mais complexas de raiz, seria desejável ter uma maneira de as reduzir ao caso ideal[10] equivalente.

Como a evolução de uma população finita depende da sua grandeza populacional, a maneira mais simples de reconciliar o modelo de Fisher-Wright com estas populações mais complexas é através de um ajustamento da grandeza populacional. Em vez do número de indivíduos que a população tem, consideramos o número de indivíduos que a evolução da população indica, por exemplo através do seu coeficiente de inbreeding, da fixação casual de genes (a velocidade a que a população perde variabilidade), da variância das frequências alélicas, ou da heterozigotia.

---

[10] Ideal, neste contexto, significa que verifica os pressupostos do modelo de Fisher-Wright.

Podemos assim definir a grandeza efectiva de uma população, N_e, como o número de indivíduos de uma população ideal com o mesmo coeficiente de inbreeding, ou a mesma taxa de fixação casual de genes, ou a mesma variância, ou a mesma heterozigotia, que essa população. Embora em algumas situações seja necessário distinguir a grandeza efectiva (também chamada grandeza genética, por contraste com a grandeza ecológica) correspondente a cada um destes efeitos, podemos tratá-las como equivalentes numa primeira abordagem.

Continuando o exemplo anterior, numa população de um único macho e 199 fêmeas, a taxa de fixação de genes é, como vimos, maior do que numa população de 100 machos e 100 fêmeas. Por outro lado, essa taxa também é maior numa população com menos de 200 indivíduos, metade de cada sexo, do que numa população de 200 indivíduos, metade de cada sexo. A grandeza efectiva da população de um macho e 199 fêmeas (certamente menor do que 200) pode ser definida como o número de indivíduos de uma população ideal, com a mesma taxa de fixação. Suponhamos que a população de um macho e 199 fêmeas tem uma taxa de fixação igual à de uma população ideal de 6 indivíduos. Então, o número de indivíduos dessa população é 200, mas a sua grandeza efectiva seria apenas 6.

Note-se que a grandeza efectiva não é necessariamente o mesmo que o número de indivíduos reprodutores da população: pode ser maior ou mais pequeno. Mas como é que calculamos a grandeza efectiva (isto é, como é que vemos se é 6, ou outro valor)? É o que vamos ver a seguir, embora sem deduzir as equações, para várias situações biológicas interessantes, mas não contempladas pelo modelo de Fisher-Wright.

10.5.2 Número diferente de indivíduos dos dois sexos

O processo reprodutor que descrevemos para o modelo de Fisher-Wright (secção 10.3.5) baseia-se em populações monóicas. Suponhamos agora que os indivíduos são dióicos e que o número de machos, N_m, pode ser diferente do número de fêmeas, N_f. A grandeza populacional efectiva é então

$$N_e = \frac{4 N_m N_f}{N_m + N_f} \tag{10.16}$$

Assim, a evolução de uma população com N_m machos e N_f fêmeas depende de N_e (dado pela equação 10.16) e não de $N = N_m + N_f$. No caso de os números de machos e fêmeas serem iguais, $N_e = N$, como seria de esperar (verifique), mas se não forem, N_e é menor do que N. Assim, numa população com diferentes números de machos e fêmeas, as frequências variam mais ao longo do tempo, e a variabilidade perde-se mais depressa, do que numa população com igual número de indivíduos dos dois sexos.

Esta fórmula tem bastante interesse, por exemplo, para a gestão de aves de caça, para as quais o número de machos que se pode caçar legalmente é muitas vezes maior do que o de fêmeas, com o resultado de que as proporções sexuais ficam muito distorcidas na população. Ela é também importante para o estudo da evolução de populações de vertebrados sociais, em particular mamíferos marinhos, em que um número muito pequeno de machos controla grandes haréns. Neste e noutros casos em que $N_m \ll N_f$, $N_e \cong 4 N_m$ (verifique na equação 10.16, e compare com a figura 10.9). No caso extremo de um único macho dominante ser responsável por todas as fertilizações, $N_e \cong 4$, independentemente do número de fêmeas!

A relação entre o rácio sexual e a grandeza efectiva é altamente não-linear: quando a proporção de machos é próxima de 1/2, a grandeza efectiva não varia muito, mantendo-se quase igual ao número total de indivíduos da população, mas quando há muito menos machos do que fêmeas, ou muito mais, a grandeza efectiva reduz-se muito rapidamente (figura 10.10).

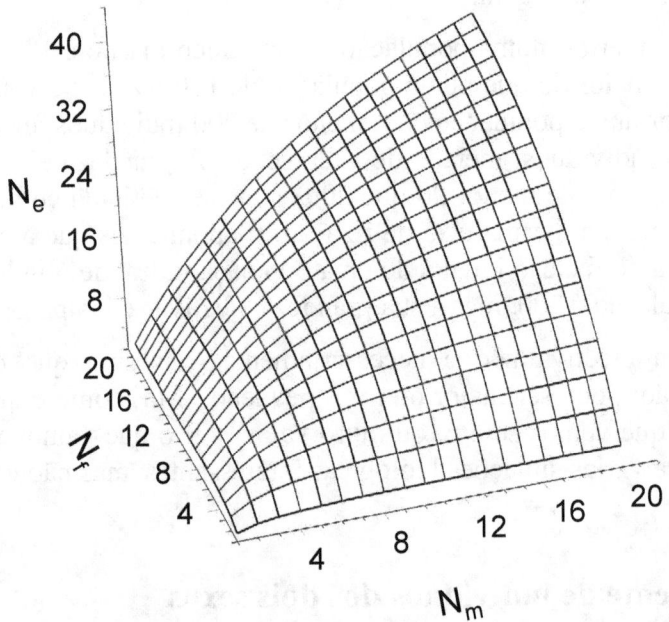

Figura 10.9. Grandeza efectiva de uma população constituída por N_m machos e N_f fêmeas

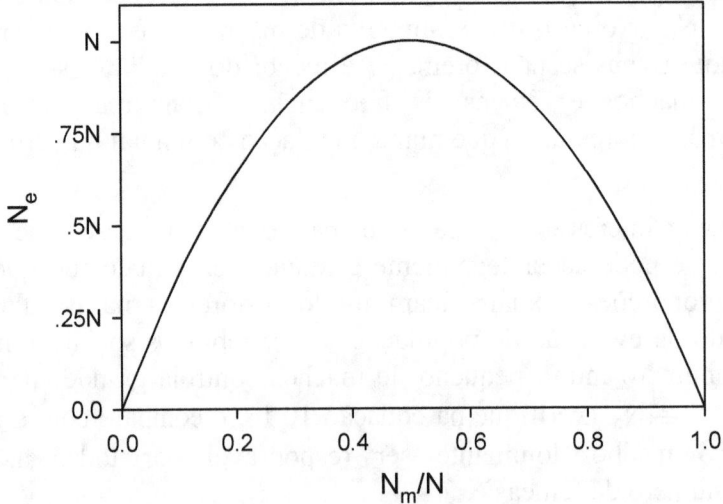

Figura 10.10. Grandeza efectiva de uma população dióica em função da proporção de machos

10.5.3 Genes ligados ao sexo

A equação anterior pode ser generalizada a genes ligados ao sexo (em espécies como a nossa, da zona heteróloga do cromossoma X):

$$N_e = \frac{9 N_m N_f}{4 N_m + 2 N_f} \qquad (10.17)$$

Considerando mais uma vez o caso de os números de indivíduos dos dois sexos serem iguais, $N_e = \frac{3}{4}N$ (verifique), como seria de esperar (porquê?), caso contrário a grandeza efectiva é ainda mais pequena.

10.5.4 Variação temporal da grandeza populacional

Uma das restrições mais fortes do modelo de Fisher-Wright é o pressuposto de que a grandeza populacional, embora finita, se mantém constante ao longo do tempo; levantemos pois esta restrição. Neste caso temos

$$N_e = \frac{1}{\left(\sum_i \frac{1}{N_i}\right)/t} = \frac{t}{\sum_i \frac{1}{N_i}} \qquad (10.18)$$

A grandeza efectiva de populações de grandeza variável é igual à média harmónica das grandezas populacionais ao longo do tempo (o inverso da média dos inversos).

Lembremos que a média harmónica tende a ser dominada por números baixos. Em particular, se uma população for fundada por um pequeno número de indivíduos a sua grandeza populacional efectiva manter-se-á muito baixa durante um grande número de gerações, mesmo que o número de indivíduos aumente rapidamente (efeito de fundador). Do mesmo modo, se a população se encontrar reduzida a poucos indivíduos, mesmo durante um período muito breve, a sua evolução será também semelhante à de uma população muito mais pequena do que seria de esperar (efeito de gargalo).

10.5.5 Distribuição do número de descendentes

O processo reprodutivo particular que considerámos no modelo de Fisher-Wright leva a que o número de descendentes tenha distribuição binomial. Já vimos que este pressuposto pode não se verificar: por exemplo, um macho dominante pode impedir os outros machos de se reproduzirem. Num caso menos extremo, o macho alfa pode ser o pai da maior parte da geração seguinte, mas não de toda. Pelo contrário, todos os indivíduos podem contribuir aproximadamente com o mesmo número. Em todos os casos, é de esperar que a grandeza populacional efectiva venha afectada. Como?

Seja V_k a variância do número de gâmetas com que cada indivíduo contribui para a geração seguinte. A grandeza populacional efectiva é então dada por

$$N_e = \frac{4N - 2}{V_k + 2} \qquad (10.19)$$

No caso de uma população ideal, o processo reprodutivo consiste em amostrar 2N gâmetas independentemente de N progenitores, pelo que a variância (binomial) é

$$V_k = 2N \left(\frac{1}{N}\right)\left(1 - \frac{1}{N}\right) = \frac{2(N-1)}{N}$$

e $N_e=N$ (verifique). Como a variância aparece no denominador da equação 10.19, se o número de descendentes tiver variância maior do que a binomial, N_e é menor do que N. No caso extremo de todos os gâmetas que vão formar a geração seguinte serem produzidos por um único indivíduo, $V_k=4(N-1)$ e $N_e=1$, como se esperaria. Em casos menos extremos (por exemplo, se um único macho dominante for o pai de 80% dos descendentes), $1<N_e<N$.

Se, pelo contrário, o número de descendentes tiver variância menor que a binomial, a grandeza populacional efectiva é maior do que o número de indivíduos reais da população (figura 10.11) – um resultado importante, embora talvez pouco intuitivo. Como é que N_e pode ser maior do que N? Lembremos que N_e é a grandeza indicada pela evolução da população: quanto mais lenta a perda de variabilidade, maior N_e. Na população ideal de Fisher-Wright, a nossa bitola para determinar a grandeza efectiva, nem todos os indivíduos têm o mesmo número de descendentes – de facto, o número de descendentes tem distribuição binomial. Assim, alguns indivíduos podem não se reproduzir, e outros podem ter dois ou mais descendentes, apenas por acaso. Se um potencial progenitor não se reproduzir, é óbvio que os seus genes se perdem. Além disso, se vários indivíduos partilharem um mesmo progenitor, vão ser geneticamente mais semelhantes do que se isso não acontecesse, pelo que a variabilidade genética também se perde (como já vimos). E ambas estas causas de perda de variabilidade genética ocorrem nas populações ideais.

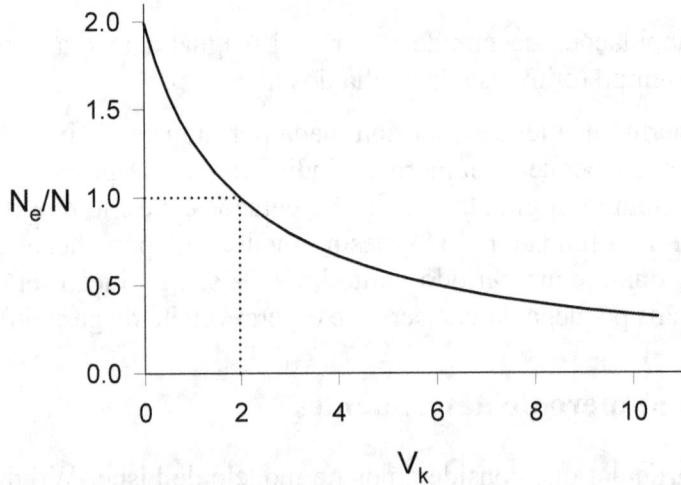

Figura 10.11. Grandeza efectiva em função da variância do número de descendentes

Por outro lado, se a variância do número de descendentes numa dada população for menor do que a variância de uma população ideal de Fisher-Wright (*i.e.*, menor do que a variância da binomial), na geração seguinte há menos indivíduos descendentes dos mesmos progenitores, portanto menos indivíduos geneticamente semelhantes. Em particular, se todos os indivíduos se reproduzirem (e, com maioria de razão, se todos tiverem o mesmo número de descendentes), não se perdem os genes de nenhum indivíduo, ao contrário do que pode acontecer na população ideal; neste caso, a perda de variabilidade genética é mais lenta: tão lenta como numa população ideal com um número de indivíduos maior.

No caso extremo de todos os indivíduos duma população contribuírem com o mesmo número de descendentes para a geração seguinte, $V_k=0$, e $N_e=2N-1$. Por outras palavras, se pudermos assegurar que todos os progenitores são igualmente representados na geração seguinte, os efeitos da deriva genética podem ser reduzidos a (praticamente) metade. Esta é, obviamente, uma observação de grande interesse prático, por exemplo na gestão de espécies em risco de extinção. Além disso, em muitas populações humanas tecnologicamente avançadas, que praticam controle do tamanho das famílias,

$V_k<2$, pelo que a grandeza efectiva também pode ser maior do que o número de indivíduos (embora na prática N_e também dependa de outros factores, como o rácio sexual, ou o número de indivíduos ao longo do tempo).

A equação 10.19 assume uma população constante, em que $\bar{k}$, o número médio de gâmetas com que cada indivíduo contribui para a geração seguinte, é 2. No caso de uma população de grandeza variável, $\bar{k} \neq 2$ e temos

$$N_e = \frac{2N-1}{\bar{k}-1+V_k/\bar{k}} \qquad (10.20)$$

de que a equação 10.19 é o caso particular com $\bar{k} = 2$ (verifique).

10.5.6 Combinação de efeitos

Podemos ainda considerar outros efeitos, assim como combinações de vários efeitos simultaneamente. Por exemplo, se houver números diferentes de indivíduos dos dois sexos, e diferentes variâncias do número de gâmetas em cada sexo, temos

$$N_e = \frac{\bar{k}\, N(2N-2)}{N_m V_{k,m} + N_f V_{k,f} + \bar{k}\, N(\bar{k}-1)}$$

É óbvio que quanto mais factores considerarmos mais complicadas vêm as fórmulas, mas não há obstáculos inultrapassáveis na sua dedução (pelo menos de forma heurística e aproximada).

10.5.7 Conclusão

Vemos assim que o modelo de Fisher-Wright, embora muito simples e afastado da realidade da maior parte das populações reais, constitui uma boa base para um estudo detalhado dos efeitos evolutivos da finidade populacional. Se tivéssemos começado com um modelo muito mais realista, mas ainda assim, por necessidade, muito diferente de qualquer população real, teríamos provavelmente sido desencorajados pela extrema dificuldade (senão mesmo impossibilidade) da sua análise, e não teríamos chegado a conclusão nenhuma.

Pelo contrário, as generalizações do modelo simples de Fisher-Wright que acabámos de fazer permitiram-nos concluir que um rácio sexual diferente da unidade, ou as variações temporais da grandeza populacional, são factores que podem levar a deriva genética a ter uma importância muito maior do que o número de indivíduos da população nos levaria a pensar, enquanto que, pelo contrário, o controle do número de descendentes permite reduzir os efeitos da deriva genética.

10.6 Modelos de difusão

10.6.1 Introdução

A maior parte da teoria de genética de populações lida com frequências alélicas (e genotípicas), tratadas como variáveis contínuas entre 0 e 1. Em contraste, os modelos de deriva genética que estudámos até agora são discretos: a variável principal é o número (inteiro) de alelos de cada tipo. Estes modelos são o modo mais natural de representar populações naturais de pequena grandeza. Por outro lado, o seu tratamento, como é muitas vezes o caso com modelos discretos, é matematicamente difícil e pouco produtivo. No caso particular do modelo de Fisher-Wright, há muitas quantidades e distribuições de interesse evolutivo para as quais não é possível obter expressões explícitas, problema que se agrava quando generalizamos o modelo, para incluirmos os efeitos da mutação e da selecção natural.

É possível obter alguns resultados por métodos numéricos, quer por iteração das equações (como fizemos, por exemplo para obter as tabelas 10.2 e 10.3, e as figuras 10.4 e 10.7) e análise dos resultados obtidos, quer por outros métodos, como simulação de Monte Carlo. Por exemplo, o tempo médio de absorção pode ser obtido a partir da equação

$$T(p) = (\mathbf{I} - Q)^{-1} \mathbf{1}$$

onde p é a frequência inicial de A, $\mathbf{I}$ a matriz identidade de ordem 2N-1, $\mathbf{Q}$ a submatriz de $\mathbf{P}$ correspondente aos estados não absorventes, e $\mathbf{1}$ o vector coluna unitário de 2N-1 elementos. Como a inversão não pode ser feita analiticamente, T(p) só pode ser obtido por métodos numéricos. Esta análise numérica é útil (por exemplo para comparar com os resultados de aproximações analíticas), mas limitada, já que não permite obter resultados gerais, como por exemplo a forma como o tempo médio depende da grandeza populacional, ou das frequências alélicas iniciais.

Por esta razão, consideramos agora uma aproximação contínua ao modelo discreto de Fisher-Wright, baseada nas equações de difusão. Quanto maior a grandeza populacional melhor a aproximação (na prática, N=30 resulta em aproximações excelentes). Todas as generalizações ao modelo de Fisher-Wright, feitas acima usando o conceito de grandeza populacional efectiva, são aqui aplicáveis. A formulação e análise destes modelos envolve matemática avançada – de facto, a mais avançada de todos os modelos considerados neste curso. De qualquer forma, é possível obter muito mais soluções explícitas do que com o modelo discreto. Os trabalhos pioneiros da utilização de modelos de difusão em genética populacional foram os de Fisher em 1922 e de Wright em 1945, e ainda os de Kimura[11] em 1957, que marcaram o renascimento da genética populacional teórica.

Aproximamos então o processo descrito pelo modelo de Fisher-Wright, discreto nas frequências e no tempo, por um modelo contínuo nas duas variáveis. A aproximação é feita do seguinte modo. Primeiro, consideramos populações suficientemente grandes para que as variações das frequências alélicas sejam praticamente contínuas. Além disso, medimos o tempo em unidades de 2N gerações, de modo que a menor variação temporal (uma geração) corresponde agora a 1/2N unidades de tempo. Estudar populações relativamente grandes não implica a passagem a um tratamento determinístico: o modelo considera transições pequenas, mas rápidas, pelo que se mantém variação aleatória apreciável. Assim, consideramos as frequências alélicas e o tempo variáveis contínuas, e descrevemos o modelo usando equações às derivadas parciais. O modelo resultante pode então ser analisado usando as ferramentas do cálculo integral e diferencial.

10.6.2 As equações fundamentais

No modelo de Fisher-Wright considerámos $\rho_t(i)$, que indicava a probabilidade de uma população ter i alelos A na geração t. Agora consideramos $\rho(p_0,p,t)$, a densidade de probabilidade de a frequência do

---

[11] Motoo Kimura (1924-1994) foi um biólogo japonês, muito famoso por ter criado e desenvolvido a teoria neutralista da evolução molecular. Além disso, avançou imenso o uso das equações de difusão em genética populacional, criou o modelo de estrutura espacial conhecido como *stepping-stone*, três modelos de mutação molecular, descobriu novas maneiras de manter a heterozigotia em populações finitas (corrigindo Sewall Wright!), etc., etc. Teve um início de carreira difícil, pois a maior parte dos biólogos não conseguia perceber nem a sua matemática sem o seu inglês. Foi autor de cerca de 660 artigos e 6 livros, grande parte como único autor. Recebeu quase todos os prémios que podia ter recebido (lembremos que não há Nobel para a biologia evolutiva!). Foi certamente um dos biólogos mais influentes do século XX.

alelo A ter um valor entre p e p+dp no tempo t, dada a frequência inicial (no tempo $t_0=0$) p_0. $\rho(p_0,p,t)$, ou apenas $\rho(p,t)$, pode também ser interpretado como uma aproximação à proporção de genes de uma população, ou à proporção de populações, com frequência p.

A variação desta probabilidade ao longo do tempo é dada pela equação de difusão

$$\frac{\delta \rho(p,t)}{\delta t} = -\frac{\delta}{\delta p}[M(p)\rho(p,t)] + \frac{1}{2}\frac{\delta^2}{\delta p^2}[V(p)\rho(p,t)] \qquad (10.21)$$

onde M(p) e V(p) são, respectivamente, a média e a variância da variação da frequência alélica p por unidade de tempo. M(p) envolve os efeitos de factores evolutivos como a mutação ação e a selecção, e é zero se estes factores não existirem. V(p) representa os efeitos das variações aleatórias, como as devidas à finidade da população. Tanto M(p) como V(p) dependem de p, mas são homogéneas (não dependem do tempo). Esta equação às derivadas parciais é conhecida na matemática como equação de Chapman-Kolmogorov (para a frente), e na física como equação de Fokker-Planck, tendo sido introduzida na genética populacional por Wright.

Podemos também inverter o processo no tempo, ou seja, assumir que a frequência alélica p e o tempo t são fixos, e a frequência inicial p_0 e o tempo t_0 são variáveis. Neste caso, ρ satisfaz a equação de Chapman-Kolmogorov para trás

$$\frac{\delta \rho(p,t)}{\delta t} = M(p)\frac{\delta \rho(p,t)}{\delta p} + \frac{1}{2}V(p)\frac{\delta^2}{\delta p^2}[\rho(p,t)] \qquad (10.22)$$

Esta equação é muito importante, pois permite estudar a microevolução de forma retrospectiva. A maior parte da teoria clássica de genética populacional é prospectiva, no sentido em que a evolução populacional é deduzida a partir de condições iniciais dadas. Olhando retrospectivamente, podemos partir das frequências observadas nas populações actuais, e tentar inferir os processos evolutivos que lhes deram origem. Uma das utilizações mais importantes desta equação é no estudo da fixação alélica, que corresponde a fazer p=1.

A taxa de fluxo de densidade através de p (considerado positivo no sentido 0→1) é

$$\frac{\delta J(p,t)}{\delta p} = -\frac{\delta \rho(p,t)}{\delta t} \qquad (10.23)$$

donde (por comparação com 10.21)

$$J(p,t) = M(p)\rho(p,t) - \frac{1}{2}\frac{\delta}{\delta p}[V(p)\rho(p,t)] \qquad (10.24)$$

Para aplicar este modelo a cada caso particular, temos de explicitar M(p) e V(p), o que em regra é fácil. Podemos depois integrar as equações 10.21 e 10.22 (o que já é mais difícil...), obtendo a distribuição das frequências alélicas ao longo do tempo, como ilustrado na figura 10.12, que pode ser comparada com a figura 10.4, com o mesmo número de indivíduos e frequências iniciais. Este método permite obter muitos resultados importantes, como a distribuição de equilíbrio, a probabilidade de fixação de cada alelo, o tempo médio até fixação, e o número de alelos mantidos numa população finita (mesmo sem integrar as equações 10.21 e 10.22). Além de ser útil para o estudo da deriva genética das populações ideais de Fisher-Wright, o método das equações de difusão é praticamente indispensável para estudar as consequências dos factores evolutivos de efeito direccional, como a mutação e a selecção, em populações finitas. No entanto, as equações 10.21 e 10.22 só são válidas para as frequências intermédias (0<p<1). Os valores fronteira (p=0 e p=1) requerem tratamento separado, baseado no facto de J(p,t) ser dado pela equação 10.24.

Podemos também estudar a evolução de populações mais complexas do que as ideais, substituindo N por N_e (secção 10.5) conforme for apropriado.

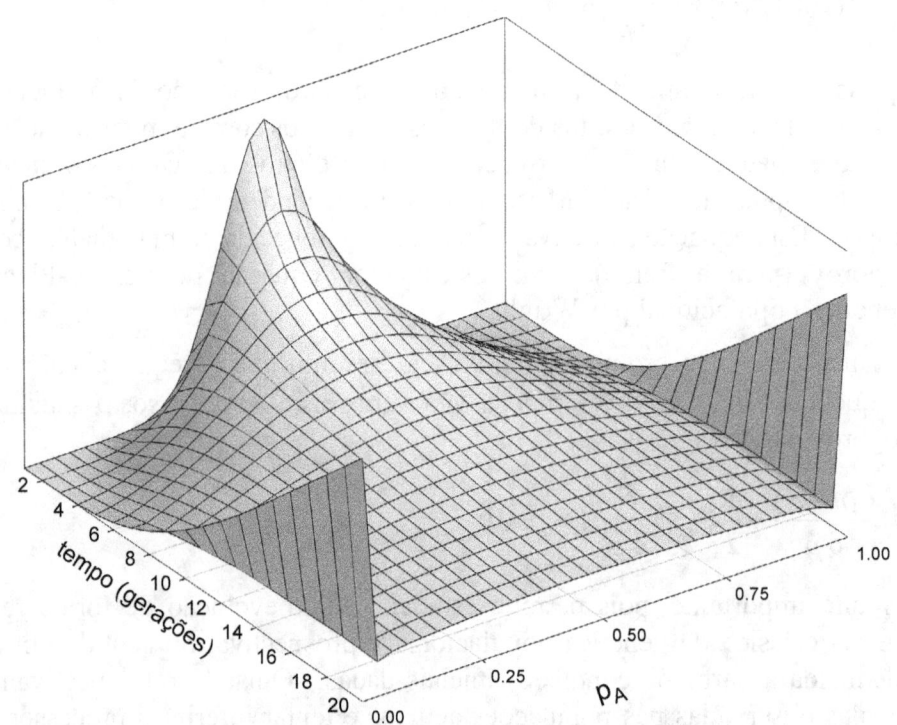

Figura 10.12. Aproximação contínua da distribuição esperada do número de alelos ao longo do tempo em populações de 16 indivíduos.

10.6.3 A distribuição de equilíbrio

Como vimos, se houver mutação as duas fronteiras (p=0 e p=1) não são absorventes: uma população fixada para qualquer alelo pode voltar a ser polimórfica. A distribuição alélica pode então atingir um estado de equilíbrio (também chamado estado estacionário), em que a fixação de alelos devida à finidade populacional é exactamente compensada pela criação de alelos pela mutação, e o fluxo J(p,t) é nulo, pelo que a distribuição se mantém constante (figura 10.13). A distribuição de ρ(p,t) em função de M(p) e V(p) é então dada pela equação (análoga à equação 10.15)

$$\hat{\rho}(p) = \frac{c}{V(p)} \exp\left[2\int \left(\frac{M(p)}{V(p)} \right) dp \right] \qquad (10.25)$$

A constante de integração é absorvida na constante de normalização c, que assegura que a área sob a curva seja 1. Esta distribuição de equilíbrio tem um papel muito importante no estudo da deriva genética. Veremos de seguida alguns exemplos de aplicação.

Havendo selecção e mutação, a distribuição de frequências alélicas em equilíbrio é dada por

$$\hat{\rho}(p) = cp^{4Nv-1}q^{4Nu-1}\exp\left[2N\left(W_{AA} + W_{aa} - 2W_{Aa}\right)p^2 + 4N\left(W_{Aa} - W_{aa}\right)p \right] \qquad (10.26)$$

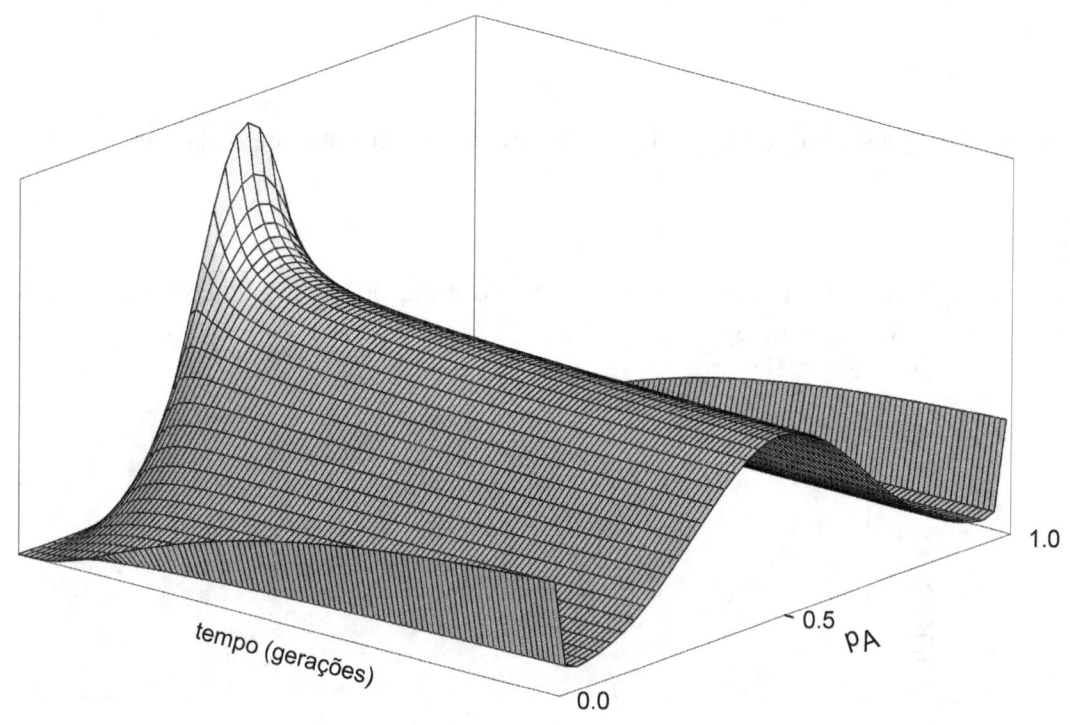

Figura 10.13. Aproximação à distribuição alélica de equilíbrio.

10.6.4 Importância relativa da deriva, mutação e selecção

Todo o estudo de genética populacional que fizemos antes deste capítulo, relativo às consequências dos factores evolutivos de efeito direccional, assumiu populações infinitas, ignorando portanto o efeito da deriva genética. Já que as populações reais são todas finitas, será que tudo isso é irrelevante? Claro que não! Por um lado, para incluir a mutação e a selecção natural nos modelos de deriva (por exemplo, na secção 10.4) precisámos dos resultados desse estudo anterior. Por outro lado, é possível que as populações reais, embora finitas, sejam tão grandes que o efeito da deriva possa ser ignorado; ou, pelo contrário, tão pequenas que os factores evolutivos direccionais possam realmente ser ignorados; ou, tenham grandezas tais que tenhamos de considerar os dois tipos de factores, direccionais e aleatórios. Como decidir?

Uma boa forma de determinar em que condições é que a deriva genética é mais ou menos importante do que a mutação e a selecção natural é estudar a forma da distribuição alélica de equilíbrio, que acabámos de considerar. Se a probabilidade de a população ser polimórfica for grande, em particular perto da frequência de equilíbrio antes estudada para populações infinitas, podemos ignorar o efeito da deriva. Se, pelo contrário, a probabilidade de a população estar fixada, ou quase-fixada, para um dos alelos (*i.e.*, se p≈0 ou p≈1) for grande, ao inverso do que a teoria determinística prevê, isso indica que a deriva prevalece.

10.6.4.1 Deriva e mutação

Suponhamos primeiro que não há selecção, mas há mutação. Neste caso a equação 10.26 reduz-se à distribuição (beta)

$$\hat{\rho}(p) = cp^{4Nv-1}q^{4Nu-1}$$

cuja forma depende de 4Nu e 4Nv (figura 10.14), mas cuja média é sempre dada por

$$\bar{p} = \frac{v}{u+v}$$

a frequência de equilíbrio do modelo determinístico de mutação, já estudado assumindo populações infinitamente grandes (equação 6.13).

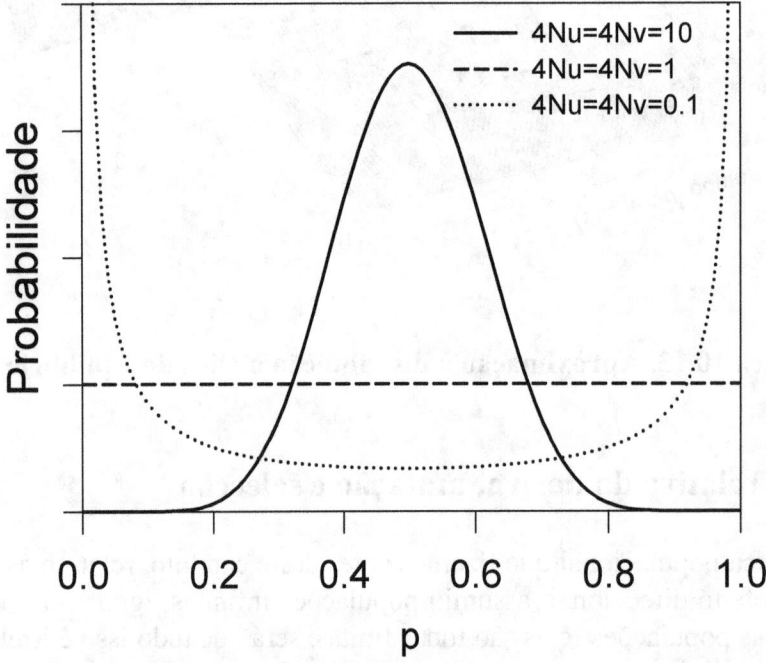

Figura 10.14. Distribuição de equilíbrio com deriva e mutação

No caso particular 4Nu=4Nv=1, a distribuição é uniforme (rectangular), de modo que todos os valores de p têm igual probabilidade. Se 4Nu>>1 e 4Nv>>1 (digamos, 4Nu, 4Nv≥10), a distribuição está concentrada em torno da média. Considerando um grande conjunto de populações ou de genes, a maior parte tem frequências alélicas próximas das esperadas numa população infinita. Considerando apenas uma população, ela é polimórfica a maior parte do tempo. A mutação repõe a variabilidade genética suficientemente depressa para compensar a sua perda pela deriva, pelo que o efeito desta pode ser desprezado. Se 4Nu<<1 e 4Nv<<1 (digamos, 4Nu, 4Nv≤0.1) ambas as taxas de mutação são muito menores do que o inverso da grandeza populacional (por outras palavras, a grandeza populacional é muito menor do que o inverso das taxas de mutação). Temos então, aproximadamente,

$$\hat{\rho}(p) = \frac{1}{pq}$$

e a distribuição tem a forma de U, tal como no caso de deriva pura (*i.e.*, de não haver mutação ou selecção), como vimos na figura 10.12. Considerando um grande conjunto de populações ou de genes, a maior parte estão fixadas para um dos alelos: apesar de a frequência média do alelo A ser igual ao valor dado pela teoria determinística, a probabilidade de encontrar alguma população com essa frequência é minúscula. Considerando apenas uma população, ela é monomórfica a maior parte do tempo. A mutação, que repõe a variabilidade, não é suficientemente rápida para se sobrepor à deriva, que elimina essa variabilidade, pelo que o efeito da mutação pode ser ignorado.

Pode acontecer que as taxas de mutação não sejam iguais. Se, mesmo assim, 4Nu e 4Nv forem ambos grandes (digamos, 4Nu, 4Nv≥10), a distribuição de equilíbrio tem uma moda numa frequência intermédia tal como na figura 10.14, só que agora já não centrada em ½, mas sim na frequência esperada em populações infinitas, pelo que o efeito da deriva pode ser ignorado.

Se uma das taxas de mutação for muito maior do que a outra, e só um dos produtos 4Nu e 4Nv for maior do que 1, a distribuição tem forma de J, ou L, assimétrica, próxima da prevista pelo modelo determinístico. A figura 10.15 ilustra o caso u>v (existem sempre um pico perto de p=1, mas que pode ser demasiado fino para se ver na figura). No caso extremo de uma das taxas de mutação ser nula, por exemplo 4Nu>>1 e 4Nv=0, há ainda uma distribuição de equilíbrio, mas ainda mais assimétrica, e a população é praticamente monomórfica com grande probabilidade. Se ambos os produtos 4Nu e 4Nv forem muito menores do que 1, mesmo que diferentes, a distribuição tem também forma de U, ligeiramente assimétrica: a deriva sobrepõe-se à mutação.

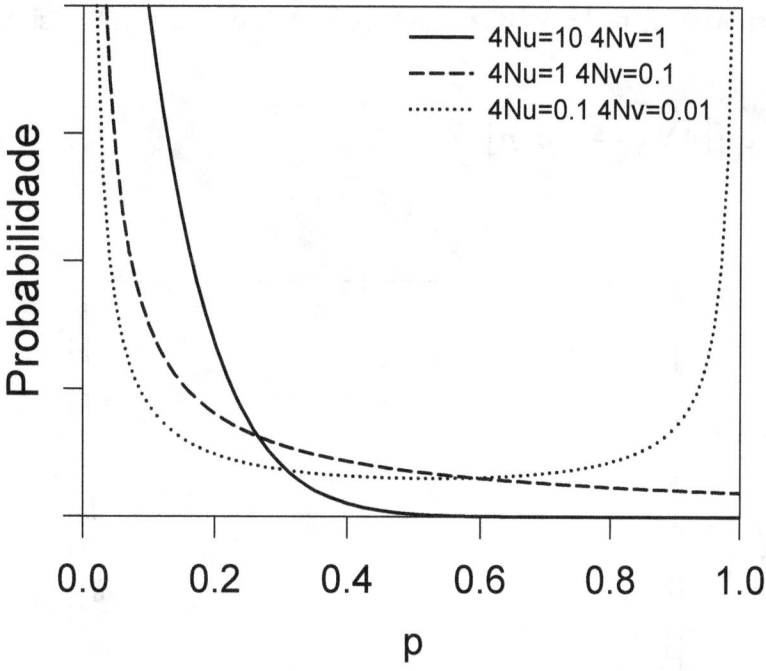

Figura 10.15. Distribuição de equilíbrio com deriva e mutação assimétrica

Resumindo se a deriva é muito mais importante do que a mutação, tornando a maior parte das populações (quase) monomórficas, ou a mutação é muito mais importante do que a deriva, mantendo-as polimórficas (a maior parte do tempo), depende dos produtos 4Nu e 4Nv: se forem maiores do que 10 mutação é mais importante, se forem menores do que 0.1 é a deriva, se forem entre 0.1 e 10 ambos os factores são mais ou menos igualmente importantes (uma população passa grande parte, mas não necessariamente a maior parte, do tempo polimórfica). Como as taxas de mutação são muito pequenas, só em populações muito grandes é que temos 4Nu>>1 e 4Nv>>1. Assim, só em populações muito grandes é que a mutação por si só (sem selecção nem migração) é capaz de manter o polimorfismo.

10.6.4.2 Deriva, mutação e selecção

Suponhamos primeiro que há selecção contra o alelo a, sem dominância, representando as fitnesses dos três genótipos AA, Aa e aa por 1, 1-s/2 e 1-s, respectivamente (como no esquema d. da tabela 7.3, com s positivo e h=1/2). Após simplificação, a distribuição de equilíbrio 10.26 fica então

$$\hat{\rho}(p) = c p^{4Nv-1} q^{4Nu-1} \exp(2Nsp) ,$$

ilustrada na figura 10.16 (todas as curvas têm dois picos correspondentes a p=0 e p=1, mas que podem ser demasiado finos para se ver na figura). Se 2Ns<<1 a selecção natural quase não tem efeito (a distribuição é quase igual à da figura 10.14, com 4Nu<<1 e 4Nv<<1, sem selecção), se 2Ns>>1 este efeito é bastante óbvio e podemos ignorar a deriva: com grande probabilidade o alelo A, vantajoso, está fixado, ou quase, como esperamos numa população infinita. Assim, se a deriva ou a selecção é o factor evolutivo mais importante, depende do produto 2Ns, à semelhança do que vimos com a mutação.

Os casos de selecção contra um alelo recessivo ou dominante são qualitativamente muito semelhantes ao que acabámos de ver (tal como no estudo determinístico do capítulo 7). A principal diferença é que nas figuras equivalentes à figura 10.16, as curvas estão deslocadas – para a direita, no caso de selecção contra um dominante, para a esquerda se a selecção for contra um recessivo.

No caso de super-dominância, podemos fazer s=(s_{AA}+s_{aa})/2, o que permite simplificar as equações, donde

$$\hat{\rho}(p) = c p^{4Nv-1} q^{4Nu-1} \exp\left[4Ns\left(\frac{s_{aa}}{s} - p\right)p\right]$$

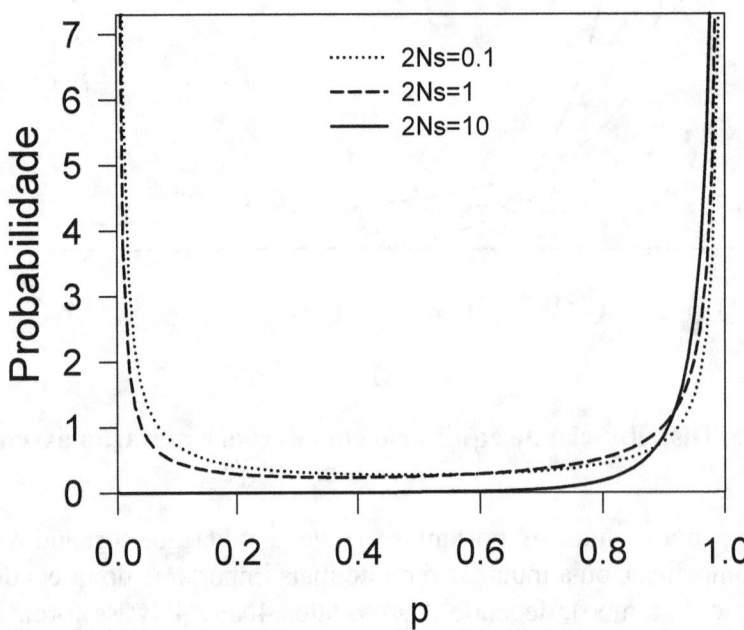

Figura 10.16. Distribuição de equilíbrio com deriva, mutação e selecção contra um alelo. Em todos os casos, u=v=10^{-6} e N=10^3, e selecção contra o a.

A figura 10.17 ilustra algumas das distribuições que podem resultar (mais uma vez, todas as curvas têm dois picos correspondentes a p=0 e p=1, que podem não se ver). Se 4Ns>>1, a maior parte das populações são polimórficas, havendo mesmo uma moda numa frequência intermédia, a frequência de equilíbrio determinística (a selecção é mais importante do que a deriva). Se 4Ns<=1, a maior parte das populações estão praticamente fixadas para um dos alelos (a deriva prevalece). Portanto, em populações finitas, a super-dominância não é suficiente para garantir o polimorfismo. A probabilidade de a população ser polimórfica depende da relação entre a selecção e a grandeza populacional. As mesmas diferenças de fitness podem ser suficientes para assegurar polimorfismo (a maior parte do tempo) numa população grande, mas não numa população pequena. Reciprocamente, dois genes com super-dominância na mesma população podem ser polimórficos ou não (a maior parte do tempo) dependendo dos coeficientes selectivos.

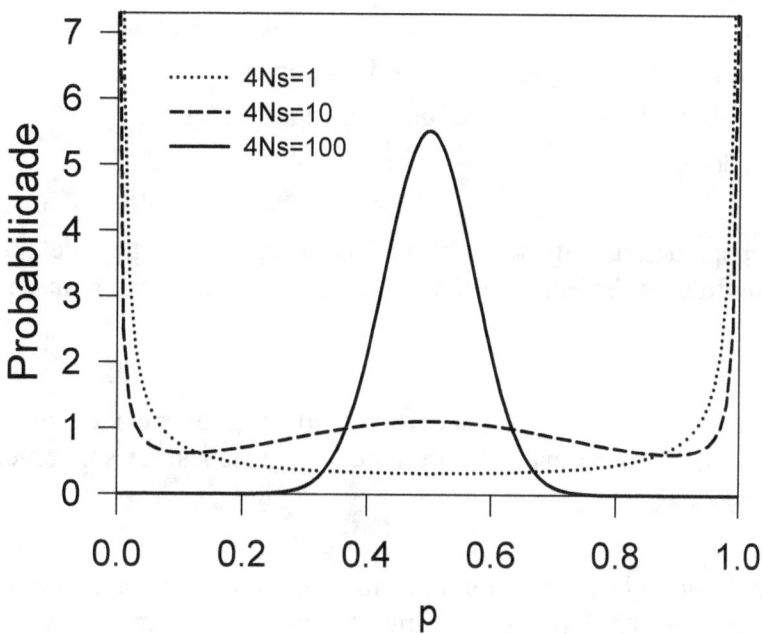

Figura 10.17. Distribuição de equilíbrio com deriva, mutação e selecção com super-dominância. Em todos os casos, $u=v=10^{-6}$ e $s_{AA}=s_{aa}$.

10.6.4.3 Conclusão

Se não houver mutação, uma população isolada acaba sempre por fixar um dos alelos, por maiores que sejam a população e os coeficientes selectivos. Havendo mutação e selecção, o resultado depende das quantidades 4Nu, 4Nv, e 2Ns ou 4Ns. As taxas de mutação são quase sempre muito mais pequenas do que o inverso da grandeza populacional (efectiva), pelo que o papel da mutação se limita a repor a variabilidade genética, mas o caso da selecção é mais interessante. Se 4Ns>10 o destino da população é determinado pela selecção, e podemos ignorar a deriva genética, se 4Ns<10 podemos ignorar a selecção. No meio há uma "twilight zone" em que não podemos ignorar nada, e temos de considerar todos os factores evolutivos.

Lembremos que os alelos são selectivamente neutros se todos os genótipos tiverem a mesma fitness (secção 7.3.1). Quando a evolução da população é determinada pela deriva (i.e., Ns<<1), podemos também considerar os alelos selectivamente neutros, apesar de não terem exactamente a mesma fitness. Esta observação constitui uma das bases da teoria neutralista da evolução molecular, que revolucionou a não só a evolução como toda a biologia molecular na segunda metade do século XX.

Problemas

1. Considerar uma população cuja grandeza populacional oscila, em gerações sucessivas, entre 10, 1000, 1000, 1000 e 1000.

   1.1 Calcular a média aritmética das grandezas populacionais.

   1.2 Calcular a grandeza populacional efectiva da população.

   1.3 Discutir os resultados.

2. Considerar uma população (população A) cuja grandeza oscila do seguinte modo: durante 996 gerações a população tem 10^5 indivíduos, durante 4 gerações tem apenas 10 indivíduos, e repete ciclicamente. Considerar também uma outra população, B, cuja grandeza varia de modo semelhante, mas cuja grandeza habitual (e apenas essa) é 10 vezes maior.

   2.1 Calcular a média aritmética das grandezas das duas populações.

   2.2 Calcular a grandeza populacional efectiva das duas populações.

   2.3 Discutir os resultados.

3. Qual é a grandeza populacional efectiva de uma população selvagem de felinos em que cada macho reprodutor controla um harém de 5 fêmeas, e a população total é formada por 200 indivíduos de cada sexo?

4. Numa população experimental de um único indivíduo, a frequência de um alelo de um gene autossómico dialélico mantém-se igual a 1/2 durante sete gerações. Desenvolver uma hipótese que explique esta observação.

5. Considerar uma população cuja grandeza populacional é, numa dada geração, $N_1=100$, e em todas as gerações seguintes $N_t=10000$ (t>1). Quanto tempo demora até N_e ultrapassar metade da grandeza populacional actual?

'I can't tell you just now what the moral of that is, but I shall remember it in a bit'
'Perhaps it hasn't one,' Alice ventured to remark.
'Tut, tut, child!' said the Duchess. 'Everything's got a moral, if only you can find it.' And she squeezed herself up closer to Alice's side as she spoke.

Carroll, 1865.

χ² distribution / χ² table

v \ p	0.999	0.995	0.990	0.950	0.900	0.800	0.700	0.600	0.500	0.400	0.300	0.200	0.100	0.050	0.010	0.005	0.001	.0001
1	0.000	0.000	0.000	0.004	0.016	0.064	0.148	0.275	0.455	0.708	1.074	1.642	2.706	3.841	6.635	7.879	10.83	15.14
2	0.002	0.010	0.020	0.103	0.211	0.446	0.713	1.022	1.386	1.833	2.408	3.219	4.605	5.991	9.210	10.60	13.82	18.42
3	0.024	0.072	0.115	0.352	0.584	1.005	1.424	1.869	2.366	2.946	3.665	4.642	6.251	7.815	11.34	12.84	16.27	21.11
4	0.091	0.207	0.297	0.711	1.064	1.649	2.195	2.753	3.357	4.045	4.878	5.989	7.779	9.488	13.28	14.86	18.47	23.51
5	0.210	0.412	0.554	1.145	1.610	2.343	3.000	3.655	4.351	5.132	6.064	7.289	9.236	11.07	15.09	16.75	20.52	25.74
6	0.381	0.676	0.872	1.635	2.204	3.070	3.828	4.570	5.348	6.211	7.231	8.558	10.64	12.59	16.81	18.55	22.46	27.86
7	0.598	0.989	1.239	2.167	2.833	3.822	4.671	5.493	6.346	7.283	8.383	9.803	12.02	14.07	18.48	20.28	24.32	29.88
8	0.857	1.344	1.646	2.733	3.490	4.594	5.527	6.423	7.344	8.351	9.524	11.03	13.36	15.51	20.09	21.95	26.12	31.83
9	1.152	1.735	2.088	3.325	4.168	5.380	6.393	7.357	8.343	9.414	10.66	12.24	14.68	16.92	21.67	23.59	27.88	33.72
10	1.479	2.156	2.558	3.940	4.865	6.179	7.267	8.295	9.342	10.47	11.78	13.44	15.99	18.31	23.21	25.19	29.59	35.56

What a long, strange trip it's been!
Grateful Dead, 1970.

www.ingramcontent.com/pod-product-compliance
Lightning Source LLC
Chambersburg PA
CBHW081108170526
45165CB00008B/2376